Peter Siegfried Glatzel (Hrsg.)

Unser Pferd

Zu Beginn des Buches gedenken wir unserer Mitautoren:

PROF. DR. DR. h.c. T. HIEPE
PROF. DR. DR. h.c. H. PREUSCHOFT
PROF. DR. DR.. B. SCHLATTERER

In Dankbarkeit und Hochachtung

Peter Siegfried Glatzel (Hrsg.)

Unser Pferd

Mitautoren:

Prof. Dr. Dr. P. S. Glatzel, FU, Berlin
Prof. Dr. Dr. h.c. T. Hiepe †
Dr. H.-P. Meier, FVH, Univ. Bern (Schweiz)
Prof. Dr. Dr. h.c. H. Preuschoft †
Dr. K. M. Scheibe, Berlin
Prof. Dr. Dr.. B. Schlatterer †
Prof. Dr. G. Schlenker, FU, Berlin
Prof. Dr. A. Tibary, Washington State Univ. Pullman WA (USA)
Prof. Dr. K. D. Weyrauch, FU, Berlin

Olms Presse

Umschlagabbildung: istock, virgonira

Bibliografische Information der Deutschen Nationalbibliothek
Die Deutsche Nationalbibliothek verzeichnet diese Publikation in der Deutschen Nationalbibliografie; detaillierte bibliografische Daten sind im Internet über http://dnb.d-nb.de abrufbar.

www.olms-presse.de
Printed in Germany
Gedruckt auf säurefreiem und alterungsbeständigem Papier
Lektorat: Cora von Hindte-Mieske, Rheine
Satz und Cover: Michael Schmitz, Hildesheim
Herstellung: Esser printSolutions GmbH, Göttingen
ISBN 978-3-7582-0819-5

Vorwort

Mit diesem Buch soll eine Lücke im medizinischen Verständnis gegenüber biologischen Voraussetzungen geschlossen werden. Es wurde versucht, eine erweiterte Leserschaft von fachlich interessierten und sachlich kundigen Pferdefreunden und Nutzern anzusprechen, ohne die fachvertretenden Tierärzte zu langweilen oder das fachlich interessierte Publikum wie Pferdebesitzer, Pferdehalter und Reiter zu überfordern. Dabei geht es insgesamt um die Einschätzung von Gesundheit, wobei das Anliegen, die Vermeidung von Erkrankungen, im Vordergrund steht. Insgesamt soll es ein wissenschaftlich fundiertes, lesenswertes Fach- bzw. Sachbuch sein, welches einen Beitrag auf die allgemein zulässige Spekulation eines „lebenswerten“ Zusammenlebens von Menschen und Tieren leisten will.

Nur unter der Bedingung, ein Lebewesen in seiner Gesamtheit an sich so gut es geht zu kennen, sind sowohl eine erfolgreiche und leistungsgerechte Nutzung unter Bewahrung seiner Gesundheit sowie das Erkennen von heraufziehenden krankhaften Entgleisungen und damit erfolgreiche Vermeidung derselben möglich. Ein derartiges Wissen hat darüber hinaus auch für mögliche Therapieansätze in der Medizin wachsende Bedeutung, denn so werden sowohl die Planung als auch Realisierung von Präventionsmaßnahmen nachhaltiger.

In diesem Buch werden die Ergebnisse der Evolution, also speziesspezifische Eigenschaften, beleuchtet. Dabei sollen mögliche „Schwachstellen“ herausgearbeitet werden. Damit wird es möglich, systembedingte Gesundheitsgefährdungen aus dem Körper heraus – man könnte sagen zentrifugale Störungen – zu identifizieren.

Andererseits können determinierende Faktoren, welche verstärkt durch die Domestikation auftreten, als zentripetale Voraussetzungen für gesundheitliche Belastungen und Krankheiten erzeugende Ereignisse erkannt werden.

Insgesamt wird damit eine gesamtheitliche, präventive Gesundheitsversorgung für das Pferd möglich und seiner besonderen Stellung zum Menschen in einer zweigleisigen Betrachtung Rechnung getragen:

- evolutionsbedingt, prädisponierend – zentrifugal/genetisch, endogen, angeboren, oder
- umweltbedingt, determinierend – zentripetal/erworben, aufgezwungen, dressiert, anerzogen.

Darüber hinaus könnten so Diskussionen zur Vorstellung von Gesundheit und deren Entgleisung als Krankheit entstehen.

Vor diesem Hintergrund wird zunächst die Evolution der Pferde dargestellt. Das hieraus entstandene artspezifische Verhalten wird gewürdigt. Auf die besondere Belastung der Pferde durch deren spezielle Nutzung sowie das Bestreben der künstlichen Leistungsbeeinflussung wird eingegangen. Im Anschluss kommen die allgemeinen klinischen Voraussetzungen zur Sprache. So wird der Anatomie, Hygiene und Parasitologie sowie der allgemeinen Gesundheit, der Fortpflanzung und Zuchthygiene sowie den Aspekten des Zuchtziels entsprochen.

Danksagung

Wir danken dem Georg Olms Verlag; Hildesheim, für ihre Bereitschaft, unser Buch in ihr Repertoire aufzunehmen, insbesondere Herrn Senator e.h. Dr. W. Georg Olms, der uns auch in kritischen Phasen der Buchentstehung Mut zur erfolgreichen Beendigung des Werkes zugesprochen hat.

Frau Cora v.Hindte-Mieske danken wir für ihre pferdefreundliche Zusammenarbeit und professionelles Lektorat.

Berlin, im Februar 2025

Inhalt

Entstehung der Pferde (Prädisposition im Biosystem)

Haltung und Nutzung des Pferdes

Entstehung der Pferde (Prädisposition im Biosystem)

1. Wildpferde und wilde Pferde

(K. M. Scheibe)

1.1 Grundzüge der Evolution des Pferdes

Die Entwicklungsgeschichte der Pferde lässt sich als Evolutionslinie bis in die Zeit vor etwa 50 Millionen Jahren ins Eozän zurückverfolgen. Sie ist ein eindrucksvolles Beispiel für eine teils radierende Evolution, bei der es zur Entwicklung unterschiedlicher adaptiver Formen zur Anpassung an verschiedene ökologische Nischen kam. Diese einheitliche Grundtendenz folgt dem Ökonomieprinzip und soll hier kurz skizziert werden, ohne auf Nebenlinien und Einzelheiten einzugehen.

Funde aus Nordamerika und Europa belegen, dass auf diesen damals über eine Landbrücke verbundenen Landmassen mehrere nahe verwandte Arten von etwa 20 bis 50 cm großen Tieren lebten, aus denen sich unsere heutigen Pferdeartigen (Zebra, Esel, Halbesel und die echten Pferde) entwickelten. Komplette Skelette dieser Pferdevorfahren stammen z.B. aus dem Geiseltal (aufbewahrt im Archiv der Universität Halle) und der Grube Messel (Senckenberg-Museum Frankfurt a.M.). Rekonstruktionen und Gemälde (z.B. von P. Major oder C. Haubold, Geiseltalmuseum) vermitteln ein anschauliches Bild vom Leben dieser Tiere. Es handelte sich um Tiere vom Typ der Ducker, wie etwa den heutigen Muntjaks. Diese Tiere lebten im Wald und im Übergangsbereich zwischen Gehölzvegetation und Offenland und ernährten sich von Blättern und Früchten, daneben möglicherweise auch von Insekten und anderen Kleintieren. An den Vordergliedmaßen besaßen sie vier und an den Hintergliedmaßen drei Zehen und waren damals bereits großen Fressfeinden ausgesetzt.

Die ab dem Oligozän vor etwa 33,9 Millionen Jahren entstehenden Grassteppen mit Übergangszonen zum halboffenen Wald als neue Lebensräume ermöglichten die Entstehung einer Vielzahl von großen und kleinen Vorläufern pferdeartiger Tiere, von denen sich eine einzige Entwicklungslinie bis in unsere Zeit als erfolgreich herausstellte. Sie ist gekennzeichnet durch die gleichzeitige Spezialisierung zum Grasfresser und Fluchttier.

> Als Weide- und Lauftiere hatten diese Tiere in der offenen Grassteppe gute Fluchtmöglichkeiten. Außerdem verfügten sie über einen schmalen Schädel mit einem Gebiss, das für die Selektion, Aufnahme und Zerkleinerung zellulosereicher Pflanzennahrung gut geeignet war. Die Steppe war somit ein bestens geeigneter Lebensbereich für diese Tiere.

Dabei erwies sich eine gegenüber den ebenfalls grasfressenden Wiederkäuern unterschiedliche Evolutionsrichtung als erfolgreich.

Sie beinhaltet die Verdauung in Gärkammern des Darmes ohne eine zusätzliche Zerkleinerung und Durchmischung der Nahrung beim Wiederkäuen und ohne mehrteiligen Magen, wobei zwar im Vergleich zum Wiederkäuer eine weniger effiziente Verdauung von Zellulose erreicht wird, gleichzeitig aber im Vorderkörper Raum für ein großes, leistungsfähiges Herz und große Lungen verbleibt. Diese leistungsfähigen Organe sind eine Voraussetzung für schnelle und ausdauernde Flucht. Der Flucht geschuldet ist auch die Entwicklungsrichtung der Fortbewegungsorgane. Lange Extremitäten mit immer weiter verringerter Auflagefläche ermöglichen einen schnellen Antritt und hohe Fluchtgeschwindigkeit.

Diese erfolgreiche Überlebensstrategie durch Flucht wirkte sich bei der weiteren evolutionären Entwicklung auf alle Lebensbereiche der Pferde aus. Sie wurde auch durch eine Reproduktionsstrategie mit wenigen Nachkommen (k-Strategie) ermöglicht. Die geringere Fötenzahl ermöglicht eine schnelle und ausdauernde Flucht. Bereits bei den „Urpferden" aus der Grube Messel konnten keine Mehrlingsträchtigkeiten nachgewiesen werden. Auch bei unseren heutigen Equiden treten Mehrlingsgeburten selten auf. Dafür ist die Trächtigkeitsdauer mit ca.11 Monaten lang, ermöglicht jedoch die intrauterine Ausreifung der Frucht, sodass ein sich schnell adaptierendes Fohlen geboren wird. Das neugeborene Jungtier kann sich innerhalb weniger Stunden nach der Geburt durch Flucht unter dem Schutz der Herde Verfolgern entziehen. Pferde investieren in ihre wenigen Nachkommen intensive Pflege und Fürsorge und erreichen damit geringe Jungtierverluste. Die Voraussetzung ist eine enge und langanhaltende Beziehung zwischen Mutter und Jungtier sowie die Ausbildung von eng zusammenhaltenden Herden mit entsprechendem emotionalem Hintergrund.

1.2 Mensch und Pferd

Mit dem ersten Auftreten von Primaten hatte sich mit dem Merychippus bereits ein den heutigen Pferden sehr ähnliches Tier mit je einem Huf und von etwa 1 m Widerristhöhe entwickelt. Die ersten Menschen trafen auf Pferde, die sich von den heutigen kaum unterschieden. In Europa waren die Pferdeartigen längere Zeit nicht vorhanden, das Zentrum ihrer Evolution befand sich im heutigen Nordamerika. Von dort kam es zu mehreren großen Ausbreitungsschüben, so auch über die damals noch existierende Landbrücke zwischen Amerika und Asien, die teils nördlich und teils mehr südlich erfolgten und dabei auch Afrika erreichten. Nach dem Ende der letzten Eiszeit verschwanden dann die Equiden vom amerikanischen Kontinent. Es wird vermutet, dass dieses Verschwinden entweder mit Klimaveränderungen oder mit der Erfindung effektiver Fernwaffen wie Speerschleuder und Bogen durch die frühen Menschen in Verbindung steht (Overkill-Hypothese, 23/Owen-Smith).

In Europa belegen die Höhlenbilder in Spanien und Südfrankreich die Existenz von Pferden, die den heutigen Przewalskipferden sehr ähnlich sahen.

Diese Höhlenbilder belegen ebenfalls, dass im gleichen Gebiet große Raubtiere vorkamen und gleichzeitig andere Pflanzenfresserarten wie Wildrinder, Wisente und mehrere Cerviden existierten. Weiterhin zeigen Knochenfunde, in besonderer Vielzahl am Fuße des Solutré- Felsens, dass die Wildpferde einem intensiven menschlichen Jagddruck in Form koordinierter Gruppenjagden ausgesetzt waren. Dies kann durchaus die Ursache für das Verschwinden von Wildpferden in diesen Gebieten gewesen sein bzw. dazu beigetragen haben.

Abb. 1 – Przewalski-Herde.

Für Mittel- und Osteuropa belegen Knochenfunde und archäologisch-geschichtliche Quellen sowie mittelalterliche Literatur, dass nach der letzten Eiszeit mindestens zwei Wildpferdformen existierten: der Waldtarpan im mitteleuropäischen Raum und der Steppentarpan im Gebiet der heutigen Ukraine (24/Nobis 1971). Aus dem Steppentarpan erfolgte vor etwa 5.000 Jahren die Domestikation des Hauspferdes im südöstlichen Bereich seines Verbreitungsgebietes. Beide Formen des Tarpans wurden vom Menschen ausgerottet, zuerst der Steppentarpan, etwas später der Waldtarpan. Eine kleine Population des Waldtarpans lebte bis 1806 in einem Wildpark. Sie wurde zum Ausgangspunkt des Polnischen Konik, der Hauspferderasse, die noch heute den Vorfahren der Hauspferde am ähnlichsten ist.

Am wahrscheinlich äußersten Rand des potenziellen Verbreitungsgebietes der Wildpferde im Nordosten überlebten Pferde, die äußerlich den auf den südeuropäischen Höhlenbildern dargestellten Tieren sehr ähnelten. Sie wurden für Europa von N. Przewalski 1877/78 in der Mongolei wiederentdeckt und die Art nach Knochen und einem Hautstück von N. Poljakov 1881 als E. ferus Przewalskii beschrieben. Es muss davon ausgegangen werden, dass Przewalskipferde über einen langen Zeitraum vom Genaustausch mit anderen Wildpferden abgeschnitten waren. Sie unterscheiden sich außer in einzelnen Genen auch in einem unterschiedlichen Chromosomensatz von diesen, können aber immer noch mit ihnen fruchtbare Nachkommen zeugen. Obwohl es Hinweise darauf gibt, dass diese Pferde kurzzeitig vom Menschen gehalten wurden, weisen sie alle Merkmale echter Wildpferde auf. Eine Selektion auf Zahmheit wie bei anderen Haustieren scheint nicht stattgefunden zu haben oder die damit verbundenen Verhaltensveränderungen sind wieder verloren gegangen.

Kernaussagen:
Der Ausgangspunkt für die Evolution der heutigen Pferde war die Entstehung der freien Graslandschaft. Voraussetzungen waren die Fähigkeit zur Zelluloseverdauung in Gärkammern des Darmes und ein Vorherrschen von Einlingsträchtigkeiten. Diese Eigenschaften bildeten die Voraussetzung zur Entwicklung der Fluchtfähigkeit, basierend auf großen und leistungsfähigen Lungen und Herz sowie für die Evolution des Lokomotionsapparates mit langen Gliedmaßen und reduzierter Auftrittsfläche.

Nahrungsaufnahme, Verdauungsapparat, Fluchtbereitschaft und Lokomotionsfähigkeit, Sozialverhalten sowie vorwiegend Einlingsgeburten verbunden mit hoher mütterlicher Investition sind die entscheidenden Kennzeichen der Pferde.

1.3 Wildpferde und wilde Pferde, Beispiele für naturnahes Pferdeleben

Die Przewalskipferde sind somit die einzigen Pferde, die mit der Wildform identisch sind oder ihr sehr nahekommen. Sie gehen auf elf Zootiere, die den 2. Weltkrieg überlebten, und eine 1946 gefangene Stute zurück (Volf 1996). Nach koordinierter Zucht leben heute wieder weit über 3.000 Tiere, teils in Zoos, teils in Semireservaten und teilweise im Freiland, sowohl in der Mongolei als auch in großflächigen Schutzgebieten anderer Länder, z.B. auch in der ungarischen Puszta (Zimmermann). Insbesondere Semireservate bieten die Gelegenheit, das Leben von Wildpferden zu beobachten. Sie sind definiert als vom Menschen begrenzte und überwachte Gebiete, die mindestens einer sozialen Gruppe das ganzjährige Leben ohne Zufütterung ermöglichen, Hilfe und Eingriffe jedoch erlauben (29/Zimmermann). Sie bieten damit gute Möglichkeiten für Beobachtung und Experiment und können auch Tiere aus Zoos auf ein Leben im Freiland vorbereiten (30/Scheibe). Daher werden in den Abschnitten zum Verhalten der Pferde wiederholt Beispiele aus Semireservaten, insbesondere dem von 1992 bis 2020 bestehenden Semireservat Liebenthal nördlich Berlins, dargestellt.

Wilde Pferde sind dagegen verwilderte Hauspferde. Dies trifft auf eine Vielzahl unterschiedlicher Pferdepopulationen von Mustangs bis Namib-Pferden zu. Alle diese Populationen belegen, dass Hauspferde die Fähigkeit zum selbstständigen Überleben in der freien Natur bewahrt haben. Eine besondere Stellung nehmen die Polnischen Koniks ein, da sie von den Europäischen Waldtarpanen abstammen und viele ursprüngliche Merkmale in ihnen erhalten sind. Koniks werden im Naturschutz zur Erhaltung von Offenlandschaften bei ganzjähriger Freilandhaltung eingesetzt; eines der großflächigsten Beispiele ist ihre Haltung in dem Naturschutzprojekt Oostvaardersplassen in den Niederlanden. Auf eine Kreuzung zwischen Nachkommen des Koniks und Norwegern geht die Liebenthaler Pferdeherde zurück

Diese Herde besteht seit 1960 und ist ein Beispiel für die Entwicklung natürlicher Familienstrukturen unter weitgehend vom Menschen unbeeinflusster Freilandhaltung. Sie besteht aus bis zu acht Familiengruppen mit Leithengsten und einer Junggesellengruppe, die gemeinsam auf einer Fläche ganzjährig zusammenleben. Ihre Größe variierte während ihrer Geschichte überwiegend zwischen 80 und 150 Tieren. Diese Herde bietet eine besondere Möglichkeit, verwilderte Hauspferde mit einem hohen Anteil von Erbgut des Waldtarpans zu beobachten.

Abb. 2 – Liebenthaler mit neugeborenem Fohlen

Dabei werden die besondere Ruhe, Selbstsicherheit und Ausgeglichenheit dieser Tiere deutlich. Dies ist wahrscheinlich auch auf eine frühe Selektion auf Zähmbarkeit bei den Koniks zurückzuführen. Aufgrund dieser Eigenschaften und ihrer Anspruchslosigkeit sind die Liebenthaler Pferde besonders für den Freizeit-Pferdehalter geeignet. Auch diese Herde dient in den Abschnitten zum Pferdeverhalten oft als Beispiel.

> Pferde zeigen die Fähigkeit, auch unter teilweise extremen Bedingungen im Freiland zu überleben. Sie entwickeln dabei das volle Verhaltensrepertoire eines Wildtieres und demonstrieren damit das volle Spektrum der Möglichkeiten der Pferde.

Andererseits werden im Freiland auch die Anpassungsgrenzen der Pferde sichtbar. So erlitt die Population der in der Dzungarischen Gobi ausgewilderten Przewalskypferde in einem extremen Winter (2009/2010) erhebliche Verluste. Schließlich zeigen Pferde aus naturnaher Haltung sich als durchaus für die Ausbildung geeignet und die Liebenthaler haben sich als besonders lernbereit und anpassungsfähig erwiesen. Sie bedürfen aber in der Ausbildung eines gewissen Durchsetzungsvermögens.

(Weitere Literaturhinweise, Bilder und Texte zum Pferdeverhalten s. CD „www.Scheibe-Verhaltensbiologe.de")

2. Evolutionäre Prädispositionen zur Entstehung von Pferderassen und -schlägen (genetische Variablen)

(B. Schlatterer, S. P. Glatzel)

Die Geschichte der Domestizierung von Wildpferden zu Arbeits- und Reitpferden begleitet die Kulturgeschichte der Menschheit seit dem 4. Jahrtausend vor Christus. Die Erstdomestikation von Wildpferden zu Hauspferden geht auf das weite Gebiet der ehemaligen Sowjetunion mit einem östlichen und einem westlichen Domestikationszentrum zurück.

Durch das Verbringen verschiedener Pferdeschläge nach Süden wie z.B. nach Kleinasien und die arabische Halbinsel haben sich weitere Domestikationszentren herausgebildet. Nach der jahrhundertelangen Verwendung des Pferdes als Arbeits-, Kriegs- und Hütepferd haben sich seit dem letzten Jahrhundert spezifische Verwendungsmuster im Sport- und Freizeitbereich herausgebildet, die an den jeweiligen Pferdetyp besondere Anforderungen stellen. Darauf haben sich die Zuchtrichtungen eingestellt und ganz verschiedene Phänotypen entwickelt. Alle züchterischen Maßnahmen waren darauf ausgerichtet, im Hinblick auf die Verwendungszwecke passende Merkmale und Leistungseigenschaften zu selektieren. Dabei war ein Zuchtfortschritt zunächst als zeitaufwändiges Verfahren nur in langen Zeitspannen insbesondere über den gezielten Einsatz von Vatertieren möglich. Heute ist dieses Vorgehen nach wie vor die Grundlage der Züchtung. Soll ein Hengst zur Zucht eingesetzt werden, so ist der erste Schritt die Körung, die eine Vorauswahl zur Hengstleistungsprüfung darstellt. Erst mit erfolgreicher Leistungsprüfung wird ein Hengst als Zuchthengst oder Beschäler in das Hengstbuch I der jeweiligen Rasse eingetragen. Diese Eintragung behält der Hengst dann lebenslang [Deutsches Tierzuchtgesetz insbesondere *Abschnitt 2: Zuchtorganisationen, Leistungsprüfungen und Zuchtwertschätzung* mit § 6 *Recht auf Mitgliedschaft und Eintragung*, § 7 *Leistungsprüfungen, Zuchtwertschätzung* und § 8 *Ermächtigungen* sowie Anlage 2 Anforderungen an die Eintragung in Zuchtbücher und Zuchtregister].

Eine besondere Form einer Leistungsprüfung sind in vielen asiatischen und nordafrikanischen Ländern Reiterspiele (Fantasias). Bei diesen Festen werden die Spritzigkeit (der schnelle Antritt), die Ausdauer sowie die physische und psychische Stärke (plötzliches Abbrechen und Gewehrsalven unter höllischem Lärm) geprüft.

Dieser Prozess ist besonders eindrucksvoll bei der Herausbildung des vollblütigen Rennpferdes zu beobachten. Bei diesen Pferden ist über vier Jahrhunderte eine systematische Selektion auf solche strukturellen und funktionellen Eigenschaften vorgenommen worden, die der athletische und schnelle Phänotyp erfordert. Weil sich der Pferdrennsport Milliarden Dollar schweren Industrie entwickelt hat, kommt ihm in der Zucht, in den Trainingsmethoden und natürlich bei den Rennen ein Alleinstellungsmerkmal unter den Pferdesportrichtungen zu. Ihren Niederschlag finden diese Erfahrungen im bis heute gültiges Regelwerk der „Rennordnung" für Vollblutzucht und Rennen.

Der Zuchtfortschritt bei den meisten Pferderassen und -schlägen wurde im letzten Jahrhundert durch den Einsatz neuer Biotechniken wie der künstlichen Samenübertragung (KB) und dem Embryotransfer samt assoziierten Methoden, welche durch neue molekulare Techniken seit gut einem Jahrzehnt in Form der molekulargenetischen und populationsgenomischen Diagnostik zur Verfügung stehen, erreicht. Damit wurde das Genom des Pferdes weitestgehend entschlüsselt und die Möglichkeiten der Rückführung phänotypischer Merkmale auf die genetischen Strukturen sind rasant angestiegen. Darüber hinaus sind die prognostischen Aussagen zur Selektion auf erwünschte bzw. zur Ausmerzung unerwünschter Eigenschaften mithilfe derartiger Techniken bestechend.

> Die Entstehung heutiger Pferderassen und -schläge basiert auf einer gezielten Zucht und Selektion, basierend auf den Leistungsprüfungen, dem Einsatz biotechnischer Verfahren und prognostischer Aussagen zur Selektion auf erwünschte bzw. zur Ausmerzung unerwünschter Eigenschaften mithilfe molekularer Techniken.

2.1 Genetische „Linkage Map"

Die Erarbeitung einer genetischen Charakterisierung, einer *„Linkage Map"*, ist die Voraussetzung zur Lokalisation und Identifikation von Faktoren, welche die Konstitution, die Gesundheit und die Performance eines Pferdes bestimmen. Eine molekulargenetische Kartierung ermöglicht darüber hinaus die Entwicklung von Tests, mit denen ganz unterschiedliche Erbdefekte wie die Rhabdomyolyse (Lähmungsmyoglobinurie), die Kehlkopfhemiplegie (Kehlkopfpfeifer), die Osteochondrosis dissecans (Gelenkchipbildung, vor allem im Fesselgelenk), die Insektenbisshypersensibilität, die chronisch obstruktive Lungenkrankheit oder die neuerdings beschriebene Polysaccharid-Speicher-Myopathie festgestellt werden können (s. auch Abschnitt 5 Ernährung gesunder Pferde für Freizeit und Sport (Meier, Bern).

> **Verfügbare Gentests zur Diagnose von Erbkrankheiten**
> - Rhabdomyolyse
> - Kehlkopfhemiplegie
> - Osteochondrosis dissecans
> - Insektenbisshypersensitität
> - Chronisch obstruktive Lungenkrankheit
> - Polysaccharid-Speicher-Myopathie

2.2 Genetische Marker und quantitative Merkmale

Merkmalgebundene Zuchtverfahren sind bei Tierarten mit kurzen Reproduktionszyklen, wie z.B. Hunde, Katzen, Labornager etc., naturgemäß schneller zu verwirklichen als zum Beispiel beim Pferd mit langen Tragzeiten und im Regelfall Einlingsgeburten. Deswegen und weiterhin nach Schließung von Stutbüchern ist durch Inzucht von Nachkommen weniger Stammmütter und -hengste die genetische Basis eingeengt worden. Eine derartige Entwicklung hat die Herausbildung neuer Leistungsmerkmale verhindert. Sichtbar wird dies am Leistungsstillstand insbesondere bei Vollblütern, gemessen an Rennzeiten.

Die genetische Bestimmung und Analyse von Merkmalen ist erst nach der Entzifferung des Pferdgenoms und im Vergleich mit den leistungsbestimmenden Genen (Kandidatengene) beim menschlichen Sportler in Gang gekommen.

Das Leistungsvermögen eines Pferdes ist allerdings von vielen Eigenschaftsmerkmalen abhängig. Neben körperlichen Merkmalen wie Kraft, Schnelligkeit und Ausdauer sind auch psychische Stärken von großem Einfluss. Für die verschiedenen Leistungsanforderungen sind die genetischen Determinanten für die Muskelmasse, die Muskelstruktur, die energetische Ausstattung und die aerobe Kapazität zu analysieren. Außerdem wirken sich auf die Performance auch Krankheitsgene bzw. Determinanten für Skelett- und Gelenkschwächen aus.

Möglichkeit und Stand der genetischen und genomischen Analyse sollen nachstehend aufgezeigt werden. Erwünschte Selektionen werden daneben durch den Einsatz biotechnologischer Methoden wie der künstlichen Samenübertragung (kB) und dem Embryotransfer zeitlich verkürzt und erleichtert.

2.2.1 *DNA-Marker*

Zur Beschreibung einer quantitativen Genetik sind DNA-Marker notwendig, welche die genetische Architektur eines quantitativen Merkmals und seiner Umgebung charakterisieren können. Quantitative genetische Merkmale können von Chromosomenabschnitten mit polymorphen Markern, z.B. repetitiven DANN-

Abschnitten, beeinflusst werden. Auch ist mit abnehmendem Abstand eines Markers zu einem Gen eine gekoppelte Vererbung möglich. Deshalb ist eine Identifizierung von solchen „*Quantitative Trait Loci*" (QTL, Region eines quantitativen Merkmals) der erste Schritt im Rahmen der Lokalisierung von Genen für quantitative Merkmale. Mit der Bestimmung von QTL werden dabei Bereiche von Chromosomen eingegrenzt, in denen sich erkennbare Abschnitte mit genotypischen Methoden bearbeitbarer potenzieller Kandidatengene befinden.

Genetische Marker müssen für die Anwendung genotypischer Methoden mehrere Eigenschaften aufweisen:

- Häufiges Vorkommen im Genom (hohe Markerdichte)
- Polymorphen Charakter
- Kodominante Vererbbarkeit
- Selektiv neutrales Verhalten (Stabilität gegen externe Einflüsse)
- Leichte Zugänglichkeit und Nachweisbarkeit bei hoher Reproduzierbarkeit

In der Genomanalyse haben sich zwei Techniken durchgesetzt:
Erstens die Analyse von Bi-, Tri- oder Tetranukleotid-Mikrosatelliten, die entweder in nichtkodierende DNA oder in intronische Abschnitte eingelagert sein können.

Zweitens als immer stärker angewandtes Verfahren die SNP-Genotypisierungsmethode. Sie kann zwischen homozygoten und heterozygoten Allelen differenzieren. Ihre Stärke liegt im Vorhandensein einer riesigen Anzahl bewertungsfähiger Loci. Für von Tieren oder Pflanzen stammende Genome wird diese Technik vor allem wegen der entwickelten Methoden für hohe Durchsatzzahlen angewandt.

2.3 Populationsgenetische Betrachtungen

Ein fundamentales Ziel der Populationsgenetik ist die Aufklärung der Häufigkeit und des Ausmaßes einer positiven direkten Selektion. Eine solche beeinflusst das Muster einer „verlinkten" neutralen Variation eines benachbarten Locus. Und weil eine solche Selektion zu einer Schieflage der Häufigkeitsverteilung an verlinkten polymorphen Markern führen kann, darf im Umkehrschluss aus einem solchen Verteilungsmuster von Markern an einem Locus auf ein vorher stattgefundenes Selektionsereignis geschlossen werden. Ein solcher Befund ist demnach ein indirekter Hinweis für die Änderung eines genetischen Locus.

Die molekulare Aufklärung der die Performance bedingenden Polymorphismen (PEPs) steht mittlerweile auch beim Pferd im Mittelpunkt der genomischen Untersuchungen. Polymorphismen sind genetische Varianten, die, wenn vererbt, die Grundlage der athletischen Leistungsfähigkeit verbessern können. Für den Menschen geht man derzeit von über 200 derartigen PEPs aus.

> Neben den Untersuchungen zur situationsbedingten Expression von leistungswichtigen Genen ist ein Trend zu vermerken, der die molekulargenetische Aufklärung von konstitutionellen Unterschieden der verschiedenen Pferderassen zum Ziel hat. Als Vergleichsbasis eignet sich hierbei die Vollblüter-Population. Als geschlossene Gruppe basiert sie auf wenigen Gründerlinien. Obwohl ihr eine strenge Selektion auf die Rennleistung (Performance) zugrunde liegt, nimmt man an, dass etwa 35 % der Performance-Varianten erblich sind.

2.3.1 Selektion

Die Differenzierung einer Art in verschiedene Rassen ist neben geografischen Gründen vor allem durch Leistungsauswahl bedingt. Hierbei ist die Adaptation der entscheidende Prozess, bei dem sich bereits vorhandene oder neue Merkmale durch natürliche bzw. gezielte Auswahlverfahren verfestigen. Für den Nachweis derartiger in der Vergangenheit erfolgter Selektionen ist der Vergleich der Variation in der Allelfrequenz in verschiedenen Loci und zwischen verschiedenen Rassen erforderlich.

Die molekulare Populationsgenetik hat seit den 1990er-Jahren eine Reihe von statistischen Verfahren entwickelt, mit deren Hilfe Rückschlüsse auf das Wirken der Selektion in der Vergangenheit gezogen werden können. Noch entscheidender ist dabei die Etablierung der Populationsgenomik in letzter Zeit. Mit deren Hilfe ist es möglich, SNP- (*Single Nucleotide Polymorphisms*) oder Mikrosatelliten-Datensätze genomweit zu erheben, für die Kartierung zu verwenden und statistisch zu analysieren. Um solche Datensätze nach Spuren positiver (d.h. adaptiver) Selektionen abzusuchen, wird eine Methode angewandt, die auf dem „Hitchhiking"-Effekt beruht.

Dieser „Anhalter/Mitfahrer"-Effekt kommt dadurch zustande, dass in einem regionalen Bereich des Genoms die genetische Variation reduziert ist, wenn in diesem Bereich in jüngster Zeit eine vorteilhafte Mutation aufgetaucht bzw. eine positive Selektion erfolgt ist und sich in der gesamten Population durchgesetzt hat.

2.3.2 Leistungsmerkmale

Für die Identifizierung von Genen, die für die Besonderheit von Abstammungs- bzw. Leistungsrassen beim Pferd und deren phänotypische Unterscheidungsmerkmale verantwortlich zeichnen, gibt es prinzipiell zwei Vorgehensweisen. Das Kandidatengen-Prinzip setzt z.B. voraus, dass die Genfunktion von vornherein bekannt ist und dass eine Genkartierung von Familienbeziehungen einschließlich des Zugriffs auf eine Vielzahl von Verwandten möglich ist. Die Alternative hierzu ist eine „Hitchhiking"-Kartierung, bei der die Auswirkung der natürlichen oder künstlichen Selektion auf das gesamte Genom in Populationen nicht verwandter Individuen untersucht wird, die einem unterschiedlichen Selektionsdruck für ein oder mehrere Leistungsmerkmale ausgesetzt waren.

Allelgröße und Allelhäufigkeit, Heterozygotität und genetische Position für jeden Locus werden mehr und mehr aus publizierten Daten, insbesondere aus der jüngst publizierten Genomsequenz des Pferdes, entnommen.

Die Verwendung von Mikrosatelliten-Markern hat neben der von SNPs die Konstruktion aktueller genetischer Karten des Pferdegenoms ermöglicht. Damit können z.B. monogenisch bedingte Krankheitsgene lokalisiert werden. Andererseits ist es mithilfe einer genomischen Analyse möglich, Genpakete zu identifizieren, die für die Prägung quantitativer Merkmale wie bestimmte Krankheiten oder für Leistungsmerkmale verantwortlich sind.

> Ein fundamentales Ziel der Populationsgenetik ist die Aufklärung der Häufigkeit und des Ausmaßes einer positiven Selektion. Eine solche beeinflusst das Muster einer verlinkten neutralen Variation eines benachbarten Locus. Weil aber eine strikte Selektion zu einer Schieflage der Häufigkeitsverteilung von verlinkten Loci führen kann, ist es im Umkehrschluss erlaubt, aus einem solchen Verteilungsmuster von Markern in einem Locus auf ein vorher stattgefundenes Selektionsereignis zu schließen. So können bei einem eng strukturierten Satz von Markern über das gesamte Genom verteilt und Ansammlungen von Loci mit vergleichbar schiefer Häufigkeitsverteilung von Allelen gezielte Hinweise darauf gegeben werden, an welcher Stelle positive Selektionen in der Vergangenheit stattgefunden haben.

Es können sowohl Regionen mit einem Überschuss seltener Allele oder solche mit Durchschnittshäufigkeit erkannt werden. Die Prüfung auf Hetero- bzw. Homozygosität in ausgewählten genomischen Regionen bringt dabei weitere Aufschlüsse über den Locuscharakter.

2.4 Genotypisierung mit Mikrosatelliten-Analyse und SNP

Genotypisierung mithilfe der Mikrosatelliten-Analyse wird technisch unter Verwendung der Standardmethode einer PCR-Amplifikation durchgeführt. Hierbei werden Primer-Paare eingesetzt, welche die DNA-Sequenzen vor und nach den *„Tandem Repeats“* des jeweiligen Mikrosatelliten flankieren.

> Beispiele von identifizierten Leistungsmerkmalen für den Energiestoffwechsel: Alkohol Dehydrogenase, Pyruvat Dehydrogenase Kinase; Cytochrom-Einheiten, Hypoxie identifizierbarer Faktor A1, Acetyl- Co A Synthetase; Phosphoinositid-vermittelte Signalstoffe; verantwortlich für die Muskelstärke und -integritität: Actin alpha 1, -alpha 2 und Tenascin C-Gene.

Die Mikrosatelliten-Technik ist aufwändig und robust zugleich. Speziesspezifische Primer-Sätze sind häufig aus der Literatur zu entnehmen bzw. kommerziell erhältlich. Mit Fortschritten bei der Entwicklung von Verfahren mit hohen Durchsatzraten erweiterte sich die Analyse von der Einzellocus- zur Multilocustechnik. Da vermutlich nur ein kleiner Teil des Genoms einem jüngsten „Hitchhiking"-Ereignis ausgesetzt sein wird, ist ein möglichst dichtes Netz an Loci zu untersuchen, um positive Selektionen erfassen zu können.

Bedeutung für die Praxis, Einsatzgebiete, Ergebnisse:
Anwendung in Medizin, Agrarwissenschaften, Populationsgenetik, Populationsbiologie und für forensische Untersuchungen. Sie liefern Informationen über Einzellocus-Genotypen im Rahmen von Assoziationsstudien, über Multilocus-Genotypen bei Individuen- Identifikationen sowie Informationen über Allelhäufigkeiten in Populationsstudien.

Die Informationen zu genomischen Variationen, hinterlegt in Datenbasen, werden von Biotechnologiefirmen zur Entwicklung kostengünstiger und durchsatzstarker Genotypisierungsinstrumente genutzt, die sich auch für „Linkage"- und Genomassoziationsstudien eignen. Hinzu kommt die Möglichkeit, Strukturvariationen über die Feststellung von Kopiezahl-Varianten (CNVs) bei Individuen im Hinblick auf ihre Assoziation zu Krankheiten zu analysieren. Für das Pferd steht derzeit ein SNP50 „Genotypen BeadChip (Illumina's Beadchips)" zur Verfügung, mit dessen Hilfe die Identifizierung von Genen und Mutationen sowie die Durchführung von Assoziationsstudien vorgenommen werden kann.

2.4.1 Aussagen der Mikrosatelliten-Statistik

Die „Hitchhiking"-Methode für Mikrosatelliten erlaubt die Einschätzung einer genetischen Selektion. Vollblüter zeigen im Vergleich zu anderen Pferderassen nach der Mikrosatelliten-Genotypisierung in vielen der für die Leistungsmerkmale verantwortlichen Gene eine besondere Ausstattung, die sie von anderen Zuchtlinien unterscheidet. Aufgrund dieser Feststellung wird die Genotypisierung künftig gezielt dort eingesetzt werden, wo bisher klassischerweise anhand der Proteomik Krankheitssymptome durch die Feststellung der Hyper- bzw. Hypoexpression spezifischer Proteine oder bei bestimmten Zuständen der körperlichen Verfassung beschrieben wurden. Beispielhaft seien genannt das myopathische „Tying-Up"-Syndrom oder viele Enzyme, die bisher mit Trainingszuständen in Verbindung gebracht werden.

Systematische Expressionsanalysen in Muskeln von Vollblütern vor, während und nach Belastung zeigen, dass die mit einer Belastung einhergehende Hypoxie der auslösende Faktor für die Induktion bioenergetisch aktiver Enzyme ist. Damit verbunden ist eine Erhöhung der mitochondrialen Biogenese, welche eine vermehrte Bereitstellung von ATP und eine Zunahme der muskulären Hypertrophie bedingt. Daneben ist aber auch eine Niederregulierung von Enzymen zum Eiweißabbau zu beobachten.

2.5 SNPs und genetisch bedingte Krankheiten

Die SNP-Genotypisierung wird nach dem Prinzip der Mikro Assay-Analyse durchgeführt und dient u.a. zur Auffindung von Mutationen. Mehrere tausend verschiedene Oligonukleotid Sonden (Probes) mit einer Länge von ca. 25 Basen werden auf konkreten Feldern einer festen Phase immobilisiert. Die Spot-Dichte reicht von mehreren zehntausend bis hunderttausend Spots pro Quadratzentimeter. Der Träger wird danach mit der zu prüfenden und Biotin-markierten, kleinverdauten DANN inkubiert. Bei erfolgreicher Hybridisierung werden Hybride mit einem Fluoreszenzfarbstoff markiert, wodurch ein Gemisch von SNP-Genotypen entsteht, welches mit hochauflösender Optik analysiert wird. Die SNPs sind biallelisch, für gewöhnlich kodominant und dicht über das Genom verteilt. Sie ermöglichen dadurch die Erkennung von Multilocus-Genotypen und Allelhäufigkeiten und dienen sowohl der Individualidentifikation als auch der Abschätzung der genetischen Verschiedenheit im Rahmen der Populationsgenetik und -genomik in Medizin und Agronomie. Diese Technik lässt sich auch bei der Aufklärung monogenischer Erkrankungen anwenden, mit dem weiteren Vorteil, dass sich im Unterschied zu polygenetischen Konstellationen eine höhere statistische Sicherheit bei der Zuordnung erzielen lässt.

Nach der Sequenzierung des Pferdegenoms lassen sich etwa 1,5 Millionen SNPs identifizieren, das ist 1 SNP auf 1.000 Basenpaare. Auf der Grundlage der Genomsequenz lassen sich Genlokalisierungen nicht nur anhand der SNPs, sondern auch über die Lokalisation von Mikrosatelliten vornehmen.

Die „EquineSNP50"-Plattform ist zum ersten Mal bei der Identifikation einer Mutation angewandt worden, die für eine genetische Erkrankung (Lavender Foal Syndrome) in einer bestimmten Araberzucht verantwortlich ist.

Diese Technik lässt sich somit auch bei der Aufklärung monogenetischer Erkrankungen mit dem weiteren Vorteil anwenden, dass im Unterschied zu polygenetischen Konstellationen eine höhere statistische Sicherheit bei der Zuordnung erzielt wird. In der ermittelten diskreten Region des equinen Chromosoms 1 (ECA1) befinden sich 14 hochsignifikante SNPs über einen Bereich von 10,5 Millionen Basen. Darin befinden sich zwei Kandidatengene, von denen sich das Myosin-Va-Gen (MYO5A) nach PCR-RFLP-Detektion in homozygoter Form darstellt. Nicht erkrankte Träger sind für dieses Gen heterozygot. Die betroffene Pferdepopulation in den USA ist relativ klein. Dadurch ist der Inzuchteffekt, der aus den Merkmalsträgern homozygote Krankheitsgenträger machte, relativ groß. Ein genetischer Test vor der Verpaarung ist deshalb in diesem und in ähnlich gelagerten Fällen angebracht.

> Zur molekularen Aufklärung von Erbkrankheiten ist der genomanalytische Ansatz ein unentbehrliches Werkzeug, insbesondere wenn sich der Phänotyp erst lange nach der Geburt entwickelt und deshalb zur frühzeitigen Feststellung einer derartigen Erkrankung die Entwicklung eines genetischen Tests wünschenswert ist.

Bei den American Quarter Horses sind in den letzten 20 Jahren fünf Krankheiten genetischer Ursache beschrieben worden. Beispielhaft soll die genetische Aufklärung von HERDA (Hereditary equine regional dermal asthenia) beschrieben werden. Am Ende des zweiten Lebensjahres treten in Sattellage umfänglich nichtheilende Hautentzündungen mit der Bildung von Seromen, Hämatomen und Hautlockerungen auf. Dieses Phänomen wird autosomal rezessiv vererbt und entwickelt sich beim Vorliegen einer homozygoten Allel Konstellation. Ausschluss und Suche nach ursächlichen Gen Loci erfolgte methodisch mittels Kopplungsanalyse (Homozygosity mapping) von chromosomalen Markern bzw. von deren kartierten DNA-Marker Loci. Unterschiede zwischen erwarteter und beobachteter Heterozygosität weisen auf einen Marker (Mikrosatelliten)-Locus auf dem Chromosom 1 (ECA 1) hin. Die Einschränkung auf die Genotypisierung von wenigen weiteren Loci auf ECA 1 zeigt für nur einen Mikrosatelliten-Marker (AHT58) einen maximalen „LOD Score“ von 7,43 im Rahmen einer statistischen Mehrfachpunktberechnung. Eine Feindifferenzierung beiderseits des Locus AHT58, aber unter dessen Einschluss, ergab eine Homozygosität von 10 weiteren miteinander gekoppelten Mikrosatelliten-Markern und bei den erkrankten Tieren einen Hinweis auf den Vorfahren-Haplotyp, an dem die Mutation erfolgt ist. Unter diesen Loci befindet sich das Gen PPIB für Cyclophilin B, in dem zwei nichtsynonyme Mutationen im Exon 1 nachgewiesen werden können, wobei aber nur der Austausch von Glycin zu Arginin im Enzym (eine Peptidyl-Prolyl-Isomerase) die Ursache für die Erkrankung darstellt.

2.6 Rassespezifische Leistungsmerkmale am Beispiel des Myostatin-Locus

Vollblüter werden im Hinblick auf unterschiedlich klassifizierte Renndistanzen ausgewählt und trainiert. Sprinter sind in der Regel muskulär kompakter, verglichen mit Pferden, die über längere Distanzen gehen. Die Heritabilität der Rennzeit ist nachgewiesen, wodurch einer Ursachenbeziehung zu möglichen molekularen Gegebenheiten im Muskelaufbau nachgegangen werden kann. Da der Muskelaufbau nicht nur durch fördernde, sondern auch durch negativ kontrollierende Faktoren reguliert wird, ist von den Letzteren vor allem Myostatin als negativer Regulator der Muskelmasse in Verdacht geraten. Myostatin gehört biochemisch zur Familie der transformierenden Wachstumsfaktoren (beta) und wird im Skelettmuskel exprimiert.

Mit den neuen genomischen Methoden werden nicht nur bei Vollbluttypen, sondern auch mehr und mehr die Leistungsunterschiede zwischen den verschiedenen Pferderassen molekular aufgeklärt.

Neben der Mikrosatelliten-Analytik und der eine größere Übersicht ermöglichenden SNP-Microarray-Technologie, gefolgt von Feinkartierungsstudien, ergibt die gezielte Suche nach Unterschieden im Kontrollgen-Locus des Myostatins Hinweise auf merkmalsbeeinflussende Genorte.

Bei unterschiedlichen Vollbluttypen wurden keine exonischen Sequenzvarianten, dafür aber nach Genotypisierung solche im weiteren Verlauf des Myostatin-Locus (MSTN) festgestellt. Die verschiedenen Leistungsklassen unterscheiden sich im Genotyp einer im Intron des Gens gelegenen SNP-Lokalisation. Sprintertypen weisen hier bevorzugt eine C/C-Konstellation, für mittlere Distanzen geeignete Tiere eine C/T- und für längere Strecken ausgewiesene Pferde eine T/T-Basenpaarung auf. Eine Charakterisierung des equinen Skelettmuskel-Transkriptoms lässt darauf schließen, dass die C/C-Konstellation eine Verringerung der MSTN-Transkription und damit einen verstärkten Muskelaufbau zur Folge hat.

2.7 Rassenspezifische Muskelarchitektur

Die athletischen Eigenschaften der Pferderassen gehen stärker auf die selektiven Muster des Aufbaus mit funktional unterschiedlichen Muskelfasertypen als auf den Einfluss des Trainings zurück. Bei Vollblütern und Quarter Horses, den beiden schnellsten Pferderassen, dominieren gegenüber den langsamen Typ I-Fasern mit großem Oxidationspotential die Typen II A und II B (auch oft als Typ II X bezeichnet) als schnell reagierende, kombiniert oxidativ glykolytische bzw. rein glykolytische Fasern. Letztere Typen kennzeichnen den Sprintertyp nicht nur beim Pferd, sondern auch beim Menschen. Pferderassen, die sich durch besondere Ausdauerleistungen auszeichnen, besitzen hingegen einen größeren Anteil an Typ I-Fasern.

Als Folge intensiven Trainings zeigen Vollblüter eine begrenzte Abnahme der Typ I-Fasern und gleichzeitig eine Zunahme des II A- gegenüber dem II B-Typ.

Die Konsequenzen aus dem unterschiedlichen Muskelaufbau dokumentieren sich in einer spezifischen Regulation des Energiestoffwechsels. Kernstück ist der ebenfalls unterschiedlich regulierte glykolytische Glukoseabbau, der im Falle der schnellen Fasern zu einer Akkumulation von Laktat führt, dessen Vorstufe, das Pyruvat, hingegen von den langsamen Fasern in den mitochondrialen oxidativen Stoffwechsel eingeschleust wird. Typ II-Fasern weisen eine hohe Aktivität der Glykogenphosphorylase und Laktatdehydrogenase auf.

Rennpferde und Traber (Standardbred) zeichnen sich durch eine hohe Korrelation von Typ II B-Fasern und nach dem Rennen durch einen hohen Laktatgehalt im Plasma aus.

Da bei andauernder Muskelarbeit der ATP-Bedarf mehr als das 100-fache über dem Ruhebedarf liegt, schaltet der Stoffwechsel auf eine effizientere ATP-Produktion unter aeroben Bedingungen um. Statt der in der Glykolyse erzeugten zwei ATPs werden 38 ATPs aus einem Glukosemolekül erzeugt. Allerdings ist die aerobe Produktion von ATP wegen des zu durchlaufenden vielstufigen Prozesses langsamer als die anaerobe Glykolyse. Beide sind jedoch bei jeder Belastung unterschiedlich stark aktiv, insbesondere in Abhängigkeit von Intensität und Dauer der Aktivität, dem Muskelfasertyp, der Verfügbarkeit von Sauerstoff und von Substraten sowie der Konzentration von Intermediärmetaboliten, insbesondere aber dem phosphorylierten Adenosinmuster und dem Laktat. Mit der Freisetzung von Milchsäure erhöht sich intramuskulär die Protonenkonzentration. Puffersysteme wirken einer Übersäuerung entgegen. Neben dem Bicarbonat-Puffersystem wirkt freies Carnosin (pKa = 6,9) unterstützend. Rennpferde, insbesondere aber Quarter Horses, haben natürlicherweise einen sehr hohen freien Carnosingehalt in den schnellen Muskelfasern.

2.8 Muskelbiochemische Aspekte bei Vollblütern

Das Vollblut-Rennpferd ist ein geeignetes Modell, um die Trainingsphysiologie auch auf molekularer Ebene zu verstehen. Vollblüter haben eine für ihre Körpermasse relativ große aerobe Kapazität (maximale Sauerstoffaufnahmekapazität

(VO_2max). Eine optimale Leistung unter aeroben Stoffwechselbedingungen verlangt, dass sowohl die Ausschleusung von Sauerstoff aus dem Blut als auch seine Nutzung durch die Muskulatur effizient ist.

Die maximale Sauerstoffaufnahme im Gewebe des athletischen Organismus ist ein von vielen Faktoren beeinflusster Vorgang. Er ist abhängig vom Herzzeitvolumen, Blutsauerstoffgehalt und vom Blutfluss durch die Muskulatur, von der Diffusion zur Muskelfaser und deren Gehalt an Mitochondrien. Die wirksamste Methode zur Erhöhung des Sauerstoffgehalts und damit des VO_2max ist die Erhöhung des Hämatokrits. Training erhöht die VO_2max beim Pferd wie bei vielen anderen Spezies zwischen 10 und 25 %. Pferde können jedoch aufgrund der schnell verfügbaren Erythrozytenreserve aus der Milz quasi über ein „Selbstdoping" den Hämatokrit erhöhen. Eine intensive Anstrengung verlangt sowohl eine aerobe als auch anaerobe Energieproduktion; unter Rennbedingungen kann der Energieumsatz bis zum 60-fachen gegenüber dem Grundumsatz gesteigert sein. Die Skelettmuskulatur zeichnet sich durch eine große Adaptationskapazität aus.

2.9 Experimentelle Ermittlung des Leistungsvermögens (Performance)

Die wichtigsten Testparameter sind die Bestimmung der aeroben und der anaeroben Kapazität. Da aber fast alle Sportarten für Pferde vorwiegend aerob sind, ist die Charakterisierung der aeroben Kapazität von prioritärer Bedeutung.

> Der Goldstandard beim humanen und equinen Sportler ist dabei die Bestimmung der maximalen Sauerstoffaufnahme VO_2max. Dies ist jedoch nur unter experimentellen Bedingungen auf dem Laufband möglich.

Die Einhaltung standardisierter Bedingungen ist Voraussetzung für intra- und interindividuelle Ergebnisvergleiche.

Verwendung finden verschiedene spirometrische Offenflusssysteme, die hinsichtlich des Luft-/Gasstroms kalibriert werden müssen. Messeinrichtungen für den Luftdurchstrom, die Atemfrequenz, das Inspirations-/Exspirationsmuster, den Sauerstoff- und Kohlendioxidgehalt in der Exspirationsluft sowie für die Herzfrequenz sind Standard. Laufbänder werden in der Regel auf eine Steigung von 5 bis 10 % (Neigungswinkel 3 bis 5,7°) eingestellt.

Genauere Einblicke in den peripheren Sauerstoffverbrauch gewinnt man durch weitere invasive Eingriffe wie mit der Messung von Sauerstoff- und Kohlendioxidgehalt sowie der Laktatkonzentration im gemischt venösen Blut aus der katheterisierten A. pulmonalis. Der arterielle Sauerstoffgehalt wird im Blut aus der A. carotis oder dem transversalen Ast der A. facialis bestimmt.

Mehr Information über die limitierenden Schritte innerhalb dieses komplexen und hoch regulierten Systems erhält man über die vorgenannten weiteren invasiven Vornahmen (die folgende Datenerhebungen erlauben: arterieller pO_2, arterieller pCO_2, arterielle O_2-Sättigung, venöser pO_2 und pCO_2, venöse O_2-Sättigung, arterielle O_2-Konzentration, venöse O_2-Konzentration, Hämoglobinkonzentration, Herzzeitvolumen, Muskel-O_2-Extraktion, Totalmuskel-O_2-Transportausschleusung, mittlerer pO_2 im Muskelkapillarbett und arterielle Laktatkonzentration). Die Muskelmasse bei einem trainierten Pferd erreicht ca. 50 % der Gesamtmasse. Da aber daneben alle weiteren Organe sowohl im Ruhezustand als auch insbesondere bei Leistungsanforderungen am Sauerstoffverbrauch teilnehmen, lässt sich der VO_2max nicht ausschließlich auf die Muskulatur beziehen

2.10 Genetik der Abstammung und der Individualität

Mit der Erhebung genetischer Fingerabdrücke ist eine Möglichkeit zur Feststellung von Abstammung und individueller Identifizierung gegeben. Die seit Mitte der 1980er-Jahre im vorigen Jahrhundert hierfür herangezogenen Bluttypisierungen sind durch diese neue Technik weitestgehend abgelöst worden.

Beim Pferd stützt man sich überwiegend auf die Analyse ausgewählter Mikrosatelliten, die nach den Mendelschen Gesetzen vererbt werden. Für jeden

Locus können bei verschiedenen Tieren die sich wiederholenden Sequenzen – beim Pferd meist CA/GT – unterschiedlich lang sein, wobei die Allele eines Locus homo- oder heterozygot sein können.

> Diese polymorphen Marker sind damit ideal für eine Genomtypisierung, weil sich die durch PCR vervielfachten Fragmente technisch leicht in ihrer Länge charakterisieren lassen. Durch Verwendung einer Serie von Primer-Paaren ergibt sich z.B. in der elektrophoretischen Trennung ein Bandenmuster, das nur mit einer bestimmten Häufigkeit in der Gesamtpopulation vertreten ist. Je größer die Zahl der untersuchten Loci, desto höher ist die Sicherheit für den Identitätsnachweis eines Individuums.

Weil der Pferdesport eine große ökonomische Bedeutung hat, sind auch entsprechende Mittel vorhanden, um für forensische Untersuchungen Testkits auf den Markt zu bringen, wie z.B. „StockMarksR for Horses Equine Genotyping Kit" der Firma Applied Biosystems.

Im Zusammenhang mit der Dopingproblematik findet diese Technik Anwendung, um sowohl die Identität des beprobten Tieres festzustellen als auch den Nachweis einer kriminellen Zumischung von Probenmaterial anderer Herkunft nachzuweisen. Von Vorteil ist dabei noch, dass man nicht allein auf Blutproben angewiesen ist, sondern die zu prüfende DNA auch aus Urinsediment oder aus Haarwurzeln extrahieren kann. Da nicht nur für Urinproben von Sportlern die Gefahr besteht, dass bei der Probennahme ein Urinaustausch oder ein Verschnitt mit Fremdurin stattfindet, sondern dass auch bei zu geringen Urinmengen die Pferdeprobe mit menschlichem Urin aufgefüllt wird, ist neben der Identitätsfeststellung auch eine Überprüfung dieser illegalen Handlung erforderlich. Dem Ansatz eines auf 21 erweiterten Satzes von Primer-Paaren zur Erfassung des polymorphen Mikrosatelliten-Spektrums werden drei humanspezifische Primer-Paare zugesetzt, wobei die Amplifikation in einem Multiplexverfahren durchgeführt wird. Mit diesem hochspezifischen und reproduzierbaren Verfahren beträgt die Wahrscheinlichkeit einer Falschidentifikation 1 in 1.011 Vollblütern und 1 in 1.013 Traberpferden.

Die Herauszüchtung hoch leistungsfähiger Vollblüter muss jedoch das zugewiesene Potenzial nutzen, weil sonst offenbar die Gefahr besteht, ein „Equines metabolisches Syndrom" (EMS) zu erwerben, wie es neuerdings häufiger beschrieben wird. Dieses Syndrom ist gekennzeichnet durch das Vorliegen einer Insulinresistenz, ähnlich dem menschlichen Typ II-Diabetes.

Kohlenhydratspeicher sind im Vergleich zu denen für Lipide relativ begrenzt. Auch besteht in den verschiedenen Muskelfasertypen für beide Energieträger ein unterschiedliches Speichervermögen.

2.11 Rassentypische Merkmale

Nach der jahrhundertelangen Verwendung des Pferdes als Arbeits-, Kriegs- und Hütepferd haben sich im Sport- und Freizeitbereich Disziplinen herausgebildet, die an den Pferdetyp spezifische Anforderungen stellen. Darauf haben sich die Zuchtrichtungen eingestellt. Neben den Disziplinen, bei denen Schnelligkeit und Sprintereigenschaften gefordert sind, verlangen andere als Zuchtziel kräftige und gut handhabbare oder wendige Tiere oder darüber hinaus solche Pferde, die besondere Ausdauerleistungen vollbringen können. Freizeitreiten ist vom Leistungsgedanken der Sportdisziplinen kaum betroffen. Um den entsprechenden Vorstellungen von Nutzung und Rassetyp gerecht zu werden, haben sich Zuchtwertschätzungen entwickelt. Dabei werden statistische Verfahren eingesetzt, um den Genotyp eines Individuums anhand seines Phänotyps und seiner Familie statistisch abschätzen und von Umwelteffekten abgrenzen zu können. Das Verfahren ist die **B**est **L**inear **U**nbiased **P**rediction-Gleichung (**BLUP**). Es ist mathematisch komplex und beinhaltet die Lösung von Gleichungssystemen mit Hunderten von Unbekannten. Das prinzipielle Vorgehen ist jedoch sehr leicht verständlich. Der Zuchtwert beschreibt, welche Wirkung die Gene eines Tieres auf ein einzelnes Phänotyp-Merkmal haben, wenn sie mit den phänotypischen Merkmalen (Genen) anderer Pferde bei durchschnittlichen Umweltverhältnisse kombiniert werden.

Ein Zuchtwert von 100 beschreibt eine durchschnittliche Vererbung des bewerteten Merkmals. Höhere Zuchtwerte stehen für eine Vererbung, bei der das Merkmal verstärkt wird, niedrigere Zuchtwerte für eine Merkmalsabschwächung. Vergleicht man den Zuchtwert eines Tieres mit dem durchschnittlichen Zuchtwert der gesamten Population, wird ersichtlich, ob dieses Tier in der Zucht verwendet werden sollte und welcher Zuchtwert bei seinen potenziellen Partnern tolerierbar ist.

Zur Bestimmung des Zuchtwerts eines Individuums betrachtet man:
den Phänotyp des Individuums
den Phänotyp seiner Elterntiere
den Phänotyp seiner Voll- und Halbgeschwister
den Phänotyp seiner Nachkommen

Aus diesen Phänotypen kann mittels BLUP eine Zahl, der Zuchtwert, berechnet werden. Der Zuchtwert eines Individuums kann sich ändern, sobald neue Informationen zu den Phänotypen bei ihm selbst bzw. seiner Verwandtschaft bekannt werden. Die Anwendung der Zuchtwertschätzung ist grundsätzlich dann sinnvoll, wenn der betrachtete Phänotyp einem komplexen Erbgang folgt und auch durch die Umwelt beeinflusst werden kann. Der Phänotyp sollte dabei bevorzugt eine möglichst hohe Heritabilität aufweisen. Mit den oben beschriebenen genanalytischen Verfahren kann diese direkt nachgewiesen werden. Damit sind auch in diesem Sinne polymorphe Marker ideal für eine entsprechende Genomtypisierung, weil sich die durch PCR vervielfachten Fragmente technisch leicht in ihrer Länge charakterisieren lassen. Am Beispiel der Muskelkraft und Wettkampfleistung der einzelnen Pferderassen soll dieser Einsatz aufgezeigt werden.

Im Gegensatz zu den meisten Säugetieren besteht beim Pferd als Bewegungstier etwa die Hälfte der Körpermasse aus Muskulatur. Bis ca. 80 % des Herzschlagvolumens an Blut gelangen unter der Bedingung maximaler Sauerstoffaufnahme in die Muskulatur. Mehr als 90 % der Muskulatur besteht aus Myofibrillen, die als motorische Einheiten organisiert sind. Die Muskelkraft wird von der Zusammensetzung der Fasertypen und dem Faserquerschnitt bestimmt. Der Fasertyp wird durch die Myosin-Isoformen definiert. Der Anteil der einzelnen Fasertypen variiert von Pferd zu Pferd und von Muskel zu Muskel. Sowohl myogene (Rasse, Zuchtlinie, Alter, Geschlecht) als auch nicht myogene (Innervierung, extrazelluläre Substanzen, Training) Faktoren regulieren deren Anteil. Muskelfasern werden kategorisiert als Typ I (langsam, oxidativ), Typ II A (schnell, oxidativ glyko lytisch), Typ II X (schnell, glykolytisch) und Hybridfasern Typ II aX.

2.11.1 Die Vollblutzucht

Die Zucht des Englischen Vollblüters ist die einzige, bei der seit mehr als 300 Jahren allein die Leistung die Zuchtauswahl bestimmt. Nur die Schnelligkeit und die gewonnenen Rennen sind die entscheidenden Auswahlkriterien. Dies gilt sowohl für Hengste als auch für Stuten. Die Vollblutzucht ist über den gesamten Erdkreis mit selbstständigen Linien verbreitet, die sich von der englischen Vollblutzucht abgeleitet haben.

Muskelarchitektur und Muskelbiochemie werden nicht nur vererbt, sondern sind in erheblichem Maß von der Trainingsintensität und der Trainingsdauer abhängig. Konditionierte Vollblüter weisen vorwiegend den Fasertyp II (II X und II A, mit Hybridfasern II Ax und II Xa), also den schnell kontrahierenden Fasertyp auf, der die Energie rasch aus den zellulären, molekularen Energiespeichern bereitstellt und diese über die schnell einsetzende Glykolyse ergänzt (Typ II X). Geschwindigkeiten bis 65 km/h über 1 bis 2 Minuten sind dabei erreichbar. Der Fasertyp II A und seine Hybriden enthalten abgestuft die für einen aeroben Stoffwechsel erforderliche oxidative Kapazität, die mit der Intensität und Dauer des Trainings zunimmt. Parallel damit geht eine Erhöhung der Glykogenkonzentration und der Mitochondrienzunahme in der Muskelfaser sowie bei Belastungsbeginn eine Zunahme der Sauerstoff tragenden Kapazität des Bluts durch die Milzkontraktion einher. Typ II Ax und Typ II X/Typ II Xa repräsentieren 40 bis 50 % der Gesamtfasertypen in der propulsiven Muskulatur. Sie stellen einen Reservepool dar, auf den während maximaler und supramaximaler Intensitätsbelastung zurückgegriffen wird. Bei Strecken bis 1.000 m kommt der aerobe Stoffwechsel noch nicht ins Spiel.

2.11.2 Quarter Horse-Rennen

In den USA haben Quarter Horse-Rennen eine lange Tradition. Sie führen meist über eine Viertelmeile. Die Pferde erreichen dabei eine Geschwindigkeit von mehr als 70 km/h und sind damit schneller als die Vollblüter.

Das Quarter Horse weist gegenüber dem Vollblut und dem auf Ausdauer gezüchteten Pferd (Distanzreiten) in Muskelarchitektur und Muskelbiochemie große Unterschiede auf, was seine Eignung für schnelle und explosive Bewegungsabläufe ausmacht. Die Muskeln der Hintergliedmaße besitzen eine relativ größere Masse bei ähnlicher Faszikellänge und vergleichbaren Anheftwinkeln an die zentrale Sehne. In der Muskulatur des Quarter Horse findet sich mit ca. 7 % nur ein kleiner Anteil an Typ I-Fasern. Mehr als 90 % der Fasern gehören damit dem weißen, schnellen Typ II an, der durch die hohe Aktivität glykolytischer Enzyme charakterisiert ist.

2.11.3 Die deutsche Traberzucht

In der deutschen Traberzucht spielte der Orlow-Traber mit seinem großen, derben Rahmen ursprünglich eine große Rolle. Bei der weiteren Entwicklung hat sich hier die Einfuhr wertvollen amerikanischen Zuchtmaterials durchgesetzt. Bei Streckenrekorden führen die amerikanischen Zuchten. Der Rennerfolg wird oft durch das Stehvermögen und den (Kampfes-)willen (Competitition) im psychologischen Wettbewerb entschieden. Dieser ist jedoch inhärent und überdies durch den Trainer beeinflussbar. Adaptationen der Muskelfasern durch Training erhöhen die Muskelstärke. Trainingseinheiten mit niedriger bis mittlerer Aktivität (60 bis 80 % von VO_2max) und relativ kurzer Dauer (6 bis 12 Minuten) über einen längeren Zeitraum (16 Wochen) erhöhen das Potenzial zur Schnelligkeit. Längere Dauer der Trainingseinheiten unter hoch intensiven Bedingungen (100 bis 110 % von VO_2 max) erhöhen die aerobe und verringern die anaerobe Kapazität.

2.11.4 Springpferde

Springpferde gewinnen ihre Energie aus der Kombination von aerobem und anaerobem Stoffwechsel. Die anaerobe Komponente ist synonym mit der kraftvollen Muskelkontraktion beim Sprung. Die Herzschlagfrequenz bei Elitepferden nimmt zum Ende des Parcours bis ca. 190 Schläge/Minute zu. Blutlaktatwerte steigen bis 10 mmol/l. Aufgrund der relativ kurzen Dauer eines Umlaufs profitieren Springpferde kaum von einem auf Ausdauer ausgerichteten aeroben Training. Trotzdem besitzt dieser Sportpferdetyp eine ausgewogene Faszikelzusammensetzung aus drei Muskelfasertypen, wobei die des Typs II jedoch dominieren. Dieses Muster wird optimal den Anforderungen an die Vielseitigkeit der Bewegungen und den Anforderungen des Parcours gerecht. Unter dem Training nimmt aber vor allem das Typ II A/Typ II X-Verhältnis und die Menge der Hybridfasern II aX zu, ebenfalls die Menge der oxidativen Muskelenzyme.

2.11.5 Dressurpferde

Dressurpferde arbeiten primär unter aeroben Bedingungen. Das spezifische Training induziert eine Hypertrophie der Typ I- und Typ II A-Fasern sowie einen mehrfachen Anstieg des Typ II A/Typ II X-Verhältnisses.

2.11.6 Vielseitigkeitspferde

Von Vollblütern und Arabern ursprünglich in Vielseitigkeitspferde eingebrachte konstitutionelle Eigenschaften dominieren bei den heutigen Warmblutpferden nicht mehr. Athletische Belastbarkeit und Leistungsbereitschaft sind neben dem Konzentrationsvermögen bei Dressur und Springen die wichtigsten Voraussetzungen. Ein hoher Anteil von Typ II-Fasern, insbesondere aber von Typ II A-Fasern, ist die Basis für Springen und Sprinten.

2.11.7 Elite-Distanzpferde

Distanzpferde sind leichtgewichtig, mit einem maximalen Stockmaß von ca. 150 cm. Da unter Ausdauerbedingungen viel Wärme produziert wird, ist diese Konstitution für die Wärmeabfuhr günstiger als bei größeren Tieren. Elitepferde sind charakterisiert durch einen hohen Anteil an Typ I- und Typ II A-Muskelfasern und damit mit einer hohen aeroben Kapazität ausgestattet.

2.11.8 Andalusier-Linien

Die Konditionierung durch intensives Galopptraining dieser Distanzpferde oder auch von Andalusier Linien bewirkt eine Hypertrophie von Typ II A-Fasern bei gleichzeitiger Abnahme des Typ II X-Anteils. Parallel dazu nehmen der Anteil der Typ I-Fasern, die Kapillardichte, die Menge der oxidativen Enzyme und der endogene Glykogengehalt zu. Darüber hinaus wird mit dem intensiven Training der intramuskuläre Lipidspeicher größer. Es kann geschätzt werden, dass 95 % oder mehr des Energieaufwands beim Distanzreiten vom aeroben Stoffwechselweg beigesteuert werden.

2.11.9 Kaltblüter

In der Rassengruppe mit hohem Körpergewicht werden Pferde für den Zugdienst als Kaltblüter geführt. Die Kaltblutrassen sind in erster Linie der Kaltblut (Noriker) hat in Deutschland noch den größten Bestand. Die reinrassigen Genanteile betragen mehr als 93 % . Oberländer in Bayern und Schwarzwälder Fuchs sind die bekanntesten Rassen und zeichnen sich als mittelgroße, wendige Tiere aus. Zwischen dem Süddeutschen und Schleswiger Kaltblut sind Verwandschaftskoeffizienten mit 0,103 % am höchsten. Kaltblüter sind je nach Rasse unterschiedlich stark und umfangreich vom Fesselekzem, der Mauke, betroffen. Für die Typisierung genetisch bedingter Krankheiten dieser Rassen werden im Rahmen des Pferdegenomprojekts bei Kaltblütern genomische Kartierungen mithilfe von Mikrosatelliten-Verteilungen erstellt.

Literatur: Weitere Literatur auf Anfrage
Glatzel, P. S.: Atlas der Ultraschalluntersuchung beim Pferd (Schlütersche, Hannover 2011)

3. Pferdeanatomie prädisponierend für determinierende Domestikationsfolgen

(K. D. Weyrauch)

Vorbemerkung

Die in der Folge dargestellten Details der Anatomie des Pferdes erheben keinen Anspruch auf Vollständigkeit, sie repräsentieren vielmehr nur deren Bedeutung zu klinischen Belangen.

3.1 Prädisposition durch den Lebensraum

Wie im 1. Abschnitt herausgearbeitet, ist das offene Gelände wie Savanne, Steppe oder Halbwüste der ursprüngliche Lebensraum des Pferdes. Natürliche Feinde in dieser Umgebung sind große Raubtiere, denen sie zwar mit Schlagen oder Beißen begegnen können, denen sie sich aber lieber durch die Flucht entziehen.

Als „Fluchttiere“ sind ihre Sinne und der gesamte Körperbau darauf ausgerichtet, Feinde rechtzeitig zu bemerken und diesen durch schnelles und ausdauerndes Laufen zu entkommen. Dementsprechend ist die Anatomie der Pferde an diese Bedürfnisse angepasst: Die Gliedmaßen sind sehr lang, proximal mit mächtigen Muskelportionen ausgestattet, die distal in kräftige Sehnen übergehen und dadurch die nötige Fluchtgeschwindigkeit ermöglichen. Für das Fußen auf hartem Untergrund sind die Gliedmaßenspitzen mit einer kräftigen

Behornung (Hornschuh) ausgestattet. Die Ausbildung eines sogenannten „passiven Stehapparates" ermöglicht das energiesparende Stehen über längere Zeit sowie das eventuelle Schlafen im Stehen und damit die ständige Bereitschaft zur Flucht.

Ein langer Kopf bietet genügend Raum für das ausgeprägte Pflanzenfressergebiss, eine ebenso ausgeprägte Nasen- bzw. Riechschleimhautoberfläche sowie für hoch angelegte Augen und Ohren.

Der tief angesetzte Brustkorb enthält eine für anhaltende Laufleistung benötigte große Lunge sowie für das hierzu erforderliche Herz samt mächtiger Milz. Des Weiteren bietet der Thorax viel Raum und Schutz für einen großen Teil des Verdauungsapparats.

Die sehr ausgeprägte Hals-, Rücken- und Kruppenmuskulatur des Pferdes ermöglicht ihm eine schnelle und gut modulierbare Fortbewegung und prädestiniert diese Tierart für den Einsatz als Reit- und Zugtier in den unterschiedlichen Disziplinen.

3.2 Determination durch das Skelettsystem

Das Skelettsystem bietet der quergestreiften Muskulatur bzw. deren Sehnen Ursprungs- und Ansatzpunkte und ermöglicht so die Bewegungen des Tierkörpers. Des Weiteren dient es neben seiner Funktion als Speicherorgan von lebenswichtigen Mineralstoffen dem Schutz lebenswichtiger Organsysteme wie dem Herzen, der Lunge, einem großen Teil der Verdauungsorgane und dem „Zentralen Nervensystem". Schließlich ist es ein wichtiger Ort der Blutbildung. Das Skelett wird, insbesondere im Bereich des Stammes und der Gliedmaßenspitze, durch einen ausdifferenzierten Bandapparat stabilisiert. Die einzelnen Knochen stehen über spaltfreie (Synarthrosen) bzw. echte, spalthaltige Gelenke (Diarthrosen) der unterschiedlichsten Ausgestaltung miteinander in Verbindung. Dabei ist die Morphologie der Knochensysteme an die unterschiedlichen Anforderungen der einzelnen Rassen und deren Muskulatur angepasst. So besitzen z.B. Vollblutpferde lange, schlanke Knochen für lange, schlanke Muskeln und Kaltblutpfer-

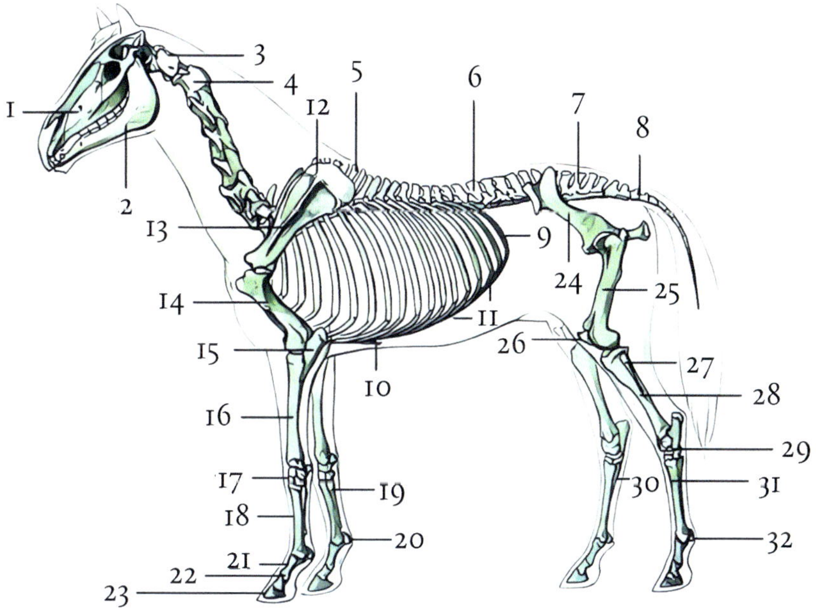

Abb. 1 – Das Skelett des Pferdes:
1 Maxilla; 2 Mandibula; 3 Atlas; 4 Axis; 5 Vertebra thoracica VII; 6 Vertebra lumbalis I; 7 Os sacrum; 8 Vertebra caudalis; 9 Costa XVIII; 10 Cartilago xiphoidea, 11 Arcus costalis, 12 Cartilago scapulae; 13 Scapula; 14 Humerus; 15 Ulna; 16 Radius; 17 Ossa carpi; 18, 19 Ossa metacarpalia; 20 Ossa sesamoidea proximalia; 21 Phalangx proximalis; 22 Phalanx media; 23 Phalanx distalis; 24 Os coxae; 25 Os femoris; 26 Patella; 27 Fibula; 28 Tibia; 29 Ossa tarsi; 30, 31 Ossa metatarsalia; 32 Ossa sesamoidea proximalia. (Nach Popescu, 1998)

de zeichnen sich durch kräftigere, jedoch kürzere Knochen für massige Muskelgruppen aus. Das Skelettsystem des Pferdes ist also deutlich rasseabhängig.

> Grundsätzlich zeichnet sich das Pferdeskelett durch einen langen Schädel, einen bedingt durch 18 Brustwirbel und sechs Lendenwirbel sehr langen Rücken und einen mächtigen Thorax aus. Schließlich weist ein kaudal abfallendes Becken mit einem kurzen, konvex gebogenen Beckenboden auf einen schnellen und leichten Geburtsverlauf hin.

Die Extremitäten dienen neben der Fortbewegung auch bei Auseinandersetzungen mit Artgenossen oder anderen Tierarten zum Angriff oder zur Verteidigung. Insbesondere die Vordergliedmaßen dienen als wichtige Stützorgane, aber auch als sensible Tastorgane bei der Beurteilung des Untergrundes oder von Hindernissen.

3.2.1 Hals und Rücken

Die Gestalt von Hals und Rücken der Pferde ist sehr stark rasse- und damit nutzungsabhängig. Außerdem ist das Alter, das Geschlecht und die Haltung der betreffenden Tiere für ihr Erscheinungsbild maßgebend. Während die Dorsalkontur des Halses durch den Verlauf des Nackenbandes bestimmt wird, sind im Rückenbereich die Spinalfortsätze der Brust und Lendenwirbel hierfür verantwortlich. Lateral wird die Form des Halses und des Rückens durch die den Wirbeln angelagerten *Mm. sterno-cephalicus, trapezius, longissimus und iliocostalis* bestimmt. Der Übergang vom Hals zum Rücken (Widerrist) kann eben oder durch eine mehr oder weniger flache Mulde gekennzeichnet sein. Im Bereich des Thorax geht der Rücken undeutlich, im Bereich der Lendenwirbel scharf begrenzt in die seitliche Körperwand über.

Veränderungen in der Halswirbelsäule können zu Kompressionen des Rückenmarks führen (Cervical Vertebral Malformation/Malarticulation, Cervical Stenotic Myopathy, Wobbler-Syndrom). Hieraus entstehen neurologische Ausfallserscheinungen in Form von Störungen der Bewegungskoordinationen (spinale Ataxien) wie schwankender Gang oder stolpernde, übertriebene oder verlangsamte Gliedmaßenbewegung (Dysmetrie) mit gestörter Tiefensensibilität. Dabei kann es sich um die dysmanische, funktionelle Stenose bei Halsbeugung (vC6-vT1) oder statische Stenose unabhängig von der Halsbewegung handeln. Ursächlich beteiligt sind bei der Entstehung eine vergrößerte kaudale Epiphyse bzw. eine Vorwölbung derselben in Richtung Rückenmark (intravertebrale Stenose) oder eine Deformation an den Halswirbeln vC3–5, die zu einer Subluxation der Halswirbel führen können. Da es sich einerseits um entwicklungsbedingte Störungen handelt, sind Fohlen im Alter von ca. 6 Monaten bzw. Jungpferde bis zu 2 Jahren betroffen. Andererseits können derartige Störungen auch zu späterem Alter als Folgen von Traumen und auch als Abnutzungsfolge auftreten. Eine eindeutige Aussage über das Ausmaß und die Lokalisation einer Rückenmarksstenose ist nur mit einer Röntgenuntersuchung nach Verabreichung eines Röntgenkontrastmittels (Myelographie) möglich. Dabei ist es wichtig, dass die bei Jungpferden röntgenologisch darstellbaren Epiphysenfugen falsche Tatsachen vortäuschen können (an den Halswirbeln vC2–7 sind im seitlichen Strahlengang je eine Fuge kranial, Schluss mit 2 bis 5 Jahren, und eine Fuge kaudal, Schluss mit 4 bis 6 Jahren zu berücksichtigen).

Zur Vervollständigung sei noch auf die autosomal rezessiv vererbbare Occipito-atlanto-axiale Fehlbildung (hauptsächlich bei Araberpopulationen) hingewiesen, Fehlentwicklungen in der Verbindung und Artikulation zwischen Hinterhauptbein und Atlas. Die Fohlen weisen eine unnatürliche gestreckte Kopfhaltung mit Koordinationsstörungen an allen Extremitäten auf.

Das Pferd zeichnet sich durch einen vergleichsweisen langen Rücken aus (bedingt durch 18 Brust- und je nach Rasse fünf bis sieben Lendenwirbel). Dabei bilden die Dornfortsätze der Brustwirbel vT3–9 den Widerrist, der seinen höchsten Punkt im Bereich von vT5–6 erreicht. Der Bereich der hinteren Brustwirbel vT10–18 stellt die Sattellage dar. Zu berücksichtigen ist in diesem Bereich, dass Pferde bis zu einem Alter von 7 bis 10 Jahren an den Dornfortsätzen von vT2–9 Knorpelkappen mit eigenen Ossifikationskernen aufweisen (cave Röntgendiagnostik, Frakturdiagnostik).

Im Bereich zwischen dem 10. Brust- und dem 4. Lendenwirbel kann es gelegentlich zur Berührung benachbarter Spinalfortsätze kommen („Kissing Spines“). Die durch die Bewegungsabläufe verursachte ständige Reibung führt auf die Dauer zur Entstehung entzündlicher Prozesse, die erhebliche Schmerzen verursachen können. Als besonders anfällig gelten hierfür Spring- und Rennpferde, da bei diesen die stärksten Rückenbelastungen entstehen. Bei klinischen Untersuchungen von Dressur-, Western- oder Freizeitpferden im Alter von 5 bis 9 Jahren können jedoch auch diese Tiere entsprechende Symptome wie Druckschmerz bei der Palpation oder Reaktionen bei der reflektorisch ausgelösten Dorsoflexion aufweisen. Der röntgenologische Nachweis zeigt Engstand der Dornfortsätze mit Randsklerosierungen, osteolytische Bereiche und exostotische Zubildungen (Spondylarthrosis, Spondylarthropathia deformans).

Die sehr langen Querfortsätze der Lendenwirbel können ebenfalls miteinander in Reibungskontakt treten, was im Laufe der Zeit zur – allerdings schmerzfreien – Ausbildung von echten Gelenken führt. Die Wirbelkette wird neben der gesamten Rückenmuskulatur (*Mm multifidi, -spinalis et semispinalis, -interspinales, -intertransversarii*) bzw. Lendenmuskulatur (*Mm. psoas, -psoas minor, -iliopsoas, -quadratus lumborum*) durch eine Vielzahl von langen und kurzen Bändern zum oberen Bogen der sogenannten Rumpfbrücke stabilisiert; sie stellt damit einen wichtigen Bestandteil der statischen Konstruktion des gesamten Stammes dar.

> Die zu den Brustwirbeln gehörenden Rippenpaare bilden zusammen mit dem Brustbein die Grundlage für einen mächtigen Thorax, der neben den Organen der Brusthöhle gut zwei Drittel der Bauchhöhle gegen äußere mechanische Einwirkungen schützend bedeckt.

3.3 Gliedmaßen

Das Pferd als Zehenspitzengänger zeigt im Bereich der Gliedmaßenspitze (*Acropodium*) eine Reduzierung der in der Phylogenese ursprünglich angelegten fünf Strahlen sowohl in der Vorder- als auch der Hintergliedmaße auf den dritten Strahl, bei gleichzeitiger Verlängerung des Metapodiums. Im Bereich das Metapodiums sind (noch) der zweite und vierte Strahl, wenn auch nur rudimentär, als Griffelbein(e), ausgebildet.

3.3.1 Skelett von Hand bzw. Fuß

Während sich Hand und Fußwurzel durch Ausbildung und Anordnung der kurzen Knochen noch deutlich voneinander unterscheiden, sind die Knochen des Metapodiums und Akropodiums, sieht man von deren im Querschnitt querovalen vorne bzw. runden bis längsovalen Form hinten ab, annähernd identisch ausgebildet.

Die Knochen des Basipodiums der Vordergliedmaße sind in zwei Reihen angeordnet. Die proximale, antebrachiale Reihe besteht aus vier Knochen, wobei das lateral gelegene *Os accessorium* durch seine prominente Form ins Auge sticht. Die distale, metakarpale Reihe besteht aus drei Knochen (*Os carpale II IV*).

Das **Basipodium** der Hintergliedmaße weist drei Reihen auf. Die antikrurale Reihe setzt sich aus dem mit der *Cochlea* der Tibia artikulierenden medial gelegenen Rollbein (*Talus*) und dem lateralen Fersenbein (*Calcaneus*) zusammen. Nach distal folgt das *Os tarsi centrale,* das die mittlere Reihe des Basipodiums repräsentiert. Es artikuliert proximal mit dem *Talus*, distal mit den *Ossa tarsalia.* Die metatarsale Reihe besteht in der Regel aus drei Knochen, wobei *Os tarsale I* und *II* verschmolzen sind). *Os tarsale IV* ragt in die mittlere Reihe vor und artikuliert mit dem *Os tarsi centrale* und dem *Calcaneus.*

Das **Metapodium** besteht aus dem noch vollständig ausgebildeten dritten Strahl (*Os metacarpale III* bzw. *Os metatarsale III*, „Röhrbein"), dieser wird lateral und medial von den stark zurückgebildeten Griffelbeinen flankiert (*Ossa metatarsalia* bzw. *metacarpalia II* bzw. *IV*). Die Griffelbeine bestehen aus einem proximalen breiten Griffelbeinköpfchen (*Basis*), einem schlanken Körper (*Corpus*), der nur noch im proximalen Drittel direkten Kontakt zu Röhrbein aufweist, und einem distalen m. o. w. frei endenden Knöpfchen (*caput*), welches das distale Ende des Metapodiums nicht erreicht. Dem Röhrbein palmar bzw. plantar angelagert befinden sich die beiden proximalen Sesambeine (*Ossa sesamoidea proximalia*).

Im **Akropodium** (Fußspitze) sind alle Strahlen bis auf den dritten vollständig zurückgebildet, es besteht aus den Knochen Fesselbein (*Os compedale*), Kronbein (*Os coronale*) und Hufbein (*Os ungulare*), die über Sattelgelenke miteinander in Verbindung stehen. Das Kronbein-Hufbeingelenk wird palmar bzw. plantar durch ein gut entwickeltes Sesambein, das Strahlbein (*Os sesamoideum distale*) ergänzt. Das Strahlbein, das im Zusammenhang mit dem sogenannten Hufrollensyndrom von klinischer Bedeutung ist, besteht u.a. aus einer dem Kronbein zugekehrten *Facies articularis phalangis mediae*, einer *Facies flexoria*, einem *Margo proximalis*, in dem der Strahlbeinast des Fesselbein-Strahlbein-Hufbeinbandes mit dem der anderen Seite zusammentrifft, und einem *Margo distalis*, der die *Facies articularis phalangis distalis* und die Ursprungsfläche für das *Ligamentum sesamoidem distale impar* trägt. Das Hufbein fällt durch seine charakteristische Form, die die Grundform für den Hornschuh vorgibt, ins Auge. Das Hufbein wird lateral und medial auf der palmaren bzw. plantaren Seite von je einem knöchernen zweigeteilten Fortsatz (*Proc. palmaris/plantaris lateralis* bzw. *Proc. palmaris/plataris medialis*), der den Hufknorpel trägt, überragt.

3.3.2 Gelenke

3.3.2.1 Vorderfußwurzelgelenk/Karpalgelenk

Das Vorderfußwurzelgelenk oder Karpalgelenk (*Articulatio carpi*) ist ein zusammengesetztes Gelenk, das im Bereich der Unterarm-Vorderfußwurzel (95°) bzw. im Bereich Vorderfußwurzel-Mittelgelenk (45°) noch umfangreiche Bewegungen/Wechselbewegungen zulässt, im Bereich des Vorderfußwurzel-Mittelfußes und der Fußwurzelzwischengelenke aber nur sehr eingeschränkte Bewegungen erlaubt („straffe Gelenke"). Das gesamte Karpalgelenk wird durch mediale und laterale lange Haltebänder (*Ligg. collateralia*) und kurze Bänder, die zwischen den Knochenreihen, zwischen den einzelnen Knochen der Reihen und zwischen der distalen Knochenreihe und dem Metacarpus verkehren, fixiert. Das *Os accessorium* steht außerdem über eigene proximale und distale Haltebänder mit seiner knöchernen Unterlage in Verbindung (und bietet so einen gesicherten Ansatzpunkt für einen Teil der Unterarmmuskulatur). Vom palmaren freien Ende erstreckt sich ein breitflächiges Halteband (*Retinaculum flexorium*) nach medial, es deckt den sogenannten Karpaltunnel nach palmar ab und bildet so eine feste Halterung für die nach distal ziehenden Sehnen der Zehenbeuger, die ihrerseits von der gemeinsamen Karpalbeugesehnenscheide umschlossen sind. Die dorsal über den Karpus ziehenden Strecksehnen sind jeweils von eigenen Sehnenscheiden umgeben.

3.3.2.2 Kniegelenk

Im Kniegelenk (*Articulatio genus*), das sich aus dem Kniekehlgelenk (Spiralgelenk) und dem Kniescheibengelenk (Schlittengelenk) zusammensetzt, artikulieren Femur mit Tibia und Fibula auf der einen (*Articulatio femorotibialis*) und Patella mit Femur (*Articulatio femoropatellaris*) auf der anderen Seite.

Während die Innenseite der Patella exakt auf die Trochlea des Femurs passt, muss die Inkongruenz des proximalen Tibia-Endes durch faserknorpelige, mandarinenscheibenförmige Menisken an die Kondylen des Femurs angepasst werden.

Das Kniekehlgelenk (*Articulatio femorotibialis*) wird von einer weiten Gelenkkapsel (*Capsula articularis*) umgeben, deren *Stratum fibrosum* an den Gelenkrändern der beteiligten Knochen und den (konvexen) Außenrändern der Menisken ansetzt. Die *Stratum synoviale* bildet zwei voneinander getrennte Gelenksäcke (Höhlen), die im Bereich zwischen den beiden Femurkondylen aneinanderstoßen. Der laterale Gelenksack ragt mit einer Ausbuchtung (*Recessus subextensorius*) in den *Sulcus extensorius* der Tibia vor und dient, indem er die Sehne des *M. extensor digitorum longus* umfasst, als deren Schleimbeutel. Der laterale Gelenksack ist an dieser Stelle für eine intraartikulare Injektion zugänglich. Das Kniekehlgelenk wird lateral und medial je durch ein kräftiges *Lig. collaterale* stabilisiert. Außerdem befindet sich zwischen den beiden Gelenksäcken das von der intercondylären Fläche des lateralen Femurknorrens zur *Area intercondylaris* der Tibia ziehende kraniale Kreuzband (*Lig. cruciale craniale*) und das zwischen der interkondylaren Fläche des medialen Femurknorrens zur *Area intercondylaris caudalis* bzw. *Incisura poplitea* der Tibia verkehrende kaudale Kreuzband (*Lig. cruciatum caudale*). Die beiden Menisken sind über kurze Bänder kranial und kaudal mit der Tibia, der laterale Meniskus zudem noch mit dem Femur verbunden.

Das Kniescheibengelenk (*Articulatio femoropatellaris*) wird ebenfalls von einer geräumigen Gelenkkapsel umschlossen. Die Gelenkhöhle erstreckt sich mit zwei Ausbuchtungen nach proximal unter den *M. quadriceps femoris*. Sie steht mit dem medialen Gelenksack des Kniekehlgelenks in Verbindung. Eine zwischen dem medialen Kniescheibenband und dem medialen Kollateralband des Kniekehlgelenks horizontal eingebrachte Injektion erreicht somit beide Gelenksäcke.

Die Kniescheibe wird mittels Faszienverstärkungen, den sogenannten *Retinacula patellae,* am Femur befestigt. Die Befestigung an der Tibia erfolgt über die als *Lig. patellae intermedium* bezeichnete Endsehne des *M. quadriceps femoris* an der *Tuberositas tibiae.* Zu diesem Band gesellen sich zwei weitere, am seitlichen Rand der Patella entspringende und an der proximalen Kranialfläche der Tibia ansetzende Bänder, das *Lig. patellae laterale* und *-mediale.* Das *Lig. patellae intermedium* wird distal seines Ursprungs an der Patella von der *Bursa infrapatellaris proximalis* und unter seinem tibiaseitigen Ansatz von der *Bursa infrapatellaris distalis* unterlagert.

3.3.2.3 Hinterfußwurzel- oder Sprunggelenk/Tarsalgelenk (Articulatio tarsi)

Beim Hinterfußwurzel- oder Sprunggelenk handelt es sich um ein zusammengesetztes Gelenk, das in Unterschenkel-Hinterfußwurzelgelenk (*Articulatio tarsocruralis*), Sprungbein-Fersenbeingelenk (*Articulatio talocalcanea*), zweigeteiltes oberes und unteres Hinterfußwurzel-Mittelgelenk (*Articulatio talo-calcaneo-centralis, Articulatio calcaneo-quartalis* und *Articulatio centrodistalis*) und Hinterfußwurzel-Mittelfußgelenke (*Articulationes tarso-metatarseae*) unterteilt wird. Außerdem sind die einzelnen Tarsalknochen gelenkig über die *Articulationes intertarseae* miteinander verbunden. Das Tarsalgelenk wird in seiner Gesamtheit sowohl lateral als auch medial durch lange und kurze Kollateralbänder fixiert, Letztere sind vorwiegend im Bereich des Tarsokruralgelenks ausgebildet. Des Weiteren überspannen dorsale und plantare kurze und lange Bänder die einzelnen Gelenkspalten; von diesen sollen das dorsal gelegene *Lig. talo-centro-disto-metatarseum*, das medial am Talus entspringt und sich distal fächerförmig verbreiternd an den Metatarsalknochen ansetzt, und das *Lig. plantare longum*, das vom *Tuber calcanei* zu den *Ossa metatarsaleae* zieht, besonders hervorgehoben werden. Ausgeprägte Bewegungsmöglichkeiten des Sprunggelenks sind nur im Tarsokruralbereich gegeben, bei allen übrigen Knochenverbindungen handelt es

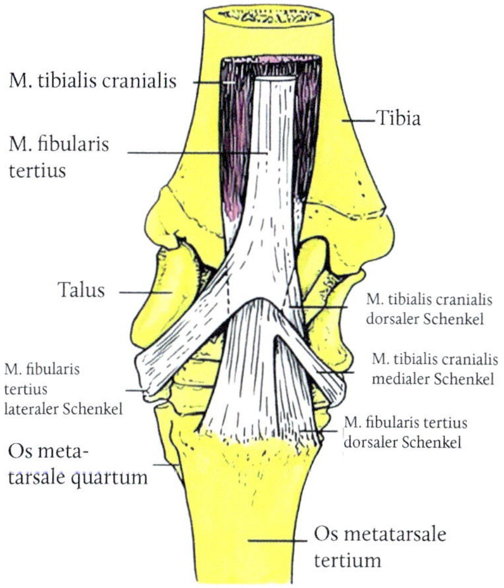

Abb. 2 – Ansatzschenkel des *M. fibularis tertius* und *M. tibialis cranialis*. Der mediale Schenkel des *M. tibialis cranialis* wird entsprechend der Lokalisierung des „Spat" auch „Spatsehne" bezeichnet. (Nach Dyce, Sack, Wensing, 1991, umgezeichnet).

sich um straffe Gelenke. Das Tarsokruralgelenk bewirkt bedingt durch die exzentrische Anordnung der Kollateralbänder eine Federung im Bewegungsablauf.

Aufgrund ihrer klinischen Bedeutung sei hier die mediale Endsehne des *M. tibialis cranialis*, die dorsal am Sprunggelenk eine (gewisse) Funktion als Halteband übernimmt und als **Spatsehne** bezeichnet wird, hervorzuheben. Der *M. tibialis cranialis*, entspringt proximal an der Tibia. Er wird vom rein sehnigen *M. fibularis tertius (Tendo femorotarseus)* bedeckt und geht am distalen Ende der Tibia in eine kräftige Sehne über, die zwischen dem mittleren und medialen Ast der Sehne des *M. fibularis tertius* nach plantar hindurchtritt und sich dabei in zwei Schenkel aufzweigt. Der gerade, laterale Schenkel verbindet sich mit der mittleren Endsehne des *M. fibularis tertius* und setzt proximal am Röhrbein an. Der kräftigere mediale Schenkel zieht schräg über die mediale Endsehne des *M. fibularis tertius* hinweg, um danach am *Os tarsale I et II* und am medialen Griffelbeinköpfchen anzusetzen. Dieser von einem Schleimbeutel unterlagerte Schenkel wird als Spatsehne bezeichnet.

3.3.2.4 Zehengelenke

Das **Fesselgelenk** (*Articulatio metacarpophalangea*) setzt sich zusammen aus der mit einem Sagittalkamm ausgestatteten Gelenkwalze des Röhrbeins, der durch eine zentrale Rinne unterteilten Gelenkgrube des Fesselbeins und den palmar bzw. plantar aufgelagerten Sesambeinen. Lateral und medial wird das Gelenk durch Kollateralbänder gestützt. Sodann spielen die Bänder der Sesambeine, die einen Teil des Fesseltrageapparates bilden, eine wichtige Rolle. Man unterscheidet proximale, mittlere und distale Sesambeinbänder.

Proximale Bänder: Der *M. interosseus medius*, der rein sehnig ist und nur noch beim Fohlen einzelne Muskelfasern enthält, liegt zwischen den beiden Griffelbeinen dem Röhrbein dicht an, er verbindet, indem er sich im distalen Drittel des Röhrbeins aufteilt, die distalen Karpal- bzw. Tarsalknochen mit der Basis der beiden Gleichbeine. Zudem gibt dieses Band ein laterales bzw. mediales Unterstützungsband an die gemeinsame Strecksehne ab. Diese Bänder werden bereits zu den distalen Sesambeinbändern gerechnet. Ein kurzes *Lig. metacarpo-* bzw. *metatarsointersesamoideum* entspringt mit einem lateralen und medialen Schenkel am Distalende des Röhrbeins und zieht zwischen den Schenkeln des *M. interosseus medius* an das die beiden Gleichbeine verbindende *Lig. palmare* bzw. *Lig. plantare*. Letzteres bildet zusammen mit den beiden Gleichbeinen den sogenannten proximalen Gleitkörper (*Scutum proximale*), der wiederum zusammen mit dem medialen und lateralen kollateralen Gleichbeinband den Komplex der mittleren Sesambeinbänder repräsentiert. Distale Bänder: Das gerade Sesambeinband (*Lig. sesamoideum rectum*) verbindet die Basis der beiden Sesambeine mit der Spitze des Fesselbeindreiecks und mit der Kronbeinlehne. Die beiden schiefen Sesambeinbänder (*Ligg. sesamoidea obliqua*) liegen seitlich des geraden Sesambeinbandes und ziehen vom axialen Basisbereich der Sesambeine zur lateralen bzw. medialen Fesselbeinleiste. Die gekreuzten Sesambeinbänder (*Ligg. sesamoidea cruciata*) verkehren, bedeckt von den *Ligg. sesamoideum rectum* und *obliqua*, zwischen dem axialen Basisbereich der Sesambeine, indem sie sich überkreuzen, und dem Palmar- bzw. Plantarrand der Gelenkgrube des Fesselbeins. Die kurzen Sesambeinbänder (*Ligg. sesamoidea brevia*) verbinden die Basis der Sesambeine mit der Palmar- bzw. Plantarfläche des Fesselbeingelenkrandes.

Das **Krongelenk** (*Articulatio interphalangea proximalis*) ist ein typisches „Sattelgelenk", das neben Beuge- und Streckbewegungen in der Mittel und Beuge stellung auch geringfügige Dreh- und Seitwärtsbewegungen erlaubt. Das Gelenk zeichnet sich durch eine palmar bzw. plantar dünnwandige Gelenkkapsel aus, die palmar bzw. plantar und dorsal je eine nach proximal gerichtete Ausbuchtung besitzt. Letztere schiebt sich unter die gemeinsame Strecksehne. Das Gelenk wird durch ein laterales und ein mediales Seitenband (*Ligg. collateralia mediale et laterale*) gestützt. Die palmare bzw. plantare Seite des Gelenks wird von axialen und abaxialen Bändern, die von der Kronbeinlehne zum Fesselbein ziehen, bedeckt. Die axialen Bänder bilden zusammen mit dem geraden Sesambeinband und der Kronbeinlehne den mittleren Gleitkörper (*Scutum medium*) für die tiefe Beugesehne.

Das **Hufgelenk** (*Articulatio interphalangea distalis*), das seiner Form und Funktion nach ebenfalls ein Sattelgelenk ist, setzt sich aus der von Hufbein und Strahlbein gebildeten Gelenkgrube und der Walze des Kronbeins zusammen. Die Gelenkkapsel bildet, wie die des Krongelenks, dorsale und palmare bzw. plantare Ausbuchtungen, die mit kleinen Seitenbuchten ausgestattet sind. An Bändern sind die *Ligg. collateralia mediale et laterale* zu erwähnen, die mit der Gelenkkapsel und dem Hufknorpel in engem Kontakt stehen. Das Strahlbein-Hufbeinband (*Lig. sesamoideum distale impar*) zieht vom *Margo distalis* des Strahlbeins zum hinteren Rand der Hufbeingelenkfläche. Die *Facies flexoria* des Strahlbeins bildet den distalen Gleitkörper (*Scutum distale*) für die tiefe Beugesehne. Die Fesselbein-Strahlbein-Hufbeinbänder (*Ligg. sesamoidea collateralia mediale et laterale*) dienen als Aufhängebänder des Strahlbeins. Sie verkehren zwischen der dorsal gelegenen distalen Fesselbeinbandgrube und dem *Margo proximalis* des Strahlbeins, wo sie ineinander übergehen. Auf ihrem schräg distopalmaren bzw. distoplantaren Verlauf geben sie Verbindungsstränge an den Hufknorpel und das Hufbein ab.

3.3.2.5 *Gelenkkapseln, Sehnenscheiden und Schleimbeutel*

Im Mittelfuß-Zehenbereich überragen sämtliche Gelenkkapseln der Zehengelenke deren Gelenkspalt deutlich nach proximal, sowohl dorsal als auch palmar/plantar. Die Gelenkhöhlen der Zehengelenke bilden sowohl dorsale als auch palmare/plantare Ausstülpungen der Gelenkkapsel nach proximal und dienen dadurch zur Abpolsterung der über diesem Bereich liegenden Bänder bzw. Sehnen des oberflächlichen und tiefen Zehenbeugers bzw. des Zehenstreckers. Der Zehenstrecker wird im Bereich des Fesselgelenks zusätzlich von einem Schleimbeutel unterlagert. Zur weiteren Abpolsterung beider Beugesehnen dient die gemeinsame digitale Sehnenscheide, deren Ausbuchtungen den oberflächlichen Beuger unter dem Fesselringband umfassen. Zwischen dem tiefen

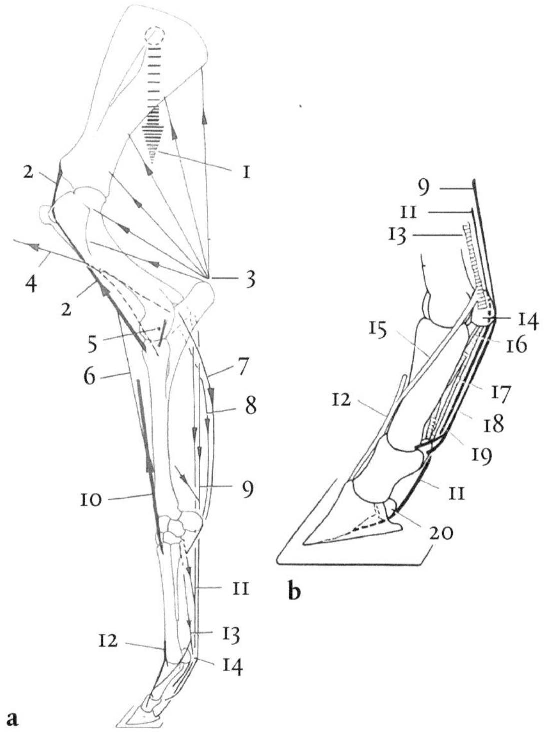

Abb. 3 – Passiver Stehapparat, Vordergliedmaße
a: Ansicht von lateral,
b Detailansicht von a
1 Einwirkung des Rumpfgewichts;
2 Sehne des *M. biceps*; 3 *M. triceps brachii*; 4 *M. brachiocephalicus*; 5 Achse des Ellenbogengelenks, neben exzentrisch gelegenen *Lig. collaterale lat.*; 6 *Lacertus fibrosus*; 7 *M. extensor carpi ulnaris*; 8 *M. flexor carpi ulnaris*; 9 *M. flexor digitalis superficialis* mit *Lig. accessorium*; 10 *M. extensor carpi radialis*; 11 *M. flexor digitalis profundus* mit *Lig. accessorium*; 12 *M. extensor digitalis communis*; 13 *M. interosseus medius*; 14 proximale Sesambeine; 15 Unterstützungsschenkel des *M. interosseus medius* zum *M. extensor digitalis communis*;
16, 17, 18 gekreuzte, schiefe und gerade Sesambeinbänder; 19 axiales Palmarband; 20 Strahlbein.
(Nach Dyce, Sack Wensing, 1996).

Zehenbeuger und dem Strahlbein ist ein gut ausgebildeter Schleimbeutel, die *Bursa podotrochlearis*, eingelagert.

3.4 Passiver Stehapparat

Die Statik der Vorder- und Hintergliedmaße ermöglicht es dem Pferd, mit nur geringer Muskelkraft über einen längeren Zeitraum relativ ermüdungsfrei zu stehen und unter Umständen in dieser Position sogar oberflächlich zu schlafen, um einer evtl. drohenden Gefahr sofort zu entgehen („Fluchttier").

Um langes Stehen ohne größeren Energiebedarf zu ermöglichen, kommt statt der energieintensiven Muskulatur ein Gewebe zum Einsatz, das weniger Energie benötigt, d.h. in Muskelbäuche sind vermehrt Sehnen eingelagert oder einzelne Muskelindividuen sind vollständig sehnig angelegt.

Im Einzelnen stellt sich diese „passive Stehvorrichtung" folgendermaßen dar:

Vordergliedmaße
Im Standbein bewirkt der *M. biceps brachii*, der zwischen Schulter- und Ellbogengelenk eingespannt ist, zusammen mit dem Gewicht der vorderen Körperpartie eine Sperrung des Ellbogengelenks in der Streckstellung, wobei der in die *Fossa olecrani* hineinragende *Proc. anconaeus* einer Überstreckung des Gelenks entgegenwirkt; gleichzeitig wird dadurch das Schultergelenk an der Beugung gehindert. Der rein sehnige *Lacertus fibrosus*, der die Fortsetzung des *M. biceps brachii* auf den Unterarm darstellt, überträgt die Streckwirkung auf das Karpalgelenk. Die Streckung dieses Gelenks wird außerdem durch Unterstützungsbänder des oberflächlichen und tiefen Zehenbeugers unterstützt. Einer Überstreckung des Gelenks wirkt das kräftig entwickelte *Lig. carpi palmare prof.* entgegen.

Hintergliedmaße
Hier werden das Knie- und das Sprunggelenk durch die sehnigen *Mm. fibularis tertius* (*Tendo femorotarsicus*) auf der Vorderseite (kranial) und *flexor digitorum superficialis* (*Tendo plantaris*) auf der Hinterseite (kaudal) der Gliedmaße nach

Art einer Spannsäge gleichgeschaltet. Das heißt, beide Gelenke können nur gemeinsam gebeugt oder gestreckt werden. So ist bei fixiertem Kniegelenk auch das Sprunggelenk festgestellt. Die dauerhafte Fixierung des Kniegelenks erfolgt durch die Kontraktion des *M. quadriceps femoris*, der die Kniescheibe mittels der durch mittleres und mediales gerades Kniescheibenband gebildeten Schlaufe nach proximal und medial zieht und auf dem medialen Rollkamm (*Trochlea*) des Femurs einhakt. Die Lösung dieses Mechanismus erfolgt durch erneute Kontraktion des *M. quadriceps femoris* bei gleichzeitigem Seitwärtsziehen der Schlaufe durch den *M. biceps femoris*.

Im Zusammenhang mit dem passiven Stehapparat sei hier der sogenannte Fesselträger/Fesseltrageapparat erwähnt, der von erheblicher klinischer Bedeutung ist.

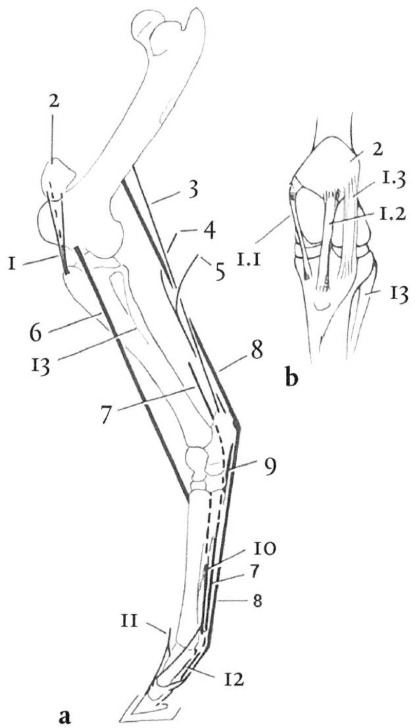

Abb. 4 – Passiver Stehapparat, Hintergliedmaße (Spannsägenkonstruktion)
a: Ansicht von lateral, b: linkes Kniegelenk, Ansicht von kranial
1.1, 1.2, 1.3 mediales, mittleres und laterales Kniescheibenband; 2 Patella; 3 fibröses Band mit dem *M. gastrocnemius* verbunden; 4 *Tendo accessorius* des *M. semitendinosus*; 5 *Tendo accessorius* des *M. biceps femoris*; 6 *M. fibularis tertius*; 7 *M. flexor digitalis profundus*; 8 *M. flexor digitalis superficialis*; 9 *Lig. plantare longum*; 10 *M. interosseus medius*; 11 *M. extensor digitalis longus*; 12 Sesambeinbänder; 13 *Fibula*. (Nach Dyce, Sack, Wensing, 1996 verändert).

Der Fesselträger stellt eine über das Fesselgelenk palmar/plantar gespannte Sehnenverbindung dar, die das in Hyperextensionsstellung befindliche Gelenk ohne Muskelkraft fixiert. Außerdem wirkt er beim Strecken und Beugen der Zehengelenke energiesparend. Der Fesselträger besteht proximal aus dem beim erwachsenen Pferd rein sehnigen Mittelfußabschnitt des *M. interosseus medius,* im mittleren Abschnitt aus den durch das *Lig. palmare* verbundenen beiden proximalen Sesambeinen (*Ossa sesamoidea phalangis proximalia*) und distal aus den Verbindungsschenkeln des *M. interosseus medius* zur gemeinsamen Strecksehne sowie dem geraden Sesambeinband (*Lig sesamoideum rectum*), das lateral bzw. medial von den schiefen Sesambeinbändern (*Ligg. sesamoidea obliqua*) eingefasst wird.

3.5 Huf

Das Zehenendorgan, gemeinhin auch als „der Huf" bezeichnet, setzt sich aus einer knöchern-knorpligen Grundlage, Sehnen, Bändern, einem Schleimbeutel und schließlich der alles überziehenden, hoch spezialisierten Hautmodifikation, dem eigentlichen Huf, zusammen. Das knöcherne Stützgerüst besteht aus dem Hufbein, dem palmar bzw. plantar angefügten Strahlbein, den lateral bzw. medial auf den knöchernen Fortsätzen des Hufbeins sitzenden Hufknorpel und dem distalen Abschnitt des Kronbeins. Das Strahlbein und der zwischen diesem und der tiefen Strecksehne gelegene Schleimbeutel, der sogenannte Fußrollenschleimbeutel, bilden zusammen eine als „Fußrolle" bezeichnete morphologische und funktionelle Einheit.

Die Hautmodifikation wird in Hufunterhaut, Hufledhaut und Hufepidermis gegliedert. Das Bindegewebe der Hufunterhaut ist im Bereich des Hufsaums, der Hufkrone und des Hufballens stark verdickt und wirkt dadurch als Polsterung. Im Bereich der Hufsohle und der Hufwand ist die Unterhaut nur schwach entwickelt, sie geht unmittelbar in das Periost über.

Die **Hufledehaut** zeigt entsprechend der Ausformung des Papillarkörpers ein segmental unterschiedliches Erscheinungsbild: Während Saumlederhaut,

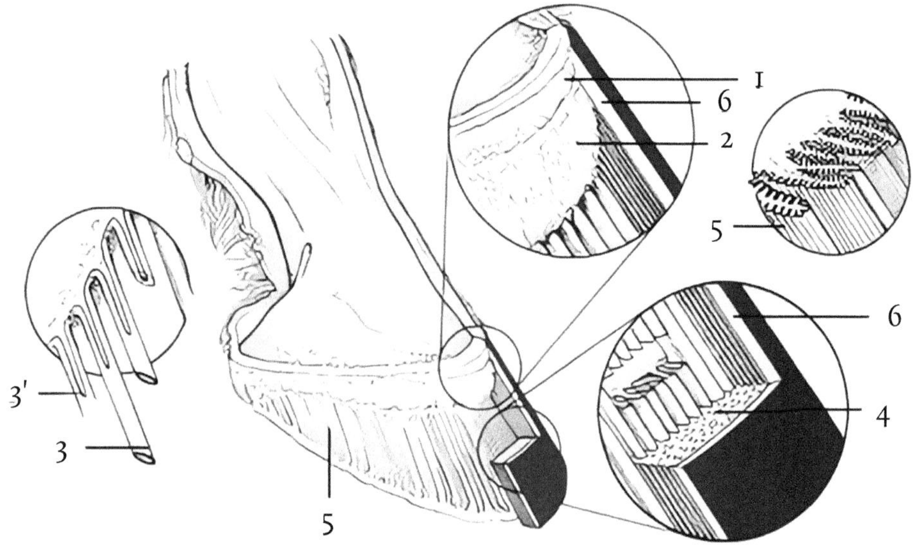

Abb. 5 – Struktur der Hufwand und der darunterliegenden Huflederhaut
1 Saumlederhaut; 2 Kronlederhaut; 3. Hornröhrchen, entstehend aus dem Epithel über den Papillen (3') der Kronlederhaut; 4 *Stratum medium* der Hufwand bestehend aus intertubulärem Horn, in das die Hornröhrchen eingebettet sind; 5 Wandlederhautblättchen, die sich mit den Hornblättchen (*Stratum internum*) der Hufwand verbinden; 6 Horn der Saumlederhaut (*Stratum externum*). (Nach Dyce, Sack, Wensing, 1991, verändert).

Kronlederhaut, Sohlenlederhaut, Ballenlederhaut und Strahllederhaut mit den klassischen fingerförmigen Bindegewebsfortsätzen ausgestattet sind, weist der Papillarkörper der Wandlederhaut Blättchen mit feinen Sekundärblättchen auf. Den einzelnen Segmenten der Huflederhaut sind Epidermalsegmente zugeordnet, die in ihrer Gesamtheit den Hornschuh bilden. Im Einzelnen unterscheidet man hier das Saumsegment, das Kronsegment, die Wand mit Dorsalteil, Seitenteil und den in die Eckstreben übergehenden Trachtenteil, die Hornsohle mit dem lateralen und medialen Sohlenast, den Strahl mit einer mittleren und zwei seitlichen Strahlfurchen und schließlich den palmar bzw.

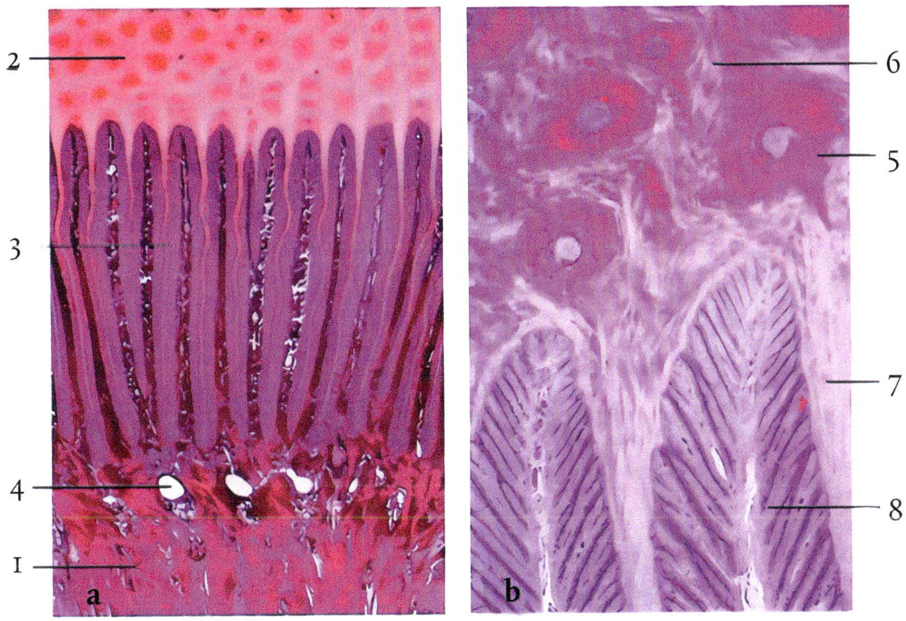

Abb. 6 – Huf, Wandsegment im Querschnitt: a: Übersicht, b: Ausschnittvergrößerung von a
1 Huflederhaut; 2 Röhrchenhorn über den Papillen der Kronlederhaut; 3 Lamellen der Wandlederhaut („Lederhautblättchen"); 4 Blutgefäß; 5 Hornröhrchen; 6 Horn zwischen den Hornröhrchen („interpapilläres Horn"); 7 Horn über den Lamellen der Wandlederhaut (Blättchenhorn); 8 Lederhautblättchen mit Sekundärblättchen. HE, a: x11; b: x90
(Nach Weyrauch, Smollich, Plendl, 2009, verändert).

plantar gelegenen Hornballen. Hornsohle und Hornwand gehen am „Tragrand" ineinander über, der „Kronrand" repräsentiert den Übergang zur behaarten Haut.

Horn des Hornschuhs: Entsprechend der Struktur des Horns bzw. des darunter gelegenen Papillarkörpers unterscheidet man Röhrchenhorn oder Blättchenhorn (Abb. 6). So findet man Röhrchenhorn im Bereich des Saums, der Krone, der Sohle und des Ballens. Im Bereich der Wand befinden sich primäre und sekundäre Hornblättchen. Während das Wachstum des Hornschuhs im Bereich der Papillen abläuft, erfolgt im Gebiet der Blättchen der Wandlederhaut nur die Verschiebung des im Kronsegment gebildeten Horns von proximal nach distal.

Die äußerste Schicht, die sogenannte Glasurschicht, ist nur 0,2 bis 0,3 mm dick. Sie wird von der Saumlederhaut produziert, überzieht den gesamten Hornschuh und schützt ihn wie ein wasserdurchlässiger Lacküberzug vor äußeren Schadstoffen.

Die mittlere Schicht, die sog Schutzschicht, kann je nach Größe und Rasse der Pferde bis zu 10 mm dick sein. Sie wird von der Kronlederhaut produziert und schiebt sich über die Blättchen der Wandlederhaut nach distal.

Die innerste Schicht, die sog Verbindungsschicht, wird von der Wandlederhaut produziert und besteht aus feinen primären und sekundären Hornblättchen. Das Horn der Verbindungsschicht ist stets unpigmentiert, es wird am Rand der Sohle sichtbar. Diese sogenannte weiße Linie ist der Ort, an dem der Hufschmied die Nägel für das Hufeisen einbringt, ohne dabei die empfindliche Huflederhaut zu verletzen.

Voraussetzung für dieses hinsichtlich seiner Funktion hochkomplizierte und hochsensible Organ ist eine gut entwickelte Gefäß- und Nervenversorgung.

Nerven: Der *N. digitalis palmaris/plantaris lateralis* oder *medialis* verläuft auf der palmaren/plantaren Seite der Blutgefäße in Höhe der tiefen Beugesehne und erreicht medial des Hufknorpels den Huf. Der *N. digitalis* innerviert mit seinen Ästen den kaudalen Bereich des Hufs, die Haut der Fesselbeuge und des Ballens(*R. tori digitalis),* die Sohlenlederhaut, das Hufbein, die *Bursa podotrochlearis,* einen Teil des Hufknorpels, einen Teil der Wandlederhaut, die Beugesehne sowie den palmaren/plantaren Teil des Kron- und des Hufgelenks. Ein sogenannter Wandrinnenast versorgt, nachdem er die *Incisura processus palmaris/plantaris* des Hufbeinasts passiert hat, den Trachtenteil der Lederhaut. Der dorsale Anteil der Haut bzw. Lederhaut wird allseitig im Bereich des Kron- und des Hufgelenks vom R. dorsalis des N. digitalis versorgt. Die gesamte Huflederhaut ist mit Vater Pacinischen Tastkörperchen ausgestattet.

Gefäße, die aus der *A. mediana* bzw. dem *R. perforans*, der *A. dorsalis pedis* sowie *Aa. digitalis lateralis* et *medialis* entspringen, sind für die Versorgung des Hufs verantwortlich. Sie verlaufen lateral bzw. medial zwischen dem *M. interosseus* und dem *M. flexor digitorum profundus* und in engem Kontakt zu dem lateralen bzw. medialen Sesambein (*Ossa sesamoidea proximalia*), treten in den *Sulcus solearis* des Hufbeins und miteinander innerhalb des *Canalis solearis* über den *Arcus terminalis* miteinander in Verbindung. Auf ihrem Weg dorthin geben die beiden Arterien Äste zur Versorgung des Hufs ab. Die *Arteriae digitales* werden nur im Bereich des Kron- und Fesselbeins von gleichnamigen Venen begleitet. Sie liegen dorsal der Arterien, die ihrerseits palmar/plantar von den zugehörigen Nerven begleitet werden. Im Bereich der Kron- und Wandlederhaut sowie des Ballens und der darunter gelegenen Subkutis bilden die Venen ausgeprägte Netze, die untereinander verbunden sind und die als *Plexus coronalis, -parietalis und -palmaris* bezeichnet werden.

Das venöse Blut wird an der Vordergliedmaße über die *V. radialis* und *V. cephalica* bzw. an der Hintergliedmaße über die *V. digitalis communis II* und *V. saphena medialis* abgeführt.

Lymphsystem: An der Vordergliedmaße wird die Lymphe des mediopalmaren Bereichs des Hufs über die Lnn. cubitales zum Lymphocentrum axillare geführt. Das Lc. cervicale superficiale sammelt die Lymphe, die über die *Lnn. cervicales superficiales* aus dem dorsalen, lateralen und zum Teil mediopalmaren Hufbereich herangeführt wird. Die Lymphe des Hufs der Hintergliedmaße wird über das *Lymphocentrum popliteum* zum *Lc. inguinale profundum* geleitet.

Aufgrund dieser Blut- und Lymphsysteme wird auch die Auswirkung von Blutvergiftungen z.B. durch Toxine beim Tetanus oder Eiweißvergiftungen beim Kreuzverschlag oder Auftreten von Rehesyndromen z.B. bei Nachgeburtsverhaltungen verständlich. Der Blutfluss wird in den arterio- venösen Verästelungen durch vermehrte Wanddurchlässigkeit gestört und es kommt zum schmerzhaften Auseinandertreiben von Horn, Haut und Skelett.

3.6 Verdauungssystem

Das Verdauungssystem des Pferdes ist an die Lebensweise dieser ursprünglich in der Savanne lebenden Tierart als Pflanzenfresser angepasst.

Hochsensible, stark bewegliche Lippen und gut ausgebildete Schneidezähne dienen der selektiven Nahrungsaufnahme. Schmelzfaltige, mit breiter Kaufläche ausgebildete Backenzähne ermöglichen eine feine Zerkleinerung der pflanzlichen Nahrung. Der in Bezug auf seine Schleimhautausgestaltung zusammengesetzte Magen ist im Vergleich zu anderen Pflanzenfressern extrem klein, er hat von daher nur ein geringes Fassungsvermögen.

Der Dünndarm (*Intestinum tenue*), insbesondere der Leerdarm (*Jejunum*), fällt durch seine extreme Länge und sein sehr breites Gekröse auf. Letzteres gestattet diesem Darmabschnitt eine ausgeprägte Beweglichkeit. Die Dickdarmabschnitte (*Intestinum crassum*) Blinddarm (*Caecum*) und der aus vier Abteilungen bestehende aufsteigende Grimmdarm (*Colon ascendens*) stellen mächtige Gärkammern dar, die zum Aufschluss der pflanzlichen Nahrung geeignet sind („Enddarmfermentierung"). Beide Dickdarmabschnitte sind über eine kurze Bandverbindung an der kranialen Gekrösewurzel befestigt; dennoch können sie im Bauchraum die unterschiedlichsten Positionen einnehmen. Dem nur wenige Zentimeter langen Querkolon (*Colon transversum*) folgt ein sehr langer absteigender Grimmdarm (*Colon descendens*), der, bedingt durch sein sehr breites Gekröse, in der Bauchhöhle leicht verschieblich ist.

3.6.1 Zähne

Die Zähne des Pferdes bestehen, wie bei allen Säugetieren, aus den Komponenten Zahnbein, Zahnschmelz und Zahnzement. Im Gegensatz zu den Zähnen der Fleischfresser oder Allesfresser, bei denen der Zahnzement nur den Hals- und Wurzelbereich sämtlicher Zahntypen bedeckt, findet sich dieser beim Pferd auch als Überzug der Krone von Schneide- und Backenzähnen.

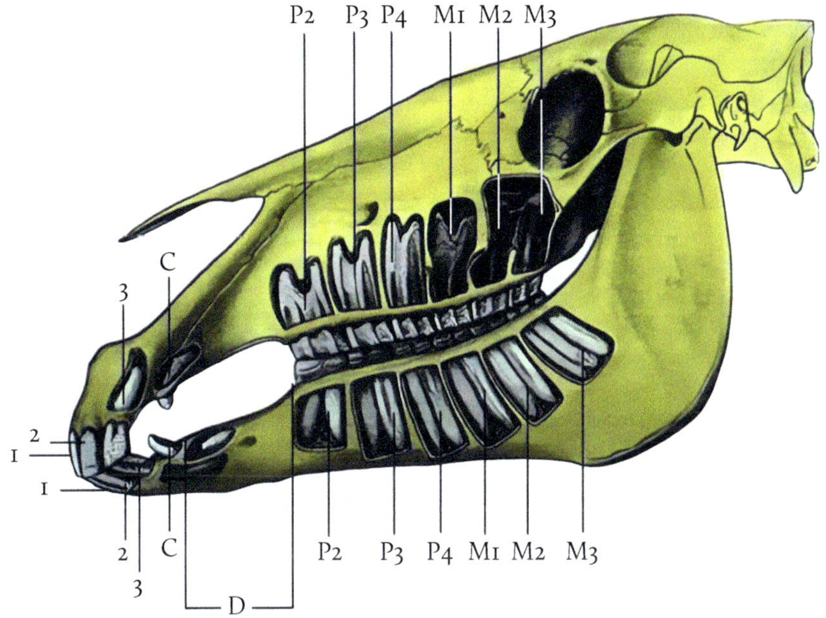

Abb. 7 – Gebiss eines 8-jährigen Pferdes. Zahnwurzeln und Alveolen freigelegt. I Schneidezähne, C Caninus, P Prämolaren, M Molaren, D Diastema (Nach Nickel, Schummer, Seiferle, 2004, verändert).

Folgende Zahntypen charakterisieren das Pferdegebiss: Auf jeder Unter- und Oberkieferhälfte befinden sich je drei Schneidezähne, die der Reihe nach Zangen (I_1), Mittelschneidezähne (I_2) und Eckschneidezähne (I_3) benannt werden. Es folgt der nur beim Hengst deutlich ausgeprägte schmelzhöckerige Hakenzahn (C). Eine breite Lücke (Lade, Diastema) trennt diesen Zahn von den drei Prämolaren, denen ihrerseits drei Molaren folgen.

Zahnformel:

Für das Milchgebiss $\frac{3Id\ 3Pd}{3Id\ 3Pd}$ Für das Dauergebiss $\frac{3I\ 1C\ 3P\ 3M}{3I\ 1C\ 3P\ 3M}$

Struktur der Schneidezähne: Die Schneidezähne (*Dentes incisivi*) des Ober- und des Unterkiefers, deren Kronen senkrecht aufeinandertreffen, sind bei jungen Tieren halbkreisförmig, bei älteren Tieren in einem flacheren Bogen und bei alten Tieren in einer annähernd horizontalen Ebene angeordnet. Von der Kaufläche der noch nicht in Reibung befindlichen Zähne stülpen sich am Unterkiefer ca. 6 mm tiefe und am Unterkiefer ca. 12 mm tiefe Schmelzbecher in das Dentin vor. Die Schmelzbecher, die anfänglich noch Kontakt mit dem Schmelzüberzug der Zahnkrone hatten, verlieren diesen mit zunehmender Abnutzung, sie sind erfüllt von Zahnzement und Futterresten und werden nun als „Kunden" bezeichnet.

Struktur der Backenzähne: Prämolaren (*Dentes praemolares*) und Molaren (*Dentes molares*) des Oberkiefers sind annähernd quadratisch, die des Unterkiefers rechteckig. Beide Backenzahntypen sind schmelzfaltig, vom lophodonten (leistenförmigen) Typ. Vom Schmelzmantel des noch nicht in Reibung befindlichen Zahns ausgehend, stülpen sich auf der Kaufläche Schmelzbecher in die Tiefe des Dentins, die von Zement erfüllt sind. Bei zunehmendem Abrieb geht die Verbindung zwischen Schmelzmantel und Schmelzbecher verloren, und es entstehen die typischen Schmelzleisten mit dazwischen gelegenen muldenförmigen Vertiefungen.

Die Wurzeln der Backenzähne schließen sich, im Gegensatz zu denen der Schneidezähne, erst sehr spät oder gar nicht, sodass diese Zähne sehr lange wachsen können. Beim Pferd ist dieses Wachstum im Alter von sechs bis sieben Jahren abgeschlossen. Zu diesem Zeitpunkt sind je Zahn im Oberkiefer drei und im Unterkiefer zwei stummelförmige Wurzeln ausgebildet. Die Kronen der jetzt hochprismatischen Zähne überragen die Alveolen um ca. 15 bis 20 cm, die Zähne sind „hypselodont".

Das Pferdegebiss ist anisognath, d. h. der Zahnbogen des Unterkiefers ist enger als der des Oberkiefers. Demzufolge liegt bei zentraler Okklusion nur das linguale Drittel der Kaufläche der Oberkiefermolaren auf der bukkalen Hälfte der Unterkiefermolaren. Bei intensiven Mahlbewegungen während der Zerkleinerung des aufgenommenen Futters können die Molaren des Unterkiefers einer Seite den Kontakt zu dem entsprechenden Zahnbogen des Oberkiefers verlieren. Die Kaufläche der Molaren des Unterkiefers fällt von lingual nach bukkal ab, im Oberkiefer liegen umgekehrte Verhältnisse vor. Dieses Phänomen kann im ungünstigen Fall dazu führen, dass am zungenseitigen Rand der Unterkiefermolaren und am backenseitigen Rand der Oberkiefermolaren durch ungleiches Abkauen scharfe Kanten entstehen, die Verletzungen an der Zungen- bzw. der Backenschleimhaut hervorrufen können.

3.6.1.1 Zahnalter

Milchzähne (*Dentes decidui*):
Durchbruch der Zähne im Unter- und Oberkiefer:
In den ersten sechs Lebenstagen Id_1 und Pd_{2-4}
Nach 6 Wochen Id_2
Nach 6 Monaten Id_3

Zahnwechsel:
Nach $2^1/_2$ Jahren: Id_1; Pd_2 und Pd_3
Nach $3^1/_2$ Jahren: Id_2 und Pd_4
Nach $4^1/_2$ Jahren: Id_3

Bleibende Zähne (*Dentes permanentes*):
Verschwinden der Kunden:

6 Jahre: Zangen	im Unterkiefer
7 Jahre: Mittelschneidezähne	" "
8 Jahre: Eckschneidezähne	" "
9 Jahre: Zangen	im Oberkiefer
10 Jahre: Mittelschneidezähne	" "
11 Jahre: Eckschneidezähne	" "

Form der Reibefläche der Zähne und des Zahnbogens:

6–12 Jahre:	queroval, Zahnbogen halbmondförmig: „Zangengebiss“
12–17 Jahre:	rundlich, Zahnbogen abgeflacht: „halbes Zangengebiss“
18–24 Jahre:	dreieckig, Zangen und Mittezähne fast eine Gerade bildend: „Winkelgebiss“
24–30 Jahre:	längsoval, Zahnbogen gerade: „spitzes Winkelgebiss“

Furchenbildung an den oberen Eckschneidezähnen:

ca. 10 Jahre:	oberes Viertel
ca. 15 Jahre:	obere Hälfte
ca. 20 Jahre:	ganze Länge
ca. 25 Jahre:	untere Hälfte
ca. 30 Jahre:	unteres Viertel

3.6.2 Magen

Der Magen des Pferdes ist einhöhlig und in Bezug auf seine Schleimhaut zusammengesetzt. Er ist im Vergleich zur Körpergröße des Tieres ausgesprochen klein und liegt intrathorakal, je nach Füllungszustand mehr oder weniger vollständig im linken ventralen Quadranten der Bauchhöhle, jedoch ohne direkten Kontakt zur (ventralen) Bauchwand. Bedingt durch diese morphologischen Gegebenheiten entzieht sich das Organ einer klinischen Untersuchung sowohl von rektal als auch von der Flanke her.

Der Magen setzt sich zusammen aus der Kardia, die von dem blindsackartig erweiterten Fundus (*Saccus caecus ventriculi,* 14.–15. Interkostalraum) weit überragt wird, dem *Corpus ventriculi* (9.-12. Interkostalraum) und dem über die Medianebene nach rechts ragenden Pylorusteil. Die große Magenkrümmung ist zunächst nach rechts, sodann dorsal, danach nach links und ventral und schließlich gegen den Pylorus hin wieder nach rechts gerichtet. Die kleine Krümmung des Magens, an der der Mageneingang und der Magenausgang dicht nebeneinander liegen, ist nach rechts und dorsal gerichtet. Die *Facies parietalis* des Magens liegt dorsal dem Diaphragma und im ventralen Bereich dem linken Leberlappen an, wodurch an diesem Organ eine tiefe *Impressio gastrica* hervorgerufen wird. Die *Facies visceralis* steht in engem Kontakt zum linken Pankreasschenkel, zu Leerdarmschlingen, zum *Colon descendens* sowie zu der Zwerchfellkrümmung und der rechten dorsalen Längslage des *Colon ascendens*. Der Magen ist über das dorsale und ventrale Magengekröse und die aus diesen Gekrösen entstammenden Bänder mit der dorsalen und ventralen Bauchwand, dem Zwerchfell, der Milz und der Leberpforte verbunden. Im Einzelnen sind hier zu nennen: das große Netz (*Omentum majus*) mit seinem einen spaltförmigen Hohlraum (*Recessus caudalis omentalis*) umschließenden Netzbeutel, der nur durch den rechts zwischen *Vena cava caudalis* und *Vena portae* gelegenen Zugang (*Foramen omentale*) zu erreichen ist; das kleine Netz (*Omentum minus*), repräsentiert durch das *Lig. hepatogastricum*, *Lig. gastrophrenicum*, *Lig. phrenicolienale*, *Lig gastrolienale.*

Die Magenwand zeigt, von außen nach innen, den für den einhöhligen Magen charakteristischen Aufbau: Serosaüberzug, dreischichtige Muskulatur, Schleimhaut. Im Bereich der Kardia bildet die Wandmuskulatur die Kardiamuskelschleife, die den Mageneingang von dorsal her umfasst und mit ihren beiden Schenkeln an der kleinen Kurvatur zusammen mit der Ringmuskulatur die Grundlage für die Magenrinne formt. Kardiamuskelschleife und Ringmuskulatur gestalten zusammen den sehr mächtigen *M. sphincter cardiae*. Diese Besonderheit zusammen mit der spitzwinkligen Einpflanzung der Speiseröhre in den Magen ist die Ursache dafür, dass beim Pferd nur in den seltensten Fällen aufgenommene Nahrung und Magengase in die Speiseröhre zurückgeführt werden können. Bei Magenüberladungen kommt es daher eher zur Magenruptur als zum Erbrechen. Ein weiteres Merkmal der Wandmuskulatur ist im Pylorusbereich anzutreffen: Hier bilden die Ringmuskelfasern außer dem *M. sphincter pylori* noch einen *M.sphincter antri pylori*. Zwischen diesen beiden Muskeln befindet sich der *Canalis pylori*.

Die Schleimhaut des Magens besteht aus einem im Wesentlichen den *Fundus ventriculi* und einen Teil des *Corpus ventriculi* auskleidenden, drüsenlosen Abschnitt (*Pars nonglandularis*) und dem drüsenhaltigen Teil (*Pars glandularis*). Die Grenze zwischen den beiden Schleimhauttypen wird durch eine gezackte

Linie (*Margo plicatus*), in der sich Larven der Magenbremse anheften können, gebildet. Die *Pars glandularis* wird im Corpusbereich durch die braunrote Region der Mageneigendrüsen (*Glandulae gastricae propriae*) repräsentiert. Die Zone der Pylorusdrüsen (*Glandulae pyloricae*) zeigt eine gelbliche bis blassrosa Farbe und bedeckt das *Antrum pylori* und den *Canalis pylori*. Die Kardiadrüsen (*Glandulae cardiacae*) bedecken einen schmalen Streifen, der sich entlang des *Margo plicatus* von der Cardia bis zum *Antrum pylori* hinzieht.

3.6.3 Darmtrakt

3.6.3.1 Dünndarm (Duodenum, Jejunum und Ileum)

Der erste Abschnitt des **Duodenums**, die *Pars cranialis*, ist über das *Lig. hepatoduodenale* (Teil des Omentum minus) kranial eng mit der Leberpforte und kaudal mit der Bauchspeicheldrüse verbunden. Hier münden die Ausführungsgänge *Ductus pancreaticus* mit *Ductus choledochus* auf der *Papilla duodeni major* und auf der gegenüberliegenden Seite der *Ductus pancreaticus acessorius* auf der *Papilla duodeni minor* in das Darmlumen. Die *Pars cranialis* geht mittels der *Flexura duodeni cranialis* in die *Pars descendens* über. Diese zieht zwischen Zwerchfell und Viszeralfläche des rechten Leberlappens lateral der rechten Niere, der Blinddarmbasis eng anliegend, kaudodorsal. Danach wendet sich der Darm über die *Flexura duodeni caudalis* auf die rechte Seite der Bauchhöhle und geht in das Duodenum ascendens über. Dieses steht mit dem *Colon descendens* durch das *Lig. duodenocolicum* in Verbindung. Das recht kurze Gekröse des Duodenums geht an der *Flexura duodenojejunalis* abrupt in das sehr breite Mesojejunum über.

Die Schlingen des **Jejunums** (Leerdarm), das eine Länge von 18 bis 25 m aufweist, befinden sich, aufgrund ihres sehr langen Gekröses recht frei beweglich, zusammen mit den Schlingen des *Colon descendens* pysiologischerweise im linken dorsalen Quadranten der Bauchhöhle.

Das distale Ende des Leerdarms geht ventral in das ca. 50 bis 70 cm lange **Ileum** (Hüftdarm) über. Dieser Darmabschnitt, der sich durch eine im Vergleich zum Jejunum sehr viel dickere Wandstruktur auszeichnet, steigt auf Höhe des 3. bis 4. Lendenwirbels nahezu senkrecht dorsal auf und mündet von links medial mittels der *Papilla ilealis* in die Blinddarmbasis. Die *Papilla ilealis* ragt weit ins Lumen des Blinddarms vor und weist einen das *Ostium ileale* umgebenden Schleimhautring auf, der in seiner Submukosa ein Venengeflecht enthält, das, wenn es prall gefüllt ist, einen Rückfluss von Darminhalt vom Dickdarm in den Dünndarm verhindert. Das Ileum ist auf seiner ganzen Länge mit dem Blinddarm durch das *Lig. caecocolicum* verbunden.

3.6.3.2 Dickdarm

Der erste Abschnitt des Dickdarms, das **Caecum** (Blinddarm) zeichnet sich durch seine enorme Größe aus. Dieser ca. 1 m lange Darm stellt eine mächtige Gärkammer dar, die zur Aufschließung der pflanzlichen Nahrung dient. An dem der rechten Bauchwand anliegenden Caecum unterscheidet man eine kraniodorsale Basis, einen sich kaudal krümmenden Körper und eine wieder kranial gerichtete Spitze. Die Basis, die entwicklungsgeschichtlich dem *Colon ascendens* zugerechnet wird, steht in enger nachbarlicher Beziehung zum *Duodenum descendens* und zur rechten Niere.

Durch vier stark entwickelte Tänien, von denen die dorsale und die mediale die Spitze des Darms erreichen und die dorsale und laterale über Bandverbindungen (*Plicae*) mit benachbarten Darmabschnitten in Verbindung stehen, wird die Darmwand in vier Haustrenreihen unterteilt. Die einzelnen Haustren entstehen durch Kontraktion der Ringmuskulatur, sie sind also keine starren Gebilde, sondern verändern, entsprechend der ablaufenden Peristaltik, ständig ihre Form. Sie heben sich an der Darmaußenseite durch tiefe Einschnürungen und an der Darminnenseite durch weit ins Lumen vorspringende *Plicae semilunares* gegeneinander ab.

Das Caecum ist dorsal über seine Basis an der kranialen Gekrösewurzel befestigt und steht über die *Plica ileocaecalis* mit dem Ileum und über die *Plica caecocolica* mit dem *Colon ascendens* in Verbindung.

Das **Colon ascendens** füllt zusammen mit dem Caecum einen großen Teil der rechten Bauchhöhlenhälfte aus. Es entspringt lateral aus der kleinen Krümmung der Blinddarmbasis, gegenüber dem *Ostium ileale*. Dieser Darmabschnitt zeigt eine doppelte Hufeisenform und ist in aufgewickeltem Zustand etwa 3 bis 4 m lang. Von der Blinddarmbasis aus verläuft das *Colon ascendens* als „rechte ventrale Längslage" entlang des rechten Rippenbogens von kaudodorsal nach kranioventral bis in die Gegend des Schaufelknorpels, wendet sich dort über die ventrale Zwerchfellskrümmung nach links und läuft als „linke ventrale Längslage" ventral der Bauchwand anliegend zur Beckengegend. Vor der Beckenhöhle schlägt sie sich mittels der Beckenflexur nach dorsal um und zieht als „linke dorsale Längslage" kranial. In der dorsalen Zwerchfellskrümmung erfolgt der Umschlag in die „rechte dorsale Längslage". Dieser Abschnitt, der wegen seines enormen Volumens auch „magenähnliche Erweiterung" genannt wird, steht in engem Kontakt zum Zwerchfell und dem rechten Leberlappen, an dem er eine tiefe Impression hervorruft. Stets intrathorakal liegend, geht die rechte dorsale Längslage etwa auf Höhe des 17. bis 18. Brustwirbels in das *Colon transversum* über. Die Befestigung des *Colon ascendens* erfolgt über dessen Gekröse (*Mesocolon descendens*). Dieses erstreckt sich von der kranialen Gekrösewurzel bis zur Beckenflexur, es verbindet die einander gegenüberliegenden dorsalen und ventralen Kolonlagen miteinander über deren Tänien. Auch dieser Darmabschnitt besitzt die aus einer Zusammenraffung von Längsmuskulatur entstehenden Tänien. So zeichnet sich die rechte ventrale Längslage durch vier Tänien aus. Der kraniale Abschnitt der linken dorsalen Längslage, die dorsale Zwerchfellskrümmung und die rechte dorsale Längslage besitzen drei Tänien. Ventrale Längslage Beckenflexur und kaudaler Teil der linken ventralen Längslage sind frei von Tänien.

Das **Colon transversum** zieht vor der vorderen Gekrösewurzel von rechts nach links über die Medianebene und mündet, ausgestattet mit zwei Tänien, in das **Colon descendens.** Dieses zeichnet sich gegenüber den vorangehenden Dickdarmabschnitten durch ein wesentlich kleineres Lumen aus. Es besitzt zwei sehr kräftig entwickelte Tänien, eine *Taenia mesocolica*, an der das ausgesprochen breite Gekröse ansetzt, und eine freie Tänie (*Taenia libera*). Die durch das breite

Gekröse sehr frei beweglichen Darmschleifen liegen zusammen mit den Jejunalschlingen im linken dorsalen Quadranten der Bauchhöhle.

Das ca. 0,3 m lange **Rectum** ist an einem kurzen *Mesorectum* befestigt, auf Höhe des 4. bis 5. Kreuzwirbels erreicht es den retroperitonealen Raum der Beckenhöhle, erweitert sich zur Mastdarmampulle und geht auf Höhe des 2. bis 3. Schwanzwirbels in den Afterkanal über.

Das Ende des Darmkanals, der **Anus,** wird von einem inneren und äußeren Schließmuskel (*M. sphincter ani internus* und *externus*) umschlossen. Während der innere Schließmuskel ein Abkömmling der glatten Ringmuskulatur der Darmwand ist, besteht der äußere Ringmuskel aus quergestreifter Skelettmuskulatur.

3.6.4 Prädilektionsstellen für die Auslösung von Koliken

Der Vollständigkeit halber soll zum Abschluss des Kapitels „Verdauungstrakt" etwas detaillierter auf einige morphologische Gegebenheiten in der Bauchhöhle des Pferdes eingegangen werden, die in ungünstigen Fällen Anlass für gesundheitliche Störungen sein können und für die klinische Untersuchung von Bedeutung sind, insbesondere bei der „Kolikdiagnostik".

1. Das große Netz (*Omentum majus*), das mit den Serosalamellen seiner *Paries superficialis* und *Paries profundus* den Netzbeutel (*Bursa omentalis*) bildet, schiebt sich – eingelagert zwischen die Abschnitte des Darmtrakts – gelegentlich bis weit nach kaudal und kann bei männlichen Tieren unter Umständen als Netzvorfall in den *Processus vaginalis* eintreten.

2. Der Zugang zum Netzbeutelvorhof, das *Foramen omentale*, stellt eine starre schlitzförmige Öffnung dar, die an der Basis des *Processus caudatus* der Leber zwischen der *Vena cava caudalis* dorsal und der *V. portae* ventral gelegen ist. In diese Öffnung können sich – in der Regel von medial – den Netzbeutel vor sich herschiebend, Jejunalschlingen einschieben und dann inkarzerieren.

3. Heftige Bewegungen des *Jejunums*, unterstützt durch dessen große Länge und das ausgesprochen breite *Mesojejunum*, können dazu führen, dass einzelne Darmschlingen einen Knoten bilden („*Volvulus nodosus*").

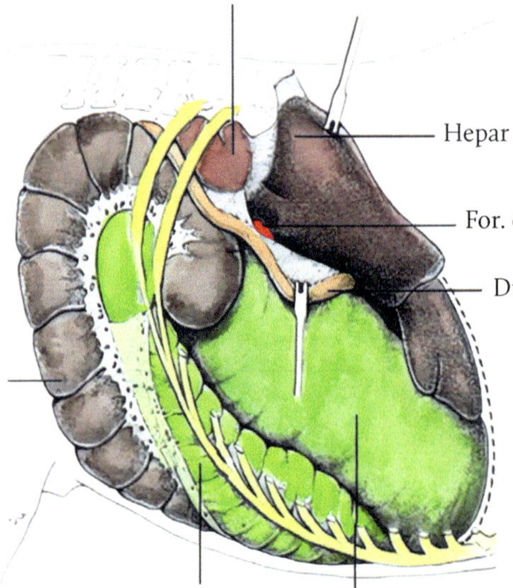

Abb. 8 – Lage des *For. epiploicum* „Winslow'sches Loch".
(Nach Nickel, Schummer, Seiferle, 2004, verändert).

4. Das *Mesojejunum* kann, bedingt durch seine sehr zarte Struktur, Risse bekommen, in denen sich Dünndarmschlingen verfangen können.

5. Sowohl *Caecum* als auch insbesondere *Colon ascendens* sind aufgrund ihrer kleinflächigen Befestigung im Bereich der kranialen Gekrösewurzel anfällig für unphysiologische Lageverschiebungen in der Bauchhöhle.

6. Das Milz-Nierenband (*Lig. lienorenale*) bildet zusammen mit dem dorsalen Bereich der Milz und der lateral gelegenen linken Niere eine Nische, in der sich Teile des *Colon ascendens* einklemmen können.

7. Natürliche Engpässe in bestimmten Darmabschnitten können unter krankhaften Bedingungen beim Transport des Darminhalts hinderlich sein. So zeigt z.B. der Anfangsteil des *Colon ascendens* folgende Struktur: in der kleinen Krüm-

mung des Blinddarmkopfes (*Basis caeci*) entsteht aus dem *Ostium caecocolicum* ein sehr enger Darmabschnitt, diesem folgt nach wenigen Zentimetern ein kurzes ampullenartig erweitertes Darmstück, das wiederum in einen engen Darmteil übergeht, der schließlich abrupt in den weiten Teil der rechten ventralen Längslage des *Colon ascendens* mündet.

3.7 Atmungssystem

Das Atmungssystem (*Systema respiratorium*) dient in erster Linie dem Gasaustausch zwischen der Luft und dem zirkulierenden Blut. Der Gasaustausch findet im Bereich der Lungenalveolen statt. Luftleitende Organe wie Nase, Rachen, Kehlkopf, Luftröhre und Bronchen, die teilweise zusätzlich wichtige Aufgaben wahrnehmen, vervollständigen das Atmungssystem.

3.7.1 *Nase*

Die Nase des Pferdes ist gekennzeichnet durch einen knorpelgestützten „weichen“ Naseneingang (Nüstern). Die Haut dieses Bereichs ist fein behaart und trägt einzelne Sinushaare; sie dient zusammen mit den Sinushaaren der sehr beweglichen Oberlippe als Tastorgan. Seitlich an die Nasenlöcher (*Nares*) angefügt befindet sich eine blind endende, ebenfalls knorpelgestützte Hauttasche (*Diverticulum nasi*), das sogenannte falsche Nasenloch. Dieses spielt beim Blähen der Nüstern eine Rolle. Am Übergang der äußeren Haut in die Nasenschleimhaut befindet sich die Öffnung des Tränen-Nasenkanals (*Ostium nasolacrimale*). Die Nasenhöhle (*Cavum nasi*) wird durch je eine mächtig entwickelte ventrale und dorsale Nasenmuschel (*Concha nasalis dorsalis et ventralis*) beiderseits der Nasenscheidewand in vier Gänge unterteilt. Die nur schwach ausgebildete mittlere Nasenmuschel (*Concha nasalis media*) ragt von kaudal in den mittleren Nasengang (*Meatus nasi medius*). In Letzterem befindet sich der einzige Zugang (*Apertura nasomaxillaris*) zum hintereinandergeschalteten System der Nasennebenhöhlen (*Sinus paranasales*). Die Nasenhöhle wird, abgesehen von der Riechgegend des

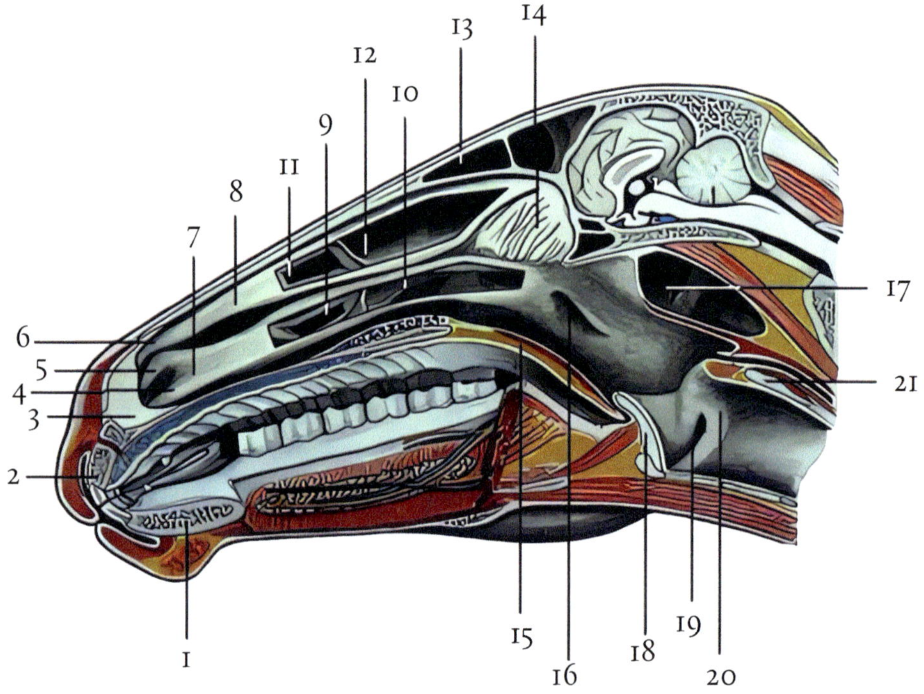

Abb. 9 – Sagittalschnitt durch den Kopf, Nasenscheidewand größtenteils entfernt.
1 *Mandibula*; 2 *Os incisivum*; 3 Reste des *Septum nasi*; 4 *Plica basalis*; 5 *Plica alaris*; 6 *Plica recta;* 7 *Concha nasalis ventralis*; 8 *Concha nasalis dorsalis*; 9 *Bulla conchalis ventralis*; 10 *Sinus conchae ventralis*; 11 *Bulla conchalis dorsalis*; 12 *Sinus conchofrontalis*; 13 *Sinus frontalis*; 14 *Labyrinthus ethmoidalis*; 15 *Palatum molle*; 16 *Ostium pharyngeum tubae auditivae*; 17 *Diverticulum tubae auditivae* (Luftsack); 18 *Cartilago epiglottica*; 19 *Ventriculus laryngis*; 20 *Plica vocalis*; 21 *Cartilago cricoidea*. (Nach Popesco, 1998).

Nasengrundes, von der sogenannten respiratorischen Schleimhaut ausgekleidet. Diese wird von einem venösen Gefäßplexus unterlagert.

Am Boden der Nasenhöhle, seitlich der Nasenscheidewand, befindet sich das vom Pflugscharbein und einer Knorpelmanschette gestützte röhrenförmige, kaudal blind endende Jakobson-Organ (*Organum vomeronasale*). Die Öffnung dieses von einer hoch spezialisierten Riechschleimhaut ausgekleideten Organs liegt unmittelbar kaudal des verschlossenen *Ductus incisivus.*

Der Übergang der Nasenhöhle in den Rachen (*Cavum pharyngis*) erfolgt über die sehr kurzen, nicht unterteilten Nasen-Rachen-Gänge (*Meatus nasopharyngei*).

3.7.2 Rachen und Luftsack

Der Luftsack (*Diverticulum tubae auditivae*) über dessen Funktion nach wie vor spekuliert wird, stellt eine beiderseitige Schleimhautausstülpung der Eustachischen Röhre (*Tuba auditiva*) dar. Er liegt dorsal des Rachens der Schädelbasis und der Atlasgrube an. Lateral wird er von den *Mm. pterygoidei*, der *Glandula parotidea* und der *Glandula mandibularis* bedeckt. Die dorsalen Abschnitte beider Luftsäcke sind in der Medianebene durch die *Mm. longus capitis* und *rectus capitis ventralis* voneinander getrennt. Ventral stehen beide Luftsäcke über ein dünnes Septum miteinander in Verbindung. Von ventral ragen das rechte und das linke Stylohyoid in den Luftsack hinein, dadurch entsteht beiderseits eine größere laterale und eine kleinere mediale Bucht. In enger nachbarschaftlicher Beziehung zu dem mit Rachenschleimhaut ausgekleideten Luftsack stehen die *Aa. carotis interna* und *-externa.*, das *Ganglion cervicale craniale*, die *Lnn. retropharyngei* und die Gehirnnerven V, VII, IX, X, XI, XII.

3.7.3 Kehlkopf

Der Aufbau des Kehlkopfes (*Larynx*) des Pferdes entspricht dem prinzipiellen Bauplan der Säugetiere. Gestützt wird das zum Teil noch im Kehlgang liegende Organ von dem durch eine tiefe ventrale *Incissura thyroidea caudalis* gekennzeichneten Schildknorpel (*Cartilago thyroidea*), dem kaudal folgenden Ringknorpel (*Cartilago cricoidea*) und den beiden dorsal aufgelagerten Stellknorpeln (*Cartilago arytenoidea*). Kranial angefügt ist der blattförmige Kehldeckelknorpel (*Epiglottis*), der basal einen medianen Stiel (*Petiolus*) und an dessen Seiten je einen Keilknorpelfortsatz (*Proc. cuneiformis*) besitzt. Die Kehlkopfknorpel sind, bis auf die Epi-

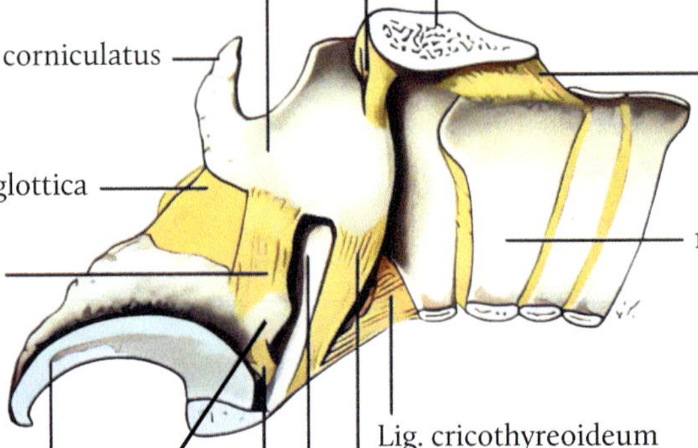

Abb. 10 – Kehlkopfbänder des Pferdes, Medianschnitt, Ansicht von medial. (Nach Nickel, Schummer, Seiferle, 2004, verändert).

glottis, die aus elastischem Knorpelgewebe besteht, aus hyalinem Knorpel aufgebaut. Die einzelnen Knorpel stehen über kleine Gelenkflächen bzw. über hoch spezialisierte Bänder und gleichnamige Muskeln miteinander in Verbindung. Eine Ausnahme macht die Epiglottis, die über die *Plica aryepiglottica* mit dem Stellknorpel verbunden ist.

Bänder und Muskeln tragen teilweise zur Profilierung der Kehlkopfhöhle bei. So bildet das vom Keilknorpel zur Lateralfläche des Stellknorpels ziehende *Lig. vestibulare* zusammen mit dem *M. ventricularis* die Grundlage der *Plica vestibularis*. Das *Lig. vocale* bildet zusammen mit dem *M. vocalis* die *Plica vocalis* („Stimmband"). Diese beiden Falten begrenzen nach rostral bzw. kaudal den beidseitig lateral gelegenen *Ventriculus laryngis*, der bei der Operation des sogenannten Kehlkopfpfeifers eine Rolle spielt. Die Kehlkopfhöhle wird von rostral nach kaudal in drei Abschnitte unterteilt: den Vorhof (*Vestibulum laryngis*), die die Stimmfalten beherbergende Glottis mit der Stimmritze (*Rima glottidis*) und das *Cavum infraglotticum*. Die die Kehlkopfhöhle auskleidende Schleimhaut trägt bis zu der dem Vestibulum zugekehrten Seite der Stimmfalte ein mehrschichtiges Plattenepithel, kaudal folgt dann das für die Trachea typische zweireihige, hochprismatische Flimmerepithel mit Becherzellen.

3.7.4 *Lunge*

Die beiden Lungenflügel sind im Vergleich zu anderen Säugetieren nur wenig gegliedert. Man unterscheidet links einen *Lobus cranialis* und *Lobus caudalis*. Der rechte, wesentlich größere Lungenflügel ist in einen *Lobus cranialis*, *Lobus caudalis* und *Lobus accessorius* unterteilt. Die Läppchenzeichnung ist ebenfalls nur undeutlich zu erkennen. Die dem *Mediastinum* zugekehrte Lungenfläche (*Facies mediastinalis*) zeigt links eine tiefe und rechts eine flache *Incisura cardica* zur Aufnahme des Herzens. Beide Lungenflügel liegen in Pleurahöhlen, deren Wände sich median treffen und als *Pleurae mediastinales* den Mediastinalspalt begrenzen. Sie stehen über kurze Gekröse (*Lig. pulmonale sinistrum* und *Lig. pulmonale dextrum*) mit dem Mediastinum in Verbindung. Die beiden Pleurahöhlen kommunizieren beim Fohlen nicht und beim erwachsenen Pferd nur gelegentlich über kleine Öffnungen im Mediastinum.

Das **Lungengewebe**: Die Lunge ist von Pleura (*Pleura visceralis*) überzogen, darunter folgt die bindegewebige Organkapsel. Von dieser strahlen collagenfaserige Septen in die Tiefe des Gewebes. Diese bewirken zum einen eine Lobulierung, zum anderen in Verbindung mit einer Vielzahl an elastischen Fasern das Interstitium des Organs. Die Summe der elastischen Elemente ist für die Retraktionsfähigkeit der Lunge bei der Exspiration von großer Bedeutung. Das Lungengewebe besteht aus dem luftleitenden und dem gasaustauschenden System. Zum luftleitenden System gehören *Bronchi* und *Bronchuli*. Letzere unterscheiden sich von Ersteren u.a. durch das Fehlen eines knorpeligen Stützgerüsts. Den Übergang vom luftleitenden zum gasaustauschenden System stellen die *Bronchuli respira-*

torii dar. Hier findet man, ausgehend von der Wand feinster Bronchuli, einzelne Alveolen, an denen bereits ein Gasaustausch stattfindet.

Das gasaustauschende System besteht aus den *Ductuli alveolares*, den *Sacculi alveolares* und den Atrien (*Atria alveolares*), in die einzelne oder mehrere Alveolen (*Alveoli pulmonis*) münden. Die Alveolen werden von Blutkapillaren umsponnen. Die Wand der Alveolen, bestehend aus Pneumozyten Typ I und II und der darunter liegenden Basallamina, bilden zusammen mit der Basallamina und den Endothelzellen der Blutkapillaren die Blut-Luft-Schranke, über die der Gasaustausch stattfindet.

3.8 Zentrales Nervensystem (ZNS)

Das zentrale Nervensystem gilt als übergeordnete nervöse (und humorale) Einrichtung des Körpers. Es überwacht und steuert zusammen mit einem ebenfalls übergeordneten endokrinen System die Funktionen sämtlicher Organe. Das ZNS reagiert auf Informationen, die über sensorische Systeme aus der äußeren Umgebung des Tieres bzw. aus dessen Körperinnerem herangeführt werden. Es ist verantwortlich für die Koordination und die Kontrolle der Aktivitäten des Bewegungsapparates. der äußeren und inneren Organsysteme, des Vegetativums und desautonomen Nervensystems. Schließlich spielt es eine wichtige Rolle in der Verarbeitung von Emotionen oder der Beeinflussung bzw. Regulierung der psychischen Grundstimmung des Individuums.

Das aus **Gehirn** und **Rückenmark** bestehende ZNS liegt in der Schädelhöhle (*Cranium*) bzw. dem Wirbelkanal (*Canalis vertebralis*). Es wird von den Gehirn- und Rückenmarkshüllen, den Meningen (*Dura mater, Arachnoidea, Pia mater*) und der zwischen Arachnoidea und Pia mater zirkulierenden Gehirn-Rückenmarksflüssigkeit (*Liquor cerebrospinalis*) umgeben. Die Meningen dienen dem Schutz vor äußeren Einflüssen und der Blutversorgung.

Gehirn und Rückenmark sind aus der sogenannten Grauen Substanz (*Substantia grisea*) und der Weißen Substanz (*Substantia alba*) aufgebaut. Erstere besteht aus den Körpern der Nervenzellen, letztere aus den von Markscheiden

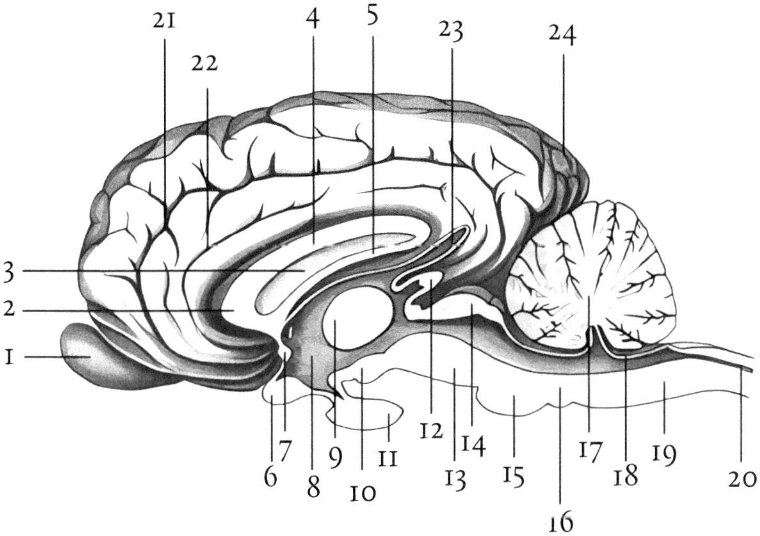

Abb. 11 – Schematische Darstellung eines Medianschnitts durch das Gehirn des Pferdes: 1 *Bulbus olfactorius*; 2 *Genu corporis callosi*; 3 *Septum pellucidum*; 4 *Corpus callosum*; 5 *Fornix*; 6 *Chiasma opticum*; 7 *Commissura rostralis*; 8 *Ventriculus tertius*; 9 *Adhaesio interthalamica*; 10 *Corpus mamillare*; 11 *Hypophysis cerebri*; 12 *Epiphysis cerebri*; 13 *Crus cerebri*; 14 *Lamina tecti*; 15 *Pons*; 16 *Corpus trapezoideum*; 17 *Corpus medullare*; 18 *Velum medullare caudale*; 19 *Medulla oblongata*; 20 *Canalis centralis*; 21 *Sulcus cinguli*; 22 *Sulcus endogenualis*; 23 *Recessus suprapinealis*; 24 *Sulcus ectosplenialis*. (Nach Koch, Berg, 1993, verändert).

(Myelinscheiden) umgebenen Nervenzellfortsätzen. Während im Bereich des Gehirns die Graue Substanz außen liegt, findet man dieselbe im Rückenmark innen. Zwischen den Nervenzellen und ihren Fortsätzen finden sich die Gliazellen, die als Stütz-, Ernährungs- und Schutzgewebe dienen. Sie sind für die Ausbildung der Myelinscheiden verantwortlich. Im Inneren des Gehirns und Rückenmarks befindet sich ein Hohlraumsystem, das von *Liquor cerebrospinalis* erfüllt ist.

3.8.1 *Das Gehirn* (Encephalon)

Das Gehirn wird in Großhirn (*Telencephalon*), Mittelhirn (*Mesencephalon*) und Rautenhirn (*Rhombencephalon*) unterteilt.

3.8.1.1 Das Großhirn

Das Großhirn ist geprägt durch die beiden mächtig entwickelten **Hemisphären**, die median und oberflächlich voneinander durch eine Einfaltung der harten Gehirnhaut, dem *Falx cerebri*, getrennt sind. In der Tiefe stehen sie über die Kommissurenbahnen des Hirnbalkens (*Corpus callosum*) miteinander in Verbindung. Die Hemisphären erfahren durch eine Vielzahl von Furchen (*Sulci*) und Windungen (*Gyri*) eine deutliche Vergrößerung ihrer Oberfläche. Das *Tentorium cerebelli membranaceum* trennt das Großhirn vom Kleinhirn (*Cerebellum*). Unterhalb des *Corpus callosum* findet sich je eine vom *Liquor cerebrospinalis* erfüllte Seitenkammer (*Ventriculi laterales*). Die beiden Kammern, die durch das *Septum pellucidum* voneinander getrennt sind, stellen ein Teil des zentralen Hohlraumsystems dar. Durch das *Foramen interventriculare* stehen sie untereinander und mit der dritten Gehirnkammer in Verbindung. Der Boden der Seitenventrikel wird jeweils kaudal durch das Ammonshorn (*Cornu ammonis*) und rostral durch den *Nucleus caudatus* gebildet, dazwischen liegt ein Adergeflecht (*Plexus choroideus ventriculi lateralis*), das für die Produktion des *Liquor cerebrospinalis* verantwortlich ist.

Das Riechhirn (*Rhinencephalon*) schließt sich jederseits ventral und rostral an die Hemisphären an, es liegt mit seinen Riechkolben (*Bulbi olfactorii*) in den Gruben (*Fossae ethmoidales*) des Siebbeins und sendet von dort aus feine Fasern (*Filae olfactoriae*) durch dessen Öffnungen in die Riechschleimhaut des Nasengrundes.

3.8.1.2 Das Zwischenhirn

Das Zwischenhirn (*Diencephalon*), das den rostralen Abschnitt des Hirnstamms bildet, besteht aus dem *Epithalamus*, dem *Thalamus* und dem *Hypothalamus*. In diesem evolutionsgeschichtlich sehr früh entstanden Hirnteil werden neurohormonale Verbindungen zwischen den Hirnzentren und den Körperorganen hergestellt. Diese lebenswichtigen Verbindungen regeln das gesamte vegatative, autonome Leben.

Der Thalamus repräsentiert den größten Teil des Diencephalons. Er bildet die lateralen Wände des dritten Ventrikels. Seine beiden Hälften ragen weit in den dritten Ventrikel vor und treffen sich in der Medianebene mittels der *Adhaesio interthalamica*. Dadurch wird der Hohlraum auf einen ringförmigen Kanal reduziert. Die dorsale Oberfläche des Thalamus grenzt an den *Fornix* und den Boden der lateralen Ventrikel, seine ventrale Seite liegt über dem Hypothalamus. Im Thalamus treffen Informationen aus dem Körper und den verschiedenen Sinnesorganen ein und werden von dort an das Großhirn weitergeleitet. Der Bereich dorsal und kaudal des dritten Ventrikels wird als Epithalamus bezeichnet. Er besteht aus dem *Recessus pinealis*, einer Ausstülpung des dritten Ventrikels und der kaudal daran anschließenden Zirbeldrüse (*Epiphysis cerebri*). Diese aus Pia mater- und Ependymgewebe zusammengesetzte Drüse ist mit dem von ihr gebildeten Hormon Melatonin für die Steuerung des Schlaf Wach Rhythmus und anderer zeitabhängiger Rhythmen des Körpers verantwortlich. Der Hypothalamus liegt an der ventralen Gehirnfläche, er stellt den Boden des dritten Gehirnventrikels dar und erstreckt sich von der „praeoptischen Region" über das *Chiasma opticum* zu den *Pedunculi cerebri* und der *Fossa interpeduncularis.* An seiner ventralen Oberfläche liegt das *Tuber cinereum*, hier entspringt das *Infundibulum neurohypophysis*, der Stiel, an dem die Hypophyse aufgehängt ist, kaudal folgt das *Corpus mamillare.* Der Hypothalamus enthält Kerngebiete, die für das viszerale Nervensystem und die Hormonregulation verantwortlich sind. So steuert er die meisten Lebensabläufe wie Schmerz, Temperaturempfinden, Schlaf-Wach-Rhythmus und Wasserhaushalt und steht durch seine Zentralvene in engem funktionellem Kontakt zur Hypophyse.

Die **Hypophyse**, ein kugeliges Organ, das in einer Vertiefung des Keilbeins, der *Fossa hypophysealis* liegt, besteht grundsätzlich aus zwei Teilen: der rostral gelegenen Adenohypophyse (Hypophysenvorder- und mittellappen) und der kaudalen Neurohypophyse (Hypophysenhinterlappen). Während der Vorder- und

Mittellappen entwicklungsgeschichtlich aus einer ektodermalen Ausstülpung der Mundbucht („Rathke-Tasche“ entstanden sind, hat sich der Hypophysenhinterlappen aus einer Erweiterung des Zwischenhirns („Infundibulum“) entwickelt. Die Hypophyse gilt als sämtlichen Hormondrüsen des Körpers übergeordnete endokrine Drüse und Regelstation. Die Hormone der Adenohypophyse (Peptidhormone, z.B. Oxytocin) werden in diesem Teil der Drüse – unter dem Einfluss sogenannter Releasing- oder „Inhibiting“-Hormone aus dem Hypothalamus – produziert, gespeichert und ausgeschüttet. Die Hormone der Neurohypophyse (Proteohormone, LH, FSH) werden in neurosekretorischen Zellen der *Nuclei supraoptici* und *Nuclei paraventriculares* des Hypothalamus produziert und entlang von Axonen und der Zentralvene in diesen Teil der Drüse transportiert. Von dort gelangen die Hormone beider Drüsenabschnitte je nach Bedarf über Rückkopplungsmechanismen, durch Steroidhormone (Testosteron, Östrogen, Progesteron etc.) geregelt, mit dem Blut als „Tropine“ an untergeordnete endokrine Drüsen, z.B. Gonaden, Nebennieren oder Geschlechtsorgane. An diesen Effektororganen bewirken sie bestimmte Reaktionen wie die Eierstocks- und Hodenfunktionen samt Fortpflanzungsgehabe bzw. die Geburtsvorgänge, von der Geburtsvorbereitung bis zum Austreiben des Fohlens, der Nachgeburtsphase, dem Abgang der Plazenta und Einsetzen der Laktation. Gleichzeitig dienen diese Effektorhormone als Rückkopplungsvehikel bei der biokybernetischen neurohormonalen Steuerung von Lebensfunktionen wie Muskelbewegung, Schmerzempfindung, Stress oder Thermoregulation.

3.8.1.3 Das Mittelhirn

Das Mittelhirn (*Mesencephalon*) folgt – als unpaarer Abschnitt des Hirnstamms – kaudal auf das Diencephalon und wird von den beiden Großhirnhemisphären bzw. dem Cerebellum größtenteils überlagert. Es besteht aus der dorsal gelegenen Vierhügelplatte (*Corpora quadrigemina*), die als *Tectum* den Verbindungskanal zwischen dem dritten und vierten Ventrikel (*Aqueductus mesencephali*) dorsal bedeckt. Nach ventral folgt auf den *Aquaeductus cerebri* die sogenannte Haube

(*Tegmentum*). Die Haube wird von den Gehirnschenkeln (*Pedunculi cerebri/Crura cerebri*) und der zwischen diesen gelegenen *Fossa interpeduncularis* unterlagert. Hier befindet sich auch die Austrittsstelle des *N. oculomotorius*. Das Mittelhirn beherbergt zahlreiche Schaltstationen z.B. aus Seh- und Hörbereich und Leitungsbahnen zwischen höheren und tiefergelegenen Gehirnabschnitten bzw. zwischen dem Gehirn und dem Rückenmark.

3.8.1.4 Das Rautenhirn

Das Rautenhirn (*Rhombencephalon*) besteht aus der zum Hirnstamm gehörenden Brücke (*Pons*) und dem kaudal folgenden verlängerten Mark (*Medulla oblongata*). Beide Gehirnabschnitte werden proximal vom Kleinhirn (*Cerebellum*) überlagert. Im Bereich der *Medulla oblongata* erweitert sich das Hohlraumsystem des Gehirns zum vierten Ventrikel, dessen Boden durch die *Fossa rhomboidea* und deren Dach durch das kraniale (*Velum medullare rostrale*) bzw. kaudale Marksegel (*Velum medullare caudale*) repräsentiert wird. Vom mittleren Abschnitt der *Fossa rhomboidea* geht auf beiden Seiten eine Bucht (*Recessus lateralis ventriculi quarti*) ab, die über je eine Öffnung, *Apertura ventriculi quarti,* mit dem Subarachnoidalraum in Verbindung steht. Durch diese Öffnungen kann der in der *Tela choroidea ventriculi quarti* abgesonderte *Liquor cerebrospinalis* das zentrale Hohlraumsystem verlassen. Im Inneren der Pons und der Medulla oblongata befinden sich neben den Kerngebieten der Gehirnnerven V bis XII die Oliven und Brückenkerne, die Kerne der *Formatio reticularis* sowie Kerne verschiedener auf- und absteigender Leitungsbahnen, die das Gehirn mit dem Rückenmark verbinden. Im Bereich der *Medulla oblongata* sind außerdem wichtige Zentren für die Steuerung der Atmung und des Kreislaufsystems lokalisiert.

3.8.1.5 Das Kleinhirn

Das Kleinhirn ist beiderseits über je einen Schenkel (*Pedunculi cerebellares*) mit der Haube des Mittelhirns, der Brücke und dem verlängerten Mark verbunden. Es besteht aus zwei lateralen Hemisphären (*Hemisphaerium cerebelli*), die durch ein wurmförmiges Gebilde (*Vermis*) voneinander getrennt sind. Die Oberfläche ist durch eine Vielzahl von Windungen und Rinnen stark gegliedert. Diese Gliederung drückt sich im Inneren des Organs durch eine ausgeprägte Verästelung der zentralen weißen und der darüber gelegenen grauen Substanz aus. Auf dem Medianschnitt ist eine baumartige Struktur zu erkennen (*Arbor vitae*). Aufgabe des Kleinhirns ist die Wahrnehmung der Tiefensensibilität. Dabei werden motorische Befehle des Großhirns mit den aus der Peripherie eintreffenden Informationen z.B. über den Muskeltonus oder die Gleichgewichtslage, aber auch die Feinabstimmung von Bewegungsabläufen und Reflexen koordiniert. Neuerdings wird ihm auch eine Rolle bei verschiedenen kognitiven Prozessen zugeschrieben.

3.8.2 *Rückenmark*

Das Rückenmark (*Medulla spinalis*) ist entsprechend der Abschnitte der Wirbelsäule in Hals-, Brust-, Lenden- und Kreuzmark unterteilt. Es ist leicht dorsoventral abgeflacht und weist regionale Variationen in Form und Größe auf. So findet man im Bereich des Abgangs der Nerven für die Vorder- und Hintergliedmaßen Verdickungen (*Intumescentia cervicalis, Intumescentia lumbalis*) und am kaudalen Ende eine konische Verjüngung (*Conus medullaris*). Letztere befindet sich etwa im Bereich des ersten Kreuzwirbels; sie läuft in einen dünnen Faden (*Filum terminale*) aus und bildet zusammen mit den Abgängen der Rückenmarksnerven (*Nervi spinales*) des Lenden- und Kreuzbereichs die *Cauda equina*. Auf dem Querschnitt des Rückenmarks zeigt sich die graue Substanz (*Substantia grisea*) in der Form eines Schmetterlings mit beiderseits einem Dorsal- und Ventralhorn. Im Zentrum der Grauen Substanz befindet sich der Zentralkanal (*Canalis centralis*). Er stellt die Fortsetzung des Hohlraumsystems des Gehirns dar und ist von *Liquor cerebrospinalis* erfüllt. Aus dem Ventralhorn treten die motorischen Fasern der Rückenmarksnerven aus; die sensiblen Fasern gelangen über das Dorsalhorn ins Rückenmark. Während die Ganglien für das motorische System im Ventralhorn liegen, finden sich die Zellen der sensiblen Nerven im außerhalb des Rückenmarks gelegenen *Ganglion spinale*. Im Bereich des Brust- und Lendenabschnitts, dem sogenannten Intermediärhorn, befinden sich die Wurzelzellen des Sympathikus. Die Graue Substanz wird vollständig von der Weißen Substanz (*Substantia alba*) umgeben. Diese setzt sich aus den gebündelten Nervenbahnen des motorischen und sensiblen Systems zusammen. Man unterscheidet beiderseits einen Dorsalstrang (*Funiculus dorsalis*), einen Ventralstrang (*Funiculus ventralis*) und einen Seitenstrang (*Funiculus lateralis*). Dorsal- und Seitenstrang leiten sensible Reize zum Gehirn. Motorische Reize, die vom Gehirn ausgehen, werden über den Ventralstrang abgeleitet.

3.9 Auge

Die das Auge beherbergende, ventral und temporal offene Augenhöhle (*Orbita*) ist vollständig von Knochen umgeben. An ihrer Struktur sind das Stirnbein, Tränenbein, Oberkieferbein, Keilbein, Schläfenbein und Jochbein beteiligt. Die Augenhöhle und damit das gesamte Auge ist ca. 40° nach lateral gestellt und bewirkt so ein deutlich kaudal ausgerichtetes Gesichtsfeld. Durch leichte Bewegungen des Kopfes ist jedoch mit dieser Augenstellung auch ein „Fast-Rundumblick" von ca. 330° möglich, hierbei wird allerdings das binokuläre Sehen stark eingeschränkt und es besteht, je nach Länge des Gesichtschädels, rostral eine „blinde Zone". Ein mächtig ausgebildeter extrapriorbitaler Fettkörper und die bindegewebige Periorbita umschließen den von rostral nach kaudal deutlich abgeflachten Augapfel (*Bulbus oculi*). Dieser ist insgesamt höher als breit und wird von der Augenmuskulatur und dem intraperiorbitalen Fettkörper umgeben. Die das Auge und dessen Hilfsorgane versorgenden Gefäße und Nerven gelangen über das *Foramen ethmoidale*, den *Canalis opticus*, die *Fissura orbitalis* und das *Foramen alare rostrale* in die Orbita. Der Augapfel besteht aus den den Glaskörper (*Corpus vitreum*) umgebenden klassischen drei Schichten: äußere Augenhaut (*Tunica fibrosa bulbi*), mittlere Augenhaut (*Tunica vasculosa bulbi*) und innere Augenhaut (*Tunica interna bulbi*).

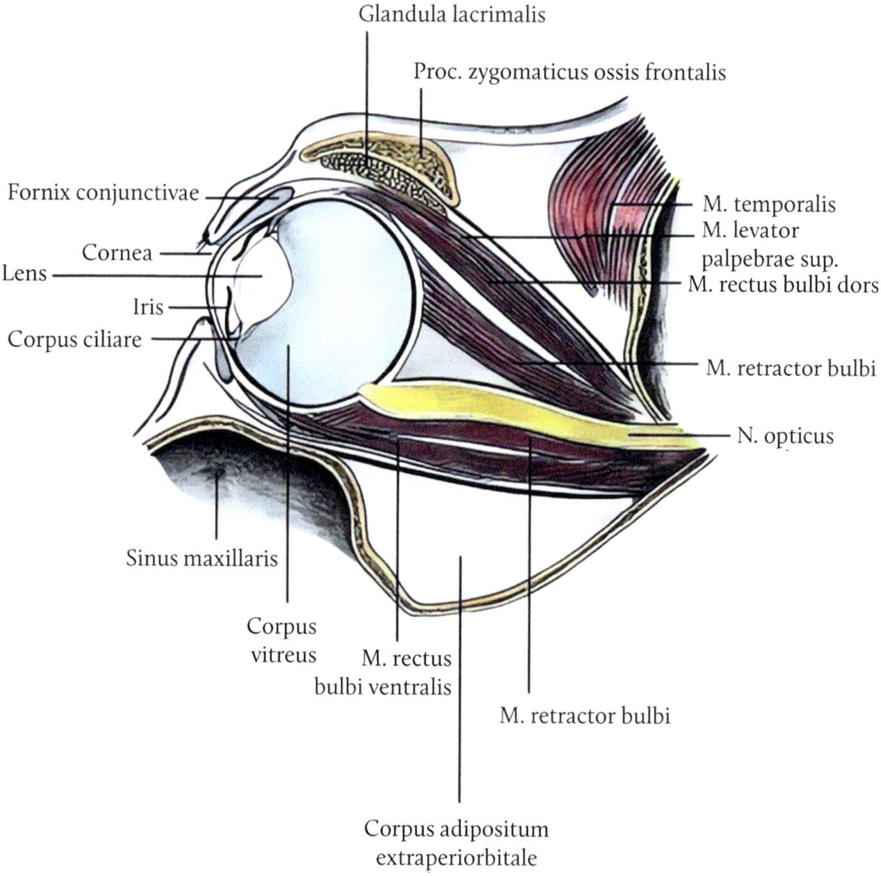

Abb. 12 – Medianschnitt durch das Auge und die Augenhöhle des Pferdes. (Nach Popesco, 1998, verändert).

Die äußere Augenhaut (*Tunica fibrosa bulbi*) setzt sich aus der derben bindegewebigen *Sclera* und der rostral gelegenen, durchsichtigen, gefäßfreien, jedoch sensibel innervierten Hornhaut (*Cornea*) zusammen. Beide gehen am Korneoskleralrand (*Limbus corneae*) ineinander über.

Die mittlere Augenhaut (*Tunica vasculosa bulbi*) besteht aus 1. der Aderhaut (*Choroidea*), die u.a. das *Tapetum lucidum*, eine Einrichtung für das Dämmerungssehen, enthält, 2. dem Ziliarkörper (*Corpus ciliare*), der über seine Ziliarfortsätze das Brechungsvermögen der Linse und damit die Akkommodation des Auges beeinflusst und der für die Produktion des Kammerwassers verantwortlich ist, 3. der Regenbogenhaut (*Iris*), die mittels dem sympathisch innervierten *M. dilatator pupillae* und dem parasympathisch innervierten *M. sphincter pupillae* für das Öffnen bzw. Schließen der Pupille verantwortlich ist.

Die innere Augenhaut (*Tunica interna bulbi*), Netzhaut (*Retina*) besteht – als Ausstülpung des Zwischenhirns – aus der die Sinneseindrücke des Sehens aufnehmenden *Pars optica* und der *Pars caeca*, die den Ziliarkörper und die Iris mit ihrem Pigmentepithel überzieht. Beide Abschnitte gehen an der *Ora serrata* ineinander über.

Hilfseinrichtungen

Tränenapparat: Die dorsolateral unter dem *Proc. jugularis* des *Os frontale* dem Augapfel anliegende Tränendrüse (*Glandula lacrimalis*) sezerniert ihr salzhaltiges, dünnflüssiges Sekret über kleine Ausführungsgänge in den dorsalen Bindehautsack (*Saccus conjunctivae*), den Übergang (*Fornix conjunctivae superior*) der Bindehaut des Augapfels (*Tunica conjunctiva bulbi*) in die Lidbindehaut (*Tunica conjunctiva palpebrarum*). Die Flüssigkeit verbindet sich mit dem Schleim der Becherzellen des Fornix und dem Sekret der aus der Lidkante sich öffnenden Tarsaldrüsen zum „praecornealen Tränenfilm", der zum Schutz und zur Ernährung der Hornhaut dient. Die Tränenflüssigkeit sammelt sich in dem im nasalen Augenwinkel gelegenen Tränensee und verlässt die Orbita über die *Canaliculi lacrimales*, die in den in der *Fossa sacci lacrimalis* gelegenen Tränensack münden. Letzterer geht in den Tränennasenkanal (*Ductus nasolacrimalis*) über. Der Tränennasenkanal mündet als ca. 3 mm große Öffnung im Bereich des Naseneingangs, am Übergang der Haut, in die Nasenschleimhaut.

Lider: das längere Ober- (*Palpebra superior*) und das kürzere Unterlid (*Palpebra inferior*) bestehen aus der dünnen äußeren Haut, der bindegewebigen Mittelschicht und der inneren Lidbindehaut (*Conjunctiva palpebrae*), die im *Fornix conjunctivae* in die *Conjunctiva bulbi* übergeht. Die Mittelschicht enthält den *M. orbicularis oculi*, die Aponeurose des *M. levator palpebrae* und den *M. tarsalis*.

Gegen den freien Lidrand hin liegt die Lidplatte (*Tarsus*) mit den die „Augenbutter" sezernierenden Tarsaldrüsen (*Glandulae sebaceae*). Vor der Mündung dieser Drüsen sitzen die Wimpern (*Cilia*), die am Oberlid zahlreicher und länger sind als am Unterlid.

Das im nasalen Augenwinkel liegende dritte Augenlid ist sowohl bulbusseitig als auch auf der palpebralen Seite von Bindehaut überzogen. Es wird von einem T-förmigen hyalinen Knorpel gestützt, enthält eine akzessorische Tränendrüse (*Glandula palpebrae tertiae*) und kann durch einen sympathisch innervierten glatten Muskel (*M. orbitalis*) am Vorfallen gehindert werden.

4. Verhalten

(K. M. Scheibe)

4.1 Allgemeine biologische Funktion für Haltung und Gesundheit

Verhalten von Tieren umfasst nicht nur die sichtbaren Bewegungen von Einzeltieren sowie die Interaktionen zwischen Individuen und Gruppen, sondern basiert auf physiologischen und morphologischen Voraussetzungen. Ohne Zentralnervensystem ist kein Verhalten möglich und wechselnde Hormonspiegel, auch extern gesteuerte Hormone, beeinflussen es. Wenn sich Tiere verhalten, folgen sie inneren Motivationen, die auf den Funktionen des Zentralnervensystems beruhen. Verhalten umfasst damit alle reaktiven und spontanen Handlungen, die aus den Denk- und Gefühlsabläufen eines Individuums resultieren. Verhalten setzt die Fähigkeit zur Perzeption und Signalabgabe (Informationswechsel) voraus, diese aber wird genauso wie die allgemeine Handlungsbereitschaft durch die tageszeitlich variierende Aufmerksamkeit (Wachheitsgrad) bestimmt. Somit ist alles Verhalten eng mit physiologischen Funktionen verknüpft. Außerdem setzen die artspezifischen Körperstrukturen und Bewegungsmechanismen Rahmenbedingungen für alle Verhaltensmuster, die ihrerseits auch von der Entwicklung mancher Verhaltensweisen bestimmt wurden (wie Kampf- und Imponierverhalten die Entwicklung von Geweihen und Hörnern bedingten). Ohne diese Voraussetzungen und evolutiven Wechselbeziehungen ist Verhalten nicht verständlich. Verhalten ist also nicht denkbar ohne den evolutionsgeschichtlichen Hintergrund. Genauso wie körperliche Merkmale sind Verhaltensmuster während der Evolution entstanden und haben andererseits die Evolution anatomisch-morphologischer und physiologischer Merkmale der betreffenden Tierart mitbestimmt.

> Es wirken somit komplexe adaptive Systeme, die für die Spezies allgemein gültige Kriterien determinierend als genetisch fixierte Prädispositionen herausbilden.

Verhaltensweisen wirken in die Umwelt des Individuums hinein und erzeugen damit Rückwirkungen auf das Tier.

Das Verhalten vermittelt damit zwischen Physiologie und Ökologie.

Hafez (3/1968) kennzeichnete das Verhalten als einen der effektivsten adaptiven Mechanismen. Verhalten ist aber nicht rein reaktiv, sondern verläuft auch spontan und nach eigenen Gesetzmäßigkeiten, es erweist sich als eigenständige biologische Funktionsebene.

Weiterhin resultiert Verhalten aus den vorausgegangenen Erfahrungen und Lernprozessen; damit bestimmen es Phylogenese wie Ontogenese gleichermaßen.

Eine funktionelle Definition des Verhaltens stammt von Tembrock (4/1976):

> „Verhalten steuert und regelt in eigengesetzlicher Form eine ‚raum-zeitliche' Abfolge von Vorgängen, die Organismen als Individuen oder ‚Individuen- Kollektive' in eine Wechselbeziehung zur Umwelt setzen mit dem Ziel der inneren und äußeren Homöostase."

Daraus wird klar, dass das Verhalten eine Schlüsselfunktion für alle Fragen der Haltung und Handhabung von Tieren und ihrer Gesundheit besitzt. Die Anforderungen, welche Tiere aufgrund ihres evolutionären Hintergrundes an die

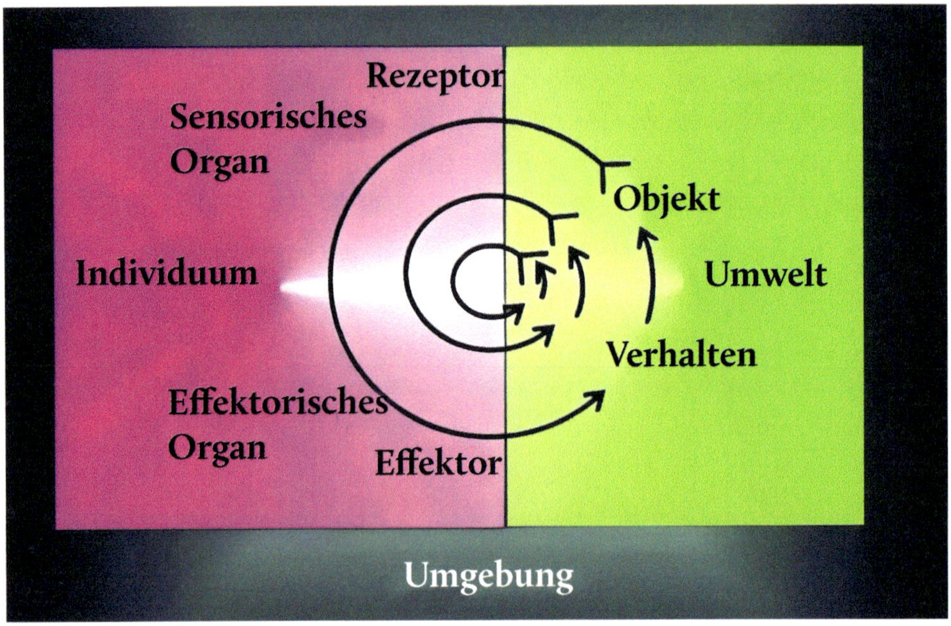

Abb. 1 – Wechselwirkung zwischen Individuum und Umwelt in Funktionskreisen. Umwelt ist der Teil der Umgebung eines Tieres, mit dem es durch funktionelle Wechselwirkungen verbunden ist. Diese Wechselwirkung schließt Perzeption und Verhalten ein.

Umwelt stellen, basieren vor allem auf den ihrem Verhalten entsprechenden Umweltansprüchen, da eben das Verhalten die direkte Interaktion mit der Umwelt darstellt (Abb. 1).

Die Umweltfaktoren sind bei gehaltenen Tieren die Haltungsumwelt. An diese Umweltfaktoren richten sich tierseitige Umweltanforderungen aufgrund der evolutiv entstandenen biologischen Strukturen. Verhalten spielt dabei eine Schlüsselfunktion und orientiert die Verhaltensweisen auf die jeweils korrespondierenden Umweltklassen. Neben diesen primären Anforderungs-Einwirkungsbeziehungen bestehen unterschiedliche Wechselwirkungen.

Die Erfüllung der Umweltansprüche ist die Voraussetzung für Gesundheit. Erfüllung der Umweltansprüche gewährleistet Wohlbefinden, einen Zustand, der Leiden ausschließt und als entgegengesetzter Extremwert auf einer stetigen

Skala von individueller Anpassung anzusehen ist. Ein Tier gesund zu halten erfordert ein tiefes Verständnis seiner biologischen Strukturen einschließlich seines Verhaltens. Dieses wiederum ist nicht verständlich ohne das Wissen um die Evolutionsgeschichte der betreffenden Tierart, wobei die Besonderheiten züchterischer Einflussnahmen bei Haustieren natürlich einzuschließen sind.

Die klassische Verhaltensforschung hat sich seit Lorenz und Tinbergen mit den Mechanismen der Stammesgeschichte und der Ontogenese des Verhaltens sowie seiner Funktion in der Evolution beschäftigt. Eine angewandte Ethologie muss jedoch weitere Fragen stellen: Sie muss die verhaltensbedingten Umweltansprüche der einzelnen Tierarten, Rassen und Linien für eine tiergerechte Umweltgestaltung definieren, sie muss sich mit der Indikatorfunktion des Verhaltens beschäftigen, um Belastungen, Krankheit und Störungen zu erkennen, sie muss sich mit der Anpassungsfunktion des Verhaltens befassen, um einerseits Grenzen dieser Anpassungsfähigkeit zu definieren und andererseits mögliche Anpassungs- und Lernleistungen der Tiere sinnvoll in den Haltungsprozess einzubeziehen, sie kann Voraussetzungen schaffen, um Verhalten zweckgerichtet zu steuern (Steuerfunktion) und damit Voraussetzungen schaffen, um Störungen zu behandeln, wenn es denn zu solchen gekommen ist (Therapiefunktion).

Kernaussage:
Verhalten ist evolutionär entstanden und vermittelt zwischen der Anatomie und Physiologie eines Tieres und seiner Umgebung. Es ist daher von entscheidender Bedeutung für alle Haltungsfragen.

4.2 Grundaussagen der Verhaltensbiologie

Verhalten hat sich als Ergebnis der Evolution aufgrund zentripetaler exogener und zentrifugaler innerer Kräfte im komplexen adaptiven System allmählich immer höher und spezifischer entwickelt. Mit der Evolutionshöhe nimmt dabei auch die Flexibilität des Verhaltens allgemein zu. Es beginnt mit einfachen stereotypen Reaktionen wie motorischen Reflexen sowie Orientierungsreaktionen (Taxien und Phobien), die bereits Einzeller aufweisen können. Auch biologische Rhythmen im Tages- und Jahresbereich sind früh im Verlauf der Evolution entwickelt worden. Auf höherer Organisationsebene finden sich etwa im Balzverhalten komplexe effektorische Muster, die von einzelnen Reizpunkten im Zentralnervensystem als vollständige oder teilweise Bewegungsabläufe ausgelöst werden können. Diesen Punkten sind spezifische angeborene Auslösemechanismen zugeordnet. Über diese können einfache Reizkombinationen in der Umwelt identifiziert und das dazu gehörige Verhalten erfahrungslos ausgelöst werden. Weniger eng verbunden mit dem ZNS sind bestimmte Präferenzen und Aversionen.

Höher entwickelten Verhaltensweisen liegen im Allgemeinen Motivationen zugrunde, die mit emotionalen Bewertungen einhergehen. Regulatives Verhalten ist in seinen höheren Formen mit Lernen verbunden, dieses wiederum setzt Gedächtnis voraus. Lernen kann als Prägungslernen eng genetisch bestimmt sein und damit an bestimmte Lebensabschnitte gebunden und grob in Inhalt und Funktion vorherbestimmt sein. Es kann angeborene Verhaltensmuster orientieren, in neuen Zusammenhang bringen oder modifizieren. In seiner höchsten Form, der Tradierung, dient es der Übergabe erworbener Lerninhalte von einer Generation auf die folgende. Schließlich kann Verhalten auch auf Versuchen zur Problemlösung beruhen, die teilweise oder komplette Erkenntnis eines Faktoren- oder Beziehungskomplexes voraussetzen.

Verhalten ist immer ein Prozess, wie das v. Uexküll'sche Modell verdeutlicht. Er beginnt mit dem Eingangsverhalten; dieser Begriff verdeutlicht, dass Informationsaufnahme ein aktiver Vorgang ist, bei dem Reize aus der Umwelt aktiv aufgesucht, gezielt aufgenommen, gefiltert und verarbeitet werden. Der Informationsaufnahme schließt sich die zentralnervöse Verarbeitung an, wobei es zu Wechselwirkungen mit physiologischen Zuständen kommt. Diese beiden internen Vorgänge, auch als Zustandsverhalten bezeichnet, können längere Zeit beanspruchen, sodass der letzte Schritt, das eigentliche Ausgangsverhalten, zeitlich deutlich versetzt auftreten oder mittelbar durch länger zurückliegende Ereignisse beeinflusst werden kann.

Verhalten zwischen Tieren basiert auf Informationsinteraktion oder Kommunikation. Diese setzt voraus, dass ein Individuum, der Sender, Signale aussendet, die von wenigstens einem Empfänger, d.h. einem gegenüberstehenden Individuum, empfangen und verstanden werden. Die Voraussetzung hierfür ist, dass beide über ein abgestimmtes Sensorium und ein gemeinsames Zeichenrepertoire verfügen.

Aus der Wechselwirkung zwischen zentralnervöser Verarbeitung der Informationen und physiologischem Status entstehen Motivationen für bestimmte Verhaltensweisen. Motivationen werden auch spontan auf Grundlage allgemeiner und spezifischer Handlungsbereitschaften gebildet, die mit der Zeitdauer seit dem letzten Verhaltensvollzug anwachsen. Diese Handlungsbereitschaften entsprechen annähernd dem Niveau, welche die entsprechenden Verhaltensweisen im natürlichen Bezug ausmachen. So legen Przewalskipferde auch in einem räumlich beschränkten Areal täglich nahezu konstant 5 bis 6 km zurück.

> Tiere sind daher nicht reine „Reaktionsmechanismen", sondern handeln spontan und autonom. Diese Erkenntnis gehört zu den Schlüsselaussagen der Verhaltenswissenschaft und kann zur Erklärung vieler Verhaltensstörungen beitragen.

Mit der allmählich anwachsenden Motivation beginnt ein Verhaltensablauf, der aus einer Abfolge von Appetenzverhalten und schließlich der Endhandlung besteht.

Appetenzverhalten ist dabei der eigentlichen Handlung vorgelagert und dient z.B. dem Aufsuchen von für die Endhandlung geeigneten Orten (Appetenzverhalten 1). In der Folge vergleicht Appetenzverhalten verschiedene für die Endhandlung mehr oder weniger geeignete Objekte, bewertet und wählt sie aus (Appetenzverhalten 2).

Appetenzverhalten kann sich auch als allgemeine Unruhe oder scheinbar ziellose Lokomotion äußern. Appetenzverhalten befriedigt nicht die Motivation zur Endhandlung, kann daher lange andauern, ist aber auch nicht unbegrenzt wiederholbar. Einzelne Elemente von Appetenzverhalten können auch über eigene

Motivation gesteuert sein, z.B. die Bewertung von Nahrung. Ist das geeignete Objekt gefunden und ausgewählt, läuft die Endhandlung ab und damit wird die Motivation befriedigt. Die Befriedigung der Motivation erfolgt dabei vor allem durch den eigentlichen Handlungsablauf und die damit verbundenen Sinneseindrücke, nur mittelbar über den physiologischen Status durch den Effekt der Handlung.

> Das Ziel ist für das Tier primär der Verhaltensablauf an sich.

Das Verständnis der Motivation und des Appetenzverhaltens ist für den praktischen Umgang mit Tieren von entscheidender Bedeutung, daher folgen zwei Beispiele.

Das Nahrungsaufnahmeverhalten eines Pferdes wird nach einer Ruhephase vom physiologischen Status (Blutzucker, Füllung des Verdauungstraktes) beeinflusst, aber auch von der Zeit, die seit dem letzten Nahrungsaufnahmeverhalten vergangen ist. Zunächst wird ein freilebendes Pferd sich innerhalb seines Sozialverbandes auf einem Ruheplatz befinden. Voraussetzung für den Beginn der Handlungskette ist die Bereitschaft zu allgemeiner Aktivität, die von der Tagesrhythmik abhängt und über die Tageslichtlänge gesteuert wird. Die Bereitschaft zu motorischer Aktivität wird die Nahrungssuche (Appetenzverhalten 1) einleiten. Dadurch wird sich das Pferd nach Abstimmung mit seiner Gruppe (soziale Synchronisation im natürlichen Sozialverband) auf eine Wanderung begeben; dieser Lokomotion ist im Rahmen der allgemeinen Bewegungsbereitschaft eine eigene Motivation zugeordnet. Diese führt zu Weideplätzen, die nach ihrer Attraktivität bewertet und ausgewählt werden (Appetenzverhalten 2). Ist ein Weideplatz ausgewählt, werden einzelne Pflanzen oder Pflanzenteile bewertet, wobei es zu einem Kompromiss zwischen Angebot und Bedarf kommt. Auch dieser Vorgang ist dem Appetenzverhalten 2 zuzuordnen. Diese beiden Formen des Appetenzverhaltens können direkt zur Endhandlung, der Nahrungsaufnahme führen oder zuvor mehrfach wiederholt werden. Die eigentliche Endhandlung besteht in der Nahrungsaufnahme, die ihrerseits aus den Lippenbewegungen und Kaubewegungen besteht und von geschmacklichen Informationen begleitet wird. Diese Endhandlung mit den Kaubewegungen und der begleitenden Informationsaufnahme ist der eigentliche Verhaltenszweck. Physiologische Sättigung wird erst später durch die Füllung des Verdauungstraktes und noch später nach der Verdauung durch den Anstieg des Spiegels von Nährstoffen im Blut erreicht. Unter natürlichen Bedingungen wird so ein Zusammenspiel von Befriedigung der Verhaltensmotivation und nachfolgender physiologischer Sättigung erreicht. Zu hohe Nährstoffkonzentration wird entweder bei Befriedigung der Verhaltensmotivation zu überhöhter Aufnahme von Nährstoffen führen oder bei physiologisch richtig begrenztem Angebot die Verhaltensmotivation nicht befriedigen. Dies führt zur Orientierung des Nahrungsaufnahmeverhaltens auf Ersatzobjekte wie Abtrennungen oder kann weitere Verhaltensanomalien (Leerkauen) auslösen. Nicht-Befriedigung der Bewegungsmotivation – des Appetenzverhaltens 1 – dagegen führt zu Unruhe, Nervosität oder kann zu Verhaltensstereotypien führen (s. Abschnitt, Hygiene).

Noch deutlicher werden diese Zusammenhänge beim Sexualverhalten. Gesteuert vom hormonellen Status und beeinflusst vor allem von chemischen Reizen beginnt natürlicherweise bei beiden Geschlechtern ein langandauerndes Wechselspiel von Verhaltensweisen und Informationsaustausch, die zum Deckakt führen, wobei während einer Rosse mehrere Deckakte aufeinander folgen und beide Partner auch danach noch einige Zeit in engem Kontakt verbleiben. Ziel dieses Verhaltensablaufs ist bei beiden Partnern die Befriedigung der Motivation zum Kontakt und zum Deckakt an sich, nicht die darauffolgende Trächtigkeit.

Eng mit Motivationen verbunden sind Emotionen. Emotionen sind subjektive Bewertungsmuster für externe Erscheinungen vor dem Hintergrund der körpereigenen Ressourcen. Emotionale Erscheinungen müssen sich in der evolutiven Auseinandersetzung mit der Umwelt als ein wichtiges Element zur Erhaltung von Individuen, Populationen und Arten herausgebildet haben und demzufolge auf Elemente der Umwelt ausgerichtet sein. Sie sind daher objektive Erscheinungen und vor dem Hintergrund der Evolutionsgeschichte einer Art direkt zugeordnet und erklärbar.

Emotionen sind zunächst den unterschiedlichen Umweltbedingungen zuzuordnen, die sie bewerten. Eine Beschreibung von Emotionen für die Spezies Pferd erfordert noch zwei weitere Dimensionen: Emotion ist immer mehr oder weniger positiv oder negativ getönt; diesen Tönungen entsprechen die sozialen Verhaltenseinstellungen affin und diffug. Gleichwertig sind die Tönungen sicher (positiv) bzw. unsicher (negativ). Schließlich ist die unterschiedliche Intensität als Skala für jeden der möglichen Punkte als dritte Dimension zu berücksichtigen. Menschliche Begriffe wie Liebe, Freundschaft und Hass implizieren immer alle diese drei Dimensionen gleichzeitig und sind damit nur bei bewusster Berücksichtigung dieser Zusammenhänge vergleichend einsetzbar. Werden sie wertneutral z.B. als auf den Artgenossen gerichtete positive bzw. negative Emotion hoher („Liebe“ und „Hass“) oder mittlerer Intensität („Freundschaft“) beschrieben, ist eine vergleichende Betrachtung eher möglich. Außerdem wird deutlich, dass die menschliche Begriffswelt nur einen Teil der möglichen unterschiedlichen Emotionen umfasst und verschiedene Arten ein durchaus unterschiedliches Spektrum und unterschiedliche Skalen von Emotionen entsprechend ihren bestimmenden Lebensbedingungen entwickelt haben können. Aufgrund der Fähigkeit, den eigenen Körper und seine Zustände wahrzunehmen (Propriozeption) ist es sinnvoll, auch den eigenen Körper als Umweltklasse aufzunehmen. Damit werden Wohlbefinden und Leiden in diese emotionale Skala einbezogen.

> Motivation und Emotion sind somit die wesentlichen zentralnervösen Elemente des Zustandsverhaltens.

Verhalten in seiner komplexen Form besteht nicht nur aus individuellem Verhalten, sondern beinhaltet auch Sozialverhalten. Pferde leben wie viele höhere Tiere in Sozialverbänden. Ihr Sozialverhalten ist entstanden als wesentliches Element des Schutzverhaltens gegenüber Raubfeinden. Dabei spielt einerseits die Wahrscheinlichkeit der rechtzeitigen Feindwahrnehmung eine Rolle (viele Augen sehen mehr als zwei), andererseits die mit der Gruppengröße sinkende Wahrscheinlichkeit, dass ein bestimmtes Individuum Opfer eines Feindangriffs wird

Abb. 2 – Das Sozialverhalten von Pferden ist als Element des Schutzverhaltens gegenüber Raubfeinden entstanden und hat als solches immer auch eine hohe Sicherheitsfunktion.

(wenn die Gruppe an sich den Angreifer schon nicht so verwirrt, dass ein erfolgreicher Angriff unmöglich wird, steigt die Wahrscheinlichkeit, dass ein anderes Individuum zum Opfer wird, mit der Gruppengröße). Sozialverhalten hat bei allen potenziellen Beutetieren, wie es auch Pferde sind, also eine hohe Sicherheitsfunktion. Der Sozialverband befriedigt das Sicherheitsbedürfnis und andererseits stellt jede Isolation primär eine Unsicherheit dar.

Das Sicherheitsbedürfnis von Tieren beruht auf zwei unterschiedlichen negativen emotionalen Zuständen, Angst und Furcht. Allgemeine Ängstlichkeit (Unsicherheit) ist eine in der Evolution entwickelte Strategie gegenüber natürlichen, unvorhersehbaren und potenziell gefährlichen Ereignissen, um Schäden oder Tod zu vermeiden. Sie basiert auf allgemeiner Vigilanz, Aufmerksamkeit und unspezifischer Alarmbereitschaft und wird durch den Schlaf-Wach-Zyklus und die allgemeine kognitive Leistungsbereitschaft modifiziert. Angst hat eine definierte zentralnervöse Basis im Thalamus und steht in Beziehung zum Steuerzentrum der Tagesrhythmik, dem Nucleus suprachiasmaticus in der Zirbeldrüse. Als Gegengewicht zur Angst fungiert Neugier, die sich im Erkundungsverhalten äußert. Daneben besteht die spezifische Furcht vor einzelnen Feindarten. Sie wird oft auch als spezifische Vigilanz bezeichnet, hat aber eine von der unspezifischen Aufmerksamkeit unterschiedliche Basis. Dieses Anti-Prädator-Verhalten kann eine allgemeine Feinderwartung darstellen, die der allgemeinen Aufmerksamkeit ähnelt. Anti-Prädator-Verhalten ist aber vor allem eine gezielte Aufmerksamkeit gegenüber bestimmten Reizkombinationen und schließt sensorische Einstellungen und Mustererkennung ein. Mufflons zeigen z.B. gegenüber Hunden eine höhere Fluchtdistanz als gegenüber Menschen, was für ein spezifisches Feindschema gegenüber Caniden (Wölfe) spricht. Manche Arten (viele Vogelarten wie Bodenbrüter, oder Nagetiere wie Murmeltiere) haben unterschiedliche Aufmerksamkeit gegenüber Bodenfeinden und Flugfeinden, für die sie auch unterschiedliche Warnlaute und unterschiedliches Fluchtverhalten besitzen. Die Wachsamkeit gegenüber Fressfeinden konkurriert oft mit dem Nahrungsaufnahmeverhalten. Die Verteilung der Wachsamkeit auf die Gruppenmitglieder ist somit nicht nur eine Verbesserung der Schutzfunktion, sondern dient auch der Ernährungssicherung.

Allgemeine Ängstlichkeit und spezifisches Anti-Prädator-Verhalten sind an verschiedene neuronale Funktionseinheiten gebundene emotionale Zustände, werden durch Neurotransmitter und Neuromodulatoren beeinflusst und stehen in enger Beziehung zum neuroendokrinen System, z.B. der Nebenniere.

Auf diesen prädisponierenden Grundlagen verfügt jede Tierart über ein artspezifisches Verhaltensrepertoire und eine mehr oder minder große Anpassungs- und Variationsbreite des Verhaltens. Wenn auch diese determinierende Anpassungsbreite des Verhaltens und seine Variationen im Verlauf der Domestikation meist zugenommen haben und rassespezifisch gelegentlich variieren, ist jedoch das Grundrepertoire der Wildform bei allen Nutztieren noch erhalten und fast alle Nutztiere können zumindest in den ursprünglichen Rassen unter natürlichen Umweltbedingungen unter Nutzung dieses Verhaltensrepertoires überleben. Für das Verständnis des Verhaltens eines Tieres, auch eines seit Langem domestizierten Tieres und unter vom Menschen bestimmten Bedingungen, ist daher die Kenntnis des Verhaltensrepertoires der Wildart von entscheidender Bedeutung. Daher wird in den folgenden Abschnitten vor allem auf das Verhalten der Wildform des Pferdes und seiner ursprünglichen Rassen unter naturnahen Bedingungen eingegangen.

4.3 Verhalten der Pferde

4.3.1 Eingangsverhalten – Sensorik

Verhalten ist ohne Perzeption nicht denkbar. Die Leistung der einzelnen Sinnesorgane entscheidet über die Informationen, die das Gehirn eines Pferdes aus seiner Umwelt aufnehmen kann; darin sind auch die Propriorezeptoren einbegriffen, welche Informationen aus dem eigenen Körper liefern. Die Sinneswelt des Pferdes umfasst das Gehör, den optischen Sinn, den Tastsinn, das Temperaturempfinden, den Lagesinn (Innenohr), die Empfindungen über Bewegungen und relative Lage der Körperteile, Schmerzempfindungen sowie drei verschiedene chemische Sinne, Geschmack, Geruch und die chemische Information des Jacobsonschen Organs. Für Letzteres haben wir Menschen keinen vergleichbaren Sinn, können uns davon also nur mittelbar eine ungefähre Vorstellung machen.

4.3.1.1 Das Gehör

Ihr Gehör ist für Pferde wohl der wichtigste Sinn zur Sicherung vor Feinden und dient darüber hinaus zur Verständigung zwischen den Artgenossen. Seine besondere Bedeutung liegt darin, unabhängig von den Beleuchtungsbedingungen verdächtige Annäherungen durch Geräusche identifizieren zu können. Es ist weit empfindlicher als das menschliche Gehör, es ermöglicht Verständigung zwischen

Pferden über bis zu 4.000 m. Die Hörschwelle im unteren Frequenzbereich dürfte ähnlich wie beim Menschen liegen (genannt werden 55 Hz). Hohe Töne werden dagegen besser wahrgenommen und die Hörfähigkeit reicht bis weit in den Ultraschallbereich hinein. So konnten Pferde auf Töne von 30 kHz mit 68 dB noch sicher reagieren und 29 kHz wurde auch mit 58 dB wahrgenommen. Verhaltensbeobachtungen legen eine Kommunikation zwischen Pferden im Ultraschallbereich nahe (scharfes Schnauben). Die höchste Hörempfindlichkeit liegt zwischen 1 und 16 kHz.

Die 16 Ohrmuskeln erlauben ein feines Ohrenspiel, das wahrscheinlich zum Lauschen in verschiedene Richtungen, aber auch zur Schallortung eingesetzt wird. Töne von 250 Hz bis 1 kHz können gut geortet werden, wenn sie lang genug sind, bei 2 kHz war diese Fähigkeit nicht mehr nachweisbar. Wenn Pferde die Zeitdifferenz zwischen dem Eintreffen eines Tones an den beiden Ohren dazu nutzen, ist eine räumliche Ortung nur auf 20 bis 30° möglich. Die Haare in den Ohren dämpfen Windgeräusche, allerdings ist diese Funktion bei starkem Wind nicht ausreichend. Daher fühlen sich Pferde unter solchen Bedingungen unsicher. Sie können die emotionale Komponente der menschlichen Stimme erkennen und bewerten. Nach eigenen Beobachtungen schrecken sie leicht vor spitzen, scharfen Lauten („i") und hohen Stimmlagen zurück, während dunkle, leise Ansprachen („u", „o") beruhigend wirken. Dabei hat auch die Anstiegssteilheit eines Lautes oder Geräusches Bedeutung. Steile Anstiege symbolisieren diffuge (abstandsvergrößernde), allmähliche Anstiege eher affine Laute. Daher werden z.B. Schüsse spontan negativ bewertet, können panikartige Flucht auslösen und wirken auch bei geringer Lautstärke als wiederholte Ereignisse wahrscheinlich stark belastend.

4.3.1.2 Der Gesichtssinn

Der Gesichtssinn hat für Pferde wie auch für viele Tiere, insbesondere Pflanzenfresser, eine andere Bedeutung als für Menschen. Er dient insbesondere der Feindwahrnehmung und muss diese Funktion sowohl am Tage als auch in der

Nacht erfüllen. Das Auge der Pferde ist wesentlich größer als das des Menschen und bietet damit auch mehr Sehzellen Platz. Es ist insbesondere darauf abgestimmt, die Entfernung bis zum Horizont auf die Annäherung potenzieller Feinde zu überwachen. Dazu passt, dass es im Auge des Pferdes einen nur schwach ausgeprägten Bereich mit besonders dicht gepackten Sehzellen wie beim Menschen gibt (Punkt schärfsten Sehens); dafür sind die Ganglien dort besonders dicht, wo der Horizont abgebildet wird (Randschärfe), und deshalb können dort besonders gut Bewegungen erkannt werden. Die Sehschärfe erreicht aber allgemein nicht die des Menschen und ähnelt eher unserem peripheren Sehen.

Das Sehfeld ist sehr groß: Bis auf einen kleinen Bereich hinter dem Kopf überblicken Pferde fast den gesamten Horizont. Dabei spielt die Augenbewegung durch sieben Augenmuskeln, die beide Augen synchron bewegen, eine zusätzliche Rolle, die in Messungen zum Sehfeld meist nicht berücksichtigt wird. Vor dem Kopf besteht ein blinder Bereich, direkt vor der Nase, d.h. unter der Horizontallinie bei normal schräg nach unten gerichtetem Kopf. Jedes Auge erfasst horizontal einen Winkel von 200° und vertikal von 178°; oberhalb ihres Kopfes nehmen Pferde nichts wahr. Räumliches Sehen und damit Entfernungsschätzen ist nur in einem engen Winkel von 60 bis 70° vor dem Kopf möglich, in dem sich die Sehfelder beider Augen überdecken. Außerdem sehen Pferde schräg an der Nase vorbei seitlich nach unten, allerdings begrenzt die Kaumuskulatur diesen Sehbereich nach hinten. Dadurch entsteht bei normaler Kopfhaltung ein weiterer blinder Bereich direkt vor den Beinen. Um etwa Hindernisse vor ihnen genau abzuschätzen, müssen Pferde daher ihren Kopf frei bewegen, ihn insbesondere senken und anheben oder seitlich verdrehen können. So bringen sie die Sehobjekte auch in den eingeschränkten Bereich stereoskopischen Sehens. Damit können sie dann Entfernung und Höhe von Hindernissen gut einschätzen. Werden Pferde veranlasst, den Kopf stark zu senken oder zu heben, können sie wahrscheinlich vor sich nichts erkennen. Fotos belegen, dass Pferde den Kopf leicht anheben und die Augen nach unten richten, um etwa Hindernisse sehen und überspringen zu können, die sich seitlich-unten in ihrem Gesichtsfeld befinden. Das Aufwerfen des Kopfes bei Flucht dürfte ebenfalls damit begründet sein. Beim Grasen können sie mit gesenktem Kopf den Bereich schräg seitlich vor dem Maul einsehen, aber nur schwer erkennen, was sie gerade wirklich aufnehmen. Allgemein ist das Sehfeld des Pferdes auf die Überwachung des Bodens und des Horizontes ausgelegt, weniger nach oben, da Flugfeinde für Pferde nicht relevant sind.

Es gibt Hinweise darauf, dass Pferde ihre beiden Augen unterschiedlich nutzen. So wird das linke Auge vorwiegend als „Sicherheitsauge“ mit Sicht nach hinten eingesetzt, während das rechte Auge als „Fluchtauge“ nach vorn orientiert ist. Vor dem Hintergrund der evolutionären Anpassung des Sehapparates ist eine solche Funktionsteilung eher unwahrscheinlich, da potenzielle Feinde auf beiden Augen wahrgenommen werden müssen, um die Rundumsicherung zu gewährleisten. Allerdings können natürlich die beiden Augen bei Sehaufgaben, die eine besondere Konzentration auf einzelne Objekte erfordern, durchaus unterschiedlich eingesetzt werden. Daraus kann eine Seitenstetigkeit resultieren, z.B. dass Pferde zur genauen Betrachtung einem Objekt oder einem Menschen bevorzugt die linke Seite zuwenden.

Das Pferdeauge ermöglicht gutes Dämmerungssehen. Mit über 30 Minuten ist die Dunkeladaptation mehr als doppelt so lang wie beim Menschen. Dazu kommt wie etwa bei Katzen ein lichtreflektierendes Tapetum lucidum, das die Sehleistung in der Dunkelheit zusätzlich erhöht, aber die Sehschärfe mindert. Pferde konnten noch unter Bedingungen, unter denen Menschen nichts erkennen konnten (4,30E-05 cd/m^2 – entsprechend einer mondlosen Nacht im Wald) einfache geometrische Formen unterscheiden, sich sicher orientieren und Hindernisse umgehen.

Die Sehschärfe kann auf Entfernungen von 1 m bis unendlich eingestellt werden. Allerdings scheinen die betreffenden Muskeln relativ schwach; längere Nah-Akkommodation könnte daher für Pferde ermüdend sein. Es gibt Hinweise darauf, dass ältere Pferde schlechter auf Nähe akkommodieren können. Das Pferdeauge ist somit besonders für die Fernsicht, also die Überwachung des Horizontes, ausgelegt. Unter normalen Beleuchtungsbedingungen ist die Sehschärfe, das Minimum separabile, beim Pferd deutlich geringer als beim Menschen im Bereich seines schärfsten Sehens. Sie liegt bei 3 Bogenminuten, während sie beim

Menschen 20 bis 30 Bogensekunden erreichen kann. Mit verschiedenen Methoden gewonnene experimentelle Ergebnisse zur Sehschärfe des Pferdes variieren z.T. beträchtlich. Ergebnisse, die nur auf Untersuchungen der Sehzellendichte beruhen, können nicht die verschiedenen optischen Probleme des Pferdeauges berücksichtigen und gleichfalls nicht die Informationsübertragung und die wirkliche Auswertung im Zentralnervensystem. Daher liefern Dressurversuche von schwarz-weißen Streifen- oder Punktmustern gegen Grau die eigentlich praktisch verwertbaren Daten, wobei individuelle und rassetypische Variationen auftreten können. Dabei ist auch zu beachten, dass die höchste Auflösung im Bereich des binokularen Sehens erreicht wird (etwa 3,6 Bogenminuten), während sie im übrigen Bereich sehr viel niedriger liegen kann (22 Bogenminuten). Im gleichen Bereich liegen Ergebnisse von 2,6 Bogenminuten, die in Dressurversuchen ermittelt wurden.

> Man kann sich die Sehleistung des Pferdes durch einen einfachen Selbstversuch verdeutlichen: Man strecke beide Arme vor sich, sodass die aufgerichteten Daumen beider Hände nebeneinander nach oben zeigen. Nun fixiere man den Blick auf den einen Daumen und bewege den anderen Arm seitwärts etwa in einen Winkel von 30 bis 45°. So wie man diesen Daumen, den man leicht bewegt, im peripheren Sehfeld wahrnimmt, sehen Pferde wahrscheinlich im gesamten Sehfeld.

Für den praktischen Umgang mit Pferden muss diese relativ geringe Sehleistung unbedingt berücksichtigt werden, wird doch die maximale Sehschärfe längst nicht von allen Tieren immer unter allen Bedingungen erreicht. Versuche zur Erkennung von Hindernissen unter realen Bedingungen ergaben die in

Tabelle 1 dargestellten Sehleistungen. Sie liegen wesentlich niedriger als die experimentellen Werte zur Sehleistung unter Laborbedingungen. Daraus folgt, dass alle relevanten Gegenstände wie Hindernisse ausreichend dimensioniert sein müssen. Einfache Weidezaundrähte werden von Pferden wohl überhaupt nicht oder nur unter großen Anstrengungen auf sehr kurze Distanz wahrgenommen, sofern sie sich nicht bewegen. Flatternde weiße Bänder von 8 cm Breite

Tabelle 1 – Erkennung von Hindernissen durch Pferde unter normalen Freilandbedingungen (Saslow 1999).

Hindernisbreite cm	Kontrast	Licht	Reaktionsentfernung m
1,3	niedrig	sonnig	0,16
1,3	hoch	sonnig	0,44
2,54	niedrig	bewölkt	0,91
2,54	hoch	bewölkt	1,32
5,1	niedrig	sonnig	0,53
5,1	hoch	sonnig	0,91
10,2	niedrig	bewölkt	1,35
10,2	hoch	bewölkt	2,31

dagegen werden offensichtlich unter allen Bedingungen aus sehr großer Distanz erkannt und als Hindernis interpretiert.

Die Retina enthält Stäbchen und Zapfen (10 %); schon daher ist die Fähigkeit zum Farbsehen zu erwarten. In den Zapfen sind nur zwei Sehpigmente mit Absorptionsmaxima bei 545 nm (grün) und 429 nm (blau) nachgewiesen. Daher ist zu vermuten, dass Pferde auch nur zwei Farben wahrnehmen können.

Dressurversuche zum Farbensehen haben z.T. abweichende Ergebnisse erbracht. Gelb konnten Pferde in Grzimeks klassischen Untersuchungen am sichersten von Grau unterscheiden, gefolgt von Grün und Blau, während Rot schlecht von Grau differenziert wurde. Grün wurde immer am einfachsten erkannt und bevorzugt. Diese Ergebnisse werden durch einige neuere Untersuchungen bestätigt. So konnten Pferde ein rotes Kreissymbol vor grün-grauem Hintergrund offensichtlich nicht erkennen, während grün vor grauem Hintergrund gut erkannt wurde. Die Unterscheidung von Blau, Grün und Gelb gegen drei Graustufen lernten Pferde gut, bei der Unterscheidung von Rot gegen Grau war das Ergebnis nicht völlig eindeutig. In anderen Untersuchungen unterschieden Pferde Rot und Blau von Grau, konnten aber Grün und Gelb weniger eindeutig von Grau differenzieren. Bei einer eigenen Gelegenheitsbeobachtung reagierten Przewalskipferde extrem aufmerksam und mit Flucht auf signalgelbe Kleidung, während alle anderen Farben wenig beachtet wurden. Einige dieser Ergebnisse sind zumindest teilweise nur schwer mit den zwei grün- und blau-empfindlichen Rezeptoren zu vereinbaren. Trotzdem besteht allgemeine Übereinstimmung, dass Pferde Farben zumindest in eingeschränktem Umfang wahrnehmen und Farbinformationen auch nutzen. Die Reduktion auf nur zwei Farben kann dazu beitragen, dass Pferde farblich getarnte, z.B. durch farbige Fleckung im Umriss aufgelöste, aber strukturell auffällige Feinde besser vor gleichfarbigem Hintergrund wahrnehmen, als dies den dreifarbig sehenden Menschen möglich ist.

Eine ungefähre Vorstellung von der möglichen Farbwahrnehmung der Pferde geben Bildbearbeitungen mit reduziertem Rotanteil; wie aber Mischfarben und Zwischentöne, auf die ja die Grün- und Blaurezeptoren gleichzeitig ansprechen, wahrgenommen werden, können wir nicht wissen. Die Versuche von Lina et al. (2008) sprechen für die Fähigkeit, nicht nur die beiden reinen Farben, sondern eine kontinuierliche Skala unterschiedlicher Farbtöne zwischen den beiden Spektralbereichen gelb und blau zu erkennen. Die Untersuchungen von Macuda weisen auf eine Bandbreite der Farbdifferenzierung von 25 nm hin. Weiterhin ist zu beachten, dass die Sehschärfe wahrscheinlich auch von der Farbe abhängt. Bei gelben Streifen fand Grzimek eine Auflösung von 3´15´´, für blaue Streifen dagegen 20´41´´. Dies entspricht einem gelben Streifen von 5 mm, der aus 3,3 m Entfernung erkannt wird, während ein blauer Streifen 20 mm breit sein muss, um aus dieser Entfernung gesehen zu werden. Sehr ähnliche Werte ermittelte Harman (1999). Diese Ergebnisse werden mit der unterschiedlichen Dichte der beiden Rezeptortypen in der Retina erklärt.

4.3.1.3 Die Geruchswahrnehmung

Die Wahrnehmung von Gerüchen spielt für Pferde insbesondere bei der sozialen Kommunikation eine Rolle; Geruchsreize sind geradezu als die „Sprache der

Pferde" bezeichnet worden. Daneben dient der Geruch auch der Feinderkennung und zur Fernorientierung, z.B. zur Wassersuche. Pferde können Wasserstellen über mehrere Kilometer hinweg wittern. Für die Geruchsleistung sind die lange Nase mit einer großen Fläche an Riechschleimhaut in vielen parallelen Schichten und das große Atemvolumen entscheidend. Die beiden weit getrennten Nasenlöcher könnten sogar ein gewisses räumliches Riechen ermöglichen. Im Gehirn weisen große und stark gefurchte Riechlappen auf die intensive Auswertung von Gerüchen hin. Pferde können sowohl Menschen als auch andere Pferde individuell am Geruch erkennen. Auch physiologische Veränderungen können Pferde „erriechen". Kot und Urin werden geruchlich bewertet und gemieden, verschiedene Gegenstände oder neu zugängliche Bereiche intensiv geruchlich geprüft. Die Kotstellen des Hengstes dienen als Geruchsmarken und markieren das eigene Territorium. Daher ist die geruchliche Erkundung auch Teil des Territorialverhaltens. Der Geruch spielt für die Bewertung von Wasser und Pflanzen oder anderen Futtermitteln ebenfalls eine wesentliche Rolle. Dabei treten Erfahrungen an die Seite der spontanen Präferenzen. Die Geruchsinformationen können lange im Gedächtnis gespeichert bleiben. So können Pferde z.B. ihre Mütter noch nach langer Trennung wieder erkennen.

Neben der Geruchswahrnehmung verfügen Pferde mit dem Jacobsonschen Organ über ein weiteres Sinnesorgan, mit dem Gerüche in ihre chemischen Bestandteile zerlegt werden können. Es besteht aus paarigen, flüssigkeitsgefüllten Blindsäcken, deren Ausgänge bei Pferden am Anfang der Nasenhöhle liegen. Dieses Organ wird durch das spezielle Verhaltensmuster Flehmen aktiviert. Dabei wird die Luft direkt in die nasenhöhlenseitige Öffnung des Vomeronasalorgans geleitet und Substanzen in diese Blindsäcke aufgesogen. Diese Substanzen können dann von den mit ihren aufgefächerten Fortsätzen in die Blindsäcke hineinragenden Sinneszellen analysiert werden. Flehmen wird vor allem im reproduktiven Verhalten eingesetzt, wird aber auch im Kontakt mit beliebigen unbekannten Substanzen gezeigt. Hengste flehmen im Kontakt mit Stuten; der Hengst kann dadurch den Sexualzyklus der Stuten erkennen. Hengste flehmen, wenn sie nach dem Kotabsetzen den eigenen Kot prüfen; sie können am Kot das Geschlecht eines fremden Tieres erkennen, nicht aber am Harn. Allerdings flehmen nicht nur Hengste, auch Stuten und Fohlen flehmen gelegentlich.

4.3.1.4 Der Geschmackssinn

Pferde können Geschmack ähnlich differenziert wie Menschen wahrnehmen, wobei die Qualitäten bitter, salzig, süß und sauer unterschieden werden. Dabei wird bitter nicht besonders stark abgelehnt und süß nicht so stark positiv bewertet wie von Menschen. Intensive Geschmacksstoffe wie Lithiumchlorid können als Dressurhilfen genutzt werden, um die Meidung bestimmter Pflanzen anzudressieren. Allerdings lernen Pferde mithilfe des Geschmacks schnell selbst, bestimmte Pflanzen zu meiden; bei Erstkontakt kann es aber durchaus zu Vergiftungen durch fremde, gifthaltige Pflanzen kommen. Andererseits wird z.B. salzhaltiges Wasser nicht unbedingt gemieden. Die Bekanntheit des Geschmacks eines Futtermittels spielt für die Präferenz eine große Rolle.

4.3.1.5 Der Tastsinn

Die taktile Wahrnehmung ist bei Pferden ebenfalls sehr gut ausgebildet. Der Tastsinn beruht auf Tastkörperchen, die in die Haut eingebettet sind und sehr empfindlich reagieren. Der Anflug von Insekten wird an allen Körperstellen registriert, wie an reflexartigen Zuckungen gut erkennbar ist. Darüber hinaus zeigen gezielte Bewegungen wie Schweifschlagen oder Kopfschlagen, dass sich diese Reaktion nicht auf unbewusste Reflexe beschränkt, sondern diese Reize wirklich wahrgenommen und gezielt beantwortet werden. Eine Tastempfindlichkeit von 3N kann durch Beruhigungsmittel auf das Doppelte (6N) angehoben werden. Berührungen können von Pferden unabhängig von ihrer Stärke und der Berührungsstelle generalisiert werden. Daraus ergibt sich u.a., dass auch in der Ausbildung leichteste Berührungen völlig ausreichen, um dem Pferd eine bestimmte Information zu geben. Allerdings nimmt die Empfindlichkeit auf Hautberührungen mit dem Alter ab. Besonders eng mit Tastsinneszellen besetzt ist der ganze Kopfbereich. Hier kommen noch Tasthaare hinzu, die Annäherung schon vor der

Körperoberfläche signalisieren und durch die Hebelwirkung der langen Haare die Tastempfindlichkeit noch erhöhen. Sehr empfindlich sind auch die Lippen, man kann sie als die „Finger" der Pferde bezeichnen. Über die Aufnahme vieler Pflanzen entscheidet ihre gefühlte Oberfläche. Mit den empfindlichen und beweglichen Lippen ist so auch eine sehr differenzierte Selektion möglich, obwohl Pferde wohl nicht sehen, was sie gerade mit den Lippen oder Zähnen erfassen.

4.3.1.6 Die Schmerzempfindung

Über freie Nervenenden, die sowohl dicht an der Körperoberfläche aber auch innerhalb des Körpers verteilt sind, wird die Schmerzempfindung vermittelt. Es finden sich diese Nervenenden z.B. am Peritoneum (Koliken), der Pleura, an der Knochenoberfläche und an großen Blutgefäßen. Narkotika heben die Schmerzschwelle stark an, z.B. von 0,5 bis 06 mA auf 23 mA. Schmerz ist in seinen verschiedenen Intensitäten und Ausprägungen immer eine sehr negative Erfahrung. Wiederholte Schmerzempfindungen lösen Aversion und Scheu aus, daher erzeugen z.B. scharfe Trensen Aversion, Aggressivität und Angst. Schmerz an den Beinen kann durch starke Beanspruchung durch Reiten und Laufen entstehen. Objektiv ist Schmerz sowohl durch die Herzfrequenzreaktion als auch im EEG nachweisbar. Schmerzen nach Operationen reduzieren Bewegung, erhöhen den Cortisolspiegel und die Herzfrequenz.

Andererseits sind Schmerzen auch mit der Freisetzung von Endorphinen im Gehirn verbunden; da Endorphine genauso wie exogene Opiate Abhängigkeit erzeugen können, können dadurch schmerzhafte Stereotypien entstehen.

4.3.1.7 Der Gleichgewichtssinn

Beim Pferd sind der Gleichgewichtssinn und seine funktionellen Leistungen wenig untersucht. Sicher ist, dass er das Pferd über das Labyrinth-System im Innenohr zuverlässig über die Lage des Kopfes im Raum informiert. Es gibt aber keine Hinweise darauf, ob Pferde Schwindel empfinden können. Die Rezeptoren der Nackenmuskulatur informieren das Tier zusätzlich über die Lage des übrigen

Körpers im Verhältnis zum Kopf. Damit ist das Pferd auch unabhängig von Kopfbewegungen und -lage über die Körperlage im Raum informiert. Kopf und Rumpf bilden ihrerseits zwei unabhängige Referenzsysteme, in denen die Bewegungen der Muskeln und Körperteile bestimmt werden. Darauf beruht eine hohe Körperbeherrschung.

Kernaussagen:
Die gesamte Sinneswelt des Pferdes, insbesondere der Gesichtssinn, unterscheidet sich wesentlich von der des Menschen. Sie ist wesentlich bestimmt durch die Anforderungen des ursprünglichen Lebensraumes, der offenen Grasfläche. Sie dient vorwiegend der Feindwahrnehmung, aber auch der Verständigung mit den Gruppenmitgliedern, die ja auch eine Schutzfunktion beinhaltet. Darüber hinaus dient sie dem Fortpflanzungsverhalten (Flehmen) und der Erkennung der lebenswichtigen Ressourcen Nahrung und Wasser.

Empfehlungen:
Bei allen Handlungen mit Pferden müssen die von menschlichen Sinnesleistungen abweichenden sensorischen Fähigkeiten des Pferdes berücksichtigt werden. Gezieltes Erkundungsverhalten sollte ermöglicht werden, da es Sicherheit schafft. Pferde benötigen deutliche Sichtzeichen, da sie weniger scharf sehen. Bewegte Signale werden dagegen sehr gut erkannt. Das eingeschränkte Gesichtsfeld erfordert die Möglichkeit, den Kopf frei bewegen zu können. Scharfe Laute sollten vermieden werden. Wegen der hohen Tastempfindlichkeit reichen leichte Berührungen als Signalgaben.

4.3.2 Aktivität, Ruhe, Tagesrhythmik

4.3.2.1 Aktivität

Aktivität in diesem Sinne beinhaltet alle Bewegungen, die über rein physiologische Automatismen wie etwa Atmung hinausgehen und einen aktiven Grundzustand des Gehirns voraussetzen (Wachheit). Aktivität äußert sich also nicht nur in Fortbewegung, sondern ebenso in der Nahrungsaufnahme, der Bewegung am Platze, Körperpflege oder Wälzen im Liegen. Bewegungsloses Stehen und Dösen, wie es Pferde durch „Verriegeln" können, zählt dagegen zur Ruhe.

Grundsätzlich wird der Wechsel von Aktivität und Ruhe durch innere, genetisch bedingte Mechanismen gesteuert, kann aber auch durch direkte Einwirkung von außen, z.B. durch Wetterumschlag, ausgelöst (maskiert) werden. Für die innere Steuerung der Aktivität besteht ein hierarchisches Steuersystem, das aus der endogenen Tagesrhythmik (Zirkadianrhythmik), der Morgen- und Abendrhythmik (möglicherweise zwei unabhängige 24-Stunden-Rhythmen mit unterschiedlichen Maxima) und der ernährungsbedingten Kurzzeitrhythmik (Ultradianrhythmik) besteht. Dieses Grundmuster ist darüber hinaus in die endogene Jahresrhythmik eingebunden und wirkt andererseits auf diese zurück. Der eigentliche autonome Generator für die rhythmischen Körperfunktionen (Innere Uhr) ist im Nc. Suprachiasmaticus (Epiphyse) lokalisiert und wird direkt und indirekt mit Afferenzen aus dem visuellen System versorgt. Um diesen endogenen Rhythmus-Generator in Übereinstimmung mit der äußeren Tageszeit zu halten, bedarf es eines Zeitgebers, des Licht-Dunkel-Wechsels. Dabei werden zwei getrennte Informationswege genutzt, vom visuellen System und von nicht-visuellen retinalen Ganglienzellen mit einer spektralen Sensitivität im blauen Bereich, die Melanopsin bilden. Unabhängig von der Phasenlage der motorischen Aktivität wird unter der Steuerung des Nc. suprachiasmaticus in der Epiphyse während der Dunkelheit Melatonin gebildet. Diesem Transmitter kommt eine zentrale Funktion bei der Umsetzung der Licht-Information in das endokrine System zu. Das Ergebnis ist eine mit der äußeren Tageszeit synchronisierte Tagesrhythmik vieler physiologischer Funktionen. Als einfache messbare Komponente dieser Rhythmik wird die motorische Aktivität angenommen. Weiterhin beeinflusst die motorische Aktivität bzw. die allgemeine Erregungslage (arousal) den Nc. suprachiasmaticus, wobei Aktivität unabhängig von den Lichtbedingungen zur Freisetzung von Serotonin in der Epiphyse führt. Damit liefert motorische Aktivität unabhängig von den Lichtverhältnissen eine zweite endokrine rhythmische Information für die inneren Regelzentren.

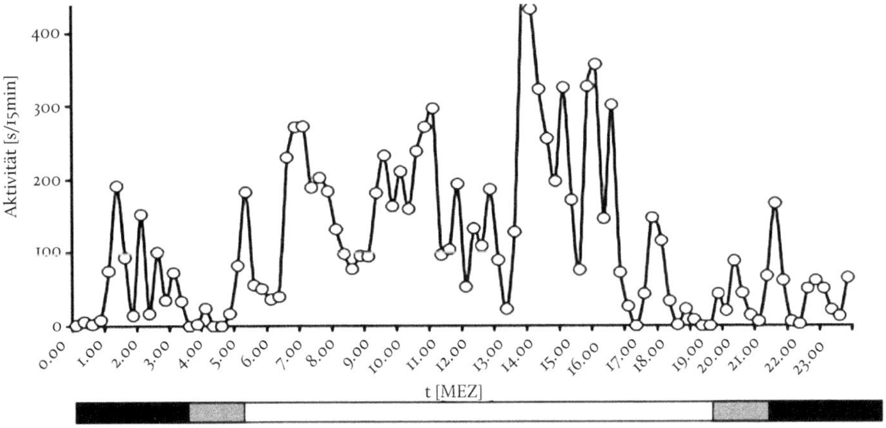

Abb. 3 – Beispiel für einen Tagesverlauf der motorischen Aktivität eines Przewalskipferdes, gemessen mit dem Speichertelemetriesystem ETHOSYS im April.

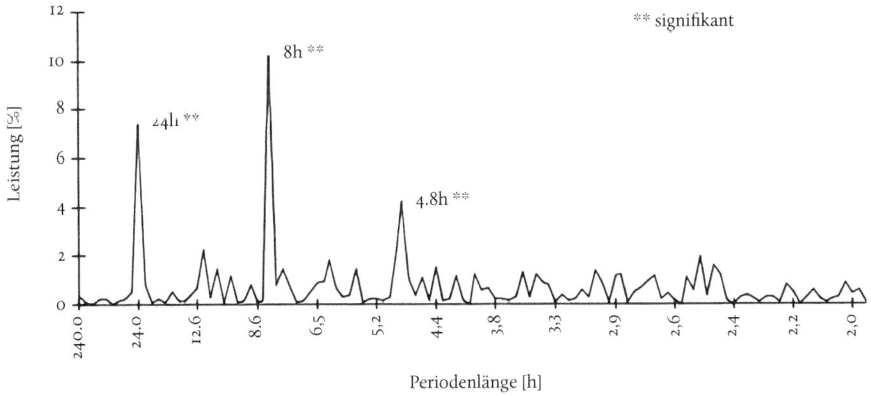

Abb. 4 – Leistungsspektrum der motorischen Aktivität eines Przewalskipferdes in einem Semireservat auf Grundlage einer Datenreihe von 10 Tagen.

Die Aktivität eines Pferdes beginnt typischerweise mit einem morgendlichen Aktivitätsschub bei Sonnenaufgang. Nach einer kurzen Ruhephase folgen mehrere solcher Aktivitätsperioden. Gegen Mittag nimmt das Aktivitätsniveau ab. Zum Sonnenuntergang ist eine zweite Hauptaktivitätsperiode zuweilen bis weit in die Dunkelheit hinein zu beobachten. Auch während der Dunkelheit wechseln sich Ruhe- und Aktivitätsphasen ab, allerdings auf niedrigem Aktivitätsniveau. Typischerweise liegt gegen Mitternacht ein niedriger Aktivitätsgipfel und eine besonders ausgeprägte Ruhezeit liegt vor dem morgendlichen Aktivitätsbeginn.

Der Wechsel zwischen hohem Aktivitätsniveau während des Tages und niedrigem Aktivitätsniveau während der Nacht wird als die äußere Komponente der inneren Tagesrhythmik angesehen. Sie wird von den morgendlichen und abendlichen Aktivitätsgipfeln sowie der Kurzzeitrhythmik überlagert, die ihrerseits durch die schubweise Nahrungsaufnahme entsteht. Analysiert man längere Datenreihen der Aktivität durch eine Spektralanalyse, bildet sich meist deutlich die 24-Stunden-Periodik ab. Daneben kann eine 12-Stunden-Periodik mit unterschiedlicher Intensität auftreten sowie ernährungsbedingte Perioden um 8 und 4 Stunden Periodenlänge.

Die Gesamtdauer der Aktivität variiert im Jahresverlauf (s. dort), im groben Durchschnitt sind Pferde mehr als die Hälfte des 24-Stunden-Tages aktiv (15 bis16 Stunden). Reine Fortbewegung dient dem Aufsuchen von Fressplätzen, liegt damit meist am Beginn eines Aktivitätsschubes und tritt zum Aufsuchen der Ruheplätze auch zu seinem Ende wieder auf. Auch während der Nahrungsaufnahme erfolgt Fortbewegung, teils als „Ziehen" (langsame, schrittweise Fortbewegung) bei der Nahrungsaufnahme, teils als Standortwechsel auf kurze Distanz. Die unter natürlichen Bedingungen pro Tag spontan zurückgelegte Entfernung liegt bei 5 bis 6 km, kann aber auch 20 km und mehr erreichen. Die Zeit für reine Lokomotion beträgt etwa 5 bis 15 % des Tages, also 1,2 bis 3,5 Stunden. Daraus ergibt sich ebenfalls, dass der überwiegende Anteil der Lokomotion im langsamen Schritttempo erfolgt.

Neben diesem bevorzugten Schritt verfügen Pferde über die angeborenen Gangarten Trab und Galopp. Daneben kommt der Tölt vor, ein gleichseitiger Viertakt, bei nicht gleichzeitiger Fußfolge. Die Nutzung der verschiedenen Gangarten ist dem Pferd offensichtlich ein inneres Bedürfnis. So waren bei freilebenden Przewalskipferden wie bei verwilderten Hauspferden unter vergleichbaren Bedingungen in mehrtägigem Abstand ohne äußeren zu erkennenden Grund Laufspiele mit Sprüngen, Trab und Galopp bis zur Erschöpfung zu beobachten. Oft traten solche Laufspiele auch bei Wetterveränderungen auf. Pferde setzen sich also gelegentlich spontan erschöpfender Laufbelastung aus.

4.3.2.2 Ruhe und Schlaf

Wie alle Tiere benötigen auch Pferde Ruhe und Schlaf. Für typische Fluchttiere sind dies risikoreiche Situationen, insbesondere auf der freien Grassteppe und vor dem Hintergrund, dass Niederlegen und besonders Aufstehen für Pferde durchaus zeitaufwändige Vorgänge sind. Für die Ruhe nehmen Pferde zwei Körperstellungen ein, Liegen und entspanntes Stehen durch Verriegeln, auch als „Schildern" bekannt (s. Abschnitt Anatomie). Im Liegen wiederum können Pferde entweder aufrecht liegen, wobei die Beine unter dem Körper versammelt werden und der Kopf aufgestützt wird, oder in entspannter Seitenhaltung, wobei alle Beine weit ausgestreckt werden können. Wenn sich eine Pferdegruppe zur Ruhe begibt, legen sich nacheinander die einzelnen Gruppenmitglieder ab, bis das letzte Tier sozusagen am Abliegen gehindert wird und als „Wachposten" stehen bleibt, bis ein anderes Tier sich wieder erhebt und damit die „Wache" übernimmt. Es wird vermutet, dass es sich dabei um ein angeborenes Schutzverhalten handelt.

Gelegentlich legen sich aber in entspannten Situationen auch alle Tiere gleichzeitig ab.

Schlaf und die verschiedenen Phasen des Ruheverhaltens können auch beim Pferd anhand der Herzfrequenz und der Kennwerte des EEG objektiv verfolgt werden. Während ein waches Pferd einen EEG-Grundrhythmus von 20 bis 30 Hz (50µV) aufweist, ist dieser Grundrhythmus in der Ruhe herabgesetzt, im Tiefschlaf bei verringerter Amplitude entsprechend erhöht. Erwachsene Pferde absolvieren mehrere kurze Schlafphasen mit einer täglichen Gesamtdauer von etwa 2,9 Stunden. Dabei werden 0,8 Stunden REM-Schlaf (Traumschlaf) gemessen, der sich auf 10 bis12 Phasen von 2 bis 13 Minuten Länge verteilt. Tief- und

Traumschlaf kommen nur in völlig entspannter Seitenlage vor. Pferde schlafen damit weniger als Menschen mit durchschnittlich 8 Stunden Schlaf und 2 Stunden REM-Schlaf.

> Kernaussagen:
> Im Tagesverlauf zeigen Pferde vier bis fünf Aktivitätsschübe, sind auch in der Dunkelheit aktiv und legen spontan 5 bis 6 km in langsamem Schritt zurück. Im Abstand von einigen Tagen setzen sie sich erschöpfender Laufbelastung aus. Ruhe und Tiefschlaf dauern nur relativ kurze Zeit, sind aber notwendig.

> Empfehlungen:
> Ein Tagesverlauf mit mehreren Aktivitätsperioden und Ruhepausen sollte eingehalten werden. Belastungen sollten am Morgen und Vormittag sowie am Abend erfolgen, gegen Mittag ist eine Ruhepause günstig. Für entspannte Ruhe ist die Möglichkeit des seitlichen Abliegens mit ausgestreckten Gliedmaßen erforderlich.

4.3.3 Jahresrhythmik

Genauso wie der Wechsel von Licht und Dunkel im Tagesverlauf stellt der Wechsel der Ernährungs- und Witterungsbedingungen im Jahresverlauf für Tiere mittlerer geografischer Breiten eine Herausforderung dar, der sie mit physiologischen und verhaltensadäquaten Anpassungen, zu denen auch endogene Jahresrhythmen gehören, begegnen.

Der wichtigste Umweltfaktor, der mit Sicherheit Auskunft über die Jahreszeit und die anstehenden Veränderungen gibt, ist die Tageslichtlänge bzw. die Veränderung der Zeitpunkte von Sonnenaufgang und Sonnenuntergang. Sie sind der Zeitgeber für endogene Jahresrhythmen. Diese betreffen verschiedene Funktionen wie Fellwechsel, Fettdepotbildung, Wachstum und Verhaltensweisen wie Fortpflanzungsverhalten (s. dort), Nahrungsaufnahme, Winterruhe oder Wanderungen. Ein Argument für die endogene Jahresrhythmik ist die Tatsache, dass verschiedene Funktionen wie Fellwechsel und Körperfettbildung einen deutlichen zeitlichen Vorlauf vor den eigentlich fordernden Bedingungen benötigen. Andererseits können aktuelle physiologische und verhaltensbedingte Anpassungsreaktionen die Jahresrhythmik überlagern, ein Vorgang der auch als „Maskierung“ bezeichnet wird.

Unter natürlichen Bedingungen wird die Tagesrhythmik im Jahresverlauf an das wechselnde Tag-Nacht-Verhältnis angepasst. Die tagesrhythmischen Verhaltensreaktionen auf den im Jahresverlauf wechselnden Lichtbeginn (Morgendämmerung) und das Lichtende (Abenddämmerung) sind dabei der Ausdruck ihrer

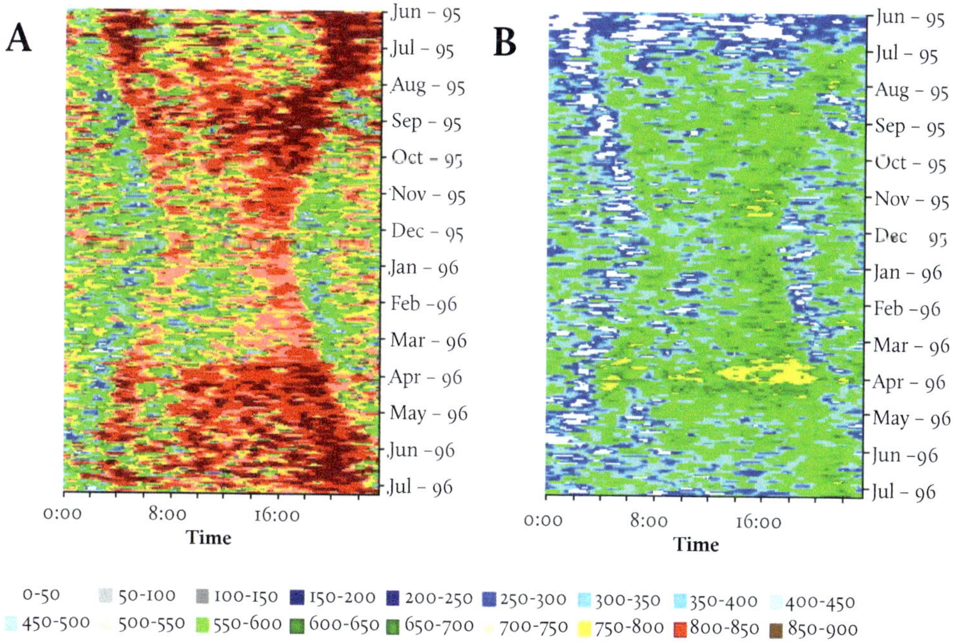

Abb. 5 – Jahres-Aktogramme von motorischer Aktivität (A) und Grasen (B) von Przewalskipferden im Semireservat. Die Verhaltensdauer je Analyseintervall von 15 min (900sec) ist farbig codiert, jeder Tag stellt eine Zeile dar, beginnend um 0. Uhr, die Tage untereinander bilden das Jahr. Die Registrierung (Speichertelemetriesystem ETHOSYS) beginnt und endet im Sommer (Berger et al 1999).

physiologischen Steuerfunktion zur Jahresrhythmik. Wie dies geschieht, wird besonders deutlich, wenn man die Veränderung des Aktivitätsbeginns im Verlauf eines Jahres verfolgt (Abb. 5).

Die Variation der Beleuchtungsbedingungen führt zu unterschiedlichen Freisetzungsrhythmen des in der Dunkelheit gebildeten Melatonins, weiterhin verursacht die Bewegungsaktivität entsprechende Freisetzungsmuster von Serotonin in der Epiphyse. Damit liefert motorische Aktivität unabhängig von den Beleuchtungsbedingungen eine zweite endokrine rhythmische Information. Diese beiden Funktionen steuern wahrscheinlich die endogene Jahresrhythmik auch beim Pferd.

Neben der lichtabhängigen Variation des täglichen Aktivitätsbeginns sinkt das allgemeine Aktivitätsniveau im Winter deutlich ab und signalisiert damit eine Energiesparstrategie. Die Nahrungsaufnahme ist im Sommer niedrig, im Herbst vor der Mangelsituation des Winters erhöht, im eigentlichen Winter niedrig und steigt im Frühjahr wieder an. Es ist also physiologisch normal und durch die kürzere Tageszeit gesteuert, wenn Pferde vor dem Winter erhöhten Appetit zeigen und sich eine „Mastkondition“ anfressen. Im Sommer verlagert sich dagegen ein Teil der täglichen Aktivität und der Nahrungsaufnahme in die späten Abendstunden und in die Dunkelheit. Damit reagieren die Tiere offensichtlich auf hohe Umgebungstemperaturen und Insektenbelastung.

Die Folge der jahreszeitlichen Variation der Nahrungsaufnahme ist ein Jahresgang der Körpermasse. Das jährliche Maximum der Lebendmasse wird im Herbst erreicht.

Unter der Kontrolle der „Jahresuhr“ variieren auch die Körpertemperatur, die Herzfrequenz und der Grundumsatz auch bei großen homoiothermen Tieren wie dem Pferd. Im Jahresverlauf wird somit die langfristige Anpassung an winterliche Bedingungen gewährleistet. Obwohl für diese Jahresrhythmik mit hoher Wahrscheinlichkeit eine genetische Basis besteht, erforderte die Anpassung an naturnahe Umweltbedingungen für Tiere aus kontrollierter Haltung eine gewisse Zeit, mindestens ein Jahr. Der Anstieg des Nahrungsaufnahmeverhaltens im Herbst wurde bei einer neu ins Semireservat verbrachten Herde erst im zweiten Jahr sichtbar. Zwar zeigte sich bei allen späteren Neuzugängen eine Tendenz zur

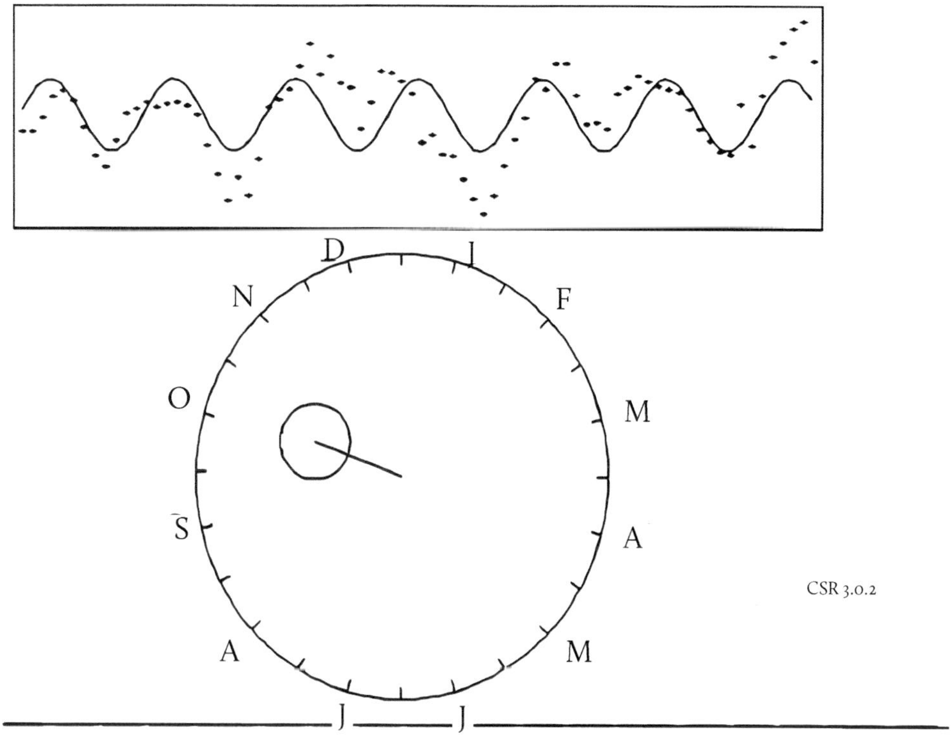

Abb. 6 – Jahresgang der Körpermasse bei Przewalskipferden in einem Semireservat. Oben Monats-Mittelwerte von bis zu 12 Tieren (Sterne) mit angepasster Cosinus-Funktion (durchgezogene Linie) und Darstellung der Cosinor – Analyse als Vektor mit Variationsbereich im Jahres-Kreis (unten).

Zunahme der Körpermasse bereits zum ersten Herbst, der Jahresgang war aber erst nach 2 bis 3 Jahren so ausgeprägt wie bei den übrigen Mitgliedern der Herde.

Für die langfristige Gesundheit ist der Wechsel von reichlicher Ernährung im Sommer/Herbst und Reduktion der Körpermasse im Winter von entscheidender Bedeutung. Dies wirkt sich insbesondere auf die natürliche Regulation der Huflänge und auf die Hufgesundheit aus.

Die wichtigste Funktion der Jahresrhythmik ist die Steuerung der Fortpflanzungsbereitschaft. Sie besteht aus zwei Komponenten, der eigentlichen physiologischen Fortpflanzungsbereitschaft – d.h. der saisonalen Zyklizität – und der sichtbaren Ausprägung des Fortpflanzungsverhaltens (s. dort). Diese beiden Funktionen sind nicht identisch, ein erheblicher Teil der Zyklen kann ohne sichtbares Fortpflanzungsverhalten ablaufen. So wurde bei Przewalski-Stuten nur etwa die Hälfte der durch Östrogen-Metaboliten im Kot nachweisbaren Zyklen durch sichtbares Fortpflanzungsverhalten begleitet. Im Frühjahr/Frühsommer hatten 100 % der Tiere Zyklen, im Herbst 88 % und im Winter 63 %.

Kernaussagen:
Pferde verfügen über effektive Anpassungen an unterschiedliche Jahreszeiten und können sich dadurch langfristig auch an starke jahreszeitliche Variationen von Witterung und Ernährungssituation anpassen.

Empfehlungen:
Sofern nicht Leistungsanforderungen dagegenstehen, sollte ein jahreszeitlich den natürlichen Bedingungen angepasstes Ernährungsregime ermöglicht werden. Wichtig dabei ist der Abbau von im Herbst aufgebauten Körperreserven während des Winters.

4.3.4 Sozialverhalten

Fast alle Pferdefreunde interessiert und fasziniert das Sozialverhalten der Pferde. Allerdings erleben sie meist nur einen kleinen Ausschnitt davon, der sich auf den Kontakt mit Menschen und einigen wenigen anderen Pferden bezieht. Erst bei lange Zeit vom Menschen unbeeinflusst lebenden Pferden wird das natürliche soziale Verhalten in vollem Umfang sichtbar; das gilt sowohl für Przewalskipferde (z.B. in Reservaten) als auch für verwilderte Hauspferde (Koniks, Mustangs, Liebenthaler).

Grundsätzlich verfügen alle domestizierten Pferde über das volle soziale Verhaltensrepertoire, auch wenn es gelegentlich rassespezifische Besonderheiten und eine große Variationsbreite gibt.

Das Sozialverhalten der Pferde ist offensichtlich primär als Reaktion auf die großen Fressfeinde in der offenen Landschaft entstanden. Die Gruppe ermöglicht durch verteilte Wachsamkeit dem Individuum Nahrungsaufnahme aus der bodennahen Grasschicht ohne einen wesentlichen Verlust an rechtzeitiger Feindwahrnehmung. Sie ermöglicht Ruheverhalten, obwohl die freie Fläche keinen Sichtschutz vor potenziellen Prädatoren bietet. Sie gibt insbesondere Jungtieren Schutz und ermöglicht ihnen ausgedehnte Ruhe (s. Aktivität/Ruhe). Schließlich vermindert die bloße Anzahl von Artgenossen für das einzelne Individuum die Wahrscheinlichkeit, Opfer eines Angriffs zu werden. Sozialer Kontakt ist für Pferde daher vor allem ein Sicherheitsbedürfnis. Für das Sozialverhalten gibt es allgemeingültige Grundmuster, die das Verhalten der Gruppe als Ganzes, ihre innere Struktur und auch das Verhalten zwischen den einzelnen Individuen betreffen.

Die natürliche Pferdeherde wird auch als Haremsverband bezeichnet. Dieser baut sich auf den Stuten mit ihren Jungtieren auf. Solche Verbände bilden sowohl Przewalskipferde als auch freilebende Hauspferde sehr schnell. Dabei geht ein Hengst mit einer oder wenigen Stuten eine dauerhafte Verbindung ein. In den nächsten Jahren verbleiben die weiblichen Nachkommen, bis die Obergrenze von 12 bis 15 Tieren erreicht ist, in der Herde. Allerdings können Stuten gelegentlich den Haremsverband verlassen, um in eine andere Herde zu wechseln. Sie zeigen dabei auch Präferenzen gegenüber bestimmten Hengsten.

Hengstfohlen werden mit der Geschlechtsreife aus diesem Verband vom Hengst vertrieben und bilden eigene Junggesellengruppen. Diese Junggesellengruppen können größer werden als Haremsgruppen; sie sind in der Regel weniger stabil. Hengste können lebenslang in ihnen verbleiben. Ein Haremsverband kann sich teilen und dann von zwei Hengsten übernommen werden. Hengste können einzelne Stuten aus einem bestehenden Verband herauslösen, wenn dieser zu groß geworden ist, oder sie können einen Hengst aus seiner Position als Haremshalter vertreiben oder eine hengstlose Stutenherde übernehmen. Gelegentlich versammeln sie einzeln umherziehende Stuten zu einem neuen Verband. Hengste, die ihre Position als Haremshalter verloren haben, können sich den Junggesellengruppen anschließen. In Stutenherden, die ihren Hengst verloren haben, kann eine ältere Stute die soziale Funktion des Hengstes übernehmen. Einzelne Pferde sind immer bestrebt, mit anderen einzelnen Tieren ein Paar oder kleinen Verband zu bilden oder sich einem bestehenden Verband anzuschließen, auch wenn keine verwandtschaftlichen Beziehungen bestehen. Wenn zwei einzelne Tiere sich zusammenschließen, haben sie es leichter, sich in einen bestehenden Verband einzufügen. Die Haremsverbände können Teile großer Herden sein. Sie bleiben innerhalb solcher Großherden aber relativ stabil und unabhängig. Ein Beispiel für solche strukturierte Großherden stellen die Koniks im Reservat Oostvaardersplassen in den Niederlanden dar. Auch in der Liebenthaler Pferdeherde hat sich eine solche Struktur herausgebildet.

Die Funktion des Hengstes im Herdenverband besteht darin, die Herde als Ganzes zusammenzuhalten und gegen andere Hengste zu verteidigen bzw. gegen Angreifer zu schützen. Seine Position beim Ziehen ist typischerweise etwas außerhalb der Herde, meist seitlich versetzt, sie umkreisend oder hinter der Herde. Diese Position nimmt er meist auch bei der Flucht ein.

Pferdeherden sind keine anonymen Verbände, d.h. alle Individuen kennen einander und wissen auch um ihre Gruppenzugehörigkeit. Zwischen ihnen bestehen Beziehungen im Sinne einer Rangordnung, wobei diese Rangordnung nicht streng linear sein muss und auch nicht unbedingt langfristig starr und unveränderlich. Im Allgemeinen steht zwar der Hengst als ranghöchstes Individuum über allen Stuten, aber auch diese Position muss er zunächst erobern und festigen.

Als ein Hengst zu einer Stutenherde von Przewalskipferden in ein Semireservat gebracht wurde, kam es zu äußerst heftigen Rangordnungskämpfen. In einer anderen Situation ordnete sich eine Stute dem Hengst nicht unter und versuchte, mit einigen anderen Stuten eine eigene Herde zu bilden. Stuten bilden untereinander eine Rangordnung aus: An der Spitze steht meist eine der ältesten Stuten, Neulinge nehmen zunächst die unteren Rangplätze ein. Meist stehen die obersten und untersten Plätze einer Rangordnung relativ fest, während es auf den mittleren Rängen öfter Veränderungen gibt, genauso wie nicht-lineare Verhältnisse. Solche Veränderungen spiegeln individuelle Eigenschaften wie Toleranz und Aggressivität wider genauso wie Freundschaften und Aversionen.

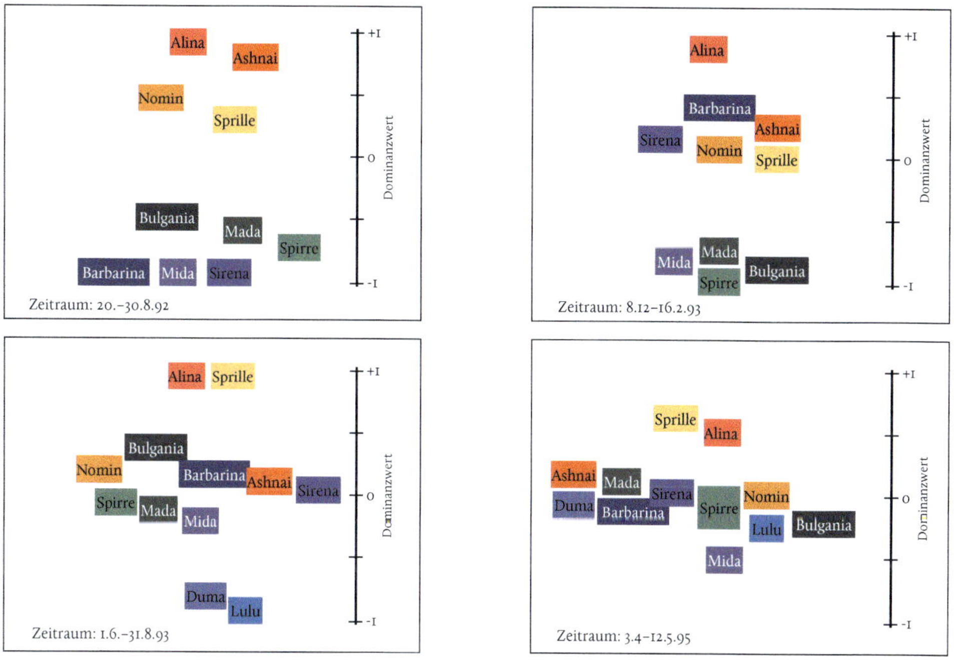

Abb. 7 – Rangordnung der Przewalskipferde (nach individuellen Dominanzwerten)

Meist zieht die ranghöchste Stute an der Spitze der Herde und entscheidet über die Auswahl von Weideplätzen, Wasserstellen und Ruheplätzen. Dies ist aber keineswegs ein festes Prinzip, vielmehr können auch rangniedere Individuen entsprechend ihren Bedürfnissen die Zugrichtung einer Herde beeinflussen. So wurde z.B. beobachtet, dass in einer Herde Przewalskipferde die Individuen mit dem höchsten Wasserverbrauch besonders oft die Zugrichtung der Herde in Richtung Wasserstelle beeinflussten, auch wenn sie keine vorderen Plätze in der Rangordnung einnahmen. An der Wasserstelle ergab sich eine andere Rangordnung als in neutralen Situationen. Dies zeigt, dass individuelle Bedürfnisse bei der Erschließung von Ressourcen die Rangfolge modifizieren können. In dieser Herde übernahm die älteste Stute teilweise die Funktion eines Hengstes. Sie demonstrierte ihre Dominanz nicht ständig und übernahm auch die Führung der Herde nur selten. Dagegen übernahm diese älteste Stute in Gefahrensituationen wie bei einem simulierten Prädator-Angriff (s. Feindvermeidung) sofort die Leitung der Herde. Dabei bestimmte sie nicht nur Flucht- und Angriffsrichtung, sondern versammelte auch die zuvor verstreuten Herdenmitglieder. Ebenso sorgte sie für den sozialen Zusammenhalt, indem sie bei Versuchen einzelner Stuten, andere Herdenmitglieder zu stark zu bekämpfen oder aus der Herde zu vertreiben dazwischentrat oder sogar die Angreifer selbst angriff. Dies zeigt die Bedeutung individueller Eigenschaften des Pferdes, weist auf ihre besondere Variationsbreite (Charakter) hin und ist bei der Haltung von Pferden sowie der Interaktion mit dem Menschen zu beachten.

Zwischen den Individuen basiert das Sozialverhalten auf zwei Verhaltenskomplexen: sozio-positivem Verhalten und agonistischem Verhalten. Nach Anzahl und Dauer überwiegen die positiven Interaktionen, sowohl bei Stuten als auch bei Hengsten. Bei Hengsten liegt der Anteil agonistischer Aktionen höher als bei Stuten, auch ist ihr Sozialverhalten insgesamt stärker ausgeprägt. Dabei kann dieses allgemeine Bild durch individuelle Charaktere variiert werden. So gibt es ruhige oder dominante genauso wie unruhige, fluchtbereite oder aggressive Typen.

Soziopositives Verhalten tritt besonders in den Ruhephasen auf. Es beinhaltet Kontaktsuche, gegenseitiges Rufen, Beieinanderstehen, dabei auch das Ablegen und gelegentlich Reiben des Kopfes auf dem Partner und gegenseitige Körperpflege, aber auch gemeinsames Kämpfen in sozialen Auseinandersetzungen. Oft stehen befreundete Tiere nebeneinander in antiparalleler Stellung und wehren sich gegenseitig mit den Schweifen Insekten ab. Insbesondere die gegenseitige Körperpflege erfordert besonderes Vertrauen und ist ein bindendes Element. Meist sind solche Putzbeziehungen langfristig stabil. Das gegenseitige Beknabbern richtet sich vorrangig auf die Körperstellen, die ein Pferd selbst nicht erreicht, etwa Rücken und Hals. Intensives Beknabbern oder Massieren seitlich unter der Mähne oder auf Mitte der Mähne senkt die Herzfrequenz und beruhigt. Diese kontaktfördernden Verhaltensweisen können auch dem Menschen als deutlicher Ausdruck besonderer Sympathie entgegengebracht werden. Menschen können ihrerseits die gewünschte Körperpflege ausführen und damit ein freundschaftliches Verhältnis aufbauen und stabilisieren.

Das agonistische Verhalten umfasst eine Skala von Drohverhalten bis zum ernsten Kampf. Als Drohverhalten dienen schnelle Annäherung, Umdrehen mit Einknicken der Hinterhand, Intentionen von Steigen und Beißen, angedeutete Hufschläge vorn und hinten sowie Drohmimik. Drohmimik besteht aus einer verkrampft herabgezogenen Maulspalte und zurückgelegten Ohren, oft verbunden mit Aufwerfen oder steilem Absenken des Kopfes. Das Zurücklegen der Ohren allein muss jedoch kein Aggressionsmerkmal sein, es tritt auch in anderen Zusammenhängen auf. Im Kampf versuchen Pferde den Gegner mit dem Hals zu Boden zu drücken und dann von oben hinten in die Vorderläufe zu beißen. Dem wird durch Steigen mit Hufschlägen der Vorderhand entgegengewirkt. Wenn möglich wird der Hufschlag mit der Hinterhand eingesetzt, insbesondere als Abwehr von unterlegenen oder fliehenden Tieren. Dabei zielt der Schlag oft gegen den Unterkiefer des Gegners, wird aber auch gegen jeden anderen Körperteil eingesetzt. Dazu können sich Pferde sehr schnell herumwerfen. Im Extremfall werden schwere bis tödliche Verletzungen verursacht, von Przewalski-Hengsten wurde aus der Mongolei berichtet, dass sie früher Hauspferdhengste durch Kehlbiss töteten. Das gesamte Repertoire des Kampfverhaltens beherrschen Stuten wie Hengste. Insbesondere Junghengste setzen es zunächst spielerisch und später zunehmend ernsthaft zur Klärung der Rangposition ein.

Dem Drohverhalten können Beschwichtigungsgebärden entgegengesetzt werden. Dazu dienen Verhaltensweisen, die das Gegenteil des Drohverhaltens darstellen, wie gesenkter Kopf mit seitlich hängenden Ohren, Abwenden des Kopfes, Einziehen des Schweifes oder einfach Abstandsvergrößerung durch Zurückweichen.

Teil des Sozialverhaltens ist das Territorialverhalten. Als Territorium wird ein beschränktes Gebiet verstanden, das die notwendigen Ressourcen enthält und verteidigt wird. Obwohl Pferden kein ausgesprochenes Territorium zugeschrieben wird, zeigen sie Elemente des Territorialverhaltens. Dies besteht im Markierungsverhalten. Die Funktion besteht darin, fremden Hengsten die Grenzen, insbesondere aber die Lage besonders intensiv genutzter Bereiche des Streifgebietes zu symbolisieren, aber auch die Zugehörigkeit von Stuten eines Haremverbandes zum Haremshalter mitzuteilen und dem „Stehlen“ von Stuten entgegenzuwirken. Zur Darstellung des „Territorums“ setzen Hengste an exponierten Stellen wiederholt Kot ab und überkoten auch die Kotstellen der Stuten. Zur Demonstration der Zugehörigkeit der Stuten zu einem Hengst wird auf Stutenkot geharnt. Finden sich im eigenen „Territorium“ Kotstellen fremder Hengste, werden auch diese vom Haremshalter überkotet und ausgiebig berochen (s.a. Nahrungsaufnahmeverhalten/Eliminationsverhalten).

Kernaussagen:
Pferde leben in Haremsgruppen (bestehend aus Stuten mit Jungtieren und Deckhengst), wobei sich weitgehend stabile soziale Beziehungen ausbilden. Diese basieren vorwiegend auf sozial-positiven Interaktionen. Mehrere Haremsgruppen können gemeinsam mit einer Junggesellengruppe im gleichen Gebiet leben. Pferde verfügen über ein ausgeprägtes Kampfverhalten, das im Extremfall zum Tod des Gegners führen kann.

Empfehlungen:
Pferde sollten möglichst über einen langen Zeitraum in stabilen Gruppen gehalten werden. Bei ausreichendem Platzangebot kann ein geeigneter Hengst lange Zeit mit seiner Stutenherde zusammenleben. Auch Hengste können in Gruppen gehalten werden. Hengste und Hengstgruppen sollten zur Deckzeit von den Haremsverbänden entfernt gehalten werden, sofern keine natürliche Selektion gewünscht ist. Ernstkämpfe zwischen rivalisierenden Hengsten sollten unter Haltungsbedingungen vermieden werden. Die Zusammenstellung neuer Gruppen erfordert Zeit und Vorsicht. Es ist günstig, mindestens zwei Tiere gleichzeitig in eine bestehende Herde einzubringen.

4.3.5 Nahrungsaufnahmeverhalten

Das Nahrungsaufnahmeverhalten des Pferdes ist primär auf die Gräser orientiert. Es unterscheidet sich aber wesentlich von dem der ebenfalls grasfressenden Wiederkäuer, insbesondere von dem der etwa gleichgroßen Rinder. Einer-

Tabelle 2 – Präferenz-Indices für den Aufenthalt von Exmoor-Ponys anhand der beobachteten Aufenthaltsorte und der Kotstellen in einem Wald- und Weidegebiet. Kotstellen repräsentieren vorwiegend Ruheplätze.

Habitat	Aufenthaltsorte	Kotstellen
Offene Weide	+0.77	+0.41
Lichtungen	+0.54	-0.04
Waldkanten	+0.50	+0.08
Eichenwald	-0.57	-0.25
Eichen-Mischwald	-0.14	-0.34
Dickicht	+0.15	+0.56
Erlenbruch	-0.04	+0.64
Lärchenwald	-0.57	-0.40
Lärchen-Birkenwald	+0.08	+0.49
Fichtenwald	+0.12	+0.37
Douglasienwald	+0.16	-1.00

seits ermöglichen das schmale Gebiss mit den sehr beweglichen und gefühlvollen Lippen eine sehr viel selektivere Pflanzenaufnahme als das Flotzmaul der Rinder und die Schneidezähne in Ober- und Unterkiefer einen tieferen Verbiss, andererseits erfordert der weniger effektive Verdauungsapparat ohne Vormägen und mit der Zelluloseverdauung im hinteren Darmabschnitt ohne die zusätzliche Zerkleinerung beim Wiederkauen eine um fast 50 % höhere Trockensubstanzaufnahme, um die gleiche Energiemenge zu gewinnen. Während Wiederkäuer die Nahrung zügig aufnehmen und abschlucken, um sie dann später in Ruhepausen intensiv zu zerkleinern, müssen Pferde dies sofort erledigen, benötigen also für die Aufnahme und den Kauvorgang bis zum Abschlucken mehr Zeit. Die Verweildauer eines Bissens in der Maulhöhle liegt bei 30 bis 60 Sekunden.

Pferde suchen zur Nahrungsaufnahme vorwiegend die freie Fläche oder Lichtungen auf.

Die **Nahrungsaufnahme** auf der freien Fläche konkurriert mit dem Sicherheitsbedürfnis des Fluchttieres Pferd. Da die Kaugeräusche die akustische Feindwahrnehmung einschränken und der in die Vegetation abgesenkte Kopf auch die visuelle Wahrnehmung reduziert, fühlen sich Pferde bei der Nahrungsaufnahme erst in der Gruppe sicher, da hier immer wieder ein Tier kurzzeitig die Futteraufnahme einstellt und sichert. Dieses regelmäßige Aufblicken während der Nahrungsaufnahme ist typisch für Pferde.

Da Pferde keine regelmäßigen Pausen zum Wiederkäuen benötigen wie Wiederkäuer, ist ihr Nahrungsaufnahmeverhalten etwas weniger fest strukturiert, allerdings wechseln auch sie mehrmals am Tage zwischen Nahrungsaufnahme und Ruhe. Meist absolvieren sie 5 bis 6 Nahrungsaufnahmeperioden innerhalb von 24 Stunden, wobei eine Periode meist gegen Mitternacht liegt. Im Sommer ist die Nahrungsaufnahme allgemein reduziert, dann kann sich aber die abendliche Nahrungsaufnahme bis in die Dunkelheit ausdehnen (s.a. Aktivitätsrhythmik). Wie andere Verhaltensweisen ist auch Nahrungsaufnahmeverhalten eine selbstmotivierte Endhandlung, befriedigt ein Verhaltensbedürfnis und ist in eine Abfolge von Appetenzverhalten eingebunden (s. Abschnitt 1, Verhalten). Insgesamt beansprucht die Nahrungsaufnahme etwa die Hälfte eines Tages, kann aber auch bis zu 70 % erreichen. Typischerweise legt eine Herde nach einer Ruhepause zuerst eine gewisse Strecke zurück, grast dann für einige Zeit relativ eng beieinander an einer Stelle unter langsamer, schrittweiser Fortbewegung und zieht anschließend geschlossen eine Strecke, um dort wieder zu grasen. Diesem Wechsel von Fortbewegung und Nahrungsaufnahme liegt eine eigene Motivation zugrunde (Appetenzverhalten 1, Nahrungssuche). Haben Pferde z.B. bei Stallfütterung dazu keine Gelegenheit, scharren sie vor der Fütterung oft mit den Vorderhufen oder zeigen allgemeine Unruhe. Auf Dauerweiden ausreichender Größe bilden die bevorzugten Weidestellen eine zwar kurze, aber frische und dadurch attraktive Vegetation aus und werden periodisch immer wieder aufgesucht. Zwischen diesen Weidestellen entstehen deutlich ausgeprägte Wechsel, die immer wieder „im Gänsemarsch" genutzt werden. Solche Wechsel verlaufen meist in Schlangenlinien, da Pferde sowohl den blinden Bereich vor als auch hinter sich durch

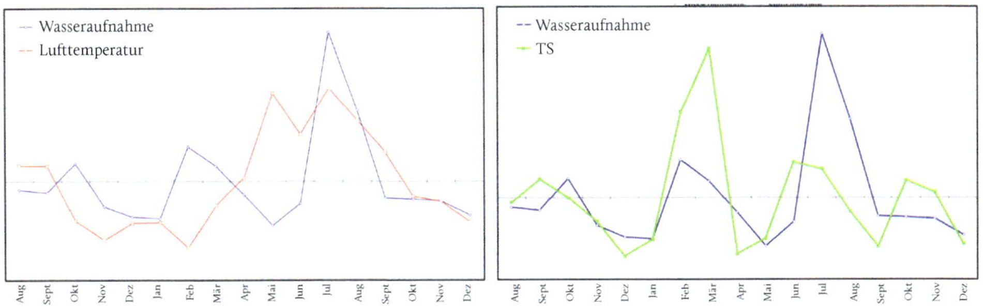

Abb. 8 – Beziehungen zwischen Trockensubstanzgehalt der Weidevegetation und Wasseraufnahme sowie zwischen Umgebungstemperatur und Wasseraufnahme bei Przewalskipferden in einem Semireservat – fakultativ, Abstimmung mit Ernährung.

diese Fortbewegungsform ständig verlagern. Dadurch entstehen bei ausreichendem Flächenangebot auf Dauerweiden charakteristische Strukturen in der Weidevegetation. Zur Ausbildung dieser Strukturen trägt auch bei, dass Harn und Kot oft außerhalb der bevorzugt begrasten Flächen abgesetzt werden, wodurch dort Stickstoff angereichert wird und eine entsprechende Krautvegetation (z.B. Brennnesselnester) entsteht, die im Winter eine wertvolle Futterreserve bildet.

Bei der Nahrungswahl spielen Geruch, Tastsinn und Geschmack eine Rolle. Trotz der Fähigkeit zur Verdauung zellulosereicher Nahrung werden leichtverdauliche und nährstoffreiche Pflanzen und Pflanzenteile bevorzugt. Ihre übermäßige Aufnahme kann Verdauungsprobleme verursachen. Da Pferde nicht erbrechen können, können diese Verdauungsprobleme zum Tod führen (s. Abschnitt 3 und 5). Bei an Dauerweide angepassten Pferden ist dies jedoch nicht zu erwarten. Die sehr selektive Nahrungsaufnahme mit den sehr empfindlichen Lippen verhindert die Aufnahme von Fremdkörpern genauso wie den Verzehr von unbekömmlichen bzw. Giftpflanzen. Dafür ist allerdings auch eine gewisse Erfahrung mit den jeweiligen Vegetationsgesellschaften erforderlich. Süßgräser und Klee sind allgemein attraktiv, aber auch Kräuter wie Vogelknöterich oder Schafgarbe. Gemieden werden Pflanzen mit rauer oder stachliger Oberfläche und geschmacklich unattraktive Pflanzen. Pferde haben aber kein angeborenes Meideverhalten gegenüber giftigen Pflanzen. In diesem Zusammenhang spielt bei der Nahrungswahl Lernen durch Erfahrung eine wichtige Rolle. Meist werden unbekannte Pflanzen oder Futtermittel nur zögerlich gekostet und nach ihrer Bekömmlichkeit bewertet. Dies konnte bei der allmählichen Einwanderung der giftigen Hundszunge in das Semireservat Liebenthal der Przewalskipferde beobachtet werden. Diese Pflanzen wurden gemieden und nie aufgenommen.

Bei **Nahrungsmangel**, z.B. im Winter, werden auch weniger attraktive Pflanzen angenommen. Andererseits verändern manche Pflanzen ihre Attraktivität mit den Wachstumsstadien, z.B. werden von Disteln gern die jungen Blattrosetten oder frischen Blütenkörbe abgebissen. Andere Kräuter wie Brennnesseln sind entweder als sehr junge Pflanzen oder als überständige, heuartige Reste attraktiv.

Bei der **Nahrungswahl** gibt es deutliche individuelle Unterschiede. Dabei können Pferde individuell in effiziente, halb-effiziente oder ineffiziente Graser klassifiziert werden. Im Winter können Pferde ihre Nahrung aus dem Schnee freischlagen, diese Plätze werden dann verteidigt. Ansonsten tolerieren Pferde auch bei Nahrungsmangel durchaus die Nähe von Artgenossen und anderen Pflanzenfressern. Ihre Vertreibung ist energetisch dann wahrscheinlich zu aufwändig. Allerdings verteilen sich Pferdeherden in solchen Situationen ohnehin etwas flächendeckender.

Für Pferdehalter eher ungewöhnlich ist die Tatsache, dass Pferde gern frisches Schilf und Binsen aufnehmen und dazu auch in Gewässer hineinwaten. Dieses Verhalten ist nicht nur von Przewalskipferden bekannt, sondern auch bei Koniks in Masuren oder im Reservat Oostvaardersplassen beobachtet worden. Darüber hinaus gehören Blätter und Triebe, z.B. von Eichen und Buchen, zum Nahrungsspektrum. Um diese zu erreichen, werden gelegentlich Äste herabgezogen.

Gern werden auch Weidenzweige und Obstgehölze gefressen. Wenn im Frühjahr der erste Saft in den Bäumen aufsteigt, wird die Rinde von Eichen, Buchen und Kiefern gefressen. Dabei werden insbesondere die Wurzelbereiche und Stammansätze benagt und geschädigt. Dieses Verhalten kann die Vegetationsstruktur beeinflussen und Gehölze zurückdrängen, wodurch bei mittlerem Besatz eine strukturierte, halboffene Wald-Weide-Landschaft entsteht und hoher Besatz zu überwiegend offener Weidelandschaft führt.

An besonderen Standorten können sich Pferde auch an durchaus **untypische Nahrung** anpassen. So nutzen Shetlandponys auf ihren Heimatinseln neben Gras auch Moos und Heidekraut, im Winter Seegras an der Küste. Auch wird an anderen Orten die Aufnahme verschiedenster Früchte, von Fleisch, Fisch und von Ameiseneiern beobachtet. Fruchtkerne werden von Pferden sauber abgenagt und ausgespuckt (98/Flade). Auch graben Pferde gelegentlich Wurzeln z.B. von Gräsern aus. Die Aufnahme von Sand und Erde kann dann Verdauungsprobleme auslösen.

Zur Tränke ziehen Pferde meist zielgerichtet als geschlossene Gruppe. Dabei lösen die Individuen, die besonders durstig sind, diesen Zug aus, indem sie sich immer wieder Richtung Wasserstelle von der Herde entfernen und wieder zurückkehren; es sieht so aus, als ob sie dabei befreundete Tiere zum Folgen auffordern. Wasser nehmen Pferde durch Saugen von der freien Wasseroberfläche auf. Sie tauchen dazu das Maul flach ein und saugen durch die gering geöffnete Maulspalte. Während des Trinkens heben sie immer wieder den Kopf und beobachten die Umgebung; das Sicherheitsbedürfnis ist wahrscheinlich auch während des Trinkens besonders hoch. Da Pferde zur Thermoregulation schwitzen, hängen sie in höherem Maße als andere Arten von regelmäßiger Wasseraufnahme ab. So dürfte eine der Ursachen für das Aussterben der Przewalskipferde in der Mongolei die Verdrängung von den Wasserstellen gewesen sein. Unter naturnahen Bedingungen wird nur wenig Zeit (0,47 % des 24-stündigen Beobachtungstages) zur Wasseraufnahme benötigt. Wichtiger als der Zeitaufwand zum eigentlichen Trinken ist allerdings die Trinkhäufigkeit, sie liegt unter natürlichen Bedingungen bei 1 bis 4/24 Stunden. Die Intervalle zwischen zwei aufeinanderfolgenden Trinkakten können dagegen zwischen 2 und 46 Stunden betragen. Unter kontrollierten Bedingungen beträgt der Wasserbedarf von Pferden je nach Körpergewicht 7 bis 25 l pro Tag; er hängt aber sehr von verschiedenen Bedingungen ab und kann deutlich höher liegen (bis 50 l in der Laktation; s. Abschnitt 5). Einflussfaktoren für den Wasserbedarf sind körperliche Belastung, Umgebungstemperatur, Wassergehalt der Nahrung und individuelle Besonderheiten. Dabei ist zu berücksichtigen, dass jeder dieser Faktoren einzeln wirkt, sodass der Wasserbedarf sowohl bei hohen Temperaturen ansteigt als auch durch niedrigen Wassergehalt der Weidevegetation in der Winterzeit gesteigert wird.

Der Geruch und Geschmack des Wassers spielen für Pferde eine wichtige Rolle: Wasser mit fremdem Geruch und Geschmack kann gemieden werden. Wasserstellen und Tränkmechanismen lernen Pferde schnell kennen und zu bedienen, auch können sie Wasser über größere Entfernungen wahrnehmen. Wasser wird aber nicht allein von der freien Oberfläche getrunken, sondern auch von feuchten Steinen und Pflanzen geleckt bzw. mit den Pflanzen gefressen. Letzteres hängt von der Tageszeit ab; frühmorgendliches Grasen betauter Vegetation verringert den Wasserbedarf genauso wie die Aufnahme beregneter oder bereifter Vegetation. Im Winter kann ein Teil des Wasserbedarfs durch Schnee gedeckt werden. Dies erfordert allerdings Körperwärme und damit Energie, die wiederum aus der Nahrung oder den Körperreserven gewonnen werden muss. Pferde lernen es auch, nicht allzu dickes Eis zu durchschlagen, um an Wasser zu gelangen.

Das **Ausscheidungsverhalten** ist ebenfalls Teil des ernährungsbedingten Verhaltens. Es wird gelegentlich angenommen, dass Pferde kein besonderes Ausscheidungsverhalten besitzen, dies trifft aber nicht zu. Wie fast alle Tiere vermeiden es Pferde nach Möglichkeit, den Körper in Kontakt mit den Exkrementen zu bringen, d.h. sie bleiben stehen und nehmen eine entsprechende Körperhaltung ein. Zum Harnen heben Stuten den Schweif, strecken sich und spreizen leicht die Hinterbeine. Zum Koten wird ebenfalls der Schweif angehoben und die Hinterbeine werden einzeln oder zusammen leicht vorgestellt. Lediglich bei der Flucht, beim Kampf oder anderen großen Aufregungen werden Kot und Harn gelegentlich unkontrolliert abgegeben. Kot und Harn werden meist nicht wahllos abgesetzt. Kotabsatz erfolgt oft am Ende einer Ruhephase bzw. während der anschließenden ersten Schritte, aber auch während des Ziehens und Grasens, dann aber vorwiegend außerhalb der bevorzugten Fressstellen. Dazu bedarf es aber einiger Erfahrung mit der Weidefläche. Da Kot ein wichtiger Informationsträger ist, wird er besonders von Hengsten gezielt zur Markierung des eigenen Streifgebiets eingesetzt; Kothaufen fremder Hengste werden berochen und überkotet und auch der eigene Kot ausgiebig geruchlich kontrolliert. Innerhalb eines Tages wird 8-

bis 12-mal Kot und 6- bis 12-mal Harn abgesetzt, Fohlen harnen in den ersten zwei Lebenswochen etwa stündlich.

Kernaussagen:
Pferde sind primär an Gräser als Nahrung angepasst. Sie fressen natürlicherweise für etwa die Hälfte des Tages, unterteilt in mehrere (4 bis 6) Perioden, teils auch während der Dunkelheit. Dabei nehmen sie mehr Substanz auf als Wiederkäuer. Sie selektieren sorgfältig. Wasser ist besonders wichtig und wird etwa 1- bis 4-mal pro Tag aufgenommen. Pferde besitzen ein spezielles Ausscheidungsverhalten. Kot und Harn sind Informationsträger und werden besonders von Hengsten gezielt abgesetzt.

Empfehlungen:
Nahrungsaufnahme sollte periodenweise und über längere Zeit möglich sein. Der Energiegehalt der Nahrung sollte überwiegend der natürlichen Nahrung entsprechen. Weiden sollten verschiedene Pflanzen, auch Kräuter, enthalten. Auf der Weide ist Wasser ständig anzubieten, ansonsten Trinken je nach Beanspruchung 1- bis4-mal pro Tag zu ermöglichen. Zum Absetzen von Ausscheidungen sollten Pferde normalerweise stehen und die natürliche Körperhaltung einnehmen können. Pferde sollten Kot, besonders fremder Tiere, beriechen können.

4.3.6 Fortpflanzung

Die Fortpflanzung von Pferden ist jahreszeitlich gebunden und wird durch die Variation der Tageslichtlänge bzw. der Zeitpunkte von täglichem Lichtbeginn und Lichtende im Jahresverlauf gesteuert (s. Jahresrhythmik, Abschnitt Fortpflanzung). Sie ist normalerweise so organisiert, dass die Jungtiere bis zum kommenden Winter genügend Zeit haben, um eine Kondition zu erreichen, die es ihnen erlaubt, diesen zu überleben. Unter naturnahen Bedingungen ist so die Konzeptionsbereitschaft der Stuten im Frühjahr am höchsten, ohne jedoch in den übrigen Jahreszeiten völlig zu verschwinden. Auch im Winter wurden bei

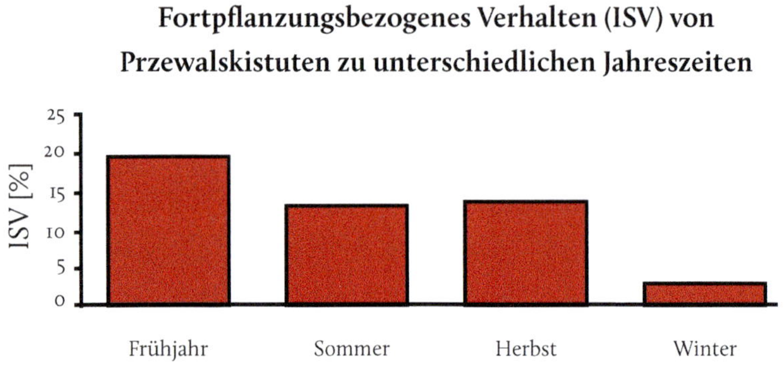

Abb. 9 – Index des Sexualverhaltens (% der Tiere, die während einer 8-Stunden-Beobachtung an 2 Tagen pro Woche sexualbezogenes Verhalten zeigten) bei Przewalskipferden nach Jahreszeiten.

freilebenden Przewalskipferden bis zu 63 % der Stuten anhand von Progestagenen im Kot als zyklisch erkannt, während im Frühjahr/Frühsommer alle Stuten Zyklen entwickelten. Das sichtbare Sexualverhalten dagegen ging im Winter nahezu völlig zurück.

Bei der Tragzeit von 11 Monaten und Wiederkonzeption kurz nach der Geburt („Fohlenrosse") stellt sich damit auch der Geburtstermin in vielen Herden freilebender Pferde (Koniks, Liebenthaler) auf das Frühjahr ein. Der Hengst unterliegt in seiner sexuellen Bereitschaft wie die Stuten einem Jahresgang, der jedoch nicht so ausgeprägt verläuft.

4.3.6.1 Das Sexualverhalten

Das Sexualverhalten von Stute und Hengst stellt eine längere, fein aufeinander abgestimmte Folge unterschiedlicher Verhaltensweisen dar. Sie erfordert Zeit und ausreichend Raum, z.B. für längere Laufstrecken und Isolation. Dabei kommt es zu einer Stimulation der Sexualhormone, die in ihrer phasenhaften Abfolge die Konzeption vorbereiten. Während der Zeit erhöhter Paarungsbereitschaft beginnt der Hengst, sich allen Stuten seiner Herde öfter als bisher zu nähern. Dabei erkennt er Stuten, die bald rossig werden können, durch Flehmen. Schon vor der

Abb. 10 – Sprung in der Herde, ein- und zweijähriges Jungtier stehen neben der Stute.

eigentlichen Rosse nähern sich der Hengst und die betreffende Stute allmählich gegenseitig an und bleiben zunehmend länger beieinander. Sie können sich bereits dabei von der Herde etwas absondern. Gegenseitige Körperpflege wird häufiger, der Hengst versucht vorsichtig Körperkontakt aufzunehmen und beriecht mit vorgestrecktem Kopf die Genitalregion der Stute. Er zeigt Imponierverhalten mit Trab und erhobenem Kopf. Auch Stuten zeigen erhöhtes Interesse am Hengst, nähern sich an, beginnen mit Körperkontakt und beriechen seine Genitalregion. Dabei entwickeln sie individuelle Präferenzen. Deckversuche weist die Stute zunächst noch ab. Daraus entwickelt sich gelegentlich ein Kampfverhalten, wie es ähnlich auch zwischen Hengsten auftritt. Nähern sich in dieser Situation andere Hengste, werden sie vom Haremshalter heftig bekämpft. Der Hengst prüft zunehmend häufiger durch Flehmen am Urin und Kot der Stute und an ihrer Schweifregion deren Sexualstatus und die Paarungsbereitschaft. Die Stute setzt häufiger Urin ab. Dabei verweilt sie länger in der typischen Position mit leicht auswärts gestellten Beinen und seitlich erhobenem Schweif. Bei beginnender Rosse treibt der Hengst die Stute, oft auch aus dem engeren Herdenverband hinaus. Bereits vor der Kopulation erigiert er den Penis wiederholt. Solche Erektionen können bis zur Ejakulation führen und auch im Schlaf während der REM-Phasen gelegentlich auftreten. Die Stute signalisiert Paarungsbereitschaft durch nachlassende Abwehr und zunehmendes Interesse. Rossige Stuten werden unruhig, ihre motorische Aktivität steigt an und der Tagesrhythmus wird unregelmäßig. Zuweilen werden sie aggressiv. Sie suchen Körperkontakt, auch zu anderen Stuten, wenn kein Hengst in der Herde ist. Lautgebung kann häufiger werden, oft ist dabei ein Quietschlaut zu hören. In der Rosse wird der Schweif angehoben mit Abspritzen kleiner stark riechender Harnmengen und dem sogenannten Blitzen. Dabei öffnen und schließen sich die Labien der Scheide in schneller Folge und die deutlich ausgebildete Klitoris wird herausgestülpt (s. Abschnitt Fortpflanzung). Eine angespannte Mimik bildet das sogenannte Rossigkeitsgesicht. Es ist bei Hauspferden meist nur angedeutet, bei Zebras ist es deutlicher zu beobachten. In der eigentlichen Rosse kommt es in freilaufenden Herden zu mehrmaligen Paarungen. Auch nach der Paarung bleiben Hengst und Stute für längere Zeit dicht beieinander. Nicht jeder Aufsprung führt anfänglich zum Deckakt. Während des Sprungs kann der Hengst den Kopf auf die Mähne der Stute absenken und sich mit den Zähnen an der Mähne festhalten. Die Paarung selbst dauert etwa 30 Sekunden. Ein Hengst kann bis zu zehn Paarungen am Tag ausführen, allerdings resultieren nicht alle in Fruchtbarkeit. Bei jungen Stuten dauert die Vorbereitung der Paarung länger, bei älteren erfahrenen Stuten, insbesondere wenn sie den Hengst länger kennen, kann der ganze Ablauf schneller und unauffälliger erfolgen, auch direkt in der Herde. Ranghohe, rossige Stuten können gegen rangniedrigere Tiere aggressiv werden und sie aus der Nähe des Hengstes vertreiben oder Kopulationen unterbrechen. Auch bevorzugen Hengste ranghohe Stuten, sodass ranghohe Stuten eine höhere Reproduktion erreichen als rangniedere.

Abb. 11 – Nach dem Eröffnungsstadium zum Aufweitungsstadium und Abgang des Fruchtwassers kann es zu einem relativ schnellen Austreiben kommen.

Kernaussagen:
Das Sexualverhalten von Pferden stellt eine längere, gegliederte Abfolge von vorbereitenden Verhaltensweisen, der eigentlichen, mehrfach wiederholten Paarung und nachfolgendem Kontaktverhalten dar.

Empfehlungen:
Längeren Kontakt zwischen Stute und Hengst auf größerer Fläche ermöglichen.

4.3.6.2 Geburt, Mutter-Jungtier-Verhalten

Pferde gehören zu den Tierarten, die relativ wenige Jungtiere erzeugen, aber durch hohe mütterliche Investition während der Jugendentwicklung und durch ihr ganzes Sozialverhalten für eine hohe Überlebenswahrscheinlichkeit der Jungtiere sorgen. Dies kennzeichnet viele Elemente des Mutter-Jungtier-Verhaltens.

Daher besteht auch eine starke emotionale Beziehung zwischen Stute und Jungtier, die sehr lange – bis ins Erwachsenenalter – bestehen bleiben kann und zum sozialen Zusammenhalt einer natürlich gewachsenen Stutengruppe wesentlich beiträgt. Als Fluchttiere der freien Steppe mit hohem Sicherheitsbedürfnis können Stuten den Zeitpunkt der Geburt in erheblichem Maße beeinflussen. Sie warten eine Situation ab, die Ruhe und Sicherheit verspricht, oder suchen Stellen auf, die diesen Anforderungen entsprechen. Bevorzugte Zeiten der Geburt sind die Dunkelheit und Morgendämmerung. Dann kann die Geburt sehr schnell erfolgen. Allerdings zeigen sich einige Stunden vor der Geburt erste Anzeichen wie Unruhe und Schwitzen. Einige Stuten verlassen die Herde, andere fohlen in der Herde ab.

Im ersten Stadium der Geburt, vor der Eröffnungsphase, können Anzeichen von Schmerzen, als Ausdruck der Stellwehen, teils kolikähnlich, auftreten. Dazwischen folgen Zeiten der Ruhe, gelegentlich mit Nahrungsaufnahme. Im Eröffnungsstadium werden die Wehen häufiger sichtbar. Nach dem Eröffnungsstadium zum Aufweitungsstadium und Abgang des Fruchtwassers kann es zu einem relativ kurzen Austreiben und Ende der Geburt kommen. Dieser Vorgang kann jedoch auch bis zu 12 Stunden und länger hinausgezögert werden. Sobald die Fruchtblase geplatzt ist, folgt die Austreibungsphase. Dabei legen sich die meisten Stuten in Seitenlage, einige werfen sich regelrecht zu Boden. Während der Wehen wird oft das obere Hinterbein angehoben und ausgestreckt, der Kopf angehoben und zurückgewandt. Nur wenige Stuten treiben das Jungtier im Stehen aus. Meist bleiben sie nach der Austreibungsphase einige Minuten liegen, wenden den Kopf zum Fohlen, versuchen es zu beriechen und zu belecken und stehen dann auf. Direkt nach der Geburt beginnt die Stute das Jungtier zu beriechen und oft auch zu belecken. Es entwickelt sich eine intensive Informationsaufnahme, primär geruchlich, die ein prägungsähnliches Lernen der Stute vermittelt, bei dem sie ihr Jungtier individuell kennenlernt. Damit orientiert sie ihr späteres mütterliches Verhalten ausschließlich auf das eigene Jungtier. Dieses Lernen ist nach spätestens 2 Stunden abgeschlossen und kann dann nur noch sehr schwer verändert werden, es kann aber auch schon nach wenigen Minuten beendet sein. Dabei hat der individuelle Geruch der Supraanaldrüsen eine Schlüsselfunktion. Das Belecken stimuliert darüber hinaus das Jungtier, befreit es in einigen Fällen von den Eihäuten, regt die Atmung und Durchblutung an und fördert die Thermoregulation; es dauert etwa eine halbe Stunde. Das Fohlen versucht, schnell auf die Beine zu kommen, sich selbst von den Eihäuten zu befreien und das Euter der Stute zu finden. Dieser erste Euterkontakt ist durch die im Sulkus Intermamarikus gelegenen Talg- und Pheromondrüsen fohlenprägend auf die eigene Mutter, eine wichtige Voraussetzung für ein gedeihliches Herdenleben mit mehreren Fohlen. Lethargische Fohlen werden von der Stute durch Berührung mit dem Maul und den Vorderhufen zum Aufstehen stimuliert. Das Fohlen kommt meist das erste Mal nach etwa einer halben Stunde auf die Beine, es kann aber auch bis zu 2 Stunden dauern. Dem gehen intensive Aufstehversuche voraus, während derer das Fohlen immer wieder umfällt, meist weil die Hinterbeine noch nicht genügend Standfestigkeit erreicht haben. Sobald es sicher steht und die ersten unsicheren Schritte absolviert hat, beginnt es mit der Suche nach dem Euter. Dabei wird es von einem angeborenen Auslösemechanismus geleitet. Dieser veranlasst den Neonaten, nach warmen Körperfalten zu suchen und nach schräg oben besaugbare, hervorstehende Strukturen zu finden. Oft leitet dieses Suchmuster Fohlen zunächst an die Vorderbeine der Stute. Wahrscheinlich spielen auch Körpertemperatur, Geruch und die Weichheit der Struktur eine Rolle. Das Bewegungsmuster besteht darin, mit waagerecht gestrecktem Hals Such- und Stoßbewegungen des Kopfes schräg nach oben in Richtung einer gefundenen Struktur auszuüben. Im Kontakt mit dem Euter erfolgt die eigentliche Saugbewegung, die einerseits eine Reflexhandlung darstellt, aber auch eine eigene Motivation hat. Sie wird daher gelegentlich anfangs auch gegen ungeeignete Objekte gerichtet. Insbesondere erfahrene Stuten positionieren sich so, dass das Fohlen an die hintere Körperregion geleitet wird, und präsentieren das Euter, auch durch ein leicht ausgestelltes oder angehobenes Hinterbein. Während des Saugens wird die Analregion des Fohlens zur Identifikation berochen. Die erste Milchaufnahme erfolgt meist innerhalb einer halben Stunde bis etwa 2 Stunden nach der Geburt. Im Mittel kann mit einer

Stunde gerechnet werden. Die Erfahrung der Stute spielt bei dem ganzen Ablauf eine wichtige Rolle. Erstgebärende Stuten sind oft unsicher, unruhig oder reagieren abweisend auf die Saugversuche. Sie werden jedoch durch den Kontakt mit dem Jungtier, seinen Geruch und seine Saugversuche stimuliert, was zur Freisetzung von Oxytocin führt. Durch dieses Neurohypophysenhormon wird der Milchfluss angeregt. Die Stute fühlt sich auch durch die Freisetzung von Endorphinen wohl und lässt das Fohlen saugen. Gleichzeitig wird die Gebärmutter zu weiteren Kontraktionen (Nachwehen) angeregt und die Nachgeburt schnell ausgestoßen.

Beim Fohlen erfolgt in den ersten Minuten und Stunden ein Prägungslernen. Dieses beinhaltet zunächst die Prägung auf den Artgenossen, also das Erkennen der eigenen Art, und fixiert damit das spätere Sozial- und Fortpflanzungsverhalten. Die Artprägung beginnt etwa eine halbe Stunde nach der Geburt und ist normalerweise nach einem Tag abgeschlossen. Gleichzeitig erfolgt in einem prägungsähnlichen Lernprozess das Kennenlernen der Milchquelle, wobei das bestehende angeborene Suchmuster ergänzt und präzisiert wird, auch durch die mütterlichen Pheromone. Das individuelle Kennenlernen der eigenen Mutter dauert beim Fohlen wesentlich längere Zeit als die Stute benötigt, um das Fohlen zu erkennen. Erst mit einer Woche erkennen Fohlen ihre Mutter sicher an der Stimme. Da bei beiden die Lerninhalte dieser Prägungsprozesse nur grob vorgegeben sind, können Störungen in der Lernphase – der sensiblen Phase – auch die Beziehung zwischen Stute und Fohlen nachhaltig beeinflussen. Steht in dieser sensiblen Phase kein Artgenosse zur Verfügung, können Fohlen auf größere Gegenstände oder Menschen fehlgeprägt werden; sie richten dann später ihr Sexualverhalten z.B. an Menschen und meiden oder fürchten Artgenossen. Ruhe und Isolation, wie sie die Stute bereits vor dem Abfohlen sucht, sind also wesentlich für die spätere Entwicklung des Jungtieres. Ranghohe Stuten haben dabei in der Herde einen gewissen Vorteil. Aber auch rangniedere Stuten schirmen ihr Jungtier in aller Regel erfolgreich gegen andere Herdenmitglieder ab und erreichen dabei zeitweise einen erhöhten Rangstatus.

Da selbst erfahrene Pferdehalter nur selten eine Geburt außerhalb des Stalls und unter naturnahen Bedingungen beobachten können, hier das Kurzprotokoll einer Geburt in der Liebenthaler Pferdeherde:

Stute „Cassandra" am 15.04.2012

8.50 Uhr:	Herde auf der Weide in der Nähe des Waldes, Temperatur um 8 °C, leichter Ostwind, Sonne mit wolkigen Abschnitten, Stute im Haremsverband am östlichen Rand der Herde, nahebei 2 Jährlinge, andere Stuten und Hengst etwas weiter weg (20 bis 50 m), Beobachter am Zaun, 80 bis100 m entfernt, ruhig stehend. Beobachtung mit Fernglas 10 x 50.
8.55	Stute legt sich ab und steht wieder auf, 2- bis 3-mal in Folge, Wehen kaum zu beobachten
8.58	Geburt erfolgt im Liegen, beim Aufstehen direkt danach gleitet das Fohlen aus den Fruchthäuten, liegt sauber neben der Stute, diese dreht sich sofort um und beriecht das Fohlen. 2 Jährlinge in direktem Kontakt, einer riecht ebenfalls am Fohlen, auch die heraushängenden Fruchthäute werden 2- bis 3-mal kurz berochen. Bis zum Abgang der Nachgeburt werden diese nachgeschleift.
9.02	Fohlen erste Aufstehversuche, unkoordiniert
9.16	Stute leckt und beriecht das Fohlen
9.18	Fohlen steht fast, fällt wieder um
9.19	Fohlen steht
9.23	Stute legt sich kurz ab
9.27	Fohlen steht gut, folgt ab jetzt der Stute dicht auf, Stute bewegt sich nur wenige Schritte
9.28	Nachgeburt und Fruchthäute abgegangen beim Umdrehen der Stute
9.31	Stute beginnt erstmals zu grasen
9.33	Fohlen beginnt Eutersuche, Saugen unsicher

9.37	Stute grast
9.45	Stute zieht langsam vom Geburtsplatz weg, Fohlen folgt mit sicheren Laufbewegungen
10.04	Fohlen scheint zu saugen
10.12	Saugen sicher beobachtet
10.14	Stute wehrt eine andere Stute ab
10.23	Fohlen saugt, Stute grast
10.45	Fohlen saugt

Über die ganze Beobachtungszeit bleiben Stute und Fohlen in engem Kontakt (unter 2 m Abstand), Stute leckt und riecht nur 4- bis 5-mal kurz am Fohlen, beide scheinen sich von Anfang an sicher zu erkennen. Obwohl das Fohlen mindestens 2-mal von den Jährlingen berochen wird, richtet es sich mit allen Kontaktversuchen ausschließlich an die Mutter.

Bei stabilen Haremsverbänden beachtet der Hengst meist die Geburt und das Jungtier nicht und bleibt abseits. Haben Hengste einen Stutenverband neu übernommen, kommt es dagegen vor, dass sie die Fohlen des fremden Hengstes angreifen und töten, meist durch Kehl- oder Nackenbiss. Gegen dieses Verhalten können sich Stuten zur Wehr setzen und Fohlen schützen, indem sie sich gemeinsam zwischen Fohlen und Hengst stellen und diesen abwehren. Dieses Verhalten wurde z.B. in der Herde Przewalskipferde im Nationalpark Hortobágy beobachtet.

> Kernaussagen:
> Zur Geburt wählen Stuten ungestörte und sicher erscheinende Situationen. Sie verfügen über ein ausgeprägtes Verhaltensrepertoire für die Betreuung der Fohlen. Zwischen Fohlen und Stute erfolgen in den ersten Stunden prägungsähnliche Lernprozesse zum gegenseitigen Erkennen und die Artprägung des Fohlens.

> Empfehlungen:
> Vor und während der Geburt sollten menschliche Einflussnahmen bis zu 2 Stunden nach der Geburt möglichst unterbleiben. Beobachtungen sollten aus der Entfernung oder durch Hilfsmittel (z.B. Videokamera mit Bildübertragung, Geburtsmelder) durchgeführt werden. Eingriffe und Geburtshilfe nur, wenn wirklich begründet.

4.3.6.3 Verhaltensentwicklung

Mit etwa 2 Stunden hat das Neugeborene seine wichtigsten Funktionen stabilisiert, ist zur Informationsaufnahme mit allen Sinnesorganen fähig, ist wach, aktiv und beginnt mit Erkundungsverhalten. Im Alter von 2 Tagen sind alle wichtigen Verhaltensmuster des Fohlens wie Ausscheidungsverhalten, Aufstehen und Ablegen, Laufmuster, Kommunikation, Sozialverhalten, Komfortverhalten und Erkundungsverhalten voll ausgeprägt. Das Fohlen schließt sich sehr eng an seine Mutter an und hält sich in den ersten Lebenswochen fast ausschließlich in ihrer direkten Nähe auf. Bei jeder Ortsveränderung und bei Flucht folgt es dichtauf. Pferde gehören damit zu den „Nachfolgern", die sehr frühreif sind. Die Mutter ist der wichtigste Kontaktpartner und symbolisiert Sicherheit; sie verteidigt das Jungtier aktiv sowohl gegen andere Pferde als auch gegen artfremde potenzielle Feinde. Fremde Fohlen hindert die Stute an Saugversuchen und kann sie sehr unsanft vertreiben. Andererseits finden die Fohlen älterer Stuten meist auch das vorjährige Jungtier bei der Mutter vor, das bald ebenfalls zum Kontaktpartner wird. Daneben kommen auch gleichaltrige Fohlen bald gelegentlich in die Nähe und werden Spielpartner, mit denen erste Elemente des späteren Sozialverhaltens ohne Ernstbezug erprobt werden. Gelegentlich finden sich mehrere Fohlen zur Ruhe zusammen. Zeitweise bilden sich sogenannte „Kindergärten", oft bewacht von einer älteren Stute.

In den ersten Lebenstagen ist die Milchaufnahme die wichtigste Aktivität des Fohlens. Die Saugintervalle betragen anfangs zwischen 10 und 90 Minuten.

Abb. 12 – Die Stute beriecht und beleckt das Fohlen, das bereits kurz nach der Geburt erste Aufstehversuche unternimmt.

Dabei kontrolliert die Stute die Identität des Fohlens durch Beriechen der Analregion. Dadurch ergibt sich mehr oder weniger automatisch die typische antiparallele Saugstellung. Ranghohe Stuten können ihre Fohlen besser gegen Störungen abschirmen, daher dauern die Saugakte bei ihnen länger. Die Saugintervalle werden nach einigen Tagen länger und regelmäßiger, sie stabilisieren sich auf zwei bis drei Saugakte pro Stunde im Alter zwischen 2 und 15 Wochen. Danach nimmt das Saugen allmählich ab, mit 5 Monaten auf etwa stündliche Intervalle. Allerdings sind Saugakte auch bis zur Geburt des nächsten Jungtiers im folgenden Jahr zu beobachten. Dabei bestehen wahrscheinlich rassespezifische und individuelle Unterschiede. Meist duldet die Stute nach der Geburt nur noch das

Abb. 13 – Das Fohlen steht und beginnt das Euter zu suchen.

neue Fohlen, gelegentlich versuchen aber auch ihre älteren Jungtiere zu saugen, werden wenn überhaupt von manchen Stuten, meist nur kurzzeitig, geduldet. Solche Saugversuche älterer Jungtiere haben eher eine emotionale Funktion und dienen der Beruhigung und der Kontaktsuche, etwa nach Konfliktsituationen.

Bis zum Alter von etwa 10 Wochen ist das Ruhebedürfnis der Fohlen noch recht hoch und nimmt dann allmählich ab. Entsprechend nimmt das Bewegungsbedürfnis zu, führt zur weiteren Verselbständigung und Entfernung zur Mutter.

Im Alter von etwa 3 Wochen beginnen die Fohlen, verstärkt Kontakt zu gleichaltrigen Fohlen aufzunehmen und mit etwa 2 Monaten auch zu älteren Herdenmitgliedern. Mit 5 Monaten ist das Verhaltensbudget der Fohlen ähnlich dem der Alttiere.

Männliche und weibliche Fohlen spielen mit etwa gleicher Häufigkeit. Allerdings spielen männliche Fohlen mehr sozial, weibliche Fohlen mehr solitär. Das Spiel mit Alttieren enthält sowohl Elemente des Kampf- als auch des Sexualverhaltens und wird gleichermaßen von Stuten wie von Hengsten geduldet.

In der ersten Lebenswoche interessiert sich das Fohlen bereits für feste Nahrung. Allerdings bleibt es wohl zunächst mehr ein Erkundungsverhalten zur Ausbildung von entsprechenden Bewegungsmustern. Erst im Alter von etwa 5 bis 10 Wochen nimmt die Zeit zum Grasen deutlich zu, ein Hinweis auf die steigende Bedeutung der Aufnahme fester Nahrung. Mit 4 Monaten nimmt die Grasezeit etwa ein Viertel des Tages in Anspruch, mit 12 Monaten etwa die Hälfte.

Während Jungstuten lebenslang in ihrem Haremsverband verbleiben können, sondern sich Junghengste entweder von selbst im Alter von 1 bis 3 Jahren aus dem Herdenverband ab oder werden vom Leithengst vertrieben. Trotzdem kehren einige gelegentlich zurück und dabei erkennen sich Mutter und Junghengst. Dies trifft besonders auf erstgebärende Stuten zu. Die Junghengste können allein umherziehen, sich zeitweise anderen (reinen) Stutengruppen oder Junggesellengruppen anschließen. Einen eigenen Harem erreichen sie meist erst nach wenigstens fünf Jahren.

Kernaussagen:
Zwischen Fohlen und Mutter besteht eine enge Beziehung, die lange anhält, sich aber nach etwa einem Jahr allmählich lockert. Sie ist die Grundlage für die Sicherheit des Jungtieres, für seine eigenständige Entwicklung und damit auch für seine Selbstsicherheit, Ruhe und Ausgeglichenheit. Kontakte zu anderen Jungtieren und Alttieren beiderlei Geschlechts sind wichtig für die weitere Verhaltensentwicklung des Fohlens.

Empfehlungen:
Gemeinsame Haltung von Stuten und Fohlen im Herdenverband für ein bis zwei Jahre. Kontakte zwischen Menschen und Fohlen sind nach einigen Tagen möglich, ohne die Beziehung zur Mutter zu stören.

4.3.7 *Feindvermeidung*

Das Feindvermeidungsverhalten ist eines der besonders bestimmenden Elemente der Evolution der Pferde. Es basiert auf ihrer hohen Lokomotionsfähigkeit und steht in Beziehung zur Ernährungs- und Fortpflanzungsstrategie. Das Feindvermeidungsverhalten besteht einerseits aus Feindvermeidung mit Aufmerksamkeit während Nahrungsaufnahme und Ruhe (s. dort) und andererseits aus dem Verhalten in Kontakt mit potenziellen Raubtieren. Die natürlichen Feinde der Equiden sind hauptsächlich Wölfe, Großbären und im Süden Großkatzen. In der Evolutionsgeschichte traten aber eine Vielzahl anderer Raubtiere in ihrer Umwelt auf. Pferde zeigen regelmäßig Vigilanzverhalten (gezielte Ausschau); sie heben den Kopf und suchen mit den Augen die Umgebung ab, beobachten dabei besonders den Rand des Sehbereiches, den Horizont. Dieses Verhalten wird auch auf der normalen Weide gezeigt. Da sich Pferde in der Gruppe auf die Sozialpartner verlassen, können sie sich auch Unaufmerksamkeit bei Nahrungsaufnahme und Ruhe leisten.

Das eigentliche Vigilanzverhalten ist auf die Erkennung eines einfachen sensorischen Musters ausgerichtet, eine sich bewegende bzw. nähernde niedrige vierbeinige Struktur mittlerer Größe. Sie kann von Menschen simuliert werden – der sogenannte Quadrupedentest oder Vierfüßerversuch – und löst sofortige Flucht aus.

Weitere Reaktion auf den Quadrupedenangriff ist das Warnschnauben, mit dem andere Herdenmitglieder auf die Gefahr aufmerksam gemacht werden. Nach der Flucht versammeln sich die Tiere und zeigen sich gegenüber dem auf dem Boden verharrenden Quadrupeden aufmerksam. Häufig gruppieren sich die jeweiligen Herden halbkreisförmig um den Quadrupeden oder kehren aus einer bogenförmigen Bewegung um und bleiben beobachtend stehen. Hengste positionieren sich meist zwischen der Herde und der Gefahrenquelle. Sie zeigen Drohgebärden wie das Hochschleudern des Kopfes und das Scharren mit einem Vorderhuf, den sogenannten „spanischen Tritt“. Aus dem Vergleich verschiedener Versuche und Rassen ergaben sich mit Ausnahme von Islandpferden keine wesentlichen Unterschiede. Bei diesen reagierten einzelne Tiere überhaupt nicht oder eher mit allgemeinem Misstrauen, das mit Neugierverhalten abwechselte. Abgesehen davon, dass die Reaktion natürlich z.B. durch regelmäßige Erfahrung mit Hunden abdressiert werden kann, ist es auch möglich, dass Inselpopulationen, die ohne Feinddruck leben, Feindvermeidungsverhalten sehr schnell verlieren oder im Inselgelände mit vielen Hindernissen sich eine Flucht selbst als gefährlich erweist.

Im Semireservat Liebenthal wurde eine Stutenherde zoogeborener Przewalskipferde, die mit einem Hund oder einem sonstigen wolfsähnlichen Tier keine Erfahrungen hatte, mit einem ausgebildeten und erfahrenen Hütehund, einem Border Collie, konfrontiert. In einem ersten Versuch wurde der Hund außerhalb des Zaunes parallel neben diesem an die direkt am Zaun grasende Herde allein vorgeschickt. Er wurde erst auf eine Entfernung von 10 m erkannt und die Herde reagierte daraufhin mit sofortiger, teilweise panikartiger Flucht. Allerdings reagierte ein weiter zurückgebliebenes Tier zunächst gar nicht und schloss sich erst im weiteren Verlauf zögernd der Herde an. Bei der ersten Flucht löste sich der Zusammenhalt der Herde. Die Tiere flüchteten einzeln und breit über einen Bereich von nahezu 90° verteilt. In dieser Situation hätte ein Wolfsrudel eines der außen flüchtenden Tiere isolieren können. Die Herde versammelte sich dann nach einer Wende in etwa 100 m Entfernung, bildete den typischen lockeren Halbkreis und sicherte in Richtung des Hundes. Die Leitstute versammelte die Herde um sich und führte sie dann auf den am Zaun sitzenden Hund zu, um dann selbst die Flucht auszulösen, indem sie sich herumwarf und davongaloppierte. Dabei folgten die übrigen Herdenmitglieder noch teilweise zögerlich, aber bereits enger zusammen. Erstaunlicherweise wiederholte die Leitstute dieses Verhalten, bis der Hund nach vier solchen Anläufen abgerufen wurde. Bei jedem Anlauf und nachfolgender Flucht verbesserte sich die Koordination in der Herde sichtlich; die Tiere reagierten schneller, einheitlicher und blieben eng beieinander. Dieser Versuch wurde dann in veränderter Form wiederholt, als die Herde auf einem bevorzugten Ruheplatz überwiegend döste. Dabei wurde diesmal der Hund aus einer Deckung heraus über etwa 300 m Entfernung über die freie Fläche direkt auf die Herde zugeschickt. Diesmal erkannten die Pferde den Hund sofort, als er die Deckung einer Geländemulde verließ, auf eine Entfernung von etwa 200 m. Alle Tiere zeigten kurz nacheinander volle Aufmerksamkeit, zuvor liegende standen auf, alle schlossen sich eng zusammen und griffen dann in vollem Galopp koordiniert wiederholt an. Dabei wechselten sich mehrere Tiere im Angriff ab, der aus Hufschlägen mit den Vorderhufen, teilweise mit gesenktem Kopf, bestand. Nach jedem Angriff bildete die Herde stehend und sichernd einen Halbkreis, um bei erneuter Annäherung des Hundes wieder anzugreifen. Die Pferde vereitelten dadurch jeden Versuch des Hundes, ihre Laufrichtung zu beeinflussen, d.h. zu „hüten". Der Versuch wurde von den Beobachtern durch Dazwischentreten beendet, wobei der unversehrte Hund in ein Fahrzeug verbracht wurde. Auch um dieses Fahrzeug bildeten dann die Pferde einen Halbkreis und zeigten Neugier und Aufmerksamkeit.

Es wird deutlich, dass Pferde über das volle Repertoire des Feindvermeidungsverhaltens verfügen, eine Herde aber auch eine gewisse Erfahrung benötigt, um das individuelle Verhalten sinnvoll in das der Herde einzufügen und einen Angriff effektiv und koordiniert abzuwehren. Für die Flucht scheinen zwei Taktiken vorzuliegen. Bei Überraschung aus kurzer Entfernung beginnt eine lange, geradlinige Flucht, die möglichst schnell eine größere Distanz zu der Gefahrenquelle herstellt und Verfolgern keine Chance bietet, Anschluss zu halten. Dieses Verhalten erfordert die volle Leistungsfähigkeit der Fortbewegung und stellt die Basis des im Pferdesport gewünschten Verhaltens dar, aber auch die des unerwünschten „Durchgehens". In weniger gefährlichen Situationen, z.B. wenn die mögliche Gefahr bereits auf größere Distanz erkannt wird, erfolgt eine eher kürzere Flucht im Halbkreis, die in Beobachten übergeht und gegebenenfalls zu Angriffen führen kann.

Pferde widersetzen sich dem Versuch, ihre Laufrichtung zu beeinflussen und versuchen, einem Angreifer ihre eigene Taktik aufzuzwingen. Damit wird deutlich, dass Pferde nicht allein auf Flucht setzen, sondern in entsprechenden Situationen auch sozial koordiniert angreifen können.

Kernaussagen:
Pferde verfügen über ein Feindschema und über mindestens zwei Feindvermeidungsstrategien. Das sozial koordinierte Feindvermeidungsverhalten bedarf Erfahrung.

Empfehlungen:
Werden Pferde in Freilandhaltung mit Prädator-Einfluss überführt, sollte das soziale Fluchtverhalten trainiert werden.

Flüchtet ein Pferd in einer Gruppe, ist damit zu rechnen, dass sich alle anderen Tiere anschließen.

4.3.8 Anpassungsverhalten

Das Anpassungsverhalten von Pferden umfasst zwei grundsätzlich unterschiedliche Bereiche: regulatives Verhalten mit insbesondere auf die Klimafaktoren bezogenem Verhalten und Lernverhalten. Zwischen diesen beiden Funktionsbereichen gibt es Beziehungen; so wird eben auch regulatives Verhalten teilweise erlernt und alles Lernen dient ursprünglich der Erhaltung und Regulation der Körperfunktionen.

4.3.8.1 Klimaregulation

Allen physiologischen Regulationsfunktionen sind Verhaltensweisen vor- oder nebengeordnet. Dies trifft ganz typisch für die Klimaregulation zu. Pferde verfügen über einen weiten klimatischen Toleranzbereich. Bei gut an die Freilandhaltung angepassten Hauspferden bildet sich Reif auf dem Winterfell oder bleibt Schnee liegen.

Trotzdem können sie sehr wohl auf widrige Bedingungen reagieren und sich zweckentsprechend verhalten, wenn sie dazu die Möglichkeit haben. Daneben verändern sich die normalen Verhaltensbudgets ebenfalls unter dem Einfluss von Klimafaktoren. Auf Hitze reagierten Przewalskipferde mit verminderter Aktivität und verlagerten einen Teil von Bewegung und Nahrungsaufnahme in kühlere Tageszeiten (s. Tagesrhythmik). Während der Lichtperiode verminderten Przewalskipferde an Tagen über 25 °C Durchschnittstemperatur die Grasezeit um etwa 10 %, während die Ruhezeit um den gleichen Betrag zunahm. Unter diesen Bedingungen veränderte sich die von den Przewalskipferden zurückgelegte Wegstrecke nicht.

Bei freilebenden Hauspferden wurden Veränderungen der Grundverhaltensweisen unter Wärme und Kälte beobachtet. Bei Kälte nahm das Ruheverhalten zu und das Komfortverhalten ab.

Für die Wirkung von Klimafaktoren spielt der Aufenthaltsort eine wesentliche Rolle. Pferde suchen bei großer Hitze gezielt Schatten auf, insbesondere zur Ruhe. Weiden ohne Schattenstrukturen können daher nicht als tiergerecht bezeichnet werden.

Ebenso wird zur Kühlung Wasser aufgesucht. Pferde gehen zur Kühlung in Gewässer oder wälzen sich in Schlamm. Sie suchen bei Hitze windexponierte Bereiche auf, die sie sonst eher meiden. Dabei spielt auch die Insektenbelastung eine Rolle, in windigen Bereichen ist sie niedriger.

Andererseits meiden Pferde insbesondere bei der Kombination von Sturm mit Regen oder Kälte exponierte Bereiche, soweit das möglich ist. Dabei spielt Lernen durch Erfahrung mit der jeweiligen Fläche eine Rolle. In kalten Winternächten wird der Wald zum Schutz gegen allzu starke Wärmeabstrahlung bevorzugt. Wenn dann morgens die Sonne Wärme spendet, stellen sich die Tiere auf die freie Fläche mit der Breitseite zur Sonne. Sommerliche Bedingungen bis 25 °C beeinflussen die Standortwahl und den Tagesverlauf des Verhaltens nur wenig, erst ab 30 °C wird Schatten gezielt aufgesucht. Regen ohne zusätzlichen starken Wind um 13 °C hat keinen wesentlichen Einfluss, während die Kombination von Wind und Regen auch bei mittlerer Temperatur (15 °C) die Nutzung geschützter Bereiche deutlich erhöht.

Auch Sozialkontakt wird von Pferden zur Klimaregulation genutzt; in der Gruppe spenden sie sich gegenseitig Schatten oder mindern den Einfluss von Kälte durch enges Beieinanderstehen. Bei verschiedenen freilebenden Pferden wurde der „Kumpanenring“ beobachtet. Dazu stehen sie mehr oder weniger in einem geschlossenen Kreis und wenden die Köpfe in die Mitte. Ursprünglich sollte es ein Schutz gegen Raubtiere sein, ist aber auch sehr effektiv bei starker Insektenplage, wenn sich die Schweife aller Pferde bewegen. Bei sehr kalten Temperaturen bewahrt diese Familienaufstellung die in der Mitte stehenden Fohlen vor Unterkühlung, da die Körperwärme und die Atmung der Tiere in der Mitte eine höhere Temperatur erzeugt als außerhalb des Ringes.

Auch die Ausrichtung der Körperachse wird von einzeln stehenden Pferden zur Thermoregulation genutzt. Zum Aufwärmen stellen sich Pferde rechtwinklig zur Sonneneinstrahlung; bei Wind, Kälte und Regen richten sie die Hinterpartie gegen den Wind. Liegen mit unter den Körper gezogenen oder eng anliegenden Gliedmaßen reduziert ebenfalls die Wärmeabgabe; dabei präferieren Pferde weichen, trockenen Untergrund und scharren sich auch spontan geeignete Liegeplätze frei.

Kernaussagen:
Pferde tolerieren einen erheblichen (mindestens -20 bis +30 °C) Temperaturbereich gut, wenn sie sich langfristig anpassen können. Sie verfügen über ein ausgeprägtes regulatives Verhalten, das aber auch teilweise erlernt werden muss. Zu seiner Ausprägung sind Schutzstrukturen (Schatten, Windschatten) erforderlich.

Empfehlungen:
Erhalt natürlicher Schutzstrukturen (Bäume und Hecken) auf bzw. am Rand von Weiden, ansonsten sind künstlicher Windschutz und Schattenspender erforderlich. In Ställen mit ausreichendem Luftwechsel ist unter mitteleuropäischen Bedingungen keine weitere Klimabeeinflussung notwendig.

4.3.8.2 Individuelles Komfortverhalten

Komfortverhalten dient dem Wohlbefinden innerhalb des normalen Toleranzbereiches. Es kann Teil des Sozialverhaltens sein (s. Sozialverhalten), aber auch von einzelnen Tieren gezeigt werden. Pferde empfinden Juckreiz aus unterschiedlichen Gründen wie z.B. Haarwechsel, Ektoparasiten, starker Endoparasitenbefall oder anderen Hautreizungen als irritierend. Oft benutzen sie Gegenstände wie Bäume, Felsen, Koppelzäune, Stallwände etc. als Hilfsmittel, um sich dagegen zu wehren. Scheuern ist ein lustbetonter Vorgang, der durch das „Putzgesicht“ mit vorgestreckter Oberlippe angezeigt wird. Wälzen ist für Pferde ein tägliches Bedürfnis und unabhängig von ihren verschiedenen Lebensformen, Umwelteinflüssen und ihrem Domestikationsgrad. Bevor sich ein Pferd niederlegt und über den Rücken hin und her rollt, begutachtet es mit gesenktem Kopf optisch, olfaktorisch und taktil durch Scharren mit der Vorderhand den ausgesuchten Wälzplatz. Als bevorzugte Plätze dienen sandige bzw. trockene, grasfreie Weidestellen; gewälzt wird aber auch im Schnee oder Schlamm. Eine gewisse Gefahr bilden dabei Bodenrinnen oder die Furchen von Schonungen; bei den Konik-Herden in Popielno kam es vor, dass sich Tiere in solchen Furchen nicht vollständig herumwenden und wieder aufrichten konnten und verendeten.

Empfehlungen:
Anlage von sandigen Ruheplätzen und Scheuerpfählen.

4.3.9 Verhaltensveränderungen, Lernen und Problemlösung

Als Ergänzung zu den rein evolutiv bedingten, arttypischen Verhaltensweisen ist Lernen ein individueller Vorgang, der insbesondere in der Jugendentwicklung abläuft, aber auch lebenslang möglich ist. Lernen dient der Individual- und Arterhaltung sowie der Schadensvermeidung. Es ist eine individuelle, antriebsgesteuerte Verhaltensänderung als Folge von Informationsaufnahme, -verarbeitung und -speicherung auf der Grundlage stammesgeschichtlich entstandener neuronaler Strukturen, also wiederum nicht ohne die evolutiv vorgebildeten Variationsmöglichkeiten, Lernbereitschaften, Lernfähigkeiten und ihre Grenzen denkbar. Einsichten über Verhaltensmodifikationen und Lernfähigkeiten sind daher insbesondere unter naturnahen Bedingungen und von Pferden in natürlichen Sozialstrukturen zu erwarten. Wesentliche Elemente des Lernverhaltens sind Neugier, Erkundungsverhalten und Spiel.

Wie stark Neugier das Verhalten bestimmen kann, zeigte sich, als in das Semireservat Liebenthal zu den Przewalskipferden erstmals eine Gruppe Mufflons eingesetzt wurde. Die Przewalskipferde näherten sich in vollem Lauf den Mufflons, sodass sie die Gruppe sprengten. Zwischen den Pferden entwickelte sich dann eine äußerst heftige soziale Auseinandersetzung um die Möglichkeit, eines der Mufflons zuerst zu erkunden und insbesondere zu beriechen.

Lernen setzt weiterhin ein Gedächtnis voraus. Tradierung, d.h. die Übernahme von erlernten Gedächtnisinhalten von einer Generation zur anderen, stellt im Freiland eine Voraussetzung zum Überleben vieler Populationen dar. Dazu gehören die Kenntnis von Wanderwegen, Wasserstellen, Salzlecken, Schutzstrukturen oder Nahrungsreserven. Das räumliche Gedächtnis und die Fähigkeit, sich im Raum situationsgerecht und zeitlich richtig zu bewegen, muss daher bei Pferden sehr gut ausgebildet sein. Die räumliche Orientierung basiert auf speziellen Hirnstrukturen. Räumlich angeordnete Reizkombinationen werden von Pferden besonders gut erlernt. Auch für die erfolgreiche Feindabwehr können erlernte bzw. tradierte Verhaltensweisen wichtig sein (s. dort).

Lernen kann vorhandene Verhaltensmuster auf Ziele orientieren oder durch veränderte oder neue Reizkombinationen auslösen (klassische Konditionierung); es kann aber auch im Rahmen des Möglichen neue Bewegungsabläufe entstehen lassen und festigen. Auch wenn die manipulativen Möglichkeiten von Pferden anatomisch begrenzt sind, lernen sie doch, Hufe und Lippen gezielt zur Problemlösung einzusetzen. Lernen bedarf der Bekräftigung entweder positiver oder negativer Form, die so ausfallen muss, dass das Tier eine Beziehung zwischen seiner Aktion und der Bekräftigung herstellen kann. Die Stärke der Bekräftigung ist dagegen weniger wichtig und beeinflusst den Lernerfolg nur wenig. Wichtig ist dagegen die zeitliche Nähe. In einem Versuch beeinträchtigte bereits eine Verzögerung von 10 Sekunden den Lernerfolg von Pferden in einem anderen Versuch allerdings spielten selbst Verzögerungen von 30 Sekunden keine wesentliche Rolle. Somit scheinen die Umgebungsbedingungen und individuelle Eigenschaften einen wesentlichen Einfluss zu haben.

Allgemein wird davon ausgegangen, dass positive Bekräftigung schneller und dauerhafter zum Erfolg führt als negative Konditionierung. Andererseits entscheidet unter naturnahen Bedingungen die Fähigkeit, auch aus einmaliger negativer Erfahrung zu lernen, oft über Leben und Tod (Beispiel s. Feindvermeidung). Die meisten wissenschaftlichen Lernexperimente nutzen die positive Konditionierung, während in der praktischen Pferdeausbildung oft noch negative Konditionierung eingesetzt wird. In experimentellen Vergleichen der Trainierbarkeit bestand eine Korrelation zwischen positiver und negativer Bekräftigung. Weiterhin zeigte sich, dass es bei Pferden individuell unterschiedliche Fähigkeiten für Positiv- und Negativ-Dressur gibt und Negativ-Dressur eher einen kurzzeitigen Effekt hat, während Positiv-Dressur zu langfristigen Effekten führt. Positive Erfahrungen mit Menschen beeinflussten z.B. noch nach 6 und 8 Monaten ohne weiteren Kontakt mit Menschen das Verhalten. Sie führten zu positiven Reaktionen auf Menschen bei Trainingsversuchen mit Interesse und Annäherung, wobei sich dieses Verhalten auch gegenüber unbekannten Personen zeigte. Positive Konditionierung, z.B. auf ein Klickgeräusch, kann eingesetzt werden, um unerwünschtes Verhalten abzutrainieren.

Ein Lernvorgang ist auch die Habituation, d.h. die Lösung einer vorgegebenen oder erlernten Verbindung zwischen einem Reizmuster oder einer potenziell gefährlichen, unbekannten Situation und einem Verhalten (z.B. Flucht). Sie stellt eine natürliche Anpassung an als ungefährlich erkannte, wiederholt auftretende Reizmuster dar. Verändern sich die Reizmuster, an die Habituation eingetreten ist, nur geringfügig, tritt die ursprüngliche Reaktion typischerweise wieder voll auf. Habituation spielt bei jeder Ausbildung von Pferden eine bedeutende Rolle. Pferde lernen z.B. ungewöhnliche oder gefährlich erscheinende Objekte zu tolerieren. Voraussetzung dafür ist die Möglichkeit, sich ihnen neugierig zu nähern und diese Objekte ausführlich, ohne Zwang und wiederholt zu erkunden.

Die Nähe und Begleitung bekannter und erfahrener Tiere kann diesen Lernvorgang begünstigen. Sie bietet einerseits Sicherheit, andererseits die Möglichkeit zum Lernen durch Nachahmung. Daraus resultiert die bewährte Praxis, junge Pferde (Remonten) zunächst neben einem erfahrenen Pferd mitlaufen zu lassen. Andererseits konnte Lernen durch Nachahmung oder Beobachtung in mehreren kontrollierten Experimenten nicht nachgewiesen werden. Allerdings erreichten Pferde, die andere bei einem Nahrungswahlversuch beobachtet hatten, schneller den Futterplatz und fraßen eher, aber ohne dabei die eigentliche Lernaufgabe schneller zu bewältigen. Dies ist ein Zeichen für die Übernahme von Wegen und Bewegungsabläufen, kann aber auch durch den Abbau von Angst und Scheu, eben Habituation an die Situation, erklärt werden. Für die soziale

Komponente des Lernens spricht das Ergebnis, dass Pferde aus Gruppenhaltung bessere Lernleistungen hatten und gegen Menschen weniger aggressiv waren als Tiere aus Einzelhaltung.

Die Sonderform des Lernens – die Prägung – ist bereits in Zusammenhang mit Geburt und Jungtierentwicklung beschrieben worden. Obwohl hierbei die Lernobjekte und Lerninhalte bereits vorgegeben sind, können auch hier Umorientierung und Modifikation vorkommen; so ist eine Fehlprägung von Fohlen auf andere Arten einschließlich des Menschen möglich und abhängig von der Dauer und Eindeutigkeit der Prägung schwer bis nicht reversibel. Ähnlich können Stuten ihr mütterliches Verhalten zeitweise oder dauerhaft auf andere Arten ausrichten. Ein Beispiel lieferte eine Przewalski-Stute, die spontan ein Mufflon-Lamm „adoptierte" und mütterliches Verhalten mit Beriechen und Schützen zeigte.

Bei jedem Lernvorgang sind Ruhe und Konzentration auf das Lernobjekt notwendig. Unruhe und Reizbarkeit sowie Ablenkung verringern den Lernerfolg. Da die Konzentration schnell nachlässt, ist es ratsam, in kleinen Schritten mit täglichen Wiederholungen vorzugehen. Länger als 10 bis 20 Minuten kann sich ein Pferd nicht auf eine Lernaufgabe konzentrieren. Längere Pausen von mehreren Tagen erschweren das Lernen. Auch sollte systematisch in Wiederholungen immer vom Bekannten zum Neuen vorgegangen werden.

Ein fördernder Effekt vorangegangener Lernerfahrung war bei Pferden nicht nachweisbar.

Es gibt bei Pferden individuelle Unterschiede und Begabungen für verschiedene Aufgaben. Auch Geschlecht und Alter haben einen Einfluss. Einzelne Tiere lernen besonders gut instrumentelle Aufgaben, andere sind in räumlichen Lernaufgaben besser. Dabei ist eine Erblichkeit anzunehmen. So erwiesen sich die Nachkommen eines einzelnen Hengstes im instrumentellen Lernen schlecht, dagegen gut im räumlichen Lernen.

Pferde verfügen über ein gutes Gedächtnis. Teilweise sind erstaunliche Einzelleistungen bekannt geworden. Den Lauf durch ein Labyrinth absolvierten Pferde nach 2 Monaten Pause immer noch fehlerfrei. Nach einem Jahr waren von 20 optischen Aufgaben noch 19 abrufbar. Menschen wurden nach 6 und 8 Monaten individuell wiedererkannt (s. Positiv-/Negativ-Dressur, oben). Einfache Unterscheidungsaufgaben waren noch nach 7 Jahren abrufbar, komplexe Aufgaben sogar noch nach 10 Jahren.

Das gute Gedächtnis erschwert Pferden offenbar das Umlernen, obwohl sie auch solche Lernleistungen erbringen können. Dabei besteht möglicherweise ein Unterschied zwischen den Lernaufgaben: Während die Umkehrung räumlicher Aufgaben (rechts gegen links) bewältigt wurde und die Tiere Anzeichen für ein „Lernen erlernen" zeigten, traf dies für eine abstrakte optische Aufgabe (Licht gegen Nicht-Licht) nicht zu.

Lernen kann zur Lösung von bisher unbekannten Problemen führen. Dabei können Beobachtung, Nachahmung, Versuch und Irrtum und in gewissem Maße Einsicht und Bewusstsein eine Rolle spielen.

Ein Beispiel für Einsicht lieferte ein Przewalski-Hengst im Semireservat Liebenthal. Er hatte zeitweise einen bevorzugten Ruheplatz gemeinsam mit einigen Stuten im Schatten einer Palisade, während einige andere Stuten die Position auf der anderen Seite dieser Palisade bevorzugten. Nach einigen Tagen begann der Hengst zielgerichtet eine Bohle aus der Palisade teils durch Benagen, teils durch Tritte zu lösen. Durch die entstandene Lücke beobachtete er dann die Stuten auf der anderen Seite. Dazu streckte er auch seinen Kopf durch die Lücke. Nach mehrmaliger Reparatur stellte er jeweils sofort diese Öffnung zielgerichtet wieder her, notfalls an anderer Stelle. Solche episodischen Beispiele lassen sich beliebig aufreihen, bemerkenswert sind die Spontanität und Zielgerichtetheit.

In kontrollierten Experimenten konnte „Einsichtslernen" bei Pferden allerdings bislang nicht nachgewiesen werden, was mit der evolutiven Ausrichtung als Graser erklärt wird.

Pferde können dagegen recht gut generelle Unterscheidungen erlernen, wie die Bevorzugung des jeweils größeren Musters, zweidimensionale gegen dreidimensionale Muster oder das Finden gleicher Paare, und diese allgemeinen Konzepte auf neue Wahlaufgaben übertragen. Solche Unterscheidungen werden langfristig behalten. Für diese Leistungen bestehen offenbar individuelle Dispositionen, die auch erblich sein dürften. Auch bei Gewöhnung spielte Generalisierung eine Rolle, z.B. die gleiche Farbe unterschiedlicher Objekte.

Andererseits waren Pferde nicht in der Lage, ein erlerntes optisches Unterscheidungsmerkmal von einem einfachen Wahlversuch auf einen räumlichen Wege-Wahlversuch zu übertragen.

Insgesamt zeigen Pferde beeindruckende Lern- und Gedächtnisleistungen, aber auch deutliche Grenzen und Unterschiede zu Menschen im Vermögen, eine Aufgabe zu lösen. Wird von einem Pferd die Lösung einer Aufgabe verlangt, die es nicht bewältigen kann, kann es zu Aggressivität oder Verhaltensstereotypien kommen. Aufgaben, die den Problemen im natürlichen Lebensraum nahekommen, sowie alle räumlichen Aufgaben oder die Unterscheidung von Individuen entsprechen den Lerndispositionen der Pferde besonders gut. Daneben bestehen individuelle Unterschiede, die auch erblich sind. Entscheidend sind die Motivation zum Lernen sowie Freiheit von Angst und Unsicherheit.

Kernaussagen:
Pferde haben eine ausgeprägte Lernfähigkeit, insbesondere für räumliche Aufgaben. Es bestehen individuelle Unterschiede. Die Konzentrationsspanne bei Lernaufgaben ist relativ kurz. Positiv-Dressur hat langfristig Vorteile. Pferden haben ein gutes Gedächtnis und können sich über lange Zeit an einmal Gelerntes erinnern.

Empfehlungen:
Positiv-Dressur ist vorzuziehen. Möglichkeit zu Erkundungsverhalten einräumen. Lernaufgaben in Zeitabschnitten von höchstens 10 Minuten, mehrmals täglich wiederholen, keine mehrtägigen Pausen. Überforderungen vermeiden.

(Literatur: auf Anfrage oder auf einer CD „Natürliches Pferdeverhalten“ www.scheibe-verhaltensbiologie.de. Oder: kmscheibe@t-online.de)

Haltung und Nutzung des Pferdes

5. Ernährung gesunder Pferde für Arbeit, Freizeit und Sport

(H.-P. Meier, Bern)

Die Evolution beruht bekanntlich auf dem Prinzip der natürlichen Selektion und der Vererbung von Eigenschaften und Merkmalen. Unter Selektion versteht man dabei das Fortbestehen der Individuen, die am besten an die Umwelt angepasst sind, und das Aussterben der schlechter angepassten Vertreter der Tier- und Pflanzenwelt. Die erfolgreichen Individuen haben dann die Möglichkeit sich fortzupflanzen und ihre Eigenschaften an die nächste Generation weiterzugeben (s. Abschnitt 1, 2 und 4).

5.1 Prädisponierende Faktoren zur Nahrungsauswahl und Futteraufnahme

Für das Verständnis evolutionärer Prozesse ist es wichtig, genetische Aspekte zu studieren (s. Abschnitt 2). Im Zusammenhang mit der Futteraufnahme hat die Genetik jedoch erst in den letzten Jahrzehnten durch die Fortschritte in der erkannten Komplexität der Materie an Bedeutung gewonnen. Heutzutage spricht man zudem eher von „Genomik“, obwohl der Begriff „Genetik“ von William Bateson auch erst vor gut 100 Jahren (1906) geschaffen wurde.

In Bezug zur Nahrungsaufnahme interessieren uns in der Genomik die neueren Disziplinen wie die fötale Programmierung, die Epigenetik und die genetische Prägung. Es fällt allerdings nicht leicht, zwischen diesen Disziplinen klare Grenzen zu ziehen und man fühlt sich nicht immer sicher, wo man neue Erkenntnisse einordnen möchte. Man geht darum vielleicht am besten chronologisch vor, zumindest bezüglich neuer Errungenschaften, denn praktische Erfahrung mit diesen Dingen haben wir grundsätzlich ja bereits seit mehr als 3.000 Jahren, als unsere Vorfahren Maultiere und -esel zu züchten begannen.

5.1.1 *Genomische Aspekte der Futteraufnahme; fetale, pränatale Programmierung*

Noch bevor der Begriff der fetalen Programmierung geschaffen wurde, kannte man in der Evolutionsbiologie die Trivers-Willard-Hypothese (1973), am Beispiel des Rentiers (Rangifer tarandus) formuliert, wonach bei Arten mit polygynem Reproduktionsverhalten seitens der Eltern eine größere Investition in männliche Nachkommen getätigt wird, weil deren Reproduktionserfolge größer sein werden als jene von Töchtern, die nur wenige Nachkommen haben können. Mit Resultaten von Studien in Neuseeland wurde diese Theorie auch an Pferden unterstützt. Sie untersuchten freilebende Kaimanawa-Pferde (ca. 400 Exemplare) und stellten fest, dass das Verhältnis der männlichen zu weiblichen Fohlen bei Stuten in besserem oder schlechterem physischem Zustand bei gleicher Fruchtbarkeitsrate 80 % männliche Fohlen ergab. Es wurde hypothetisiert, dass die Modifikation des Geschlechtsverhältnisses bei der Konzeption erfolgt, aber der dafür verantwortliche Mechanismus ist beim Pferd noch unbekannt. Bei diesem Phänomen wird von fetaler oder pränataler Programmierung gesprochen, und es wurde in anderem Zusammenhang auch bezüglich des Fütterungsmanagements trächtiger Stuten beobachtet, indem die Entwicklung bezüglich Glukose- und Insulindynamik beeinflusst wird und dadurch für die Produkte eine Neigung für das Auftreten von metabolischen Krankheiten bestehen kann.

Wenn wir uns bezüglich natürlicher Voraussetzungen für die Ernährung von Pferden Gedanken machen über Mechanismen, die von der Evolution über Jahrtausende geschaffen wurden, dann fällt beispielsweise auch die stark wechselnde Zusammensetzung der Milch einer Stute auf. Das Wachstum eines Pferdes ist nie so rasant wie zwischen Geburt und Absetzen. Sowohl Kolostrum als auch Milch liefern Energie, Nährstoffe und auch Immunglobuline, Zellen, Enzyme, Wachstumsfaktoren sowie protektive und trophische Bestandteile, welche die Immunkompetenz, den Metabolismus und das Wachstum fördern. Der Energiegehalt des Kolostrums beträgt 1350 kcal/kg, aber bereits nach achttägiger Laktation sinkt er auf 590 kcal/kg. Im Verlauf der Laktation nimmt die Menge an Milch zu, der Energiegehalt, das spezifische Gewicht, der Protein- und Fettgehalt aber ab, während die Laktosekonzentration steigt. Der biologische Wert des Kolostrums ist höher als jener der Milch, weil es reich an essenziellen Aminosäuren und an Stickstoff (Harnstoff, Kreatinin und Allantoin) ist. Dabei ist bekannt, dass die Menge und Zusammensetzung der Milch stark vom Alter der Stute, der Zahl der Trächtigkeiten, ihrer Rasse sowie Kondition und Fütterung abhängt. Die evolutionär geschaffenen physiologischen Vorausetzungen sind also überaus komplex und fordern eine möglichst naturnahe Betreuung.

> Diese Feststellungen machen deutlich, dass die Gesundheit der Feten und Fohlen mit der Fütterung der Stute und der Ernährung der Neonaten in den ersten Lebensmonaten direkt zusammenhängt.

Auf diesem Gebiet wurde beim Pferd noch nicht viel geforscht. Ein triftiger Grund für die noch bescheidene Forschungstätigkeit auf dem Gebiet der pränatalen Programmierung besteht natürlich darin, dass Equiden ungeeignete Labortiere sind. Auch hier stehen vor allem Mäuse der Forschung zur Verfügung, wo vor allem die Arbeiten zur Epigenetik und genomischen Prägung faszinieren.

5.1.2 Epigenetik und genomische Prägung

5.1.2.1 Epigenetik

Der Begriff Epigenetik umschreibt jene Wissenschaft, die sich mit der Beeinflussung der Gene durch die Umwelt befasst. Der griechische Prefix „epi" steht für „über", „neben", „nach" oder „zusätzlich" und mit Epigenetik ist somit die Erforschung erblicher Phänomene in der Expression der Gene oder dem zellulären Phänotyp gemeint, die nichts mit der Sequenz der DNS zu tun haben. Es handelt sich um Mechanismen, welche die Entwicklung eines Organismus mitbestimmen, unddie über oder neben den traditionellen (mendelschen) Grundlagen der Vererbung bestehen.

Epigenetische Einflüsse verändern die DNS-Sequenz nicht, entscheiden biochemisch aber darüber, ob Gene aktiviert werden oder nicht.

Als klassisches Beispiel für dieses Phänomen dient die Agouti-Maus, bei der Fettleibigkeit, Diabetes und eine erhöhte Anfälligkeit für Tumore genetisch bedingt sein können. Die Fütterung von trächtigen Weibchen mit einer Methylgruppen liefernden Diät (Vitamin B12, Folsäure und Cholin) hatte zur Folge, dass das genetische Programm bei den Nachkommen wegen der Gen-Methylierung nicht ausgeführt wurde und diese Mäuse dünner, gesünder und langlebiger waren. Sie hatten auch eine andere Fellfarbe, einzig und allein durch die Desaktivierung des Agouti-Gens, ohne dass ein einziger Buchstabe der DNS geändert wurde.

Auf den ersten Blick scheint die Epigenetik die anspruchsvolle Materie der Genomik noch schwieriger zu machen, als sie ohnehin schon ist. Dieser Eindruck trügt nicht – aber auch hier gibt es eine Kehrseite, eine sehr positive. Epigenetische Mechanismen sind ja ein natürliches Phänomen und solche sind in der Regel überaus sinnvoll. Das trifft auch hier zu, weil sowohl die fetale Programmierung als auch die epigenetische Prägung schon während der Trächtigkeit das Neugeborene auf das zu erwartende Leben optimal vorbereiten können. Diese Mechanismen erlauben eine jederzeitige Anpassung an sich ständig ändernde Umweltbedingungen und sichern somit das Überleben der Art. Die Forschung auf diesen Gebieten verbessert überdies das Verständnis für Pathogenese und Ätiologie vieler Krankheiten und wird voraussichtlich neue Möglichkeiten der Therapie schaffen. In der Humanmedizin haben solche Neuerungen (Gen Targeting) bereits Einzug gehalten, Manipulationen im Sport (Gendoping) allerdings auch.

5.1.2.2 Genomische Prägung

Die genomische Prägung, ein weiteres Phänomen der Genomik, bezeichnet den Umstand, dass die Expression von Genen davon abhängt, von welchem Elternteil ein Allel stammt. Dieser biologische Prozess bestimmt, ob ein Gen oder Genom aktiv wird, je nachdem, ob es von der Mutter oder dem Vater stammt. Die Entdeckung dieses Prozesses bringt nun die bereits erwähnten Maultiere und -esel ins Spiel, bei denen seit jeher bekannt, aber bisher ungeklärt war, weshalb der Phänotyp der Nachkommen geschlechtsgekoppelt ist. Die Chromosomensätze der Eltern (Pferd und Esel) sind beim Maultier und -esel zwar vertauscht, aber sonst vollkommen gleich, und die Vererbung erfolgt ohne die Änderung eines einzigen Basenpaars der DNS. Dieses Phänomen wird in der Evolutionsbiologie auch als Konflikthypothese bezeichnet und beeinflusst beim Menschen das Auftreten gewisser Krankheiten. In der Veterinärmedizin wird die Forschung auf diesem Gebiet in Zukunft ebenfalls sicherlich sehr wertvolle Erkenntnisse zeitigen.

5.2 Domestikation; determinierende Faktoren für die Ernährungsgrundlage

Gemäß Budiansky (1998) leben heutzutage weltweit nur noch sechs Arten von Equiden, nachdem vor etwa 13 Millionen Jahren noch 13 Gattungen bestanden hatten. Im Gegensatz dazu existieren global etwa 200 Arten von Wiederkäuern, womit angenommen werden darf, dass die Equiden gänzlich hätten aussterben können. Diese Gefahr hat mit großer Wahrscheinlichkeit auch zur Zeit der Domestikation von Tieren bestanden, weil vor den Equiden die Wiederkäuer domestiziert wurden. Es wird angenommen, dass das Pferd zu jener Zeit nur darum nicht ausgerottet wurde, weil es bezüglich des Nahrungsbedarfs kein Konkurrent der Ruminanten war.

Unter den großen Pflanzenfressern ist das Pferd am besten an das Fressen von Futter mit geringstem Eiweiß- und größtem Rohfasergehalt angepasst. Es kann auf Weiden gedeihen, auf welchen eine Kuh darben würde.

Für das Pferd war es in der freien Natur überlebenswichtig, Futter ohne stundenlange Ruhepausen (für das Fermentieren und Wiederkauen) aufzunehmen und Zellulose abbauen zu können; es kann fressen und unvermittelt losrennen. Das Pferd extrahiert aus dem angebotenen Futter (Zellulose) im Vergleich zur Kuh etwa 30 % weniger Energie, hat aber eine bedeutend kürzere Passagezeit (48

Stunden) als Letztere (70 bis 90 Stunden). Der endosymbiotische Aufschluss in Form einer zeitaufwändigen Gärung erfolgt beim Pferd (und auch beim Nashorn und Tapir) im Caecum.

Wiederkäuer können der Zellulose die Energie zwar praktisch vollständig entziehen, aber das Pferd kann mehr fressen und pro Zeiteinheit mehr Futter durch den Verdauungstrakt transportieren als die Kuh. Letztendlich ist das Pferd somit in der Lage, doch mehr Energie aus dem Futter zu gewinnen als das Rind.

Lange Zeit war angenommen worden, dass die Wiederkäuer die pflanzliche Nahrung besser nutzen als die Equiden. Verhaltensstudien bei wilden Equiden haben jedoch durchwegs ergeben, dass diese in Gesellschaft von Wiederkäuern konstant das proteinärmste und rohfaserreichste Raufutter aufnahmen. Es konnte beispielsweise beobachtet werden, dass das Steppenzebra (Equus burchelli) zwar die gleichen Pflanzen frisst wie das Gnu, dieses aber die Blätter und das Zebra die Stängel und Stiele bevorzugt.

Des Weiteren verlangsamt sich beim Wiederkäuer der Verdauungsvorgang, wenn die Qualität des Raufutters schlechter ist. Die Gärung braucht dann mehr Zeit und die Kuh kann nur so viel Futter aufnehmen, wie ihr Pansen fasst. Ein Pferd hingegen frisst bei schlechter Qualität einfach mehr.

Bekanntlich können Säugetiere Zellulose grundsätzlich nicht aufschließen. Die Zellulose (syn. Cellulose) ist der Hauptbestandteil von pflanzlichen Zellwänden von Stängeln, Stielen, Halmen und Blättern. Sie ist ein Polysaccharid (Vielfachzucker), der von Pflanzenfressern im Darm nicht selbst abgebaut werden kann. Den hohen Energiegehalt dieses Kohlenhydrats können sie nur mithilfe von symbiontischen Bakterien nutzen, die passende Zellulasen entwickeln können.

Viele Herbivoren umgehen dieses Problem, indem sie sich mit den reproduktiven Produkten der Pflanzen begnügen, mit den Früchten, Beeren und Samen. Möglicherweise traf dies auch für die ersten Vorgänger der Equiden zu, aber alle heutigen Huf- und Klauentiere (Ausnahme Schwein) benötigen in unterschiedlichem Maße eine Diät mit viel Zellulose.

Weil die Equiden im Lauf der Evolution eine Strategie entwickelt haben, mit energiearmem Futter ihr Überleben zu sichern, war es ein Vorteil, größer zu werden als die meisten Wiederkäuer. Bei den Antilopen sind diejenigen klein, die Früchte, Blätter und junge Triebe fressen (z.B die Thomson-Gazelle), die grasenden hingegen sind groß (z.B. Topi-Antilope).

Während des Eozäns (vor 56 bis 34 Millionen Jahren) hat das kleine, waldbewohnende Hyracotherium vermutlich mehr als genügend qualitätsvolles Raufutter mit sehr geringem Zellulosegehalt gefunden. Im tropischen Klima jener Epoche sprossten während des ganzen Jahres junge Pflanzen. Mit der Abkühlung des Klimas in jüngerer Vergangenheit und dem nur noch saisonalen Wachsen der Vegetation stand dann zu gewissen Zeiten des Jahres einzig faserreiches Futter zur Verfügung, das in der Folge die Gärung der Ingesta nötig machte. Die Aufnahme und Verwertung von solchem Futter hat den Equiden eine ökologische Nische geschaffen, das Überleben in einer „Vegetation von schlechtester Qualität". Das kann auch heute noch beobachtet werden bei wilden Eseln und Przewalskipferden, die in Regionen mit einer sehr bescheidenen Vegetation leben, welche Wiederkäuern nicht genügt.

Diese Voraussetzungen hatten bezüglich der Evolution der Equiden weitere Folgen – mit deren Körpergröße, beziehungsweise mit dem Gesetz des Energieverbrauchs. Die metabolische Energie für die Erhaltung eines warmblütigen Tieres ist proportional zur Wärme, die über die Körperoberfläche verloren geht. Kleine Tiere müssen für ihr Überleben viel mehr Energie gewinnen als große, weshalb beispielsweise Kolibris ständig Nahrung aufnehmen müssen, während voluminöse Tiere stundenlang dösen können. Überdies ist zu bedenken, dass in kleinen Objekten der Inhalt näher zur Oberfläche liegt und somit die Aufrechterhaltung der Innentemperatur bei kleineren Tieren einen größeren energetischen Aufwand fordert.

> Die Equiden mussten größer werden, weil die Gewinnung von Energie aus derart bescheidenem Futter schwer ist.

Im Übrigen wird geschätzt, dass bei einer Körpermasse von 1.800 kg das Wiederkäuen gegenüber der Gärung im Blinddarm keinen Vorteil mehr bietet und es dürfte interessieren, dass das Gewicht des weißen Nashorns (Ceratotherium simum) normalerweise 1.800 bis 2.500 kg beträgt.

Die Aufnahme von Futter mit hohem Rohfasergehalt hatte im Verlauf der Evolution weiter zur Folge, dass die Equiden nicht nur größer, sondern auch langlebiger wurden. Während für das Hyracotherium eine Lebensdauer von vier Jahren angenommen wurde, verlängerte sich diese beim Protohippus vor 12 Millionen Jahren auf 12 bis 15 Jahre und bei den ersten Vertretern der Gattung Equus vor 4 Millionen Jahren auf 20 und mehr Jahre).

Die Domestizierung des Pferdes wird auf 3500 v.Chr. datiert, nachdem in Kasachstan in Keramikgefäßen aus dieser Zeit Stutenmilch nachgewiesen werden konnte. Vermutlich wurden Pferde auch damals schon gezäumt und möglicherweise sogar geritten.

> Die Zeit seit der Domestikation des Pferdes ist demnach im Vergleich mit der Dauer seiner Evolution ausgesprochen kurz. Die Equiden entwickelten sich auf Landstrichen mit sehr kargem Futterangebot und diese Tatsache ist für die Gesundheitsvorsorge bezüglich Art und Frequenz der Aufnahme äußerst wichtig. Somit müssen die Voraussetzungen für eine pferdegerechte Haltung und Fütterung dringend beachtet werden.

5.2.1 *Futterauswahl und -aufnahme mit Lippen und Schneidezähnen*

Das Pferd entwickelte sich im Laufe der Evolution über Jahrmillionen als ein grasendes Tier. Sowohl die Anatomie und Physiologie all seiner Organsysteme sowie sein Verhalten reflektieren diese Tatsache. Bezüglich der Futteraufnahme ist dabei von Bedeutung, dass der Magen-Darm-Trakt des Pferdes dafür eingerichtet ist, kleine Mengen in häufigen Intervallen aufzunehmen. Wild lebende Pferde verwenden bis zu 16 Stunden täglich für die Futtersuche (s. Abschnitt 4). Der Verdauungsapparat hat sich über Millionen von Jahren daran angepasst und funktioniert trotz der erst „vor Kurzem" (vor ca. 5.500 Jahren) erfolgten Domestikation noch gemäß der evolutionären Entwicklung. Diese Voraussetzungen müssen für die Gesundheitsvorsorge dringend beachtet werden. Equiden sind zwar leicht zu halten und gegenüber Managementfehlern erstaunlich tolerant (was ihre Domestizierung ermöglichte), ihrer Gesundheit ist es jedoch trotzdem abträglich. Heutzutage sind viele Pferde ganz oder teilzeitig aufgestallt, haben nur beschränkte Möglichkeiten zum Grasen und sind dadurch verhindert, ihrem normalen Fress-Verhaltensmuster zu folgen. In der freien Natur hat das Pferd die Möglichkeit, zwischen vielen verschiedenen Gräsern, Kräutern, Büschen und Sträuchern zu wählen. Heutzutage hingegen muss es sich mit dem abfinden, was ihm vorgesetzt wird. Die Domestikation hat beim Pferd aufgrund abnormaler Fressmuster, die ihm der Mensch auferlegt hat, zu einem zunehmenden Stress auf den Verdauungsapparat geführt.

> Die Domestikationsfolgen sind von größter Bedeutung für die Pferde und müssen sowohl bezüglich der Art (Rohfasergehalt) und der Frequenz (häufige kleinere Mahlzeiten) des angebotenen Futters dringend beachtet werden. Sehr vielen Problemen im Magen-Darm-Trakt und Verhaltensproblemen des Pferdes könnte damit vorgebeugt werden.

Die Auswahl und die Aufnahme des Futters erfolgen beim Pferd mit den sehr empfindlichen und beweglichen Ober- und Unterlippen und den Schneidezähnen. Die Lippen dienen als Tast- und Greiforgane. Bei der Krippenfütterung nehmen Pferde das Futter vor allem mit ihnen und der Zunge auf. Dabei sind sie in der Lage, Partikel von der Größe eines Haferkorns auszusortieren. Die Aufnahme von Gras erfolgt mit Lippen und Schneidezähnen. Rüben, Obst und dergleichen werden mit den Schneidezähnen auch zerkleinert.

Die natürliche Diät der Herbivoren besteht aus Gräsern und einer Vegetation mit großen Mengen des unlöslichen und komplexen Kohlenhydrates Zellulose. Kein Säugetier hat die Fähigkeit, das Enzym Zellulase zu sezernieren, welches Zellulose im Verdauungstrakt aufschließt. Das Pferd ist auf eine große Zahl Mikroorganismen angewiesen, die diese Aufgabe erfüllen.

Flüssigkeit wird über die Sogwirkung aufgenommen, welche durch Einsaugen und Zungenkontraktion zustande kommt. Die Lippen werden beim Saufen vorn in der Mitte nur wenig geöffnet; das Eintauchen über den Maulwinkel hinaus wird nur beim Trinken mit Trense bzw. bei Lähmungserscheinungen oder anderen Krankheiten der Lippen gesehen. Beim Saufen bewegen sich Ohren und Augen im Rhythmus des Abschluckens. Equiden können gleichzeitig saufen und atmen.

5.2.2 *Futterzerkleinerung mit Zähnen und Zunge*

5.2.2.1 Futteraufnahme

Das Pferd benutzt seine Schneidezähne, um Gräser, Äste und Blätter abzureißen bzw. abzubeißen. Dazu müssen sie bei geschlossenem Maul genau aufeinandertreffen. Wegen der in der heutigen Zeit für gewöhnlich verabreichten Nahrung werden die Schneidezähne nicht in dem Maße abgenutzt, wie sie durch ständiges Herauswachsen aus dem Kiefer verlängert werden. Dadurch kann es zu einem Zustand des Gebisses kommen, in dem das Pferd mit den normalen Kaubewegungen die Nahrung zwischen den Backenzähnen nicht mehr zerkleinern kann, da die Schneidezähne die Backenzähne sperren. Das Pferd versucht dieses Problem mit Kaubewegungen zu umgehen, die nicht mehr natürlich sind und das Kiefergelenk schädigen können.

Die Maulhöhle ist lang, eng und wegen der im Verhältnis zur Länge kleinen Maulspalte nicht weit zu öffnen. Zwischen den engen Backenzahnreihen des Unterkiefers liegt die schmale, hohe Zunge mit ihrer sehr beweglichen, langen und verbreiterten Zungenspitze. Im Unterkiefer ist der auf der Seite der Zunge liegende Rand der Backenzähne normalerweise höher als jener auf der Seite der Wangen, im Oberkiefer ist es umgekehrt.

5.2.2.2 Futterzerkleinerung

Das mit Lippen, Schneidezähnen und Zunge aufgenommene und zu den Backenzähnen beförderte Futter wird dort sehr sorgfältig gekaut und zugleich eingespeichelt. Durch den Kauvorgang wird der Futterbissen zerkleinert, mit Speichel durchfeuchtet und damit in eine besser schluckfähige Form überführt. Das Pferd als Pflanzenfresser zerkaut den Futterbolus intensiv, wobei der Kiefer horizontal nach vorn und zurück geschoben wird. Die Pferde kauen einseitig und benötigen für einen Bissen Raufutter 30 bis 50 Kieferschläge in 30 bis 45 Sekunden.

Der Speichel des Pferdes wird aus den Sekreten der Speicheldrüsen der Parotis, Glandula mandibularis und Glandula sublingualis zusammengesetzt. Er ist ein Gemisch aus serösem, mukösem oder seromukösem Sekret der einzelnen Speicheldrüsen. Normalerweise ist er klar, farb- und geruchlos und wenig viskös mit einem pH-Wert um 7,5. Für die eigentliche Verdauung dient der Speichel wenig (fehlender oder ungenügender Fermentgehalt); er ist vor allem für die Durchfeuchtung, das „Schlüpfrigmachen" der gekauten Nahrung und als Pufferlösung wichtig (Muzine). Das Speichelvolumen ist enorm und hängt von der Futterzusammensetzung ab. Das Pferd sezerniert täglich mindestens 40 l Speichel allein auf der Basis unbedingter Reflexe (Hauptspeichelzentrum in der Medulla oblongata).

Der fertig gekaute und eingespeichelte Bissen wird willkürlich durch Zungen- und Backenbewegungen in den Pharynx befördert, wo dann der Schluckakt ausgelöst wird. Das Schluckzentrum findet sich ebenfalls in der Medulla oblongata und das Schlucken besteht aus einem willkürlichen und einem reflektorischen Anteil.

Der willkürliche Anteil besteht darin, dass durch Bewegungen von Mund und Zunge der Futterbissen etwa in die Mitte zwischen Zunge und hartem Gaumen positioniert wird.

5.2.3 Futterzubereitung durch Pharynx und Ösophagus

Bei der Lagerung des Futterbissens zwischen Zunge und hartem Gaumen werden Rezeptoren in der Schleimhaut im hinteren Mundhöhlen- und Pharynxbereich stimuliert. Die Reize gelangen (über Afferenzen der Nervi vagus, glossopharyngeus und trigeminus) zum Schluckzentrum im Hirnstamm. Nach der Stimulation wird der reflektorische Teil des Schluckaktes über motorische Anteile von Kopfnerven gesteuert (Efferenzen), die Anteile von Zunge, Mundhöhle, Rachen und der Kehlkopfmuskulatur innervieren. Praktisch geschieht Folgendes: Der Larynx wird durch die Epiglottis verschlossen, das Velum palatinum hebt sich vom Pharynxgrund ab und verschließt den Pharynx respiratorius. Zum Schlucken werden die Kiefer geschlossen und die Zungenoberfläche legt sich an den harten Gaumen (Palatum durum) an.

Der Futterballen gelangt so in die Speiseröhre (Ösophagus). Diese liegt bis etwa zum 4. Halswirbel auf der Trachea und windet sich ab hier bis zum Brusteingang auf die linke Seite der Luftröhre. Die Beförderung des Futterbolus erfolgt durch Kontraktionen zuerst der quergestreiften, dann durch Kontraktion der glatten Muskulatur kranial und Erschlaffung kaudal des Bissens. Der außerordentlich kräftig bemuskelte Sphincter der Cardia scheint sich nicht für jeden Bissen zu öffnen; im Brustteil des Ösophagus ist darum häufig eine geringe Futtermenge anzutreffen.

5.2.4 *Futterverwertung*

5.2.4.1 *Magen*

Der Magen fungiert als Nahrungsspeicher und leitet die Verdauung der Nahrung ein. Bereits vor dem Abschlucken eines Bissens wird die Magensaftsekretion durch den Geruch und den Geschmack des Futters oder schon durch Erwartung einer Mahlzeit angeregt.

Bedingt durch die Evolution des Pferdes, dessen ständige Aufnahme von wenig Futter, hat der Magen ein geringes Fassungsvermögen. Es beträgt bei einem 500 kg schweren Tier höchstens 15 l.

Unter morphologischen Gesichtspunkten wird der Magen in Fundus, Körper und Pylorus unterteilt, mit jeweils unterschiedlichen Drüsenzonen (zuständig für die Salzsäure-, Schleim- und Enzymsekretion, s. Abschnitt 3). Beim Pferd (wie auch bei der Ratte, Hamster und Schwein) ist ein Großteil des Magens noch mit derselben drüsenlosen, kutanen Schleimhaut wie im Ösophagus ausgekleidet, die weißlich erscheint und Pars proventricularis genannt wird. Dem geringen

Fassungsvermögen des Magens entspricht ein lockerer Pylorusverschluss, der den Durchtritt von Mageninhalt schon während der Nahrungsaufnahme erlaubt. Zusätzlich aufgenommenes Wasser umfließt die Futtermassen und gelangt größtenteils direkt ins Duodenum.

Magensaft wird sezerniert, wenn Inhalt vorhanden ist; d.h. praktisch immer, weil ein normal gehaltenes Pferd selten einen leeren Magen hat. Die Salzsäure-Sekretion bedingt einen niedrigen pH-Wert des Mageninhalts und tötet Mikroorganismen ab, die über das Futter aufgenommen wurden. Der niedrige pH-Wert aktiviert auch Verdauungsenzyme des Duodenalsekrets, welche in den Magen regurgitieren, vor allem Eiweiße abbauen und bei neutralem oder basischem pH-Wert inaktiv vorliegen (Pepsin, Chymosin). Es laufen amylolytische und proteolytische Prozesse gleichzeitig und mehr oder weniger dauernd ab. Beim Pferd dürfte auch eine erhebliche Resorption von Kohlenhydrat- und Proteinabbauprodukten schon im Magen stattfinden. Andere sezernierte Proteine helfen bei der Aufnahme von Elementen, indem sie einen Komplex bilden (z.B. mit Vitamin B12). Eine Schleimschicht schützt den Magen vor der Verdauung der eigenen Schleimhaut.

Unter dem Aspekt der motorischen Funktion wird zwischen dem Magenspeicher und der Magenpumpe unterschieden. Während des Kauens und Schluckens entspannt sich der Magen und ist damit vorbereitet auf die Aufnahme des Bolus. Wenn der Magen mit Nahrung gefüllt ist, bleibt der Inhalt so lange, bis er für die Entleerung ausreichend verflüssigt und zerkleinert wurde. Dabei geht eine reflektorische Steuerung von Nährstoffen im Dünndarm einher, wodurch der Mageninhalt nötigenfalls länger gespeichert werden kann. Der Mageninhalt wird durch peristaltische Wellen in den Darm gespült. Da Flüssigkeit schneller fließt als visköser und fester Inhalt, wird Flüssigkeit mit kleinen suspendierten Partikeln durch den Pylorus transportiert, während die feste Masse des Chymus und größere Partikel im Magen zurückbleiben, um weiter durchmischt zu werden. Peristaltische Wellen des Duodenums, die den entleerten Chymus schnell nach aboral weiter transportieren, begünstigen ebenfalls die Magenentleerung.

Das Pferd kann Mageninhalt wegen der anatomischen Besonderheiten nur sehr schwer erbrechen (wegen der Nähe von Cardia und Pylorus, der außerordentlich starken Ösophagusmuskulatur und der spitzwinkligen, nicht trichterförmigen Ösophaguseinmündung in den Magen). Erbrechen ist beim Pferd prognostisch darum immer als sehr schlecht zu werten. Dazu kommt, dass das lange Velum palatinum die Maulhöhle abschließt und Erbrochenes der Nase zuleitet, wodurch sehr leicht eine Aspiration von regurgitiertem Futter oder Erbrochenem zustande kommt.

5.2.4.2 *Dünndarm*

Der Darm des Pferdes ist – im Gegensatz zum Magen – sehr umfangreich (Fassungsvermögen um 200 l). Das Duodenum ist kurz, ca. 1 m lang, das Jejunum bis zu 25 m und das Ileum etwa 0,7 m lang.

Die glatten Muskelzellen befördern über langsame, ringförmige Wellenbewegungen den Darminhalt (Chymus) aboral. Die peristaltischen Wellen sind am proximalen Darm schnell und lang und werden distal fortschreitend langsamer und kürzer. Durch diese Eigenschaften wird der Chymus-Transport in distaler Richtung in dem Maße verlangsamt, wie das Volumen des Darminhaltes durch Resorption von Nährstoffen abnimmt. Stationäre Kontraktionen sind dadurch gekennzeichnet, dass sie isoliert an einzelnen Stellen auftreten. Sie schnüren das Darmlumen lokal ein, verschieben dabei den Chymus in orale und aborale Richtung und teilen den Darminhalt kurzzeitig in einzelne Segmente ein. Daher wird diese Kontraktionsform auch als Segmentation bezeichnet. Sie dient der Durchmischung des Darminhalts. Wandernde Kontraktionsgruppen treten bei fettreicher Nahrung häufiger auf. Sie sind ähnlich wie die peristaltischen Wellen, laufen jedoch über ein längeres Darmsegment ab. Riesenkontraktionen zeichnen sich durch eine kräftige Kontraktion von langer Dauer aus. Sie schnüren das Darmlumen beinahe vollständig ab und schreiten langsam in aboraler Richtung weiter. Hierdurch schieben sie das Futter vor sich her und reinigen das betreffende Darmsegment gründlich vom Inhalt.

Nach der Fütterung wird die Darmmotorik sowohl durch die Dehnung des Darmrohres als auch durch die Nährstoffinhalte beeinflusst. Rückwirkend wird die Magenentleerung gefördert oder gehemmt und auf den Chylustransport im Darmbereich abgestimmt.

Der Dünndarm sezerniert Bikarbonat und Schleim, einerseits um die Schleimhaut vor dem sauren Inhalt zu schützen, der bei der Magenentleerung in den Dünndarm gelangt, und anderseits, um den Darm vor mechanischen und chemischen Schäden zu schützen. Auch Elektrolyte wie Chlorid, Natrium und Kalium werden ins Darmlumen sezerniert (und mit diesen auch Wasser) sowie Peptidasen und Carbohydrasen für den Weiterabbau angedauter Nahrung. Pro Tag werden mehrere Liter Sekret produziert.

In den zweiten Bogen des Duodenums münden die Ausführgänge des Pankreas und der Gallengänge.

Evolutionsbiologisch ist das Pferd ein Grasfresser, aber es kann trotzdem auch Stärke, Proteine und Fette verdauen. Aufgeschlüsselte Substrate wie Glukose und Fruktose (aus Kohlenhydraten), Aminosäuren (aus Proteinen) und Fettsäuren (aus Fetten) werden über die Dünndarmmukosa aufgenommen und anschließend in die Kapillaren abgegeben. Über die Pfortader gelangen sie zunächst zur Leber, werden gespeichert oder umverteilt und an entsprechende Zielorte verfrachtet.

Der Dünndarm spielt auch in quantitativer Hinsicht bei der Resorption von Mineralstoffen (wie Natrium, Kalium, Magnesium, Kalzium, Phosphat, Chlorid, Eisen, Kupfer, Zink, Jodid, Selen) und Wasser eine wichtige Rolle. Der größte Teil der Resorption spielt sich wahrscheinlich im Jejunum ab.

Im Ileum staut sich der Inhalt periodisch und wird in Intervallen von 20 bis 30 sec. durch das Ostium ileocaecale ins Caecum gespritzt, wofür es eine kräftige Muskulatur aufweist.

5.2.4.3 Pankreas und Leber

Pankreassaft und Galle dienen der Verdauung und Resorption von Kohlenhydraten, Proteinen und Fetten.

Das exokrine Pankreas (Bauchspeicheldrüse) ist eine Drüse, deren Zellen eine bikarbonat- (alkalisch) und elektrolytreiche Lösung sowie Verdauungsenzyme sezernieren (Trypsinogen/Trypsin, Chymotrypsinogen/Chymotrypsin, Carboxypolypeptidase, alpha-Amylase, Lipase und andere), um den aus dem Magen kommenden sauren Chylus zu puffern (pH ca. 7,5 bis 8,0) und aufzuschlüsseln. Stündlich gelangen schätzungsweise 250 bis 400 ml Pankreassekret ins Duodenum. Mit der Futteraufnahme assoziierte Stimuli wie Geruch, Geschmack, Magendehnung, niedriger pH-Wert im Duodenum sowie protein- und fettreiche Fütterung fördern die Pankreassekretion.

Die Gallenbildung (ca. 5 l täglich) erfolgt durch die Leberzellen sowie Gallengänge. Galle kann nicht gespeichert werden: Das Pferd hat keine Gallenblase, weil es in der freien Natur praktisch ununterbrochen Futter aufnimmt bzw. -nahm. Die Galle gelangt durch verschiedene Ausführgänge (Ductus biliferi, Ductus hepaticus und Ductus choledochus) direkt ins Duodenum. Über die Galle des Pferdes ist wenig bekannt. Sie ist als Lebergalle alkalisch, dünnflüssig und von graugrüner Farbe. Sie enthält Bilirubine und relativ viel Biliverdin. Der physiologisch wichtigste Bestandteil sind die Gallensäuren, die mit Fettsäuren im Duodenum stabile Emulsionen von niedriger Oberflächenspannung bilden und zugleich die Proteolyse unterstützen. Über die Galle wird u.a. alkalische Phosphatase (aus Knochen, Darmepithel, Nieren etc.) ausgeschieden.

5.2.4.4 Blinddarm und Dickdarm

Damit Equiden Pflanzen (Zellulose) verdauen und nutzen können, sind große Gärkammern wie Blinddarm und Dickdarm nötig. Der Dickdarminhalt des Pferdes beträgt in der Tat etwa 13 % des Körpergewichtes. In diesen Gärkammern werden unverdauliche Nährstoffe mikrobiell abgebaut und neue Nährstoffe (z.B. Vitamin B) synthetisiert.

Blind- und Dickdarm haben aber noch weitere wesentliche Aufgaben: Sie dienen der Wasserresorption, der Aufnahme von Elektrolyten, der Chymusspeicherung sowie der Bildung und Regulation von Menge und Zusammensetzung des Kots. Für diese Funktionen muss der Chymus kräftig durchmischt werden. Dies geschieht durch peristaltische und stationäre Wellen, aboral wandernde Segmentationskontraktionen, Haustrenbewegungen und aboral laufende Riesenkontraktionen. Weil diese Peristaltikwellen nicht stark einschnürend sind, ist der Vorschub des Chymus begrenzt, und ein Teil des Chymus wird retrograd bewegt, Dabei kommt es zu einer kräftigen Durchmischung des Darminhaltes. Die Segmentationskontraktionen unterteilen den Chymus in einzelne Boli. Haustrenbewegungen bestehen in einem Wechsel von Kontraktion und Erschlaffung und wälzen den Chymus um. Der besonders starke aborale Chymustransport wird durch die Riesenkontraktionen ausgelöst.

Blinddarminhalt wird schubweise in den proximalen Dickdarm befördert und im Dickdarm durch die beschriebenen Peristaltikwellen Richtung Anus befördert. Im Mittel beträgt die Verweildauer der Ingesta im Dickdarm etwa 10 bis 50 Stunden.

Der Blinddarm (Caecum) enthält nassen, relativ dünnflüssigen Inhalt und im dorsalen Teil immer Gas. Er besteht aus dem großen, blasenförmigen Kopf, aus dem Körper und der Spitze. Er besitzt vier Taenien und zahlreiche Poschen, die durch quer laufende Schleimhautfalten voneinander abgesetzt sind. Nach der Futteraufnahme erreicht der Inhalt frühestens nach 75 Minuten das Caecum. Über die Verdauungsprozesse im Caecum und die stattfindenden Resorptionsvorgänge herrscht noch keine völlige Klarheit.

Mindestens 25 % des Futters entgeht beim Pferd der Dünndarmverdauung und muss im Dickdarm abgebaut und resorbiert werden. Der Abbau scheint vorwiegend durch bakterielle Gärung und „Fäulnis" stattzufinden, bzw. wird Zellulose durch bakterielle Fermente gespalten. Neben dem Abbau findet eine bakterielle Vitaminsynthese (B, K) statt, über deren Ausmaß wenig bekannt ist.

Das große Colon beginnt als rechte ventrale Längslage eng und muskulös und weitet sich dann in seinem Verlauf gegen das Zwerchfell hin aus, wobei es dem Corpus caeci anliegt und die rechte Bauchwand berührt. Es folgt dann die ventrale Querlage oder Flexura diaphragmatica, die der ventralen Bauchwand folgt und kranial um die Blinddarmspitze nach links verläuft, um dort in die linke ventrale Längslage überzugehen. Diese führt der lateralen Bauchwand folgend zum Beckeneingang, wo mit der Beckenflexur ein Umschlag nach oben-vorne und der Übergang in die linke dorsale Längslage erfolgt. Diese zieht auf der ventralen Lage wieder gegen kranial und geht epigastral in die dorsale Querlage über (grenzt an Magen, Leber und Diaphragma). Die anschließende rechte dorsale Längslage dehnt sich zur magenähnlichen Erweiterung aus, welche auf der Höhe der letzten Rippe (oder etwas nach vorn oder hinten verschoben) ins kurze, nach links verlaufende Colon transversum und schließlich ins Colon tenue übergeht, das zur Ampulla recti führt.

Der Gastrointestinaltrakt wird unmittelbar nach der Geburt durch Mikroorganismen besiedelt. Dazu zählen vor allem Bakterien, Protozoen und Pilze. Die Bakteriendichte im Dickdarm wird mit Werten zwischen 10^{10} und 10^{12} Kolonien bildenden Einheiten pro Gramm Dickdarminhalt angegeben und besteht aus ca. 400 verschiedenen Bakterienarten, die in einer „Nutzbeziehung" mit dem Wirt stehen. Mit deren Hilfe findet im Dickdarm die Kohlenhydratfermentation unter anaeroben Bedingungen statt. Die abbaubaren Kohlenhydrate bestehen vor allem aus Zellwandbestandteilen pflanzlichen Ursprungs, die durch die Enzyme im Dünndarm nicht abbaubar sind. Beim Abbau von Proteinen entsteht Ammoniak, das wiederum wichtig ist für die mikrobielle Proteinsynthese. Nahrungsfette und langkettige Fettsäuren erreichen den Dickdarm nur noch in geringem Umfang, da sie überwiegend in den proximalen Darmabschnitten verdaut werden. Diese Fette werden von den Mikroben gespalten oder transformiert und anschließend durch die Darmwand resorbiert. Dickdarmorganismen synthetisieren überdies Vitamine der B-Gruppe und Vitamin K.

Die ventralen Lagen des Dickdarms besitzen wie das Caecum vier Taenien mit den entsprechenden Poschenreihen. Die Beckenflexur und die linke dorsale Längslage verfügen nur über eine Taenie und sind poschenlos. Die rechte dorsale Längslage hat drei Taenien mit undeutlichen Poschenreihen. Der Inhalt verweilt lange im großen Colon, was durch schwache und träge Kontraktionen eine weitere Durchmischung bewirkt. Die Resorption ist wahrscheinlich recht aktiv; jedenfalls wird dem Inhalt ein großer Teil des Wassers bei der Passage durch das große Colon entzogen.

Nach dem großen Colon folgt das kleine Colon (ca. 4 m lang). Es wird auch Colon tenue genannt und besitzt zwei stark ausgebildete Taenien mit deutlichen Poschenreihen, die den bereits relativ trockenen Inhalt in Ballen formen.

Das Rektum ist kurz und geht am Beckeneingang aus dem kleinen Colon hervor. Es erweitert sich retroperitoneal zur Ampulla recti, die dann vom Anus abgeschlossen wird. Der Anus imponiert als stumpfer Kegel. Er ist im Allgemeinen schwarz pigmentiert und kaum behaart. Die beiden Sphinkteren können sich mit außerordentlicher Kraft kontrahieren.

Die Verweildauer der Nahrung im Verdauungsapparat ist kaum bekannt und wahrscheinlich sehr variabel. Eine Passage des ganzen Traktes in weniger als 24 Stunden ist jedenfalls für gewisse Stoffe der flüssigen Phase möglich (z.B. Paraffinöl). Der Magen entleert sich teilweise schon während einer Mahlzeit; das Caecum wird vom Nahrungsbrei nach frühestens 75 Minuten, meistens erst nach 6 bis 16 Stunden erreicht. Im Caecum, in der ventralen Colonlage, in der dorsalen Colonlage und im kleinen Colon dürfte normaler Inhalt im Allgemeinen je 18 bis 24 Stunden verweilen.

Experimentell wurde nachgewiesen, dass 21 Stunden nach einer Fütterung, die auf eine Fastenperiode folgte, die Ausscheidung einsetzte, einen weiteren Tag später ihr Maximum erreichte und noch 4 bis 5 Tage anhielt. Bei nicht gefasteten Tieren können kleine Partikel bis zu zwei Wochen im Darmtrakt verweilen.

Die Faeces des Pferdes werden in Ruhe durch Kontraktionen des Rektums und des distalen kleinen Colons bei gleichzeitiger Erschlaffung der Analsphinkteren in 2- bis 5-stündigen Abständen abgesetzt. Ein mittelschweres Pferd gibt täglich 12 bis 20 kg Kot ab. Der Kot wird in Form relativ trockener, mit Schleim überzogener, fester Ballen produziert (70 bis 80 % Wasser), die einen aromatischen Geruch ausströmen sollen. Die Defäkation selbst wird vom Sakral- und Lumbalmark gesteuert (daneben wirkt auch ein Zentrum im Hirn, das den Kotabsatz bei Aufregung stimuliert).

5.2.5 *Das enterische Nervensystem*

Nervale Mechanismen sind an der Regulation aller wesentlichen physiologischen Magen-Darm-Funktionen wie Motilität, Sekretion, lokaler Durchblutung und auch immunologischer Funktionen beteiligt. Die Innervation des Magen-Darm-Traktes erfolgt durch die verschiedenen Anteile des vegetativen Nervensystems. Der Parasympathikus und Sympathikus (als Effektoren) sowie viszerale Afferenzen und auch das enterische Nervensystem (Plexus myentericus, Plexus submucosus) innervieren das Darmrohr. Sensorische Afferenzen informieren das Gehirn über eine Vielzahl von Parametern wie die Konzentration verschiedener Nährstoffe, luminalen pH, Osmolarität, Grad der Wandspannung etc. Durch die Registrierung der Wandspannung und der Nährstoffkonzentration wird die Motilität so reguliert, dass der Weitertransport des Darminhaltes und die Resorption von Nährstoffen zeitlich aufeinander abgestimmt werden.

Das enterische Nervensystem ist ein eigenständiger Teil des vegetativen Nervensystems und ist in der Magen- und Darmwand des gesamten Magen-Darm-Kanals lokalisiert, vom Ösophagus bis zum Rektum. Über diese Nerven wird sowohl die Peristaltik als auch die Sekretion von Wasser, Elektrolyten und Mukus in den einzelnen Darmabschnitten gesteuert. Stimuliert werden diese Nerven über lokale Dehnungsrezeptoren, was zum peristaltischen Reflex führt.

Der peristaltische Reflex ist für die vorwärtstreibende (propulsive) Bewegung und die koordinierte Passage des Darminhaltes verantwortlich. Wenn der Darminhalt die Wand dehnt oder Chemosensoren durch Aminosäuren, Glukose und Fettsäuren aktiviert werden, dann kontrahiert sich dieser Darmabschnitt oral (auf wenigen Zentimetern) und erschlafft aboral. Durch die zentrale Vernetzung im Gehirn (Sympathikus und Parasympathikus) wird die Grundaktivität von längeren Darmabschnitten koordiniert. Dadurch können besonders Reflexe zwischen weiter entfernten Regionen vermittelt werden.

Der Darm ist in der Lage, auf unterschiedliche Dehnungen differenziert zu antworten. Während Dehnung in physiologischen Bereichen zu einer Stimulation der Motorik führt, wird die Motorik durch übermäßige Dehnung gehemmt. Durch diesen Schutzmechanismus vermeidet der Darm eine Überbeanspruchung der Muskulatur, die zu mechanischen Läsionen und im Extremfall zum Reißen der Muskulatur führen könnte.

5.2.5.1 *Wirkung des Parasympathikus*

Der Parasympathikus wirkt über efferente Vagus Fasern, welche an der glatten Muskulatur und (über Acetylcholin) auch über die enterischen Nervenzellen erregend auf den Magen-Darm-Kanal wirken. Eine Aktivierung führt zu einer verstärkten Sekretion (der Schleimhaut) und Darmmotilität. Dies begründet die Forderung, Pferde beim Fressen in Ruhe zu lassen.

Ein pathologisch erhöhter Parasympathikus-Tonus führt in den meisten Fällen zu einer gesteigerten motorischen Aktivität und kann zu krampfartigen Kontraktionen führen.

Ein pathologisch geringer Tonus des Parasympathikus führt zu mehr oder weniger ausgeprägter Paralyse.

5.2.5.2 *Wirkung des Sympathikus*

Sympathische Nerven benutzen ebenfalls vor allem die enterischen Bahnen für ihre Wirkung. Die Ausschüttung von Noradrenalin durch sympathische Nerven hemmt sowohl die Motorik als auch die Sekretion im gesamten Magen-Darm-Trakt. Eine ungestörte Flucht war in der freien Natur dadurch gut möglich.

Ein pathologisch erhöhter Sympathikus-Tonus führt zu einer starken Hemmung der Motorik und der Sekretion. Wenn diese Hemmung über längere Zeit andauert, kann sie zu einem paralytischen Ileus führen, in dessen Folge der Magen-Darm-Trakt atonisch wird und die Peristaltik zum Erliegen kommt.

5.3 Gesundheitsbeeinflussung durch fütterungs- und metabolisch bedingte Störungen

5.3.1 *Maul, Pharynx und Ösophagus*

Gesundheitliche Störungen des oberen Verdauungstrakts beim Pferd sind eher selten und stehen dabei für gewöhnlich in Zusammenhang mit anderen Krankheiten, beziehungsweise sind deren Folgen. Die Gesundheitsvorsorge muss sich darum hauptsächlich darauf ausrichten, die Primärleiden zu bekämpfen.

5.3.1.1 Lippen

Als Beispiele für solche Krankheitsbilder mögen Schwellungen der Lippen gelten, die neben Insekten- und Schlangenbissen durch das Petechialfieber (mögliche Spätfolge der Druse) oder die Virusarteritis (EVA) verursacht sein können.

Lähmungen der Lippen werden oft durch Schädigungen von Ästen des N. facialis hervorgerufen, deren Ursachen ebenfalls angegangen werden müssen. Daneben sind Traumen vorstellbar, sowohl akzidentielle wie beabsichtigte. Erstere können bedingt sein durch ungeeignetes Zaumzeug, Letztere durch menschliche Manipulationen, um die Wirkung der Trense zu verstärken (z.B. Einschnitte in die Maulwinkel). Hier besteht die Vorsorge durch Beachtung eines humanen Umgangs mit dem Pferd.

5.3.1.2 Maulhöhle

An vorderer Stelle stehen hier Anomalien des Gebisses, wofür zum Teil vererbte Leiden verantwortlich gemacht werden. Hier kann die Zuchthygiene der Prävention dienen. Vergleichbares gilt für die angeborene Gaumenspalte beim Fohlen.

Eine Stomatitis kann auch durch Traumen verursacht werden. In solchen Fällen ist die Beseitigung der Ursache die beste Behandlung und Prophylaxe (z.B. Zahnanomalien, schlechte Trensen, ungeeignetes Futter, Giftpflanzen).

Die viral bedingte vesikuläre Stomatitis ist in Europa praktisch unbekannt und diese Situation wird durch strenge Importkontrollen geschützt. Vesikuläre Veränderungen der Maulschleimhaut können selten auch wegen systemischer Erkrankungen vorkommen (bspw. als Folge eines Milztumors). Eine ulzerierende Entzündung der Schleimhaut kann ebenfalls durch obige Noxen verursacht werden, im Extremfall auch durch längere, hoch dosierte Gaben von Phenylbutazon, v.a. bei rassenbedingter Prädisposition (Ponys, Kaltblüter und sogenannte Robustpferde).

5.3.1.3 Zunge

Erkrankungen der Zunge sind selten und dabei ebenfalls am ehesten bedingt durch menschliche Fehlleistungen wie den Gebrauch scharfer Trensen und das

Anbinden der Zunge. Fremdkörper (bspw. Drahtstücke) können massive, lebensbedrohliche Schwellungen zur Folge haben. Die Vorsorge besteht auch hier in erster Linie im pferdefreundlichen Umgang mit dem Tier und dem Sicherstellen der Verabreichung von unverschmutztem Futter in sauberer Umgebung.

Lähmungen der Zunge trifft man an bei Schädigungen des N. hypoglossus, die ihrerseits eine Begleiterscheinung der Graskrankheit und des Botulismus sein können (s. dort). Die Vorsichtsmaßnahmen für die Bekämpfung dieser Leiden stehen somit auch für diese Probleme an vorderster Stelle.

5.3.1.4 Die Kaumuskulatur

Schädigungen der Kaumuskulatur können traumatisch bedingt sein, sind in den meisten Fällen aber kaum zu vermeiden (z.B. als Folge von Hufschlägen). Entsprechendes gilt für weitere Läsionen wie z.B. eine phlegmonöse Myositis als Folge von Zahnerkrankungen.

Die immunvermittelte Myositis der Masseter-Muskulatur wurde in den USA rapportiert und deren Myonekrose wird dort einem Mangel an Vitamin E und Selen zugeschrieben. Letzterem kann mit entsprechend supplementiertem Futter vorgebeugt werden.

Eine Entzündung der Kaumuskulatur kann auch angetroffen werden bei Vergiftungen mit Organophosphaten. Diese ist zu vermeiden durch die adäquate Wahl von Pflanzenschutzmitteln.

Atrophien der Kaumuskulatur können bedingt sein durch Entzündungen im Kiefergelenk, die ihrerseits ebenfalls traumatischer Genese sein können.

Die Möglichkeiten der Vorsorge sind somit beschränkt, auch für seltene Leiden des Zungenbeins.

5.3.1.5 Speicheldrüsen

Erkrankungen der Speicheldrüsen beim Pferd sind selten und überdies besteht eine bemerkenswerte Tendenz zur Selbstheilung, was wohl der inhärenten Möglichkeit der Drainage dieses Organs zuzuschreiben ist. Somit besteht hier bezüglich der Vorsorge außer normalem Umgang mit dem Pferd, der Vermeidung von Verletzungen, kaum präventiver Bedarf.

5.3.1.6 Pharynx

Leiden des Pharynx beeinträchtigen für gewöhnlich eher die Atmung, bedingt durch Krankheitsgeschehen vorwiegend infektiöser oder mechanischer Natur. Gewisse Schluckbeschwerden sind für gewöhnlich nur Begleiterscheinungen und von temporärer Natur. Als Erreger kommen vorwiegend Herpesviren und Streptokokken infrage, womit die Prävention vor allem in deren Bekämpfung besteht (Immunprophylaxe, Hygiene und Management).

Traumatische Läsionen kommen selten vor, ausgelöst durch Fremdkörper (bspw. Sonden) oder das Einatmen giftiger und reizender Gase, wie sie bei einem Stallbrand auftreten können. Solchen Geschehen kann natürlich kaum vorgebeugt werden.

Funktionsstörungen des Schlundkopfes sind meistens Symptome systemischer Krankheiten wie Botulismus und Graskrankheit. Auch hier dienen vor allem die Immunprophylaxe und das Stall- und Weidemanagement der Prävention.

5.3.1.7 Ösophagus

Anschoppungen der Speiseröhre treten in der tierärztlichen Praxis nicht selten auf und können durch verschiedene Umstände bedingt sein. Einerseits kann sich das verabreichte Futter für das problemlose Schlucken nicht eignen, anderseits können die Umstände bei der Futteraufnahme ungünstig sein. Problematisch können Früchte (Äpfel, Kartoffeln) und gepresste Futtermittel (Briketts, Pellets), oder für die Konservierung getrocknete Produkte (Rübenschnitzel) sein, die nicht lange genug, also nicht mindestens für einen halben Tag, aufgeweicht wurden. Mehliges und pulvriges Futter wie Maissilage und Maiswürfel sind auch häufig der Grund für eine Verstopfung.

Zum andern können Pferde zu einer Verlegung im Ösophagus neigen, wenn sie in erschöpftem Zustand gefüttert werden. Nach einer schweren körperlichen

Anstrengung wie einem Rennen, einem Marathon im Fahrsport oder der Geländeprüfung in einer Vielseitigkeitsprüfung sollte man einem Pferd für 5 bis 6 Stunden kein Futter reichen, beziehungsweise es mit einem Maulkorb versehen, mit welchem es trotzdem Wasser aufnehmen kann.

Über Beschwerden beim Abschlucken, die zu Anschoppungen des Ösophagus und in deren Folge sogar zu Aspirationspneumonien führen können, wird gehäuft bei Friesenpferden berichtet. Als Ursachen dieser Beschwerden gelten eine Dilatation und Hypomotilität der Speiseröhre. Häufig sind ein- bis dreijährige Tiere von diesem Leiden betroffen. Bei einem Friesenhengstfohlen mit wiederholter Schlundverstopfung und Aspirationspneumonie trat überdies eine Paraplegia laryngis auf und post mortem musste neben einem Megaösophagus auch eine Aganglionose festgestellt werden.

Die Behandlung einer Anschoppung des Ösophagus besteht bei festen Körpern einerseits im Versuch, sie mit einer Nasenschlundsonde in den Magen zu schieben, andernfalls im Spülen per Sonde. Dabei kann es vorkommen, dass die über längere Zeit dilatierte Speiseröhre reißt. Die Sondierung muss also vorsichtig und sorgfältig erfolgen, was die vorherige Gabe eines Spasmoanalgetikums fordert. Es ist überdies empfehlenswert, das Pferd zu sedieren, weil die dadurch bewirkte tiefe Haltung des Kopfes das Siphonieren erleichtert und einer Aspirationspneumonie vorzubeugen hilft. Gelegentlich kann es vorteilhaft sein, die Behandlung in Allgemeinnarkose vorzunehmen. Eine Sedation darf dabei nicht mit blutdrucksenkenden Promazinderivaten erfolgen, sondern muss mit α2-Agonisten vorgenommen werden. Die Intubation für die Narkose hat überdies den Vorteil, die Gefahr einer Aspirationspneumonie zu reduzieren.

Das Risiko von Rupturen des Ösophagus scheint interessanterweise ebenfalls am häufigsten beim Friesenpferd aufzutreten. Als Grund für diese Besonderheit beim Friesen führt die Hypertrophie des Ösophagus an; eine genetische Prädisposition für dieses Problem wird vermutet.

Die effizienteste Form der Präventivmedizin ist bekanntlich die Zuchthygiene und bezüglich der Häufung der ösophagalen Probleme beim Friesenpferd stellten Boerma und Sloet (2008) die Frage, ob diese hereditär bedingt sein können.

In ihrem Patientengut waren die Friesen nicht nur stark überrepräsentiert, sondern sie konnten bei ihnen sogar eine familiäre Prädispostion erkennen. Für die bessere Vorsorge wurden beim Friesischen Gestütsbuch inzwischen genetische Untersuchungen aufgenommen.

Lähmungen des Ösophagus können im Zusammenhang mit der Futteraufnahme wie auch beim Pharynx die Folgen des Botulismus und der Graskrankheit sein.

5.3.2 *Magen*

5.3.2.1 Ulzera

Ulzera in Magen (und Darm) gehören heutzutage zu den häufigsten Problemen im Verdauungstrakt von Pferden, wobei alle Rassen (von Ponys bis Percherons) und Disziplinen betroffen sein können. Allerdings ist vorstellbar, dass Magen- und Darmgeschwüre schon in früheren Zeiten eine gewisse Rolle spielten, aber mangels einfacher und zuverlässiger Untersuchungsmethoden damals noch der Diagnose entgingen. Die klinische Symptomatik ist in vielen Fällen recht unspezifisch, und die Diagnostik wurde erst durch die Endo- bzw. Gastroskopie (Magenspiegelung) beim lebenden Tier viel einfacher und zuverlässiger. Früher musste man sich auf Untersuchungen bei geschlachteten und euthanasierten Pferden beschränken und somit standen nur wenige Daten zur Verfügung.

Ulzera verursachen normalerweise ein gewisses Unwohlsein und eventuell auch leichte Koliksymptome, können bei einem Durchbruch aber zum Tode führen. Die zu beobachtenden Bauchschmerzen treten für gewöhnlich nach der Fütterung auf und Fohlen können auch mit den Zähnen knirschen und speicheln. Manchmal fressen die Pferde auch nicht auf, sind weniger lebenslustig und erbringen geringere Leistung. Schließlich zeigen sie ein raues und mattes Haarkleid und verlieren Gewicht. Sehr aufmerksamen Trainern kann ein verändertes Verhalten auffallen und anekdotisch wird berichtet, dass betroffene Pferde auch Gurtenzwang zeigen können.

Zur Ätiologie und Pathogenese der Ulzera wird eine Frequenz von etwa 30 % in der Gesamtpopulation und bis erschreckend hohen über 90 % bei Rennpferden berichtet. Die Entstehung der Geschwüre wird allgemein als multifaktoriell erachtet. Zu den wichtigsten Ursachen gehören Fütterungsfehler, unsachliche Nutzung und Stress.

Bezüglich der Fütterung werden die gleichen Fehler als Ursachen erachtet, die auch für andere Störungen des Gastrointestinaltrakts verantwortlich gemacht werden. Auch hier werden die evolutionären Voraussetzungen für die Futteraufnahme generell zu wenig beachtet und in erster Linie gilt, dass den Pferden zu wenig strukturiertes Futter verabreicht, die Fütterung von Rau- und Kraftfutter nicht in dieser Reihenfolge vorgenommen wird und zu wenige kleinere Mahlzeiten angeboten werden.

Wir müssen daran denken, dass das Pferd in seiner Evolution auf mageren Weideflächen ständig wenig Raufutter aufnahm, wofür ein kleiner Magen genügte, der auch bei einem erwachsenen Pferd nicht mehr als 10 bis 15 l fasst. Eine weitere Besonderheit besteht bei den Equiden insofern, als die fortwährend aufgenommenen Rohfasern dank der ständigen Säureproduktion jederzeit verdaut werden können. Normalerweise befinden sich beim Pferd immer Rohfasern im Magen (weshalb man es auch für einen Tag fasten lassen muss, wenn man es endoskopieren will).

Ausgekleidet ist der Magen mit Schleimhaut, die im hinteren bzw. unteren Teil drüsenhaltig ist, wo die zur Verdauung nötigen Magensäfte produziert werden. Im vorderen bzw. oberen Teil sieht die Schleimhaut ähnlich aus wie die äußere Haut, und dieser Teil ist gegen Säure nicht gut geschützt.

Wenn wir richtigerweise zuerst Raufutter geben, wird sowohl viel Speichel als auch Schleim gebildet. Der basische Speichel puffert und neutralisiert überschüssige Säure und der Schleim schützt sowohl die Wände von Magen und Darm vor der Selbstverdauung und fördert den Weitertransport des Futters. Falls wir aber zuerst Kraftfutter verabreichen, welches kaum gekaut werden muss und den Magen in relativ kurzer Zeit passieren kann, so übersäuert der Mageninhalt und die Schleimhaut wird angegriffen. Der Hauptpuffer im Magen ist der Speichel, welcher beim Kauen von Raufutter in doppelt so großer Menge produziert wird wie bei Kraftfutter. Flüssiger Inhalt kann den Magen in Form einer exponentiellen

Entleerung schon in 30 Minuten passieren, Raufutter hingegen braucht linear 12 bis 24 Stunden, wofür die Natur mit der ständigen Produktion von Säure bestens vorgesorgt hat.

Weitere Fehler bei der Fütterung bestehen darin, dass die Kraftfutterportionen nicht auf mehrere Mahlzeiten verteilt werden. Wenn die Ration beispielsweise auf nur zwei Gaben aufgeteilt wird, kann es zu einer übermäßigen Füllung des Magens kommen. Große Futtermengen haben mehr als einen Nachteil: Zum einen steigt der Spiegel der Magensäure nach oben über den Bereich der Drüsenschleimhaut und schädigt die ungeschützte kutane Schleimhaut. Die übliche Lokalisation von Magenulcera ist bekanntlich beim Margo plicatus, dem Rand zwischen kutaner Schleimhaut und Drüsenschleimhaut. Zum andern verzögert die starke Anfüllung die Magenentleerung (normal etwa 40 Minuten), und wenn diese länger dauert, wirkt auch die Magensäure zu lange (bis zu mehreren Stunden) auf den oberen Teil des Magens. Schließlich besteht bei übermäßiger Füllung mit Kraftfutter zusätzlich die Gefahr einer Gärung, die ihrerseits wegen der dabei entstehenden flüchtigen Fettsäuren eine Steigerung der Acidität bewirkt.

Des Weiteren muss bezüglich der Fütterung beachtet werden, dass Stress zu hastiger Futteraufnahme verleitet, woraus ebenfalls zu geringe Speichelproduktion und Übersäuerung resultieren können. Die althergebrachte Theorie, dass man das „Gewohnheitstier" Pferd immer zur gleichen Zeit füttert und ihm dafür Ruhe gewährt, ist erwiesenermaßen richtig.

Zudem können kranke und verletzte Pferde wegen gestörter Futteraufnahme ebenfalls Ulzera bekommen und diese können auch nach langen Transporten auftreten. Geschwüre können sich bereits entwickeln, wenn ein Pferd für 24 bis 48 Stunden keine Nahrung aufnimmt.

Wie bereits erwähnt betragen die heutzutage rapportieren Prävalenzen von Ulzera mehr als 30 % bis knapp 70 % bei Sport- und Freizeitpferden und bis über 90 % bei Rennpferden

Am auffallendsten ist die große Häufung von Ulzera im Rennsport, wo die Athleten in allen Disziplinen betroffen sind (Galopp, Trab, Endurance). Es wird somit vermutet, dass die verrichtete Arbeit ein sehr wichtiger kausaler Faktor ist, wozu die Rennen selbst, aber auch das Training beitragen. Bei diesen Anstrengungen besteht häufig eine langdauernde Anspannung der Bauchmuskulatur und man hypothetisiert, dass diese den intraabdominalen Druck erhöht und im Magen dessen Inhalt und die Säure nach oben über den Margo plicatus bis in den Bereich der kutanen Schleimhaut gepresst wird. Solch eine Belastung entspricht den Verhältnissen bzw. Ansprüchen in der freien Natur nicht, wo sich die Equiden während des größten Teils des Tages vor allem im Schritt leicht bewegen und nur gelegentlich eine Flucht gefordert wird, die für gewöhnlich nur einem Sprint entspricht und nicht über Dutzende von Kilometern geht. Der dafür nötig „Speed" scheint dem Pferd evolutionär eigen zu sein, weil das in der heutigen Vollblutzucht gesuchte „Speed-Gen" (eine Variante des Myostatin-Gens Typ C, bei einer Stute gefunden wurde, die vor ungefähr 300 Jahren in England zu den Vorfahren der heutigen Vollblüter gehörte. Vermutlich war dies eine Shetland-Stute und die Forscher fanden das C-Myostatin-Gen auch bei den heutigen Vertretern dieser Rasse relativ am häufigsten.

Des Weiteren existiert im Rennsport vielerorts nach wie vor die Praxis, Pferde vor einem Rennen zu fasten. Solch ein Vorgehen hat jedoch vermutlich die Ansammlung von Säure zur Folge, die dann im leeren Magen bei der Arbeit „aufgewirbelt" wird.

Doch wie die Hypothese auch lautet, die Voraussetzungen sind so oder so ungünstig und Sportpferde brauchen geradezu routinemäßig Mittel, um der Entstehung von Ulzera vorbeugen zu können.

Bezüglich der Frequenz von Ulzera bei Distanzpferden besteht ein großer Unterschied zwischen den von den Tieren geforderten Rennleistungen und dem Auftreten von Magenulzera. In einer Population von Pferden, die in Wettkämpfen über 50 oder 80 km eingesetzt wurden, gab es eine Prävalenz von 66,6 %. Bei Pferden, die 90 bis 160 km absolvierten, lag die Prävalenz. in der Winterpause bei 48 % und während der Wettkampfsaison bei 93 %; der Unterschied war hochsignifikant. Außerdem wurde mithilfe der Gastroskopie ein signifikanter Einfluss des Trainings- und Wettkampflevels auf den Schweregrad der Veränderungen nachgewiesen. Damit wurde bestätigt, dass bei Pferden im intensiven

Training oder Wettkampfeinsatz die Prävalenz für Magenulzera höher ist als in der Gesamtpopulation und dass nicht nur bei Galopp- und Trabrennpferden ein Anstieg der Prävalenz von Magenulzera, des Schweregrads und der Anzahl Läsionen im Bereich der kutanen Schleimhaut mit der ansteigenden Intensität es Langstreckentrainings assoziiert ist.

Als Erklärung für diesen Umstand dient auch hier die oben erwähnte Hypothese, wonach der steigende intraabdominale Druck kausal bedeutungsvoll sein dürfte. Als verschlimmernd gilt darüber hinaus der Umstand, dass die Plasma-Gastrin-Konzentration bei Belastung steigt und dies zu einer Zunahme der Magensäureproduktion führt.

Diese Erläuterungen finden insofern Glaubwürdigkeit, als eine Studie bei Schlittenhunden im Iditarod-Marathon ergab, dass diese Problematik auch dort besteht; 50 % der Tiere hatten Ulzera.

In diesem Zusammenhang wird diskutiert, ob Distanzritte mit Marathonläufen beim Menschen vergleichbar sind, bei denen die Prävalenz gastrointestinaler Symptome 54 % beträgt. Dort beeinträchtigt eine Langstreckenbelastung wegen eines Shunts der viszeralen Durchblutung die Integrität der Schleimhaut des Magendarmtraktes. Studien über dieses Phänomen der Belastung des Magendarmtrakts bei Pferden stehen noch aus. Die derart hohen Prävalenzen von Magenulzera beim Sportpferd können noch weitere Ursachen haben, die jedoch nicht in direktem Zusammenhang mit der Futteraufnahme stehen. Es liegt bspw. in der Natur der Sache, dass der Bewegungsapparat der Pferde bei der Arbeit Schaden nehmen kann. Für die Behandlung wird meistens eine symptomatische Therapie vorgenommen, im Allgemeinen mit nicht-steroidalen Entzündungshemmern, die häufig zusammen mit dem Futter appliziert werden. Diese können als Nebenwirkung, jedoch vor allem bei systemischer Verabreichung, Magen- und Darmgeschwüre verursachen, wobei eine ausgeprägte rassebedingte Neigung besteht. Insbesondere Ponys und sogenannte Robustpferde sind hier bedeutend stärker gefährdet als höher im Blut stehende Tiere.

Weitere Risikofaktoren für Magenulzera beim Vollblut-Rennpferd wurden von Lester und Mitarbeitern (2007) in Australien evaluiert. Sie untersuchten bei

37 Trainern 402 Vollblüter. In dieser Population, die auf 191 Variablen überprüft wurde, wiesen 33 % der Galopper Geschwüre auf. Die bedeutendsten physiologischen und psychologischen Parameter waren u.a. Koppen (7,6-fach größeres Risiko), ein urbanes Umfeld (Faktor 3,9), die Zeit im Training (zunehmendes Risiko von 1,1 für jede Woche im Training) und ein Radio im Stall. Letzterer Faktor wurde noch differenziert evaluiert und es ergab sich, dass Musik das Risiko um den Faktor 2,8 erhöhte, gesprochene Beiträge sogar um den Faktor 3,6. Die Autoren erwogen, ob der Grund für diese Beobachtung gleichzusetzen sei mit dem höheren Risiko in einem städtischen Umfeld. Sie erachten es aber auch als möglich, dass Radiogeplärr die Pferde an einen Renntag erinnert und sie somit stresst. Schlicht und einfach kann in diesem Zusammenhang aber auch an die physiologischen Grundlagen der Sensorik erinnert werden, an die im Vergleich zum Menschen weit größere Empfindlichkeit des equinen Ohres. Es ist zu befürchten, dass die übermäßige Lärmbelästigung der Pferde in unserem Umfeld bedeutend gravierender ist, als wir das realisieren – wenn überhaupt.

Training in der Umgebung des Stalles wurde in dieser Studie als protektiv erkannt, ebenso Weidegang mit anderen Pferden, beides mit dem Faktor 3,3. Aggressive Pferde scheinen ebenfalls weniger Magengeschwüre zu haben. Als Erklärung dafür gilt die Vermutung, dass diese Pferde mit ihrem Verhalten Aggressionen abbauen können.

Prophylaxe

Verschiedene wichtige Faktoren, die als Ursache für die Entstehung von Magengeschwüren gelten, sind Fehler eines Managements, welches die Natur und das Wesen der Equiden nicht respektiert. Deren Berücksichtigung erlaubt darum Verbesserungen, die gut und ökonomisch umgesetzt werden können. Das Verständnis für Letzteres kann allerdings für gewöhnlich nur bei jenen Besitzern geweckt werden, die wirklich rechnen, also auch indirekte Verluste kalkulieren können.

Besonders die umfassende Untersuchung von Lester et al. (2007) macht darauf aufmerksam, dass dieses Leiden multifaktorieller Natur ist und mit der Elimination eines einzigen Faktors kein Einfluss auf die Prävalenz erwartet werden kann. In erster Linie muss die Prophylaxe die bedeutendsten Faktoren betreffen, womit die Fütterungspraxis prioritäre Beachtung verdient. Hier stehen die ständige Verfügbarkeit und die Qualität von Raufutter an vorderster Stelle. Lybbert et al. (2007) haben diesbezüglich auf die Vorzüge von Luzerneheu hingewiesen, das im Vergleich mit Bermudagras in einem Fütterungsversuch signifikant bessere Ergebnisse erzielte. Mit Luzerne-Heu war nicht nur die Prävalenz von Ulzera geringer, bei vorbestehenden Geschwüren konnte sogar eine Besserung festgestellt werden. Diese Forscher nehmen an, dass Luzerne-Heu dank des Gehalts an Kalzium und Eiweiß zusätzlich gut puffert, ohne aber noch den Mechanismus erklären zu können.

Wegen der Häufung von Ulzera bei Pferden im Training, wo die Bewegung in hohen Geschwindigkeiten den Mageninhalt aufwirbeln kann, versucht man den Kontakt der Säure mit der Schleimhaut damit zu verhindern, dass man den Pferden vor der Arbeit und vor den Rennen eine kleine Portion Luzerne verabreicht. Die Praxis des Fastens der Pferde vor einem Start muss man nach heutigen Erkenntnissen ernsthaft hinterfragen.

Allgemein gilt, dass die beste Prävention darin besteht, möglichst der Natur des Pferdes entsprechend zu füttern. Dazu gehört die 4- bis 6-malige Gabe von Rohfasern ad libitum, wozu die Einstreu mit Stroh gut beitragen kann. Raufutter schützt die Magenschleimhaut auch dank der Absorption von Säure und geeignete Einstreu hilft außerdem Problemen des Verhaltens vorzubeugen. Die Beschäftigung mit der Einstreu bietet Abwechslung, an der es Sportpferden mangels Weidegang und Sozialkontakt mit anderen meistens fehlt. Bezüglich Stereotypien denkt man hier in der Regel zuerst ans Koppen, was sich jedoch nicht nur aus Langeweile einstellen kann, sondern möglicherweise auch dem Puffern des Mageninhalts dient.

Als Raufutter kann neben Heu auch Gras dienen, und selbst kurze Perioden der Verabreichung können Besserung bringen. Die Gabe von etwas pflanzlichem Öl scheint ebenfalls einen schützenden Effekt zu haben.

Sehr bedeutend ist für eine angepasste Fütterung neben Reihenfolge und Frequenz auch deren Zusammensetzung, einschließlich der Verabreichung von Zusatzfuttermitteln. Für diese besteht heutzutage ein ansprechendes Angebot von Mitteln mit bspw. Fettsäuren aus raffinierten Ölen, Nahrungsfasern vom Glucosamintyp und Siliciumdioxid. Diese Inhaltsstoffe versehen die Magenschleimhaut mit einem Schutzüberzug und sollen die Regeneration der Magenwand fördern.

Des Weiteren stehen Medikamente zur Verfügung, bzw. Antacida, die auf der Grundlage der Hemmung der Protonenpumpe wirken. Allerdings gehören diese Produkte im Rennsport zu den nicht erlaubten Substanzen und es wird ihnen darüber hinaus aus diversen Gründen auch nur bescheidene Wirksamkeit attestiert, insbesondere wenn sie bei der Fütterung verabreicht werden. Bei den Equiden sollten sie ihre Wirkung ja vor allem in den Fütterungspausen entfalten können.

Bezüglich der skeptischen Beurteilung des Einsatzes beim Sportpferd dürfte überdies die Beobachtung aus der Humanmedizin wertvoll sein, wonach der Einsatz von Antacida zu einem erhöhten Risiko für Knochenbrüche führt. Epidemiologische Studien lassen solch einen Zusammenhang vermuten.

Kalzium ist in der Nahrung vor allem als Carbonat vorhanden. Um es aus dieser Verbindung zu lösen und dem Körper zur Verfügung zu stellen, wird Säure gebraucht. Bei der Hemmung der Protonenpumpe und dem damit verbundenen Anstieg des pH-Wertes im Magen bleibt das Kalzium gebunden und wird größtenteils wieder ausgeschieden. Dadurch sinkt der Kalziumspiegel im Blut. Um diesem Umstand entgegenzusteuern, aktiviert der Körper Osteoklasten, um gespeichertes Kalzium freizusetzen. So hält der Körper, auf Kosten des Skeletts, die benötigte Kalziumkonzentration im Blut aufrecht. Die schlechte Mineralisierung des Knochens kann dann aber zu Frakturen führen.

5.3.2.2 Gastritis

Ein weiteres Krankheitsbild des Magens ist die Gastritis, die heutzutage – im Gegensatz zu den Ulzera – erfreulicherweise nur noch selten angetroffen wird (selbst unter Beachtung des Umstandes, dass dieses Leiden symptomarm sein und somit übersehen werden kann). Die Patienten bedürfen meistens einer mehrtägigen Beobachtung und können dann neben vermindertem Appetit mit begleitendem leichtem Ikterus, Lecksucht und abnormen Fressgelüsten (Pica), Gähnen, Flehmen und abnormem Maulgeruch auffallen.

Als Ursachen gelten vor allem Fütterungsfehler wie unregelmäßiges Füttern, Diätfehler und verdorbenes Futter, des Weiteren Zahnprobleme und Parasiten. Die Prophylaxe besteht dementsprechend vor allem in einer normalen Fütterungspraxis sowie der regelmäßigen Zahnkontrolle und Parasitenbekämpfung (s. Abschnitt Parasitosen).

5.3.2.3 Magenüberladung und -ruptur

Die Überladung des Magens hingegen kann in der tierärztlichen Praxis nach wie vor jederzeit angetroffen werden, wobei man von primären und sekundären Krankheitsbildern spricht. In ersteren Fällen sind ätiologisch meistens das Überfressen und die Aufnahme von schwer verdaulichem, quellendem und gärendem Futter verantwortlich. Solche Ursachen müssen für gewöhnlich unprofessionellem Management angelastet werden. Sie sind deshalb durch pferdegerechte Haltung aber auch leicht zu vermeiden. Zunächst muss sichergestellt werden, dass Pferde nicht in Futterkammern gelangen und keine Futterbehälter selbst öffnen können.

Zu beachten ist hier überdies, dass Pferden für die Nahrungsaufnahme Ruhe gegönnt werden muss. Zu hastiges Fressen ist nachteilig und die Aufnahme der Arbeit unmittelbar nach dem Füttern oder sogar direkt vom Futtertrog weg kann zum Spasmus bzw. Verschluss des Pylorus führen. Dies kann zum Quellen und Gären des liegen gebliebenen Inhalts führen.

Sekundäre Magenüberladungen sind häufiger als primäre und treten vor allem als Folge von Darmverschlüssen auf. Deren Behandlung erfolgt im Rahmen der kausalen Betreuung des Kolikpatienten, und die Prophylaxe entspricht unspezifisch der allgemeinen Vorsorge von Störungen des Verdauungstraktes.

Magenüberladungen beim Pferd müssen sehr ernst genommen werden. Einerseits besteht die Möglichkeit weiterer gravierender Komplikationen in Form einer Hufrehe, zum andern muss beachtet werden, dass eine spontane Entleerung durch Erbrechen aus anatomischen Gründen bei Equiden normalerweise nicht möglich ist. Im Extremfall kann dies zur Ruptur des Magens führen, was in der Regel unter schwerem Leiden zum Tode führt.

Störungen der Magenentleerung mit den erwähnten Folgen (bspw. Ruptur) werden ebenfalls gehäuft angetroffen bei Friesenpferden. Auch hier ist Zuchthygiene die beste Vorsorge.

5.3.3 *Darm*

5.3.3.1 *Kolik*

Selbst wenn das Wissen von Besitzern von Pferden über deren gesundheitliche Probleme bescheiden sein mag, so sind Koliken allgemein bekannt und gefürchtet. Diese Furcht ist berechtigt, einerseits, weil Erkrankungen des Gastrointestinaltraktes lebensbedrohlich sein können und anderseits, weil ihre Prävalenz in unserer Zeit bedenklich hoch ist. Koliken gelten weltweit als die wichtigste Todessursache in der Pferdemedizin und verursachen sehr hohe wirtschaftliche Verluste. Heutzutage besteht überdies die Ansicht, dass dieser Tatbestand auch ethische Implikationen hat (Proudman 2006).

Mit dem Begriff Kolik wird allerdings nur ein Syndrom umschrieben, das abdominale Schmerzen jeglicher Art umfasst, beispielweise auch Erkrankungen des Urogenitaltraktes. Weitaus die meisten Störungen betreffen aber dennoch den Verdauungsapparat.

Als einer der vielen Gründe für Leiden des Magen-Darm-Trakts gelten Fehler in der Haltung und Fütterung bzw. die Missachtung der anatomischen und physiologischen Grundlagen des Pflanzenfressers Pferd. Leider kann dies durch die Unwissenheit der Halter bedingt sein, die mit dem normalen Verhalten sowie der Anatomie und Physiologie des Verdauungsapparates nicht vertraut sind.

Von den möglichen Störungen im Magen-Darm-Trakt sind Koliken zweifelsohne das bekannteste Problem. Dazu gehören vor allem Anschoppungen und Fehlgärungen, die sowohl allein oder vergesellschaftet vorkommen können. Für gewöhnlich können solche Probleme erfolgreich behandelt werden, manchmal führen sie aber auch zu lebensbedrohlichen Situationen (Verlagerungen, Knickungen, Verdrehungen des Darms), vor allem bei verschlepptem Verlauf.

Zu Verstopfungen (Anschoppungen, Obstipationen) kann es aus verschiedenen Gründen kommen. Sowohl Mangel an Wasser, Bewegung und Struktur des Futters (zu wenig Rohfasern) sind dafür die häufigsten Ursachen. Die Darmmotorik wird angeregt durch das Volumen des Inhalts, das über Dehnungsrezeptoren die Peristaltik stimuliert. Falls zu wenig Masse, normalerweise Raufutter, vorhanden ist, werden die Ingesta zu langsam weiterbewegt. Gleichzeitig erfolgt im Colon eine zu starke Resorption von Wasser. Dies kann sowohl zu Anschoppungen wie auch zu Fehlgärungen führen. Letztere haben eine verstärkte Bildung von Gas und somit Blähungen zur Folge.

Anatomische Besonderheiten des equinen Darmtraktes können Anschoppungen begünstigen (s. Abschnitt 3). Die bekanntesten Prädilektionsstellen sind enge Passagen wie der Anfang der rechten ventralen Längslage, die Beckenflexur und der Übergang ins kleine Colon. Diese können zu Obstipationen des Caecums, der linken ventralen Längslage sowie der magenähnlichen Erweiterung und des Colon transversum führen. Verlangsamte Peristaltik kann überdies bedingt sein durch eine gestörte Blutversorgung, wofür in der Regel Wurmschädigungen in den versorgenden arteriellen Gefäßen verantwortlich gemacht werden.
Fehlgärungen und Blähungen (Meteorismus) können jedoch auch primär auftreten und zu Kolik führen. Am bekanntesten dafür ist die Aufnahme von jungem, gärfreudigem Gras, aber auch Futterwechsel können dazu führen, denn die Verdauung beruht in sehr hohem Maß auf der bakteriellen Zersetzung, wofür die Darmflora in einem ausgewogenen Gleichgewicht sein muss. Zu abrupte Futterwechsel können dieses Gleichgewicht stören und fatale Folgen haben.

Anschoppungen und Blähungen können zu Verlagerungen des Darmes führen (z.B. Knickungen, Drehungen), die in der Regel nur operativ behoben werden können.

Prophylaxe

Die Vorsorge betrifft in erster Linie das Management der Fütterung und die Kontrolle der Parasiten (s. dort).

Die Prävention basiert am besten auf dem Verständnis der multifaktoriellen Ätiologie und Pathogenese der wichtigsten Kolikformen und wird wohl am besten an einem konkreten Beispiel erarbeitet. Dazu soll eine der am meisten gefürchteten Kolikformen beim Pferd dienen, die Drehung des großen Colons (Torsio coli), die interessanterweise signifikant gehäuft bei Zuchtstuten auftritt, für gewöhnlich etwa 100 Tage nach dem Abfohlen. Dieser Tatbestand ist insbesondere darum äußerst ungünstig, weil dabei nicht nur das Leben der vermutlich wiederum trächtigen Stute auf dem Spiel steht, sondern auch das Wohlbefinden ihres Saugfohlens. Diese Form der Kolik kann auch nur operativ behoben werden und der Eingriff hat nur im frühen Stadium des Krankheitsgeschehens eine hoffnungsvolle Prognose.

Zur Drehung des Colons bei der Zuchtstute tragen verschiedene Dinge bei, wobei ein Faktor das Angebot des Futters sein dürfte. Bei anderen Pferden kommt die Torsio coli im Frühjahr und im Herbst gehäuft vor. Als eine Ursache dafür wird das rasch wachsende Gras zu diesen Jahreszeiten verantwortlich gemacht. Dieser Umstand kommt für Zuchtstuten sicher auch infrage, weil sie drei Monate nach der Geburt im späten Frühling und frühen Sommer normalerweise auf der Weide sind. Bei ihnen kommt jedoch noch dazu, dass sie zu diesem Zeitpunkt in maximaler Laktation sind. Diese physiologische Belastung ist groß und der Nahrungsbedarf ist dementsprechend hoch. Gleichzeitig verliert die Stute durch die Milchproduktion nicht nur viel Flüssigkeit, sondern auch Elektrolyte, wobei vor allem dem Verlust von Kalzium Bedeutung beigemessen wird. Kalzium spielt für die Tätigkeit der Muskulatur eine äußerst wichtige Rolle, und bei Mangel ist die Darmmotilität reduziert. Kühe liegen bei einer Hypokalzämie bekanntlich zusätzlich sogar fest. Des Weiteren kann es zu dieser Jahreszeit auf der Weide an Wasser fehlen, was überdies zum Eintrocknen der Ingesta führen kann.

Damit sind die besten Voraussetzungen für eine Anschoppung geschaffen, für gewöhnlich im Bereich der Beckenflexur. Somit wird zusätzlich auch gärfreudiges Futter nicht weiter transportiert. Die Beckenflexur wird schwer, eventuell auch die dorsale Lage, während die ventrale wegen der Gasbildung leicht wird. Die Voraussetzung für eine Drehung in der Längsrichtung ist geben – und diese erfolgt im weiten Abdomen einer Mutterstute vermutlich leichter als bei einem anderen Pferd.

Verschiedene Faktoren tragen zu diesem schwerwiegenden Problem bei, und somit ist für uns tröstlich, dass wir bei der Korrektur diverser Managementfehler auf wirkungsvolle Prophylaxe hoffen können. Sie beruht ausnahmslos auf der Beachtung der natürlichen Voraussetzungen für die Futteraufnahme des pflanzenfressenden Pferdes.

Wir müssen den Zuchtstuten auch auf der Weide während des ganzen Tages Wasser zur Verfügung stellen. Des Weiteren wissen wir, dass Gras im Gegensatz zu Heu einen geringeren Gehalt an Kalzium hat. Wir müssen den Stuten selbst im Frühling und Sommer im Stall zuerst gutes Heu reichen, damit sie nicht auf der Weide ihren Heißhunger mit wenig strukturiertem und gärfreudigem Gras zu stillen versuchen.

Die Umstellung des Futters und des Managements sind ebenfalls wohlbekannte Risikofaktoren. Jede Änderung der Diät setzt die Pferde für 7 bis 14 Tage einem erhöhten Kolikrisiko aus. Wir müssen darum auch hier sorgfältige Prävention üben. Umstellungen und Anpassungen können jederzeit nötig werden (bspw. wegen verletzungsbedingter Boxenruhe) und wir müssen mit diesem Vorgehen vertraut sein.

Umstellungen dürfen nicht plötzlich und abrupt durchgeführt werden, sondern müssen sukzessive erfolgen. Anpassungen der Fütterung müssen sich immer über 2 bis 3 Wochen hinziehen, damit sich die Darmflora den veränderten Bedingungen anpassen kann. Dies betrifft nicht nur die Art des Futters, sondern insbesondere auch das Verhältnis von Kraft- zu Raufutter.

„Futterumstellungen“ sind jedoch nicht nur menschengemachte Phänomene, sondern erfolgen auch in der Natur, in unserem Fall beim Weidegang bezüglich des Angebots des Grases und des Heus. Laien sprechen hier zwar gerne von „Wetterabhängigkeit“, aber solch ein Zusammenhang konnte von diversen Autoren nicht bestätigt werden. Ein Wetterumschwung kann auch Änderungen der Routine und des Futterangebots mit sich bringen.

Im Frühling, aber auch beim Heranwachsen von neuem Gras nach einer Ernte, trifft man in der Praxis eher auf meteoritische und tympanische Koliken, bedingt durch die Aufnahme von gärfreudigem Gras. Allerdings können diese Typen von

Koliken auch auftreten, wenn zu kurz gelagertes Heu und Stroh (d.h. weniger als 6 bis 8 Wochen) gefüttert wird. Bezüglich des Weidegangs muss beachtet werden, dass Pferden die Aufnahme von jungem Gras nur langsam oder restriktiv ermöglicht wird. Entweder lässt man die Tiere anfänglich nur für kurze Zeit auf eine solche Weide, grenzt diese räumlich ab oder mäht sie auf eine Höhe von nicht mehr als 10 cm (Faustbreite).

Im Herbst erlebt man häufiger Anschoppungen, wofür ebenfalls sowohl Änderungen in der Zusammensetzung des Futters sowie des Managements als Ursachen erachtet werden. Das Angebot von Gras wird geringer und wird ergänzt mit trockenem Raufutter. Oft wird gleichzeitig auch die Dauer des Weidegangs und somit der die Peristaltik fördernden Bewegung kürzer.

Ein überraschendes Resultat ergab eine statistische Untersuchung in Liverpool, wo die Verlagerung des Dünndarms ins Foramen epiploicum winslowi vor allem (70 %) in den Monaten November, Dezember und Januar beobachtet wurde. Auch diese Kolik kann nur durch einen chirurgischen Eingriff behoben werden, weil hier Jejunum und eventuell auch das Ileum stranguliert und somit ihre Blutversorgung abgeschnitten wird. Im günstigsten Fall kann der Darm reponiert werden, aber meistens muss das betroffene Darmstück reseziert werden.

Solchen schwerwiegenden Verläufen muss natürlich so gut wie möglich vorgebeugt werden und man sollte beachten, dass diese Verlagerung des Dünndarms ebenfalls vor allem als Folge von Änderungen in der Diät und der Fütterungspraxis zu verstehen ist. Letzteres kann darin bestehen, dass schon Änderungen in der täglichen Routine des Fütterns entscheidend sein können. Die Verabreichung des Futters durch die immer gleiche Person gilt als protektiver Faktor.

5.3.3.2 Darmparasiten

Schädigungen des Darmtrakts durch Parasiten sind nach wie vor von Bedeutung. Derartige Schädigungen können für Spasmen, entzündliche Veränderungen sowie auch für die Störung der Blutversorgung verantwortlich sein. Letzteres kann eine reduzierte Peristaltik zur Folge haben, die zu Anschoppungen führen kann, im Extremfall aber auch zu thrombotisch-embolischen Koliken.

Mit Ausnahme des Bandwurms Anoplocephala perfoliata kann der Befall von Pferden mit Endoparasiten mittels Kotuntersuchungen für gewöhnlich zuverlässig überprüft werden. Die Bekämpfung der häufigsten Endoparasiten (Askariden und Strongyliden) kann darum mit Erfolg differenziert und gezielt angegangen werden. Vor- und Nachteile sind allerdings sorgfältig abzuwägen, insbesondere wegen der Gefahr der Entwicklung von Resistenzen gegen die verfügbaren Anthelmintika und in Anbetracht der Erkenntnis, dass eine gewisse Wurmbürde den Aufbau einer Immunität fördert und prinzipiell das Risiko des Auftretens von Allergien irgendwelcher Art vermindern kann. Maßnahmen des Managements (Stall- und Weidehygiene, s. Abschnitt 7) gelten hier für die Gesundheitsvorsorge als ebenso wichtig wie die selektive medikamentelle Bekämpfung.

Eine besondere Stellung nimmt hier der Bandwurm (Anoplocephala perfoliata) ein, dessen Nachweis mit Kotproben unzuverlässig ist. Dieser Parasit kann aber nicht nur Entzündungen, Ulzera und Abmagerung verursachen, sondern auch schwere Störungen wie Verschluss und Volvolus des Dünndarms sowie die Invagination des Ileums ins Caecum, die operativ angegangen werden müssen. Hier ist die Prophylaxe bedeutend anspruchsvoller.

Boswinkel and Sloet van Oldruitenborgh-Oosterbaan haben 2007 die Bedeutung des Bandwurms Anoplocephala perfoliata bei 139 Pferden überprüft, die als Koliker überwiesen worden waren. Die gleiche Anzahl gesunder Pferde, die für mindestens drei Jahre keine Kolik hatten, diente als Kontrolle. Die Überprüfung erfolgte mittels einer serologischen Untersuchung auf Antikörper gegen diesen Parasiten. 32 Pferde wurden zusätzlich pathologisch-anatomisch untersucht, um sicherzustellen, dass die Anwesenheit von Anoplocephala perfoliata mit dem Antikörpertiter assoziiert war. Das mittlere Niveau der Antikörper war bei Pferden mit Kolik signifikant höher als bei den Kontrolltieren ($P < 0{,}001$). Dies weist darauf hin, dass zwischen einer Infektion mit A. perfoliata und Kolik prinzipiell ein Zusammenhang besteht. Zwischen dem Alter der Tiere und der Antikörperkonzentration bestand hingegen keine Korrelation. Der mittlere Titer der A. perfoliata-Antikörper bei zwölf Pferden mit Störungen im Bereich der Ileocaecalklappe war ebenfalls signifikant höher als bei den Kontrolltieren. Bei den 32 pathologisch-anatomisch untersuchten Tieren mit Bandwürmern beim Übergang vom Ileum zum Caecum war die mittlere Antikörperkonzentration auch signifikant höher als bei den 25 Pferden ohne diesen Parasiten. Die Untersuchung von Kotproben dieser Pferde war für die Überprüfung der Präsenz von Anoplocephala perfoliata nicht hilfreich.

Lange Zeit wurde angenommen, dass Anoplocephala perfoliata nur als zufälliger Parasit anzutreffen sei. Nachdem man aber begann, Kolikpatienten häufiger zu operieren, war auffällig, dass bei Invaginationen des Ileums ins Caecum an der Ileocaecalklappe dieser Bandwurm oft zu finden war. Außerdem wurde bei einem Befall mit diesem Parasiten ein Zusammenhang zwischen der Stärke der Infestation und dem Ausmaß von histo-pathologischen Läsionen in der Mukosa und Submukosa der Darmwand festgestellt. Darüber hinaus wurden eine hypertrophierte zirkuläre Muskelschicht sowie Schädigungen des autonomen Nervensystems gefunden. In Anbetracht des Umstandes, dass Störungen der gastrointestinalen Motilität eine bedeutende Ursache für Morbidität und Mortalität bei Pferden sind, verdient Anoplocephala perfoliata in der Präventivmedizin sicherlich größere Beachtung als bisher. Dieser Forderung kann dank der Möglichkeit des serologischen Nachweises heutzutage erfreulicherweise auch nachgekommen werden.

5.3.3.3 Gasterophilose (Magendasselbefall)

Bei der Gasterophilose handelt es sich um den Befall des Verdauungstraktes der Equiden mit den Larven der Gasterophilus-(Magendassel-)Fliegen, auch Magenbremsen genannt. Durch den Flug der adulten Gasterophilus-Fliegen an sonnigen Tagen werden die Pferde beunruhigt und durch die Eiablage entstehen Juckreiz und Scheuerwunden. Der Befall mit Magendasseln gehört zu den Weideparasitosen, sowohl zu den Endo- als auch Ektoparasitosen. Die Gasterophilose ist in Mitteleuropa weit verbreitet.

In Deutschland dominiert die Magenbremsenart Gasterophilus (G.) intestinalis, vereinzelt tritt auch G. nasalis auf. In den an den Haaren abgelegten Eiern entwickeln sich innerhalb von 4 bis 8 Wochen nach dem Anheften die Erstlarven (Larve I). Diese schlüpft, wenn das Ei von der warmen und feuchten Zunge des Pferdes berührt wird. Larve I entwickelt sich während einer 3- bis 4-wöchigen Wanderung in und unter der Schleimhaut der Maulhöhle zur Larve II. Diese gelangt über den Rachenraum und die Speiseröhre in den Magen, wo sie sich im vorderen Teil (Pars cardiaca) ansiedelt und zur Larve III häutet. Nach einer mehrmonatigen Weiterentwicklung werden im April/Mai des folgenden Jahres die verpuppungsreifen Drittlarven ausgeschieden. Die Puppenruhe im Pferdekot oder im Erdboden beträgt, stark abhängig von der Temperatur, etwa 3 bis 8 Wochen. Aus den Puppen schlüpfen die geschlechtsreifen, etwa hummelgroßen Fliegen. Die begatteten Weibchen legen 600 bis 800 Eier ab.

Die Ansteckung erfolgt in den Sommermonaten zwischen Juli und September auf der Weide, indem bei der eigenen oder der gegenseitigen Fellpflege die frisch geschlüpften Erstlarven aus den Eiern auf die Zunge bzw. ins Maul der Pferde gelangen. Die Erstlarven sind in den Eiern 10 bis 12 Wochen lebensfähig. Bevorzugte Ablegestellen der Eier sind für G. intestinalis die Haare an den Vorderbeinen, an Hals und Schulter sowie an den Flanken.

Der Befall löst zwar eine Immunantwort aus, d.h. es werden Antikörper gebildet, doch es gibt bisher keine Hinweise auf eine Schutzwirkung.

Die Erstlarven können in der Maulhöhle Entzündungen und Defekte der Schleimhaut auslösen, die zu Schluck- und Kaubeschwerden führen. Die in der Magenschleimhaut verankerten Zweit- und Drittlarven verursachen Verletzungen unterschiedlicher Ausdehnung und Tiefe. Abhängig von der Befallsstärke zeigen die betroffenen Tiere unspezifische klinische Symptome wie verminderten Appetit, Verdauungsstörungen, Blutarmut und eine allgemeine Leistungsminderung; stark befallene Tiere magern ab. Gelegentlich geht der Befall mit Koliken einher. Hochgradiger Befall kann auch zum Tode führen.

Lassen sich die Eier der Magenbremsen vornehmlich zum Ende der Weidesaison an den Haaren nachweisen, so ist ein Larvenbefall im Verdauungstrakt sehr wahrscheinlich. Die knapp bohnengroßen, rot-bräunlichen Drittlarven sind bei einer Magenspiegelung leicht zu identifizieren und nach dem Ausscheiden mit dem Kot ohne Schwierigkeit mit bloßem Auge zu erkennen.

Die Behandlung der befallenen Pferde erfolgt optimal nach Ende der Weideperiode im Spätherbst. Präparate mit den Wirkstoffen Avermectine (z.B. Ivermectin, Moxidectin) haben eine hohe Wirksamkeit gegenüber allen drei Larvenstadien. Bei starkem Befall und günstigen klimatischen Bedingungen im Spätsommer/Frühherbst (warm, trocken und sonnig), also bei langer Flugzeit der Magenbremsen, empfiehlt sich eine weitere Behandlung im Januar.

5.3.4 *Das Equine Metabolische Syndrom (EMS)*

Mit dem Begriff „Metabolisches Syndrom“ werden bei den Equiden metabolische und hormonelle Störungen umschrieben, die zu generalisierter Fettleibigkeit sowie regionalen Fettdepots, Insulinresistenz und häufig auch zu Hufrehe führen. Beim Menschen würde man dieses Syndrom unter Wohlstands- und Zivilisationskrankheiten einordnen, weil Ätiologie sowie Pathogenese vergleichbar sind. Auch die äußeren Umstände sind äquivalent, ein Überangebot an Futter und der Mangel an Bewegung. Bei den Equiden wird dieses Krankheitsbild erst seit kurzer Zeit beschrieben und betrifft nur einen Teil der Population. Arbeits- und Sportpferde sind dieser Gefahr kaum ausgesetzt, aber die Änderungen bezüglich der Haltung und Nutzung vieler anderer Pferde schufen hier ein verbreitetes Problem. Viele Tiere sind unterbeschäftigt und auch der Anteil an älteren Pferden nahm in den letzten Jahren merklich zu. Das Alter der Equiden ist hier vor allem insofern von Bedeutung, als die reduzierte Aktivität in der Regel zu einer Gewichtszunahme führt. Zwischen Bewegung und Futteraufnahme bestehen ja natürliche, biologische Zusammenhänge, was durch Beobachtungen an Wild- und Hauspferden in naturnahen Lebensbedingungen erkannt wurde. Bei reduziertem Futterangebot im Winter verfolgen die Pferde eine Energiesparstrategie, vor allem, indem sie die Bewegungsaktivität reduzieren. Falls jedoch über den Winter zu wenig Gewicht verloren wird, dann kann selbst bei freilaufenden Przewalskipferden Hufrehe auftreten.

Die Equiden haben mit dem Menschen gemeinsam, dass bis ins Hochmittelalter (ca. Ende 10. bis Ende 13. Jahrhundert) nur leichtfuttrige Lebewesen eine einigermaßen gute Überlebenschance hatten. Es erfolgte eine natürliche Selektion. Bis noch vor wenigen Jahrzehnten wurden in der Landwirtschaft und im Transportwesen auch bei uns Tiere bevorzugt, deren „Betriebskosten" niedrig waren. Dies kann anhand diverser Beispiele aus verschiedenen Ländern illustriert werden. Tegetmeier and Sutherland (1895) führten in diesem Zusammenhang die Vorteile von Maultieren ins Feld, deren Zucht damals in den Südstaaten Amerikas einer der wichtigsten Industriezweige war. Nach ihrer Meinung konnten diese Hybriden größere Mühsal ertragen als das Pferd, waren weniger anspruchsvoll und konnten für das gleiche Futter mehr leisten als jedes andere Arbeitstier Amerikas. Wallace (1923) hob die Vorteile der Maultiere im Zug für die Straßenbahnen in Großbritannien hervor: Sie seien anspruchslos bezüglich der Qualität des Futters und bräuchten pro Tag etwa 3 kg weniger Futter als Pferde. Zudem könnten von ihnen pro Tag vier Meilen mehr Strecke verlangt werden. Gleichlautende Beurteilungen kennt man auch aus unseren Landen. So betonen diverse Autoren, dass die Ersparnis von Futter beim Maultier gegenüber dem Pferd 35 % betrage und das Maultier zusätzlich viel geringere Qualitätsansprüche habe. Aber auch in unserer Zeit machen sich einzelne Landwirte aus ökonomischen Gründen wieder Gedanken zu Alternativen. Die Associated Press wusste zu berichten, dass 2008 die hohen Benzinpreise in Tennessee für die Traktion stellenweise wieder den Wechsel zum Maultier bewirkten (TheHorse.com 2008).

Es dürfte eine Ironie des Schicksals sein, dass heute vereinzelt wieder „auf das Pferd gesetzt wird", nachdem die Verbesserungen der Lebensbedingungen für Menschen und Tiere, die durch die landwirtschaftliche Revolution im Mittelalter ermöglicht wurden, insbesondere diesem zugeschrieben werden. Neben neuen Anbaumethoden und zahlreichen Innovationen im Bereich der Ackergeräte wird dabei der Erfindung des Kummets sehr große Bedeutung beigemessen. Diese Neuerung führte dazu, dass ein Pferd mit dieser tiergerechteren Anspannung so

Abb. 1 – Die Erfindung des Kummets leistete einen sehr wichtigen Beitrag für die effizientere Bewirtschaftung von Ackerflächen und den Einsatz der Equiden in der Landwirtschaft. Künstler unbekannt – Privatbesitz.

viel Zugarbeit leisten konnte wie zwei Ochsen und somit wirtschaftlicher wurde. Es stimmt nachdenklich, dass die Anwendung eines Kummets für Zugtiere in Entwicklungsländern noch kaum Einzug gehalten hat.

Das Krankheitsbild Equine Metabolic Syndrome (EMS)

In der Pferdemedizin hat es sich in letzter Zeit eingebürgert, zu einzelnen Problemen eine „übereinstimmende Erklärung“ (consensus statement) zu formulieren. Nachdem das Equine Metabolische Syndrom 2002 von Johnson erstmals beschrieben wurde, erfolgte die Herausgabe solch einer Schrift seitens des American College of Veterinary Internal Medicine (ACVIM, Frank et al. 2010). Hier wird festgehalten, dass Adipositas, Insulinresistenz und Hufrehe Komponenten dieses Krankheitsbildes sind.

Am Metabolischen Syndrom erkrankte Pferde präsentieren sich mit übermäßiger Fetteinlagerung am Mähnenkamm, im Bereich des Schweifansatzes, hinter der Schulter sowie am Präputium oder Euter. Einige Tiere können auch dickbäuchig sein und an Polydypsie und Polyurie leiden. Sie zeigen also eine sehr ähnliche Symptomatik wie Tiere mit einem Cushing-Syndrom, mit Ausnahme des normal bleibenden Haarkleids (kein Hirsutismus) und ohne Muskelatrophie. Im englischen Sprachgebrauch wird das EMS gelegentlich auch als „Peripheral Cushing Disease" bezeichnet. Allerdings können auch beide Krankheiten gleichzeitig auftreten und eine Unterscheidung kann schwierig sein.

Pferde mit EMS können eine Insulinresistenz aufweisen, d.h. ihr Insulin ist bezüglich der Aufnahme der Glukose aus dem Blut weniger wirksam als physiologischerweise. Die Bauchspeicheldrüse muss zur Kontrolle des Blutzuckerspiegels mehr Insulin produzieren und dessen Konzentrationen im Blut sind darum hoch.

Ätiologie und Pathogenese

Ätiologie und Pathogenese sind noch unklar, aber in Anbetracht der Beobachtungen, dass betroffene Pferde trotz kalorienarmer Fütterung an Gewicht zunehmen und dass einige Rassen (Paso Peruano, Morgan Horse, Araber, Norwegisches Fjordpferd und Ponys) relativ häufig betroffen sind, wird eine Rassenprädisposition vermutet.

Diese Hypothese wird untermauert durch den Umstand, dass schon 5- bis 8-jährige Pferde am EMS erkranken können.

Bei Ponys mit und ohne Hufrehe konnte mittels Pedigreeanalysen festgestellt werden, dass möglicherweise eine erbliche Komponente besteht. In diesem Zusammenhang wird bei Ponys ein dominantes Gen mit reduzierter Penetranz vermutet.

Es wird eine generelle Störung des Energiestoffwechsels angenommen, die in der modernen Pferdehaltung zum Ausdruck kommen kann. Als besonders ungünstig gelten dabei stärke- und fettreiche Rationen bei gleichzeitiger Boxenhaltung mit wenig Auslauf und einer geringen Nutzungsdauer.

Diese Hypothese wird gestützt durch Resultate diverser Studien in der Schweiz und in England, welche die Dauer der Nutzung der Pferde evaluierten. Es konnte gezeigt werden, dass Pferde mit wenig Arbeit und gleichzeitiger Kraftfuttergabe früher oder später an diesem Syndrom erkranken.

Bemerkenswert war in diesen Untersuchungen, dass die Besitzer den Körpermaß-Index der Tiere unterschätzten. Offensichtlich sind sich also viele Besitzer des kritischen Nährzustandes ihrer Equiden gar nicht bewusst.

Eine Adipositas beim Pferd hat zur Folge, dass sich das Fett auch in der Skelettmuskulatur und in inneren Organen ansammelt und infolge der Lipotoxizität deren normale Zellfunktionen stört. Adipozyten dienen ja nicht nur der Fettspeicherung, sondern spielen auch eine aktive metabolische Rolle, indem sie Fettsäuren und hormonelle Mediatoren (Adipokine) sezernieren, bspw. TNFα, Leptin und Interleukine. Diese können sowohl lokal als auch systemisch wirken. Weiter wird vermutet, dass in den Adipozyten das Enzym 11β-Hydroxysteroid-Dehydrogenase-1 Cortison in aktives Cortisol umgewandelt wird.

Diese Vorgänge beeinflussen insulinabhängige Gewebe und können so zu ei ner Insulinresistenz (IR) führen. Die chronische IR scheint bei EMS-Patienten bedeutungsvoll zu sein, weil Insulin den sowohl den Kohlenhydratstoffwechsel als auch die Fettsäure- und Triglyzeridsynthese beeinflusst, die Lipolyse hemmt, die Funktionen des Gefäßendothels reguliert und den Proteinmetabolismus steigert. Die geringere Insulinempfindlichkeit wird mit der verstärkten Freisetzung von Insulin kompensiert.

Über den exakten Mechanismus, der bei Vorliegen eines EMS zur Hufrehe führt, ist noch sehr wenig bekannt; eventuell wirkt er prädisponierend oder auslösend.

Vermutlich verringert die IR die Glukoseverfügbarkeit der Keratinozyten im Huf und schwächt dadurch die dermoepidermalen Verbindungen. Insulin übt physiologischerweise überdies vasodilatatorische und vasokonstriktorische Funktionen zur Regulierung des Gefäßtonus aus. Bei einer Insulinunempfindlichkeit scheinen die engstellenden Wirkungen zu überwiegen. Möglicherweise erfolgt sogar ein Vagospasmus mit Ischämie der lamellären Gewebe.

Ein Vagospasmus kann aber auch Folge einer gestörten Endothelfunktion sein, die durch eine höhere Glukosekonzentration zustande kommt. Diese Schädigung der Endothelzellen (Glukotoxizität) könnte zu einem prokoagulativen Zustand und einer Verklumpung von Thrombozyten führen. Die Hufrehe wäre dann wegen der Thrombosierung bzw. Ischämie die Folge.

Nicht vergessen sollte man in diesem Zusammenhang auch die mechanische Komponente bei der Entstehung der Hufrehe. Schon das Gewicht, das bei betroffenen Tieren oft erhöht ist, kann ja zu einer Rehe führen oder sie zumindest begünstigen (Belastungsrehe).

Prophylaxe

Eine kausale Therapie für das EMS ist nicht bekannt und Behandlungsschemen wie für das Cushing-Syndrom eignen sich nicht. Es wird zwar empfohlen, das Gewicht zu bekämpfen, aber neben einer Diät sind die therapeutischen Möglichkeiten sehr beschränkt. Weil die Hufrehe eine häufige Folge und oft erst der Grund für eine tierärztliche Konsultation ist, kommt das Abspecken mittels forcierter Bewegung nicht in Frage. Selbst von Weidegang wird wegen der Gefahr der Aufnahme von Fruktanen für Pferde mit Hufrehe abgeraten.

Dieses Leiden muss als prognostisch sehr ungünstig beurteilt werden, weshalb die Prävention ausgesprochen wichtig ist. Diese muss insbesondere (bitte im richtigen Sinne interpretieren) die Fütterung betreffen, vor allem bei prädisponierten Equiden. In erster Linie wird die Vermeidung einer stärkereichen Diät empfohlen, die eine Insulinresistenz bewirken kann (Treiber et al. 2006), und vor allem ältere und inaktive Pferde sollten nur mit Raufutter versorgt werden. In Bezug auf Letzteres muss weiter verbindlich darauf hingewiesen werden, dass auch Gras oder Heu gezielt eingesetzt werden müssen. Raufutter für Masttiere (z.B. Rinder) ist vollkommen fehl am Platz. Für gewöhnlich verfüttert man Heu vom ersten Schnitt, weil dieses einen hohen Strukturanteil hat, der die Peristaltik stimuliert. Der Nährwert hängt in erster Linie von der Reife des Heus zum Zeitpunkt des Schnittes ab. Der gewiefte Landwirt beobachtet den Wuchs und die Reifung des Heugrases etwa eine Woche vor der geplanten Ernte. Allerdings wird Heu in der Regel mit verschiedenen Gräsern gemacht (z.B. Heugras und Luzerne), womit das Reifestadium zu unterschiedlichen Zeitpunkten eintritt. Man wird also immer zu Kompromissen gezwungen, aber grundsätzlich ist zu beachten, dass Gras in der frühen bis mittleren Reife höhere Anteile an Eiweiß und anderen Nährstoffen hat. Es eignet sich somit vor allem für laktierende Stuten und junge, Pferde im Wachstum. Für erwachsene, wenig arbeitende Pferde und solche mit der Neigung für das EMS müssen wir aber reifes Heu füttern, mit einem ausgewogenen Verhältnis von Stängeln zu Blättern und einen geringen Gehalt an wasserlöslichen Kohlenhydraten hat (also genau die Nahrung, mit der das Pferd in der Evolution groß wurde). Eine Futteranalyse ist empfehlenswert.

Bezüglich des Nährwerts spielt beim Mähen auch die Tageszeit eine Rolle. Heu, das erst am Nachmittag geschnitten wird, hat einen höheren Nährwert als solches vom Morgen. Dank der Photosynthese akkumuliert das Gras während des Tages Zucker und Stärke, welche in der Nacht fürs Wachstum gebraucht werden. Stark zuckerhaltiges Heu eignet sich nicht für Pferde mit Hufrehe, Insulinresistenz und Polysaccharid-Speicher-Myopathie (PSSM). Diese Tiere brauchen Heu vom Morgen.

Beim Verschreiben einer Diät muss beachtet werden, dass das Tier trotzdem Zugang zu Vitaminen und Mineralien hat. Solche Produkte für EMS-Pferde werden heutzutage bereits angeboten. Auch bei diesem Spezialfutter muss darauf geachtet werden, dass es in mehreren Mahlzeiten und nach der Gabe von Heu verabreicht wird. Diese grundsätzlich wichtige Reihenfolge reduziert die Geschwindigkeit der Futteraufnahme und der Passage durch den Magen. Damit werden auch postprandiale zirkulierende Glukose- und Insulinkonzentrationen günstig beeinflusst.

Falls ein Pferd oder Pony mit einer Ration Heu von1,5 % seines Körpergewichts innerhalb eines Monats nicht abnimmt, so darf sie nicht stärker als auf 1 % reduziert werden. Andernfalls müssen eine Zunahme der Insulinresistenz, eine Hyperlipämie und Verhaltensstörungen befürchtet werden (Frank et al. 2010).

Daneben müssen Pferde und Ponys täglich intensiv und fleißig bewegt werden, wobei diese Forderung in vollem Bewusstsein des Umstandes ausgesprochen wird, dass dies im Winter etwas anspruchsvoll sein kann. Aber die Wahrnehmung dieser Verantwortung muss einer sachgemäßen Pferdehaltung inhärent sein.

Erfahrungsgemäß brauchen diese dringend zu beachtenden Ratschläge viel Überzeugungsarbeit und man kann sich oft des Eindrucks nicht erwehren, dass Besitzer und Betreuer ihr schlechtes Gewissen den unterforderten Tieren gegenüber mit Leckereien zu beruhigen versuchen. Johnson (2007) macht darauf aufmerksam, dass obese Tiere geradezu auch ein gesellschaftliches Problem sein können. Er sieht Parallelen zwischen der Fettleibigkeit bei Menschen und Pferden und merkt richtigerweise an, dass viele Besitzer möchten, dass ihre Tiere „gut" aussehen. Seitens der Gesellschaft erfolgen ja praktisch nie Klagen wegen zu dicker Tiere, im gegenteiligen Fall hingegen schon.

> Bei den Equiden ist der Bedarf an Aufklärung für diese Belange sehr groß, nicht zuletzt auch aus ethischen Gründen. Eine Hufrehe ist ein äußerst schmerzhaftes Leiden und muss mit allen Mitteln vermieden werden. Bei allfälliger Betriebsblindheit oder fehlender Einsicht empfiehlt sich die regelmäßige Überwachung mittels Bestimmung des Körpermaßindexes oder dem Wiegen der Tiere.

5.3.5 Die Graskrankheit (Equine Grass Sickness, EGS)

In seiner langen Entwicklungsgeschichte war das Pferd bekanntlich nicht standorttreu, im Gegensatz zur Situation nach der Domestikation und besonders in der heutigen Zeit, wo seine Haltung vornehmlich in speziell geeigneten Betrieben erfolgt. Diese unterschiedlichen Voraussetzungen sind medizinisch insofern von Bedeutung, als regional bestehende Krankheitsherde für durchziehende Tiere früher unproblematisch waren, heutzutage aber Risiken bergen können. In diesem Zusammenhang fällt überdies auf, dass gewisse Leiden des Pferdes schon bei den alten Griechen und Römern und im Mittelalter auch bei uns bekannt waren (z.B. Druse), andere Krankheiten hingegen nicht. Von der Graskrankheit

(Equine Grass Sickness, EGS) hörte man erstmals im Jahr 1909 in Schottland, zu einer Zeit also, in der die Pferdemedizin einen bemerkenswert hohen Stand hatte. Es darf angenommen werden, dass die Graskrankheit zuvor nicht bekannt war, beziehungsweise erst im Zusammenhang mit der heutigen Art und Weise der Pferdehaltung auftrat. Dieser erste Bericht wurde in der Folge mit weiteren Fällen im Vereinigten Königreich und in Teilen des nördlichen Europas bestätigt, in Irland interessanterweise aber bis heute noch nicht. In Südamerika wurde und wird regelmäßig die Krankheit „Mal seco" diagnostiziert und komparative Studien haben ergeben, dass dieses Leiden mit der Graskrankheit identisch ist. In Nordamerika hingegen wurde erst vor Kurzem von einem klinischen Fall berichtet, von einem sechsjährigen Maultier, bei dem die klinische Diagnose mit histologischen Befunden bestätigt werden konnte.

Die Graskrankheit ist ein Leiden des autonomen Nervensystems und wird auch als „Equine Dysautonomie" bezeichnet. Im Allgemeinen wird jedoch die Bezeichnung Graskrankheit verwendet, was passend ist, weil das Auftreten dieses Leidens mit Weidegang und auch mit der Aufnahme von Gras in Zusammenhang gebracht wird. In über 99 % der bisher berichteten Fälle betraf die Graskrankheit weidende Tiere.

In direktem Zusammenhang mit der bereits erwähnten regionalen Häufung steht die Beobachtung, dass das Risiko des gehäuften Auftretens der Graskrankheit auf Betrieben höher ist, wenn sie dort früher schon vorkam. Eine weitere interessante Feststellung machten Wood und Mitarbeiter (1998), wonach Pferde, die mit früheren Fällen Kontakt hatten, ein zehnmal geringeres Risiko hatten zu erkranken. Eine Erklärung für diesen scheinbaren Gegensatz findet man bei Beobachtungen über eine längere Zeit (10 Jahre), wo ein sinusförmiger Verlauf von Meldungen vermerkt wurde. Es handelt sich nur um verschiedene Aspekte des Krankheitsgeschehens, wonach es vermutlich einerseits das größere Risiko der Ansteckung wegen des höchstwahrscheinlichen Vorhandenseins einer Noxe gibt, zum andern glücklicherweise aber auch ein Schutz durch die Immunabwehr möglich ist. All diese Befunde lassen als Noxe einen Erreger und/oder sein Toxin vermuten. Dieser Verdacht fiel schon 1923 auf Clostridium botulinum.

Symptomatik

Tocher und Mitarbeiter (1923) zogen Cl. botulinum als kausales Agens darum in Betracht, weil die Symptome der EGS wie Muskelzittern, Dysphagie, Ptosis, Speicheln und aufgezogenes Abdomen an den Botulismus erinnern.

Die klinische Diagnose ist jedoch nicht immer einfach und basiert anfänglich häufig nur auf anamnestischen Angaben; in der Regel kann sie erst durch die pathologisch-anatomische Untersuchung zuverlässig bestätigt werden.

Für gewöhnlich unterscheidet man zwischen akuten, subakuten und chronischen Formen.

Die akute Graskrankheit hat einen sehr raschen und schweren Verlauf; im Extremfall werden die Tiere auf der Weide tot aufgefunden. Die subakute Form hat einen weniger schweren Verlauf und bei der chronischen Form treten Anzeichen der Krankheit nur allmählich auf. Bei letzterer Form liegt die Überlebensrate bei etwa 50 %. Bezüglich Geschlechts und Rasse der betroffenen Pferde kennt man keine Unterschiede.

Bei subakutem Verlauf ist der Allgemeinzustand reduziert, die Herzfrequenz ist erhöht und die Peristaltik vermindert oder sogar fehlend. Die Patienten zeigen lokales oder generalisiertes Schwitzen, Speicheln, Dysphagie (Schluckbeschwerden), Reflux von Magen- und Darminhalt durch die Nase, Muskelfaszikulationen (v.a. M. triceps brachii), Ptosis und Anzeichen von Kolik, Letztere für gewöhnlich bedingt durch eine Obstipation.

Bei der chronischen Form erfolgt ein rascher und starker Gewichtsverlust, bis hin zur Abmagerung. Der Bauch ist aufgezogen und die Gliedmaßen werden unter dem Körper versammelt. Die Nüstern sind trocken und eventuell verkrustet und eine Ptosis palpebrae (Herabhängen des Oberlids) kann in der Regel beobachtet werden. Die Herzfrequenz ist nur leicht erhöht, lokales Schwitzen, Inappetenz und eine leichte Dysphagie bestehen ebenfalls. Bedingt durch die verlangsamte Passagezeit der Ingesta sind die Kotballen klein, trocken, dunkel und häufig auch schleimüberzogen.

Möglichkeiten für eine Laboruntersuchung bestehen noch nicht (Stratford et al. 2012) und jene eines nichtinvasiven Tests sind bescheiden. Eine einfache und praktische Methode, welche die Ptosis diagnostisch nutzt, wurde von Hahn und Mayhew (2000) eingeführt. Bei der Ansicht des Pferdekopfes von vorn kann die Größe der Oberlidfalte bzw. die Winkelung der Wimpern zum Auge beurteilt werden. Lider und Wimpern hängen ja darum herab, weil eine Parese des Levator palpebrae superioris und des Levator anguli oculi medialis besteht. Letzterer wird durch den N. auricolopalpebralis (Hirnnerv VII) innerviert. Erfahrungsgemäß ist der Hirnnerv VII bei der Graskrankheit häufig chromatolytisch und die Ptosis die Folge einer Denervation. Die Verabreichung von 2- und 10%iger Phenylephrin-Lösung als Augentropfen bewirkt eine rasche Reduktion der Ptosis für mehrere Stunden und somit eine Vergrößerung des Winkels zwischen Wimpern und Cornea.

Hahn und Mayhew (2000) versuchten dies bei allen Formen (akute, subakute und chronische Graskrankheit) erfolgreich und bezüglich der Dauer des Leidens (1 bis 65 Tage) bestanden bei einer Spezifität und Sensitivität von 75 % keine Unterschiede. Das Phenylephrin wurde mit NaCl auf 0,5 % und 0,5 ml verdünnt und auf die Konjunktiven eines Auges appliziert, wobei die Pferde zuvor für Stunden nicht sediert gewesen sein dürfen (sonst kann eine übermäßige Reaktion erfolgen). Falte und Winkel wurden 30 Minuten später kontralateral verglichen. Die Lidfalte wird größer dank des M. arrectores ciliorum (glatte Muskulatur) und ein Winkel zwischen Wimpern und Cornea von 22° wird als Grenzwert erachtet

Ätiologie und Pathogenese

In Anbetracht der Situation, dass die Grass Sickness in Schottland und im Norden Englands als die wichtigste Pferdekrankheit gilt, wurde dort eine Studie für die Identifizierung von Risikofaktoren durchgeführt. Eine erhöhte Gefahr für das Auftreten der Graskrankheit wurde erkannt, wenn viele Pferde mit einem hohen Prozentsatz von jungen Tieren auf dem Betrieb sind, der Boden lehmig und sandig ist, es sich um ein Gestüt oder einen Reit-/Pensionsstall handelt und der Kot maschinell eingesammelt wird. Gewisse Beobachtungen aus diesen Studien können zwar miteinander in Zusammenhang stehen, trotzdem spricht nichts gegen den Verdacht auf das Vorhandensein einer Noxe, bspw. Cl. botulinum.

Bezüglich des jahreszeitlichen Auftretens besteht eine Häufung im Frühling, vor allem im April, Mai und Juni, und in bescheidenerem Maße auch im Herbst. Die Graskrankheit kann aber jederzeit vorkommen und nicht nur saisonal, sondern auch regional gehäuft auftreten. Ein Tatbestand, der auch für die Hypothese eines kausalen Zusammenhangs von Clostridien und der Equinen Atypischen Myopathie (Cl. sordellii) spricht.

Äußerst interessante Resultate bezüglich des Vorkommens von Botulinum-Neurotoxin wurden 2003 von Böhnel und Mitarbeitern publiziert. Auf einem Gestüt mit wiederholten Fällen von Graskrankheit untersuchten sie u.a. Grasproben, und auf einer der Weiden konnten sie zur Zeit des Geschehens in wachsendem Gras neben *Cl. botulinum* (bei 6 von 19 Proben) auch freies BoNT nachweisen (in 13 von 19 Proben). Das Vorkommen dieses Anaerobiers und seines Toxins am Gras selber erklären diese Forscher damit, dass er im Biofilm im unteren Teil des Grases gedeihen kann.

Die momentane Forschung verfolgt als Ursache für die Graskrankheit die Hypothese eines toxiko-infektiösen Botulismus, zum einen mit einem Neurotoxin von Clostridium botulinum Typ C (BoNT/C) und anderseits der Möglichkeit, dass das binäre C_2 Toxin unter ungünstigen Bedingungen im Gastrointestinaltrakt gebildet wird (Newton et al. 2010). Dabei nimmt man an, dass die Produktion und Absorption von BoNT/C und des binären C_2 Toxins hauptsächlich im Ileum geschieht, als Folge einer Überwucherung von normaler Darmflora und/ oder des Keimens von Sporen, zusammen mit potenziellen Triggerfaktoren in der Diät.

Hunter und Mitarbeiter (1999) fanden überdies einen signifikanten Zusammenhang mit der Anwesenheit von sowohl Cl. botulinum als auch BoNT/C im Inhalt des Ileums und in den Faeces von histologisch bestätigten Fällen von Grass Sickness, verglichen mit gesunden Kontrolltieren. Diese Forscher entdeckten überdies, dass die kranken Pferde signifikant weniger IgG-Antikörper gegen Oberflächen-Antigene von Cl. botulinum und BoNT/C hatten als Pferde, die auf der gleichen Weide grasten oder Kontakt mit kranken Pferden hatten.

Bekräftigt wurden all diese Resultate durch Untersuchungen von Nunn und Mitarbeitern (2007a), die bei überlebenden Fällen höhere Konzentrationen von systemischem IgG gegen Oberflächenantigene von Cl. botulinum fanden als bei verendeten Tieren. Es darf also angenommen werden, dass der Antikörperstatus nicht nur den Verlauf der Krankheit beeinflusst, sondern auch deren Ausgang. Diese Forscher konnten weiter nachweisen, dass EGS-Fälle auch signifikant mehr intestinale IgA-Antikörper gegen Cl. botulinum und BoNT/C und D hatten als Kontrolltiere (Nunn et al. 2007b). All diese Resultate sprechen für eine Wirkung von Antikörpern gegen Cl. botulinum Typ C als Schutz vor der Graskrankheit.

Cl. perfringens ist auch ein normaler Darmbewohner, der bei Graskrankheit ebenfalls in größerer Zahl vorhanden ist, möglicherweise genauso wie Cl. botulinum, weil für das Entstehen der Graskrankheit im Darm grundsätzlich günstige Verhältnisse für Clostridien zu herrschen scheinen. Es ist noch nicht klar, was hier Ursache oder Wirkung ist.

Bezüglich der Ätiologie muss man nach mehr als 100-jähriger Erfahrung mit der Graskrankheit davon ausgehen, dass weniger ein Keim das große Problem ist, sondern seine Umwelt – was an Claude Bernard (1813–1878) erinnert: „Der Keim ist nichts, der Nährboden ist alles" (eine Aussage, die älter die EGS ist).

> Für uns dürfte das heißen, der Umwelt der Darmbakterien Sorge tragen zu müssen und den Clostridien möglichst keinen Vorteil zu bieten. Wir müssen einen gesunden Nährboden schaffen, der für ein ausgewogenes Gleichgewicht der Darmflora sorgt – womit wir wohl wieder bei der Futteraufnahme sind. Vermutlich müssen wir beim heutigen Stand des Irrtums unser Augenmerk in erster Linie auf das Management der Weiden und die Fütterung der Weidepferde richten, insbesondere, solange die Möglichkeiten der Immunprophylaxe so bescheiden sind.

Prophylaxe

Für die Reduktion von Graskrankheitsfällen werden diverse Management-Praktiken empfohlen. Die in mehreren Studien identifizierten Faktoren für ein

Risiko oder einen Schutz können in drei Gruppen gegliedert werden, die sich aufs Pferd, den Betrieb und das Management beziehen.

Für die tägliche Arbeit mit gefährdeten Pferden können in der Regel unglücklicherweise nicht alle berücksichtigt werden. Es empfiehlt sich bei betroffenen Betrieben aber immer zu evaluieren, welche Faktoren vermieden oder implementiert werden können.

Zur Verminderung des Risikos

- Die Beweidung von Parzellen mit bekanntem Risiko soll vermieden oder zumindest minimiert werden.
- Mit Ausnahme der Anlage von Drainagen soll jede Störung der Integrität der Weide (Eggen, maschinelle Kotentfernung, Bauarbeiten) vermieden werden (das Drainieren von feuchten Weiden wird übrigens empfohlen für die Prävention des Botulismus).
- Weiden sollen nicht zu stark abgegrast und die Grasnarbe darf nicht durch zu starke Bestoßung zerstört werden. Vermutlich ermöglicht die verletzte Grasnarbe bessere Lebensbedingungen für das Agens oder dieses wird von tieferen Schichten an die Oberfläche gebracht, wo es besser aufgenommen werden kann.
- Plötzliche Futterumstellungen müssen sowohl in quantitativer wie qualitativer Hinsicht vermieden werden.
- Ivermectin-basierte Wurmmittel sollen nicht übermäßig verwendet werden (mit anderen Wirkstoffen abwechseln).

Die äußerst gründlichen Analysen zeigten, dass die Graskrankheit auch dort gehäuft auftrat, wo der Stickstoffgehalt in der Erde (nicht aber in den Pflanzen) signifikant höher war als bei Kontrollbetrieben. Es bestand aber auch bezüglich der Düngung mit Stickstoff und dem Auftreten der Graskrankheit kein Zusammenhang. Die Düngung bewirkt oft keinen Anstieg des Stickstoffgehalts in der Erde, nur in den Pflanzen. Diese Besonderheit ist auch im Zusammenhang mit der Tatsache zu sehen, dass die meisten Fälle im Frühjahr auftreten. Zu dieser Zeit (und im Herbst) wächst das Gras rasch, ist reich an Aminosäuren und Nitrat und braucht Stickstoff. Die Aufnahme solcher Pflanzen ist gleichzusetzen mit einer qualitativen und quantitativen Futterumstellung, welche als Risikofaktor für die Graskrankheit bekannt ist. Auf dieser Grundlage kann es zu einer Beeinflussung der intestinalen Gärung kommen und der Ausbruch der Krankheit begünstigt werden. In diesem Zusammenhang sind allgemein gültige Empfehlungen zum Weidemanagement von Interesse, welche die Vorbereitung der Felder für den Winter betreffen:

- Hohes Gras im Herbst mähen, um Frostschäden möglichst zu vermeiden. Andernfalls stirbt es ab und die Grasnarbe erstickt, was im Frühling nicht nur das Wachstum verlangsamt, sondern auch zu Krankheiten führen kann. Diese Empfehlung klingt sehr vernünftig, weil Stickstoff vor allem durch Pflanzenreste ins Gras gelangt, entweder direkt oder nach Passage durch ein Tier. Dafür muss der Stickstoff in Form von Eiweiß oder Aminosäuren vorliegen, was durch symbiotische und freilebende Bakterien bewerkstelligt wird.
- Darüber hinaus ist es bekanntlich sinnvoll, die Weiden über den Winter zu „putzen". spricht hier vom „Luxus" des Beweidens mit Schafen bis Ende Januar. Diese Empfehlung dürfte besonders beachtenswert sein, weil das gemeinsame Beweiden mit Wiederkäuern ohnehin ein protektiver Faktor ist (obwohl wir wissen, dass Clostridien auch im Wiederkäuerkot heimisch sind).
- Falls Kompromisse gemacht werden müssen, sollte prioritär darauf geachtet werden, dass keine jungen Tiere, keine Neuzugänge und keine Pferde unmittelbar aus dem Sport exponiert werden. Weiter sollte zu risikoreicheren saisonalen und klimatischen Perioden (Frühling, früher Sommer bzw. kühl, trocken) besondere Sorgfalt geübt werden.
- Falls die Hypothese einer Mitbeteiligung von Clostridium botulinum in der Ätiologie der Graskrankheit zutrifft, sollten auch jene Maßnahmen hilfreich sein, die für die Prävention des Botulismus empfohlen werden.

5.3.6 *Der Botulismus*

Bis vor wenigen Jahren wurde man als Großtierpraktiker hierzulande beim Rindvieh gelegentlich und beim Pferd nur sehr selten mit Fällen von Botulismus konfrontiert. Eine Publikation von Böhnel trug 1999 sogar der Titel „Botulismus – eine vergessene Erkrankung". Gemäß Erfahrungen in anderen Ländern musste man indes früher oder später mit einer Zunahme rechnen und zu Beginn dieses Jahrhunderts wurden die Befürchtungen tatsächlich auch wahr. Man war somit nicht unvorbereitet, wobei die Risiken nicht nur aus medizinischen Gründen, sondern auch aus der Kenntnis der griechischen Geschichte bekannt waren (als Opfer einer Vergiftung mit dem Neurotoxin von Clostridium botulinum gelten Midas und Themistokles, denen es mit einem Getränk verabreicht worden sein soll. Hergestellt wurde das Gift in jener Zeit nach Angaben des Inders Schanaqua, indem „ein Schafsdarm mit Blut aus der linken Halsader eines schwarzen Stiers gefüllt, der Darm fest verschlossen, gründlich im Schatten getrocknet und anschließend zu Pulver verrieben werde. Setzt man das Pulver einer Speise oder einem Getränk zu, so wirkt es binnen drei Tagen tödlich"). Da im Schafsdarm immer anaerobe Sporenbildner vorhanden sind, darunter die Erreger des Botulismus, ist hier ein Zusammenhang glaubwürdig, zumal auch die bis zum Tode vergehenden drei Tage zum Wesen dieser Vergiftung passen.

Die Bezeichnung der Krankheit und des Erregers steht in Zusammenhang mit dem lateinischen Wort „Botulus" (Wurst). Der Name weist darauf hin, dass zur Zeit der Beschreibung dieses Leidens, etwa Anfang des 19. Jahrhunderts, Erkrankungen beim Menschen nach Genuss von Würsten im Vordergrund standen. Eine erste zusammenfassende Darstellung verdanken wir dem Dichter und Oberamtsarzt Justinus Kerner (1820). Er konnte anhand von 76 Fällen, von denen er 36 selbst beobachtet hatte, die Gefährlichkeit dieser Krankheit dokumentieren; 24 waren durch Leberwürste, 12 durch Blutwürste verursacht worden.

Die ätiologische Klärung des Botulismus beim Menschen erfolgte durch van Ermengem in Gent, der in einer ersten vorläufigen Mitteilung 1896 und einer weiteren ausführlichen Arbeit 1897 seine Beobachtungen über einen neuen anaeroben Bazillus veröffentlichte. Bei einer aus 36 Personen bestehenden Musikkapelle führte in Ellezelles der Genuss eines Schinkens zu schwerer Erkrankung von zehn und zum Tod von drei Personen. Der typische Erreger konnte in Resten des Schinkens, im Mageninhalt und in der Milz als anaerober Sporenbildner nachgewiesen werden.

Beim Pferd wurde der Botulismus im Zusammenhang mit der Futteraufnahme schon 1914 von Graham und Brueckner in den USA rapportiert. In einer Publikation von Graham und Schwarze (1921) wird von weiteren Fällen bei Weidegang berichtet und dabei auch auf vermutete frühere sieben Vergiftungen durch Cl. botulinum ab 1902 hingewiesen.

Bei unseren Equiden haben veränderte Haltungs- und Fütterungspraktiken und auch neue Erntemethoden zu einer Zunahme von Vergiftungen geführt. Die verantwortlichen Bakterien finden sich natürlicherweise in der Umwelt des Pferdes. Die Gattung Clostridien ist artenreich und sehr alt, bedeutend älter als das Pferd. Es wird angenommen, dass diese Bakterien vor etwa 3 bis 3,5 Milliarden Jahren auf der Erde entstanden sind und als streng anaerobe Sporenbildner überwiegend im Erdreich und im Darm von Tieren und Menschen auftreten. Genauso wie Cl. botulinum ist auch Cl. tetani jederzeit und überall in der Umgebung von Equiden vorhanden.

Die Wirkungsweise des Botulinum-Toxins

Das Botulinum-Toxin ist das stärkste Gift in der Natur überhaupt und besteht aus zwei Komponenten: einem a-Fragment mit 150.000 Daltons und einem b-Fragment mit 50.000 Daltons, womit es an einen zweiarmigen Banditen erinnert.

Sein Wirkungsort ist die cholinergische Synapse, wo es bei der motorischen Endplatte die Nervenübertragung blockiert. Normalerweise wird hier bei Eintreffen eines Nervenimpulses Acetylcholin freigesetzt, das nach Passieren der Zellmembran des Axons die benachbarte Muskelzelle zur Kontraktion stimuliert.

Bei Vorhandensein von Botulinum-Toxin wird die Freisetzung von Acetylcholin verhindert und die Stimulierung der Muskelzelle bleibt aus. Das Resultat ist eine Paralyse der cholinergisch innervierten Muskelfasern (funktionelle Denervation). Dagegen wird das adrenergische (sympathische) Nervensystem nicht beeinflusst.

Die schwere Kette des Toxins ist bei der Erkennung der oberflächlichen Rezeptoren an den Neuronen beteiligt und ermöglicht den Eintritt der leichten Kette ins Cytosol. Letztere ist dort verantwortlich für die intrazelluläre Aktivität, indem sie die Proteolyse von SNARE-Proteinen katalysiert, welche ihrerseits die Exocytose der synaptischen Vesikel bewirken, die das Acetylcholin enthalten.

Symptome und Diagnose

Die für gewöhnlich zu beobachtende Symptomatik erklärt sich voll und ganz mit der Wirkungsweise des Botulinum-Toxins. Sie ist der Ausdruck der schlaffen Lähmung der Muskulatur in allen möglichen Formen.

Von den Pferdehaltern wird für gewöhnlich berichtet, dass zuerst Veränderungen im Verhalten auffallen, dass das Pferd beim Reiten faul sei und als müde und apathisch wahrgenommen wird. Bald ist auch die Aufnahme von Futter und Wasser gestört, indem Kraft- und Raufutter zwar aufgenommen, in der Regel auch langsam gekaut, aber nicht geschluckt werden. Die betroffenen Tiere sabbern, lassen Futterkörner fallen und Speichel tropft von den Lippen. Zusätzlich können sie regurgitieren (Flüssigkeit läuft aus den Nüstern). Die Zunge verliert ihren Tonus, weshalb sie nicht mehr eingezogen werden kann. Eventuell trinkt und frisst das Pferd aber auch gar nicht. Im weiteren Verlauf zeigen die Tiere einen reduzierten Allgemeinzustand und eine tiefe Haltung des Kopfes kann auffallen. Das betroffene Tier kann „traurige, ängstliche, glotzende, tränende Augen“ haben und Lichtscheu zeigen. Bei Pferden im Stall besteht in der Regel eine Mydriasis und beim Verlassen des Stalls können wegen der Lähmung die Pupillen nicht adaptieren (sich nicht verkleinern). Des Weiteren können sich die Tiere schlurfend, schleppend, taumelnd und wankend (aber nicht ataktisch) bewegen, schleifen manchmal die Zehen, sind unsicher und machen kleine Schritte. Der Schweiftonus kann ebenfalls reduziert sein. Das betroffene Pferd zeigt möglicherweise vage Symptome einer milden Kolik (Unruhe und Lethargie); im Allgemeinen. besteht eine Verstopfung mit trockenem Kot und ein Caecum-Meteorismus kann sich einstellen. In Einzelfällen kann aber auch Durchfall beobachtet werden.

Als Folge der Lähmung der Atemmuskulatur ist der Bauch aufgezogen (Wespentaille). Weiter kann Muskelzittern auftreten, im Allgemeinen im Bereich von Schulter und Ellbogen. Schließlich können die Pferde viel liegen und dann mit dem Aufstehen Mühe haben.

Im frühen Stadium der Erkrankung besteht in der Regel kein Fieber (Intoxikation und nicht Infektion) und Herz- und Atemfrequenz können unauffällig sein. Im weiteren Verlauf kann das Muskelzittern heftiger werden. Bei Erkrankung mit dem Typ C fällt wegen der zunehmenden Atemnot der deutlich angehobene Bauch auf.

Innerhalb von 48 Stunden können betroffene Pferde zum Festliegen kommen, häufig mit aufgestütztem Kinn.

Bei der Paralyse des Atemapparates tritt der Tod innerhalb 48 bis 72 Stunden ein, bzw. die Euthanasie ist gefordert, wenn eine Lähmung der Atemmuskulatur beobachtet werden muss.

Die Stärke der Symptome ist weitgehend abhängig davon, welche Menge Toxin das Pferd aufgenommen hat. Ein Tier, das wenig Toxin aufgenommen hat, ist weniger stark betroffen und sein Zustand kann sich langsam verschlechtern.

Die Diagnose des Botulismus muss sich vor allem auf die klinische Untersuchung stützen, einerseits für die sofortige Einleitung einer allfälligen Behandlung und anderseits, weil die labortechnische Bestätigung schwierig (technisch, zeitaufwändig und kostspielig) und sogar unergiebig sein kann. Bezüglich der Therapie muss man sich bewusst sein, dass sie nur symptomatisch sein kann und darum nur zu einem geringen Prozentsatz erfolgreich ist. Pferde scheinen für das Toxin besonders empfindlich zu sein, und die Letalitätsrate ist bei erwachsenen Tieren gegen 70 %.

Ätiologie und Pathogenese

Wie bereits erwähnt wird Botulismus durch ein Neurotoxin, welches durch die heterogene Gruppe des gram-positiven Anaerobiers Clostridium botulinum produziert wird, verursacht. Das Bakterium ist ubiquitär und bewohnt vor allem Schlamm und Morast und deren Umgebung. Stämme mit proteolytischer Aktivität verderben Lebensmittel und Futter.

Bisher wurden acht Typen von Toxinen identifiziert, die von verschiedenen Stämmen produziert werden: A, B, Ca (oder C1), Cb (oder C_2), D, E, F und G. Einzelne Subtypen können mehr als einen Toxin-Typ produzieren. C_2 gilt nicht als Neurotoxin. Jeder Typ soll in seiner geografischen Verbreitung und Speziés-Empfänglichkeit einzigartig sein.

In Nordamerika ist Typ B verantwortlich für mehr als 80 % der Pferdefälle, die Typen A und C für die restlichen 20 %. In Europa soll vor allem der Typ C vorkommen.: In den Jahren 1995 bis 1998 konnte er in Deutschland (bei 122 Verdachtsfällen bei Rind und Pferd) 66 positive Befunde erheben. Manche Proben waren jedoch keinem seiner 1.000 (!) Stämme verwandt und er ist der Ansicht, dass die Typisierung der Toxine noch völlig unbefriedigend ist. In der Praxis begnügt man sich für gewöhnlich damit, den Botulismus nur grundsätzlich nachzuweisen.

Tabelle 1 – Die acht Typen des Botulinum-Toxins

Toxintyp	**Intoxikationsquelle**	**Erkrankung besonders bei**
A	Pflanzliche Nahrungsmittel, Fleisch, Fisch, möglicherweise auch durch Wunden	Mensch, Huhn, Nerz, u.a.
B	Fleisch- und Fleischerzeugnisse, Wunden	Mensch, Pferd, Rind, Huhn
C_a, C_1, C_2, D	Larven, Sumpf-/Faulschlamm, Pflanzen	Wasservögel
C_b, C_2	Verdorbenes Futter, Kadaver	Rind, Pferd, Nerz
D	Kadaver	Rind
E	Fisch- und Fischerzeugnisse	Mensch
F	Leberpasteten, Fisch	Mensch
G	In der Literatur zum Botulismus beim Pferd findet man den Typ G häufig – ohne weitere Ausführungen. Dieser Botulismus Typ G ist bisher für Vergiftungsfälle unbekannt.	

Die Erkrankung an Botulismus kann vermutlich auf drei Wegen erfolgen: Weitaus am häufigsten erfolgt eine Ingestion von Toxin mit kontaminiertem Futter oder Wasser. Des Weiteren kann der Erreger (Sporen) selbst aufgenommen werden, was eher bei Fohlen vorkommt („Shaker Foal Syndrome", toxikoinfektiöser Botulismus). Schließlich kann Cl. botulinum grundsätzlich auch durch Wunden eindringen.

Für die Kontamination von Futtermitteln werden oft verwesende Kadaver und eiweißreiche Konzentrate verantwortlich gemacht; es scheint aber viel häufiger zu passieren, dass Heu, Heulage oder Silage durch ungeeignete Ernte, Lagerung oder schlechte Fermentation verschmutzt werden. Außerdem können auch Weidebrunnen, sowohl das Wasser als auch das Umfeld, durch Tierkadaver kontaminiert sein. Gleiches fürchtet man bei überschwemmten Feldern.

Prophylaxe

Beim Menschen werden 90 % aller Botulismus-Fälle durch verdorbene Lebensmittel hervorgerufen, und auch bei den Equiden scheint die perorale Aufnahme des Toxins weitaus die häufigste Ursache des Botulismus zu sein. Die einleitend erwähnte Häufung der Fälle in unseren Breiten wird in erster Linie einer veränderten Fütterungspraxis und modernen Erntemethoden zugeschrieben. Diese beiden Parameter betreffen vornehmlich die Fütterung von Silage, die dafür in anderer Hinsicht medizinische und ökonomische Vorteile bietet. Die Verabreichung von Silage und Heulage wurde darum populär, weil deren geringe Staubbelastung bei Equiden mit allergischen Leiden der Atemwege eine signifikante Verbesserung brachte. Betriebswirtschaftlich können Silage und Heulage insofern interessant sein, als für deren Lagerung keine Gebäude zur Verfügung stehen müssen. Diesen Vorzügen steht jedoch der mögliche Nachteil der Aufnahme von verdorbenem Futter gegenüber. Diesbezüglich hat Böhnel schon 1999 die moderne Technologie der Futterwerbung und -konservierung als hauptsächliche Ursache für die Toxinbildung im Futter erkannt. Dabei nimmt er Bezug auf die Situation bei Rindern, wo auffällig war, dass der Einsatz von modernen, breiteren und schnellen fahrenden Erntemaschinen zu einer erhöhten Zahl von Erkrankungen führte. Durch die Art der Futtergewinnung werden je nach Methode unterschiedliche Mengen Erdboden mit aufgenommen und Kleintiere können nicht flüchten und werden ebenfalls aufgesammelt.

Beim Silieren wird das gemähte Gras in der Regel gleichentags nur angewelkt verpackt. Zum einen bleibt somit mehr Erde haften als beim trockenen Heu und zum andern geraten allfällige Kadaver in die Ballen, weil deren Abräumen durch Füchse und andere Tiere über die Nacht nicht mehr möglich ist. Beim Mähen muss dringend darauf geachtet werden, dass die Zahl der Wildtieropfer möglichst geringgehalten wird. Dies erreicht man am besten durch vorheriges Ausflaggen des Feldes oder die Benutzung von Warnsystemen. Mit dem Mähen beginnt man in der Mitte der Parzelle und nicht vom Rande her und die Fahrgeschwindigkeit sollte 12 km/h nicht überschreiten. Damit soll ein Flüchten der Tiere ermöglicht werden.

Bezüglich der Bewirtschaftung von Weiden wird darauf hingewiesen, dass die Düngung mit biologischem Abfall (Mist, Gülle, Klärschlamm) große Risiken birgt. Für Pferdeweiden selbst besteht diese Gefahr normalerweise zwar nicht, aber beim Kauf von Silage und Heulage sollte die Düngung der Produktionsflächen in Erfahrung gebracht werden. Für die Ansaat von Gras sind überschwemmte Flächen strikt und Waldränder (wegen Kleingetier) möglichst zu meiden. Man muss sich hier bewusst sein, dass ein einmal kontaminierter Boden für viele Jahre eine mögliche Quelle neuer Erkrankungen bleibt. Wo Botulinum-Toxin vorkommt, müssen auch vegetative oder Sporenformen von Cl. botulinum vorhanden sein.

Des Weiteren muss beachtet werden, dass das für Pferde gewünschte reife Heugras zum Zeitpunkt der Ernte möglicherweise nicht mehr schön aufrecht steht und somit die Versuchung groß ist, den Mähbalken für den Schnitt zu tief einzustellen (tiefer als 10 cm, bzw. Faustbreite). Dies ist besonders bei ökologisch bewirtschafteten Wiesen zu unterlassen, weil sich hier Mäuse mit ihren Erdhaufen besonders wohlfühlen.

Das Silieren ist eine anspruchsvolle Arbeit. In der Silage sollte der pH-Wert unter 4,5 liegen, um dieses Bakterium abzutöten. Dieser Umstand verdient darum Aufmerksamkeit, weil bei Siliergut für Equiden mit einem hohen Trockensubstanz- und eventuell geringem Zuckergehalt die Senkung des pH-

Werts für gewöhnlich nur mit nitrithaltigen Hilfsmitteln bewirkt werden kann. Weiter verdient Beachtung, dass extensiv genutzte, stickstoffarme Flächen sich wegen des Nitratmangels nicht für die Ernte von Silierfutter eignen.

Das Erntegut muss rasch getrocknet und stark gepresst werden, damit die Milchsäuregärung möglichst bald einsetzen kann. Beim Wickeln der Ballen darf die Temperatur des Futters nicht zu hoch sein, weil diese Gärung ab 30 °C nicht mehr stattfindet. Das Stehenlassen der Ballen an der Sonne ist zu vermeiden und die Farbe der Folie ist vorteilhafterweise weiß.

Gute Futter-, Stall- und Weidehygiene steht für die Prävention des Botulismus an vorderster Stelle und auch beim Weiden der Pferde darf die Grasnarbe nicht zu tief abgegrast werden, weil die Tiere sonst möglicherweise Erde mit Clostridien aufnehmen können. All dieser Aufwand steht in einem gesunden Verhältnis zum Nutzen, weil Letzterer auch die Prophylaxe anderer Probleme miteinschließt, bspw. der Rhodokokkose, und die ökologische Bekämpfung von Parasiten.

Daneben besteht prinzipiell auch die Möglichkeit der Immuntherapie und -prophylaxe der Tiere. Diese Methoden wurden ebenfalls schon zu sehr frühen Zeiten entwickelt. Van Ermengem erwähnt dort sowohl die Herstellung eines antitoxischen Serums gegen den Bacillus botulinus mit Ziegen und Pferden wie auch die erfolgreiche Vakzinierung. Dabei verweisen er und Leuchs auf erste Arbeiten von Kempner in den Jahren 1897, 1904 und 1910 sowie von Forssman und Lundström 1902 (Kolle und von Wassermann 1912).

Heutzutage stehen für die aktive Vakzinierung Toxoidimpfstoffe aus den Vereinigten Staaten (Typ B) und aus Südafrika zur Verfügung (Typ C und D). Sie gelten als wirksam, wenn eine korrekte Grundimmunisierung und regelmäßige Wiederholungsimpfungen durchgeführt werden. Die aktive Vakzinierung im Moment eines Ausbruchs ist hingegen nicht hilfreich.

5.3.7 *Die Equine Atypische Myopathie (EAM)*

Die eingehendere Beschreibung dieses Leidens als spezifische Muskelkrankheit bei Equiden erfolgte erst 1984. Allerdings waren zuvor schon Publikationen erschienen (ab den 20er-Jahren des letzten Jahrhunderts), die retrospektiv beurteilt höchstwahrscheinlich die gleiche Krankheit betreffen. Eines der auffälligeren klinischen Anzeichen ist die Myoglobinurie, weshalb dieses Leiden zeitweise auch atypische Myoglobinurie genannt wurde. Davon kam man inzwischen jedoch ab, weil dieses einzelne Symptom dem komplexen Wesen der Krankheit nicht gerecht wird.

Der Bekanntheitsgrad der EAM ist nach wie vor bescheiden, bedingt durch ihre Eigenheit, bisher nur regional aufgetreten zu sein. Im nördlichen Deutschland traten erste Fälle erst 1995 auf, dann aber mit mehr als 100 toten Pferden sehr eindrucksvoll.

Das Krankheitsbild

Die Equine Atypische Myopathie ist (ebenfalls) eine saisonal auftretende Erkrankung, die, wie es der Name sagt, vor allem die Muskulatur betrifft. Sie tritt bei Pferden mit Weidegang auf und ist charakterisiert durch eine generalisierte, komplette Degeneration von Muskelfasern (Rhabdomyolyse). Sie kommt eher bei jüngeren Tieren vor, wobei diese Feststellung selbst unter Beachtung des Umstandes getroffen wird, dass vor allem junge Pferde Weidegang haben. Eine Rassendisposition scheint hingegen nicht zu bestehen, und in jüngerer Vergangenheit trat die EAM auch bei Eseln und Zebras auf.

Betroffen sind für gewöhnlich große Teile der Muskulatur des Respirationstraktes und des Stammes sowie das Myokard, was in über 90 % der Fälle zu einem raschen Tod als Folge des Versagens der Atmung und des Herzens führt. Betroffene Pferde können nicht nur perakut sterben, sondern bei einem Kontrollgang am Morgen schon tot auf der Weide aufgefunden werden, obwohl am Vortag noch keine Anzeichen zu erkennen waren. Beim akuten Verlauf können die Tiere profuses Schwitzen, Muskelfaszikulationen, Schwäche, Pigmenturie, Stetigkeit, Festliegen und Atembeschwerden zeigen und nach 12 bis 72 Stunden verenden. In dieser Zeit scheinen sie bei erbärmlichem Allgemeinbefinden sehr starke Schmerzen zu erleiden. Meistens bestehen eine Tachykardie und -pnoe sowie Untertemperatur und die Laboruntersuchung erbringt vor allem deutliche Erhöhungen der Creatinkinase und des Troponin I.

In einer Übersicht aus diversen europäischen Gegenden wurden weitere Symptome berichtet wie Obstipationen, Diarrhö, Penisprolaps, bukale Ulzerationen und Nierenversagen. Die Überlebensrate beträgt um die 26 %.

Ausbrüche größeren Ausmaßes wurden seit den 80er-Jahren des letzten Jahrhunderts in Regionen verschiedener Länder Europas gemeldet, vor allem im Herbst 2006 und 2009 in Belgien, Dänemark, Deutschland, England, Frankreich, Holland, Luxemburg und der Schweiz. Ein vergleichbares, wenn nicht sogar gleiches Krankheitsbild ist auch in den Vereinigten Staaten (Minnesota) bekannt und wird dort als saisonale Weidemyopathie (Seasonal Pasture Myopathy) bezeichnet.

Umweltfaktoren scheinen die Inzidenz der atypischen Myopathie stark zu beeinflussen, die meistens im Herbst, weniger häufig im Frühling und nur sporadisch im Winter auftritt. Sie scheint vor allem Pferde zu betreffen, die vornehmlich oder ausschließlich auf der Weide sind und nicht zugefüttert werden. Weitere Risikofaktoren sind Bäume auf und neben der Weide, tote Äste, Zweige und Blätter auf den Weiden, angrenzende Flüsse und in erster Linie nasses, windiges Wetter und unangenehme kühle Temperaturen, nicht aber schwerer Frost.

Ätiologie und Pathogenesen

Die Ätiologie der EAM ist trotz vieler Mutmaßungen noch weitgehend unbekannt. Als Ursachen wurden bspw. Ionophore, Mykotoxine oder Phytotoxine diskutiert, schließlich aber größtenteils wieder verworfen. Ganz unspezifisch wurden auch prädisponierende endogene Faktoren wie Stress und metabolisches Ungleichgewicht als mögliche Gründe genannt.

Übereinstimmend ist man jedoch der Ansicht, dass die EAM mit der Aufnahme von Futter auf der Weide in Zusammenhang steht, wobei die Zunahme der Inzidenz in den letzten Jahren vermutlich in hohem Maße auch in Zusammenhang mit dem Bewusstsein über die Existenz dieses Leidens steht.

Es liegt in der Natur der Sache, dass Meldungen zur EAM aus verschiedenen Gegenden und Ländern bezüglich betroffener Rassen, Managementmethoden und Umweltbedingungen unterschiedlich sein können; nichtsdestoweniger sind klinische Anzeichen und Mortalitätsraten gut vergleichbar.

Die Zahl der Meldungen zum Auftreten der EAM zeigt von Jahr zu Jahr Schwankungen, weshalb das Wetter mitverantwortlich sein könnte. Ein anderer Grund könnte aber auch pflanzliche Produkte sein, die nur von Zeit zu Zeit und je nach Umständen in unterschiedlichen Mengen in der Umwelt zu finden sind. Diese Hypothese wurde in den Vereinigten Staaten im Zusammenhang mit der saisonalen Weidemyopathie (Seasonal Pasture Myopathy) überprüft. Diesen Untersuchungen liegt die Vermutung zugrunde, dass die Aufnahme von Pflanzensamen, die im Herbst in großer Menge auf den Weiden liegen, für diese Myopathie verantwortlich sein könnte. Zu diesem Zweck wurden zum einen Pflanzen identifiziert, die auf allen betroffenen Weiden anzutreffen waren, anderseits wurde bestimmt, ob die giftige Aminosäure Hypoglycin A sowohl in deren Samen als auch ihre Metaboliten im Serum und Urin erkrankter Pferde zu finden sind. Die Ergebnisse zeigten, dass auf allen Weiden (n=11) Samen von Eschen-Ahorn (Acer negundo, Seifenbaumgewächs) vorhanden waren; auf 23 Kontrollweiden traf dies nur in 14 Fällen zu.

Überdies wurde ein Metabolit des Hypoglycins A (Methylcyclopropylacetic acid MCPA) in konjugierter Form im Serum und Harn von betroffenen Tieren gefunden.

Diese Ergebnisse sind insofern interessant, als der primäre Metabolit Methylenecyclo-propylacetyl-Säure des Hypoglycins A eine Vergiftung verursachen kann, die dem Krankheitsbild der EAM entspricht. Sie besteht in der multiplen Hemmung von Acyl-CoA Dehydrogenasen, die Muskelschädigungen verursachen können.

Im Zusammenhang mit den starken Muskelschädigungen kamen zuvor auch Clostridien als kausales Agens zur Sprache. Bei 32 Pferden mit EAM-Schädigungen wurden post mortem die für toxische Myopathien charakteristischen Veränderungen festgestellt. Des Weiteren konnte DNA von *Clostridium sordellii* (neben *Cl. bifermentans*) in Faeces und Darminhalt von an EAM erkrankten Pferden gefunden werden, aber nicht in Proben gesunder Pferde auf der gleichen Weide. Dieser Erreger produziert ein letales Cytotoxin (TcsL), welches bei Mäusen nach intramuskulärer Verabreichung schwere Muskelschäden verursacht. Bei affizierten Pferden waren sowohl licht- als auch elektronenmikroskopisch ultrastrukturelle Schädigungen von Muskelfasern nachzuweisen. Vor Kurzem wurde in der Skelettmuskulatur von EAM-Patienten auch das letale Toxin von *Clostridium sordellii* selbst nachgewiesen. Außerdem reagierten Muskelfasern von erkrankten Pferden mit spezifischen Antikörpern gegen dieses Toxin, ebenso mit Seren von anderen EAM-betroffenen Pferden. Dagegen gingen sie keine Bindung mit Muskelfasern gesunder Pferde oder von Tieren mit anderen Myopathien ein.

Bisher verursachte das letale Toxin von *C. sordellii* bei Rindern und Schafen das Syndrom des Gasbrandes und beim Menschen das Toxische Schocksyndrom. Sein Vorkommen in den Muskelfasern von Pferden mit EAM lässt vermuten, dass es in der Ätiologie eine Rolle spielt oder sogar der letale Faktor ist.

All diese Untersuchungen sind zurzeit erst in einem frühen Stadium, und die experimentelle Überprüfung beider obiger Hypothesen an Pferden ist aus ethischen und gesetzlichen Gründen in Europa nicht möglich. Weitere Fortschritte in der Erforschung der Ätiologie und der Pathogenese der EAM sind darum schwer zu erzielen und die Suche nach Erkenntnissen muss sich hauptsächlich auf die möglichst umfassende Sammlung von Daten von Krankheitsfällen stützen. Zu diesem Zweck wurde seitens einer Arbeitsgruppe aus Lüttich in vorbildlicher Weise eine mehrsprachige Sammelstelle für Informationen zur EAM geschaffen: www.atypicalmyopathy.com.

Für die Schaffung einer aktuellen Übersicht über das Auftreten der EAM in Deutschland bittet die Gesellschaft für Pferdemedizin um Meldung: g-p-m@t-online.de.

In den USA bemüht sich die University of Minnesota mit einer Website um die SPM/EAM: www.cvm.umn.edu/umec/SPM/home.html

Prophylaxe

In Anbetracht der noch unklaren Ätiologie können die Tiere nur symptomatisch und wegen der Schwere des Leidens meistens auch nicht erfolgreich behandelt werden. Somit steht auch bei der EAM prinzipiell die Prävention im Vordergrund, aber deren Möglichkeiten sind wegen des Wesens der kaum verstandenen Krankheit ebenfalls äußerst bescheiden.

Anekdotische Mitteilungen von Praktikern, wonach sie mit der aktiven und passiven Impfung von Pferden gegen den Botulismus bei Problembetrieben präventive und therapeutische Erfolge erzielten, weckten das Interesse an der Entwicklung einer Vakzine. Diese Erfahrungen aus der Praxis sind nicht ohne sachliche Grundlage, weil schon vor geraumer Zeit ein Vergleich mit Partialsequenzen von Botulinum-Toxin ergab, dass alle clostridialen Neurotoxine von einem Ursprungsgen abstammen. Möglicherweise bestehen unter den Clostridien weitere Gemeinsamkeiten, die immunologisch von Vorteil sein könnten. Verschiedentlich wird auf diesem Gebiet geforscht, v.a. mit der Hoffnung, eine Vakzine gegen die EAM entwickeln zu können. Erste Untersuchungen auf diesem Gebiet ergaben, dass die C'-terminale Bindungs-Domäne des Toxins (C'TcsL) am stärksten antigenetisch ist. Es wurde somit erhofft, dass infizierte Pferde Antikörper gegen diese Domäne bilden (Anti-TcsL). Erste Ergebnisse ergaben nun aber, dass wahrscheinlich wiederholte Expositionen nötig sind, um schützende Anti-TcsL-Konzentrationen aufbauen zu können. Dieser Befund ist zwar enttäuschend, bestätigt aber serologische Untersuchungen und die anekdotisch überlieferte klinische Erfahrung, dass Pferde eine Erkrankung überleben, ihr dafür im folgenden Jahr aber dennoch erliegen können.

Vorderhand stehen für die Vorsorge nur Maßnahmen des Managements der Pferde und ihrer Umgebung zur Verfügung, die sich am besten nach Erkenntnissen epidemiologischer Untersuchungen richten.

An erster Stelle muss dringend beachtet werden, dass es wie bei der Graskrankheit Problembetriebe gibt. Die Gefahr des erneuten Auftretens ist sehr groß und sowohl aus ökonomischen wie ethischen Gründen kann prinzipiell kein Verständnis aufgebracht werden für die weitere Nutzung von problem-behafteten Parzellen als Pferdeweiden. Falls aus irgendwelchen Gründen jedoch keine Alternativen bestehen, so müssen zumindest bezüglich bekannter Risikofaktoren Vorsichtsmaßnahmen getroffen werden (junge Tiere, Umschwung zu nassem, windigem und kühlem Wetter v.a. im Herbst, sowie Bauarbeiten auf der Weide). Des Weiteren wird auch für die Prophylaxe der EAM im Herbst die Zufütterung von Heu und die nächtliche Aufstallung empfohlen, vor allem wenn schlechtes

Wetter im Anzug ist. Ganz grundsätzliche Dinge für die Pferdehaltung wie das häufige Absammeln des Mists und anderen biologischen Abfällen (totes Holz und Blätter) von den Weiden sowie das Angebot von sauberem Trinkwasser und Salzlecksteinen sind dringend angeraten.

5.3.8 Die Rhabdomyolyse (Kreuzverschlag und Tying-Up)

5.3.8.1 Kreuzverschlag

Im Allgemeinen ist der Begriff „Kreuzverschlag" bei Pferdeleuten gut bekannt, allerdings häufig ohne klare Vorstellungen über die damit bezeichneten gesundheitlichen Probleme. Trotz des Bekanntheitsgrades und der nach wie vor beliebten Verwendung dieses Begriffs muss er heutzutage jedoch als veraltet erachtet werden. Er gibt kaum Hinweise auf die Natur des Leidens und weder Symptomatik noch Pathogenese werden mit ihm erfasst. Dieser Mangel kommt auch dadurch zum Ausdruck, dass bspw. das „Tying-Up" gerne als „eine Art von Kreuzverschlag" bezeichnet wird, wobei die Übernahme dieses englischen Ausdrucks ein zusätzlicher Hinweis auf unsere Begriffsstutzigkeit und Oberflächlichkeit ist. Erklärungsversuche mit dem Begriff „Lumbago" führen für gewöhnlich auch nicht weiter, und es wäre eigentlich an der Zeit, dass man sich darum bemühen würde, Ordnung in die Nomenklatur der verschiedenen Myopathien zu bringen. Schließlich wissen wir schon seit Theophrastus (371–287 v. Chr.), dass *„man besser auf ein Pferd ohne Zügel vertraut als auf einen Diskurs ohne Ordnung".*

Im letzten Jahrhundert wurden weitere Begriffe wie Feiertags- oder Montagmorgenkrankheit, Azoturie, Kreuzlähme und (paralytische) Myoglobinurie synonym gebraucht, die wenigstens Symptome und epidemiologische Faktoren zum Ausdruck bringen. Der Begriff „Lähme" wurde in der Vergangenheit häufig auch anderweitig verwendet (bspw. auch als „Fohlenlähme" für die Polyarthritis beim Fohlen), und bezeichnete unspezifisch jede Einschränkung des Bewegungsumfanges und der Muskelkraft. Heutzutage soll hier von den irreführenden Benennungen „Lähme" und „Paralyse" jedoch Abstand genommen werden, weil ja keine Beeinträchtigung der nervalen Versorgung besteht. Die Bezeichnung „Myoglobinurie“ hingegen ist insofern akzeptabel, als sie eine Folge der Muskelschädigung (Rhabdomyolyse) beschreibt. Die einführende Erwähnung all dieser Begriffe soll nur dazu dienen, deren Vielzahl zu dokumentieren und Zusammenhänge mit traditionellen Darstellungen aufzuzeigen; weiter kommt ihr keine Bedeutung zu.

Myoglobinurie

Interessanterweise führt uns die Bezeichnung „Myoglobinurie“ hin zu den Anfängen der Geschichte der deutschsprachigen Pferdemedizin, wo man bei der Suche nach dem Kreuzverschlag in der Fachliteratur am besten nach der „Schwarzen Harnwinde“ oder dem „Blutpissen“ sucht. Solche Angaben findet man schon im ersten „Rossarzneibuch“ der deutschen tierärztlichen Pferdeliteratur, im Werk des Meister Albrant (Marstaller am Hofe Kaiser Friedrichs II. in Neapel) aus der ersten Hälfte des 13. Jahrhunderts. Damals waren mit „Harnwinde“ und „Harnzwang“ Beschwerden und Störungen beim Harnabsatz gemeint, und im Lauf der Zeit traten auch Begriffe auf wie „rheumatische Hämoglobinurie, Osterkrankheit, Kreuzrähe und Lumbago“ hinzu. Als „Schwarze Harnwinde“ galt eine plötzlich eintretende Lähmung der Hinterhand, die durch Niederstürzen und Rotfärbung des Harns zu erkennen sei und meist nach mehreren Ruhetagen auftrete.

Anscheinend lokalisierte man damals dieses Leiden im Harntrakt und die Behandlung richtete sich auch danach aus. Albrant riet, dem erkrankten Tier gestoßenen Lorbeer in Wein oder Bier einzuflößen. In der Münchner Handschrift seines Buchs von 1442 liest sich das folgendermaßen: *„Welich ross dy harnwind hat, So nym ain lot lorbir und stöss dy und nym ain becher weins oder biers und thu das puluer dar ein und lass es lob werden und gewss es dem ross in den hals.“* Für die Förderung des Harnabsatzes wurde als nützlich erachtet, das kranke Pferd auf warmen Schafmist zu führen: *„Wann ein Pferd nicht Strallen kann, und die Verstopfung des Haarns von einer Erschlaffung der Blasen herrührt, so führet man es eine Zeitlang in einem Schafstall herum, wodurch es gemeiniglich zum Strallen gebracht wird“*. Ein weiterer Ratschlag aus jener Zeit bestand darin, zum Zweck der Förderung des Harnabsatzes dem betroffenen Pferd eine Laus in die Harnröhre einzuführen.

Andere Gründe für das Krankheitsbild des „Blutpissens" gibt es natürlich auch, aber mit diesen sind weder Harnverhalten noch Lähmung noch Niederstürzen vergesellschaftet. Deshalb darf wohl angenommen werden, dass die bei Meister Albrant erwähnte Schwarze Harnwinde dem von uns als Myoglobinurie bzw. heute (und auch im englischen Sprachgebrauch) als Rhabdomyolyse bezeichneten Leiden entspricht.

Die Hinweise in der Literatur erwecken rückblickend den Eindruck, dass die Fortschritte im Umgang mit der Myoglobinurie des Pferdes im Laufe einer langen Zeit als relativ bescheiden erachtet werden müssen. Sie bestanden schließlich nur darin, dass eine Schädigung der Skelettmuskulatur (Rhabdomyolyse) als Ursache für den rot-braunschwarz verfärbten Harn erkannt wurde.

Rhabdomyolyse

Mit dem besseren Verständnis des Krankheitsgeschehens hielt für den Kreuzverschlag der Begriff „Rhabdomyolyse" Einzug, der die pathogenetischen Veränderungen bei der Zerstörung der Muskelzellen, die lytische Erkrankung der quergestreiften Muskulatur, beschreibt. Für die früher bescheidenen Kenntnisse des Krankheitsgeschehens kann man allerdings Verständnis aufbringen, denn die Ätiologie ist multifaktoriell und auch der heutzutage gerne verwendete Ausdruck der „anstrengungsbedingten Myopathie", der vorwiegend für das Tying-Up verwendet wird, kann ebenfalls nicht als umfassend genug und somit befriedigend erachtet werden.

Unter den vielen Faktoren spielt die Futteraufnahme für diverse Formen dieser Myopathien eine große Rolle. Zu Letzteren gehören vor allem genetische Mutationen für die Kodierung des Muskelstoffwechsels. Die Ergebnisse dieser Untersuchungen brachten bezüglich des Wissensstandes auch die größten Fortschritte, vorwiegend zur Klärung der Ursachen und des Verlaufs der Krankheiten. Es ist vorstellbar, dass mit neuen Erkenntnissen von laufenden Untersuchungen zu Ätiologie und Pathogenese in Zukunft weiter neue Begriffe definiert werden, aber vorderhand kämpft noch jeder Autor damit, bei der Einteilung der Myopathien eine sinnvolle Gliederung zu schaffen – sowohl im deutschen wie im englischen Sprachraum. Hier wird versucht, den Kreuzverschlag und das Tying-Up als wichtige Formen von Myopathien darzustellen, deren Ursachen, Manifestationen und Möglichkeiten der Gesundheitsvorsorge sowohl Gemeinsamkeiten wie Unterschiede kennen.

5.3.8.2 Die Equine Rhabdomyolyse

Symptomatik

Bei der anstrengungsbedingten Rhabdomyolyse in Form des bisher als Kreuzverschlag bezeichneten Krankheitsbildes sind die klinischen Symptome in der Regel recht typisch und offensichtlich. Kurz nach Aufnahme der Arbeit, für gewöhnlich innerhalb der ersten 10 bis 30 Minuten, gehen die betroffenen Pferde nur noch unwillig vorwärts, werden mit einem sperrigen Gang vor allem in der Hinterhand in ihren Bewegungen zusehends und rasch steifer und gegebenenfalls schließlich hochgradig lahm. Lässt man das Tier stehen, zeigen sich heftiges Muskelzittern, ein mehr oder weniger nach oben gekrümmter oder durchgedrückter Rücken und eventuell auch eine Sägebockstellung. Treibt man das Pferd weiter, kann es in der Nachhand einknicken und sogar umstürzen; Aufstehversuche bleiben fast ausnahmslos ohne Erfolg. Auffällig sind die stark tonisierten und derb bis hart geschwollenen, schmerzhaften Muskeln; meistens ist die Kruppe betroffen mit den Mm. gluteus (also ungefähr im Bereich des Kreuzes) und quadriceps femoris, dem biceps femoris, den Adduktoren und selten auch den Mm. psoas, anconeus und triceps brachii. Bis der Tierarzt auf dem Platz ist, haben sich die Muskelgruppen im Allgemeinen sicht- und tastbar verändert. Die erkrankten Bezirke schwellen hochgradig an und können eine „gespaltene Kruppe" vortäuschen. Erholt sich das Pferd, werden diese Muskeln nach Stunden oder einem Tag wieder weich(er).

Überdies machen die Tiere in der Regel einen ängstlichen Eindruck, zeigen kolikartige Schmerzen (was zu Verwechslungen führen kann) und bei Absetzen des Harns ist dieser, bedingt durch das Myoglobin aus den Muskelzellen, braun bis schwarz, wie Kaffee oder dunkles Bier. Oft wird Urin jedoch erst nach einer initialen analgetischen Behandlung abgesetzt.

Seltener kann eine Myoglobinurie mit diesen klinischen Symptomen auch nach Schwergeburten auftreten.

Die Pferde beginnen so stark zu schwitzen, dass eine mittel- bis hochgradige Dehydratation, vergesellschaftet mit erhöhter innerer Körpertemperatur, geröteten Kopfschleimhäuten, Tachykardie und -pnoe bei herabgesetzter Darmperistaltik auftreten kann.

Diagnose

Meistens erkranken Pferde im Alter von 4 bis 8 Jahren. Die Diagnose stützt sich neben den klinischen Befunden auf den Nachweis der Schädigungen an der Muskulatur. Dabei gilt der dunkel verfärbte Harn geradezu als pathognomonisch. Im Urin wird Hämoglobin festgestellt, da dessen Unterscheidung von Myoglobin nur spektrometrisch einigermaßen möglich ist. Damit muss man sich bei der klinischen Diagnose zufriedengeben, weil sie einem auch durch das Vorhandensein von Epithelien und Zylinder im Sediment erleichtert wird.

Das Blut ist in Abhängigkeit vom Grad der Dehydration eingedickt, der Hämatokritwert steigt in schweren Fällen auf über 0,6 und auch das Plasma ist etwas bräunlich-rosa verfärbt. Akute Schädigungen der Muskelzellmembran oder der ganzen Muskelzelle spiegeln sich zuverlässig in Aktivitätserhöhungen muskelspezifischer Serumenzyme wider. Diese erreichen einsame Höhen, weshalb für deren Bestimmung das Serum normalerweise verdünnt werden muss. In frischen Fällen verlässt man sich am besten auf die Creatinkinase (CK) und die Aspartat-Aminotransferase (ASAT). In älteren Fällen sind weniger spezifische, aber länger im Serum persistierende Enzyme zu bestimmen: GOT, LDH, ihre Isoenzyme, und Aldolase (ALD). Die CK-Werte steigen zunächst an, erreichen nach etwa 4 bis 6 Stunden ihre Maximal- und innerhalb von 2 bis 3 Tagen wieder die Normalwerte. Die ASAT erlangt ihr Maximum erst nach ca. 24 Stunden und baut sich erheblich langsamer innerhalb von ein bis zwei Wochen wieder ab.

Wegen des massiven Chloridverlusts über den Schweiß entwickelt sich eine Alkalose. Nach mehreren Stunden kann sich eine milde respiratorische Azidose herausbilden, die dann wegen des erhöhten Laktatwertes im Plasma auch zu einer leichten metabolischen Azidose führen kann.

Neben einer Bestimmung von Plasmaelektrolytkonzentrationen, vor allem Na, K, Ca, P und Mg, sind auch die Messung des Laktatspiegels sowie die Bestimmung des Blut-pH-Wertes und des Basenexzesses nützlich.

In schweren, aber nicht gleich tödlich endenden Fällen stellen sich nach 2 bis 3 Tagen die Anzeichen von Parenchymschäden ein, eine Urämie und erhöhte Aktivitäten von leber- und myokardspezifischen Enzymen.

Schon seit einiger Zeit wird empfohlen, die klinische Vermutungsdiagnose mit Muskelbiopsien zu untermauern, um die diversen Myopathien ätiologisch differenzieren zu können. Dies ist die einzige Möglichkeit, im Rahmen der klinischen Untersuchung diese Unterscheidung intra vitam vornehmen zu können.

Therapie und Prognose

Im Allgemeinen richtet sich die Behandlung der Rhabdomyolyse nach ihrem Schweregrad, wobei Übereinstimmung darin besteht, dass das betroffene Pferd nicht weiterbewegt und an Ort und Stelle warm und gut eingedeckt in Ruhe gelassen werden soll. Transporte sind für gewöhnlich kontraindiziert. Die erste tierärztliche Maßnahme besteht im Allgemeinen in der Verabreichung eines Analgetikums (bspw. 1,1 mg Flunixin-Meglumin/kg KG i.v./Tag). Für gewöhnlich löst diese Medikation die Strangurie. Nach dem Absetzen von braunem oder schwarzem Harn ist dann in der Regel der letzte diagnostische Zweifel aufgehoben. Wenn das nicht schon geschehen ist, ordnet man die Massage der erkrankten Muskulatur an und lässt das Pferd mit einer Strohschicht warm eindecken. Leichtgradig Kranke können nun im Schritt langsam in eine naheliegende Unterkunft geführt oder in eine Klinik verbracht werden. Schwerer erkrankte Pferde pflegt man weiter auf dem Platz, gegebenenfalls unter einem behelfsmäßigen Unterstand. Die Behandlung besteht in der intravenösen Zufuhr einiger Liter isotonischer, zu 4 % mit Natrium bicarbonicum versetzter Ringer- oder Ringer-Laktat-Lösung ($NaHCO_3$ nicht über 50 g ohne Sicherung der Azidose im Labor). Die Flüssigkeitssubstitution richtet sich nach dem Dehydrationsgrad und wird bis zum Absetzen von klarem Harn mittels Dauerinfusion (Venenkatheter) über mehr als 24 Stunden vorgenommen (Erhaltungsbedarf beträgt 50 ml/kg KG/24 h). Diese Maßnahme zeitigt auch den willkommenen Effekt einer verbesserten Mikrozirkulation und die Anregung der Diurese; zu ihrer Aufrechterhaltung bietet man Trinkwasser ad libitum an. Bikarbonat per Infusionen ist darum angezeigt, weil im alkalischen Harn Myoglobin besser löslich ist und weil die Alkalose einer Hyperkaliämie entgegenwirkt. Sehr gut wirken niedermolekulare Plasmaexpander im Verhältnis 1:2 bis 1:4 zur Elektrolytgabe (z.B. Polyoxygelatine oder Hydroxyethylstärke). In manchen Fällen kann man die Diurese anfänglich mit Furosemid in Gang bringen (1 mg/kg KG). Vitamin E-Selen-Gaben scheinen in manchen Fällen günstig zu wirken. Festliegende Pferde verbringt man am besten unter Xylazin- oder Detomidin-Sedation (0,5 bis 1 mg/kg KG Xylazin; 10 bis 40 µg/kg KG Detomidin), eventuell ergänzt durch ein Muskelrelaxans oder sogar in Narkose, möglichst rasch in eine Klinik. Sie sind auf kurzer Streu weich zu betten und alle 4 bis 6 Stunden zu wenden und zu massieren. Unter leichter Sedation muss auch versucht werden, das Pferd mithilfe eines Hängegurtes aufzurichten. Derart hochgradig Kranke bedürfen wegen der Gefahr von Nephrose mit Urämie sowie Leber- und Myokardschäden einer sehr aufmerksamen Pflege und einer intensiven, aufwändigen symptomatischen Behandlung. Kontrovers wird die Verwendung von Kortikoiden diskutiert (Hyperglykämie), die aber in ganz frischen Fällen doch günstig zu wirken scheint.

Der Verlauf und somit die Prognose des Leidens hängen davon ab, wie rasch das Pferd nach dem Erscheinen der ersten Anzeichen in Ruhe gelassen wird: Man darf sagen, dass die Prognose für noch stehende Pferde (auch in der Hängegurte) grundsätzlich quoad vitam günstig ist, für festliegende Tiere hingegen zum mindesten zweifelhaft. Quoad restitutionem sind die milderen Fälle auch funktionell günstig zu beurteilen; bei schwerer erkrankten Tieren muss mit einer wochenlangen Erholungszeit gerechnet werden.

Ätiologie und Pathogenese

Einleitend wurde erwähnt, dass die Rhabdomyolyse in der Pferdemedizin seit Jahrhunderten, schon lange vor der Agrarrevolution im 18. Jahrhundert, beschrieben wurde. In Anbetracht der heute geltenden Hypothese, dass die übermäßige Fütterung mit Kohlenhydraten ätiologisch von großer Bedeutung ist, stellt sich somit gleich die Frage, ob auch zu jener Zeit schon Getreide gefüttert wurde. Im Zusammenhang mit der „Schwarzen Harnwinde" und dem „Blutpissen" finden sich bei Albrant zwar keine solchen Angaben, was aber wohl dem Umstand zuzuschreiben ist, dass die Zusammenhänge zwischen Rhabdomyolyse und Myoglobinurie damals noch nicht bekannt waren. Angaben zu Fütterungsfehlern findet man dafür bei den Ausführungen zur „Hufrehe". Dort steht, dass *„die Futterrähe eine Krankheit infolge Aufnahme eines* Übermasses *oder schlechten und unreifen Futters (Gerste, Roggen)"* sei und dass *„der aufgetriebene Bauch und ein Kolikanfall das Übel sichtbar machen"*. Die Therapie der Hufrehe richtete sich damals auf eine der möglichen Ursachen, eine Verdauungsstörung, aus. Albrant brauchte dafür das Seifenzäpfchen (*„Stoss ihm venedische Saiffen in arsch, und ein Knollen salcz"*. Womit für uns geklärt ist, dass die Pferde offensichtlich schon zu jener Zeit kohlenhydratreich gefüttert wurden.

In früheren Zeiten war der Kreuzverschlag eine Krankheit, die vor allem bei schweren Pferden auftrat, die vornehmlich als Zugpferde eingesetzt wurden. Dies ist für uns insofern von Bedeutung, als heutzutage Bestrebungen bestehen, das Pferd gezielt wieder stärker in der Land- und Forstwirtschaft einzusetzen (Fédération Europèenne du Cheval de Trait pour la promotion de son Utilisation; www.fectu.org bzw. www.europeanhorsenetwork.eu). Es ist somit vorstellbar, dass diese Form der Rhabdomyolyse wieder häufiger auftreten kann und die Prävention größere Beachtung verdient. Derartige sonst schwer arbeitende Tiere erkranken im typischen Fall nach einer Ruheperiode von (einem) zwei bis drei (vier) Tagen, wenn sie während der „Stehtage" üppig, und zwar besonders kohlenhydratreich, gefüttert wurden. Deswegen waren früher besonders Brauerei- und Müllereipferde gefährdet, bei Ponys hingegen trat und tritt dieses Leiden sehr selten auf. Schwere oder schnelle Arbeit nach einer ungenügenden Aufwärmzeit kann ebenfalls einen Kreuzverschlag provozieren.

Die präzise Pathogenese der Krankheit ist trotz diverser neuer Studien nach wie vor nicht klar. Die überlieferten pathogenetischen Vorstellungen gingen davon aus, dass die Einlagerung von Glykogen in die am stärksten beanspruchten Muskeln (Kruppe) eines ruhiggestellten Pferdes erfolgt und bei Aufnahme der Arbeit rasch über Glukose zu sauren Metaboliten (besonders Laktat) abgebaut wird. Die lokale Azidose wurde als verantwortlich für die oft sehr schwere, klinisch feststellbare Muskelkontraktur erachtet. Zur Azidose kann es innerhalb weniger Minuten nach Belastung kommen. Sie verschlimmert sich durch die anfänglich unzureichende Durchblutung der peripheren Muskulatur der Hinterhand, vermutlich wegen eines Sauerstoff-Defizits und gespeicherter saurer Metaboliten. Das Auftreten von Rhabdomyolysen wurde schon immer vor allem bei kühlem Wetter beobachtet. Den Zusammenhang sieht man darin, dass tiefere Außentemperaturen eine Gefäßkonstriktion und somit eine Minderdurchblutung begünstigen. Die krampfhafte Muskelkontraktion als Folge der Azidose verschlechtert die Durchblutung zusätzlich. Es stellen sich nun sehr schnell und in ausgedehnten Muskelbezirken Membran- und Zellschädigungen ein (hyaline und schollige Degeneration), die sich klinisch in der Freisetzung von Myoglobin und einem manchmal sehr starken Anstieg der Serumenzymaktivitäten manifestieren. Man nimmt an, dass die Schädigung der Muskelzellen die Folge eines intrazellulären Ödems ist, das seinerseits bedingt ist durch eine Störung der Kalzium-Regulation. Normalerweise erfolgt bei der elektrischen Erregung der Muskelfasermembran ja eine Depolarisation, die sich über das Tubulussystem ins Muskelfaserinnere fortsetzt. Dabei kommt es vermutlich zur Wechselwirkung der Depolarisationssensoren der T-Tubuli mit den Ryanodin-Rezeptoren (der Kalziumfreisetzungskanäle) des sarkoplasmatischen Retikulums, daraus folgernd zum Eindringen von Kalzium in das Zytoplasma. Durch die sprunghafte Erhöhung der zytoplasmatischen Kalziumkonzentration wird dann die Aktin-Myosin-Wechselwirkung ausgelöst und damit die Kontraktion des Muskels herbeigeführt. Danach sollte Kalzium wieder in das sarkoplasmatische Retikulum zurückgeführt werden, was hier aber vermutlich nicht erfolgt. Wegen des Zellödems kommt es zu einer Größenzunahme des Muskels und durch die starke Dehnung der Muskelfaszie entsteht hochgradiger Schmerz. Dieser und auch die systemische metabolische Azidose führen zu hohen Herzschlags- und Atemfrequenzen, zu Hyperthermie und zu profusen Schweißausbrüchen. Rasch stellen sich dann eine Exsikkose und Hämokonzentration und später ein hypovolämisch-toxischer Schock ein. Unter den großen Parenchymen ist die Niere besonders gefährdet: Die Myoglobinurie führt zu einer akuten Pigmentnephrose, der Schock zu Anurie.

Bei der Suche nach den Ursachen ließen verschiedene Beobachtungen schon seit geraumer Zeit eine genetische Prädisposition vermuten. Dazu gehören sowohl die individuelle Neigung (dasselbe Tier kann wiederholt erkranken) als auch die familiäre Häufung des Leidens. Inzwischen erfolgten auf diesem Gebiet diverse Studien, die einerseits die Erblichkeit beweisen und anderseits viel präzisere Hinweise zu Pathomechanismen liefern konnten. Darauf wird im Folgenden eingegangen, zusammen mit den Hinweisen auf die genetischen Grundlagen des Tying-Up.

5.3.8.3 Tying-Up

Neben der oben beschriebenen schweren Equinen Rhabdomyolyse, die bisher in der Regel als Kreuzverschlag oder Myoglobinurie beschrieben wurde, kennt man weitere Myopathien, die zu ähnlichen, aber mehr oder weniger deutlichen Symptomen und quantitativ geringerer Muskelschädigung führen. Es bestehen sowohl Gemeinsamkeiten als auch Unterschiede, womit die Abgrenzung zwischen den diversen Krankheitsbildern schwierig sein kann. Dazu gehört vor allem das Tying-Up, das, im Gegensatz zum Kreuzverschlag, für gewöhnlich bei trainierten Pferden auftritt, die auch ohne Ruhetage und sowohl während als auch nach einer Anstrengung erkranken und bei denen kein Glykogenüberschuss in der Muskulatur vorhanden sein muss (weshalb es in diesen Fällen auch nicht zu einer systemischen Azidose kommt).

Die Bezeichnung „Tying-Up“ (oder „Tying Up“) für eine vornehmlich als anstrengungsbedingte Rhabdomyolyse geltende Krankheit ist ebenfalls nicht zufriedenstellend, aber mangels einer treffenderen Bezeichnung wird der englische Ausdruck für dieses Leiden auch in der deutschen Sprache verwendet. Dies muss jedoch als unvorteilhaft empfunden werden, weil damit nur eines der Symptome erwähnt ist, die Bewegungsstörung der Hinterhand der betroffenen Tiere. Das englische Verb „to tie“ steht bekanntlich für „binden“ und „fesseln“, und wie soll man dieses Muskelleiden in Verbindung bringen mit „aufbinden“? Am ehesten vielleicht noch mit dem Ausdruck „gebundener Gang“, den wir aus dem „Gymnasium des Pferdes“ von Steinbrecht (1884 bzw. 2009) kennen. In seinen Ausführungen zu den Biegungen des Pferdes schreibt der Autor: *„Wenn das Pferd unter dem Reiter gebunden und gezwungen erscheint, so ist dies nur die Folge der Spannung seines Körpers und der Belastung der Vorhand unter dem ungewohnten und unbequemen Gewicht des Reiters.“* Dabei spricht Steinbrecht natürlich nicht über Krankheiten, sondern nimmt Bezug auf reiterliche Belange, wobei er in erster Linie die fehlende natürliche Schulterfreiheit meint; beim Tying Up sprechen wir aber von der Hinterhand.

Die Erscheinungsformen der anstrengungsbedingten Rhabdomyloyse umfassen auch die alten Begriffe „Rennbahnkrankheit“, „Rennbahnmyositis“ und möglicherweise auch die „Myalgie der Traber“ bzw. die „Überanstrengungsmyositis der Standardbreds“ (Exertional Myopathy (Myositis) of Standardbreds) in Nordamerika. Laien sprechen fälschlicherweise häufig nur von einem schweren Muskelkater.

Heutzutage ist die Situation bezüglich der Suche nach einer gemeinsamen Sprache aber auch noch nicht viel besser, indem bspw. die beiden Typen der Polysaccharid-Speicher-Myopathie bei auch zum Krankheitsbild des Tying-Up beziehungsweise zu den anstrengungsbedingten Rhabdomyolysen gezählt, andernorts aber den metabolischen Myopathien zugeordnet werden. Valberg (2010) geht aufgrund der Ergebnisse genetischer Untersuchungen sogar so weit, auch die maligne Hyperthermie (v.a. bei Vorhandensein der *GYS1*-Mutation) und die Glycogen Branching Enzym Defizienz zum Syndrom des Tying-Up zu zählen. Es darf aber wohl damit gerechnet werden, dass die weitere Forschung auf dem Gebiet dieser Myopathien auch nomenklatorische Verbesserungen bringen wird.

Die Vielfalt der Begriffe weist jedoch verbindlich darauf hin, dass wir es hier mit komplexen und erst gerade oberflächlich verstandenen Problemen zu tun haben. Es kann sich auch um mehr oder weniger unterschiedliche Erscheinungsformen pathogenetisch identischer Zustände oder um symptomatisch vergleichbare Krankheitsbilder unterschiedlicher Genese handeln.

Symptomatik

Für gewöhnlich meint man mit Tying-Up milde und moderate Formen einer anstrengungsbedingten Rhabdomyolyse, wobei zwischen akuten, sporadischen und chronischen bzw. (syn.) wiederkehrenden Krankheitsbildern unterschieden wird. Diese unverbindlichen Definitionen bringen es mit sich, dass auch die Symptome ein breites Spektrum umfassen können. Sie manifestieren sich während oder nach der Arbeit (Training, Ausritte, Fahren, Springen, Galoppieren) und eventuell sogar beim Aufgalopp für ein Rennen. Am häufigsten treten die Symptome nach der Arbeit auf dem Heimweg auf, gelegentlich aber schon beim Verlassen des Stalls. Die Pferde verlangsamen das Arbeitstempo, gehen verspannt, steif und unwillig, bleiben stehen und beginnen zu schwitzen, im Allgemeinen profus. Die Patienten können unruhig sein und einen gekrümmten Rücken und eine Hyperextension im Sprunggelenk sowie starke Schmerzen zeigen, die irrtümlich als Kolik interpretiert werden können. In leichten Fällen bemerkt man jedoch nur den kurzen Schritt im und nach dem Training, wobei sich die verspannten Muskeln auf dem ruhigen Weg in den Stall eventuell lösen können. Versucht man weiterhin zu arbeiten, wird das Pferd immer verspannter, es wird unwillig, unter Schweifschlagen und mit erhobenem Kopf. Die Bewegung bereitet offensichtlich Schmerzen. In solchen Fällen kann das Tier schon nach wenigen Schritten stocksteif sein. Die Muskulatur der Kruppe und der Hinterbacken hat einen erhöhten Tonus und ist schmerzhaft. Für gewöhnlich bessert sich der klinische Zustand nach 3 bis 4 Stunden. Im Stall können die Tiere mit den Vorderbeinen ständig Scharren und wegen der Immobilität der Hinterhand oft einen Berg von Einstreu unter sich anhäufen. Auch hier kann der Gesichtsausdruck ängstlich sein.

Verschiedene Studien zeigen eine Prävalenz der wiederkehrenden anstrengungs-bedingten Rhabdomyolyse von 5 bis 10 % bei Vollblütern und weitgehend übereinstimmend wird berichtet, dass Tying-Up vor allem bei jüngeren, nervösen Vollblutstuten im Training beobachtet wird. Dieses Leiden wird in Anbetracht seiner Prävalenz und Umstände sogar als „Geißel der Rennpferdetrainer" bezeichnet, weil damit ein vernünftiges Training und der Einsatz im Sport praktisch unmöglich sind. Im Galopprennsport gilt die anstrengungsbedingte Rhabdomyolyse als das häufigste Muskelleiden, kann aber auch bei Distanz- und Dauerreitpferden, bei Warmblütern und Trabern auftreten. Bei Letzteren ist vor allem die lange Rücken-Lenden-Kruppen-Muskulatur betroffen, was durch den Umstand bedingt sein dürfte, dass gute Traber in diesem Bereich eine imposant entwickelte Muskulatur aufweisen. Bei anfälligen Tieren, auch hier vorwiegend Stuten, lokalisiert sich die palpierbare „Muskelverspannung" in diesem Bereich, wobei sie meistens ein- oder beidseitig auch auf die Kruppen- und andere Gliedmaßenmuskeln überzugreifen pflegt. Das führt dann zu Unreinheiten im Gang oder zu einer eigentümlich hüpfenden Lahmheit. Manchmal spürt man die steif gespannte Muskulatur, die Palpation ist dolent und in Einzelfällen sind die Muskeln bis zur Kruppe auch sichtbar kontrahiert, bzw. „geschwollen". Die Schmerzen können so groß sein, dass auf der weniger erkrankten Seite eine Belastungsrehe entstehen kann.

Wenn Fütterung und Training nicht ausgeglichen sind, dann tritt das Tying-Up anscheinend bei den meisten Pferderassen auf, bei Ponys hingegen nur sehr selten.

Eine Myoglobinurie besteht in den wenigsten Fällen des Tying-Up und allenfalls ist sie nur leichtgradig; meistens bleibt der Harn strohgelb. Gleich verhält es sich mit den Serumaktivitäten muskelspezifischer Enzyme, die für gewöhnlich auch nur in bescheidenem Maße erhöht sind. Diese Befunde stehen in Einklang mit vergleichsweise geringen Muskelzellschädigungen. Interessant ist jedoch, dass bei solchen Patienten (z.B. bei der Myalgie der Traber) schon die Ausgangswerte der Enzyme in Ruhe etwas erhöht sein können. Daneben steigen die Enzymaktivitäten bei betroffenen Tieren nach Anstrengungen stärker an als bei vergleichbaren, gesunden Tieren. Nach einem Tag sind die Ruhewerte der CK in der Regel wieder erreicht, während GOT und ALD noch immer erhöht sind. Diese Beobachtungen haben zur Vermutung geführt, dass bei diesen Pferden die Stabilität der Muskelzellmembranen an sich beeinträchtigt ist.

Diagnose

Die Symptomatik und das gehäufte Auftreten des Tying-Up bei energiereich gefütterten Pferden im Training kann ein erster diagnostischer Hinweis sein, allenfalls bekräftigt durch die Häufung des Leidens bei jungen und nervösen Stuten. Sonst ist die Überprüfung des klinischen Verdachts grundsätzlich gleich wie beim Kreuzverschlag. An vorderer Stelle steht die Überprüfung des Ganges, wobei zu beachten ist, dass erfolgreiche Vollblüter häufig nicht mit imponierenden Gängen, sondern mit einer ökonomischen, athletischen, lockeren Art der Fortbewegung gefallen.

Neben der Evaluation der erwähnten Symptome überprüft man die klinische Vermutungsdiagnose auch hier mit der Bestimmung der Aldolase (ALD) und der beiden mehr oder weniger spezifischen Muskelenzyme Creatinkinase (CK) und Aspartat-Amino-Transferase (ASAT). Wie bereits erwähnt ist die Halbwertszeit dieser zwei Enzyme unterschiedlich lang, womit deren Erhöhung nicht nur die Vermutungsdiagnose bestätigt, sondern auch darauf hinweisen kann, ob das Geschehen akut oder im Verlauf von 2 Wochen wiederkehrend ist. Wegen der gegenüber CK deutlich längeren Halbwertszeit der ASAT kann mithilfe des Quotienten CK/ASAT eine Aussage über die Dauer einer latenten Myopathie gemacht werden. Weiterhin konnte bestätigt werden, dass Hinweise auf ein solches Leiden im Rahmen einer Belastungsuntersuchung nur anhand des 24-Stunden-Wertes zu erhalten sind, da Pferde ohne latente Myopathie ebenfalls Aktivitätserhöhungen der Enzyme im Blutplasma direkt nach Belastung aufweisen können.

Auch hier ist angeraten, mit Muskelbiopsien dem Problem so gut wie möglich auf den Grund zu gehen. So konnte bei Trabern festgestellt werden, dass immer dann, wenn der 24-Stunden-CK-Wert >90 U/l lag, mittels Biopsien eine latente Myopathie nachzuweisen war. Noch differenzierter konnte der Aussagewert von Biopsien in einer Warmblutfamilie mit der Neigung zu anstrengungsbedingter Rhabdomyolyse und dem Nachweis der Polysaccharid-Speicher-Myopathie dargestellt werden.

In Anbetracht der hereditären Komponente der Rhabdomyolysen mag auch das Studium des Pedigrees in Betracht gezogen werden. Allerdings kann das Erkennen von genetischen Ursachen sowohl für Züchter wie Tierärzte extrem schwierig sein, wenn das Leiden verzögert zum Ausdruck kommt oder eine unbeständige genetische Penetranz besteht – so wie dies für Tying-Up der Fall ist. Bei bekannter familiärer Prädisposition ist bei Pferden mit der *GYS1*-Mutation im Vergleich zu nicht verwandten Tieren mit einem höheren Risiko für das Auftreten einer anstrengungsbedingten Rhabdomyolyse zu rechnen, wobei Träger dieser Mutation nicht unbedingt Episoden einer anstrengungsbedingten Rhabdomyolyse erleiden müssen. Andererseits müssen Pferde mit einer Polysaccharid Speicher Myopathie (PSSM2) die *GYS1* Mutation nicht unbedingt aufweisen. Die Diagnose kann allenfalls durch weitere anamnestische Angaben erleichtert werden, weil wiederkehrende Attacken zum typischen Krankheitsbild gehören, allerdings in sehr unterschiedlichen Rhythmen. Lange Perioden ohne Probleme können gefolgt werden von wiederkehrenden Attacken über mehrere Tage.

Therapie und Prognose

In Anbetracht des nicht verbindlich definierten Krankheitsbildes des Tying-Up und der nach wie vor weitgehend unklaren Ätiologie und Pathogenese gibt es vorläufig noch keine rational begründeten Behandlungsmethoden.

Bei akuten Episoden steht die Bekämpfung der Schmerzen an vorderster Stelle. Der Ängstlichkeit begegnet man in der Regel mit der Verabreichung eines Sedativums. Beim seltenen Auftreten einer Myoglobinurie und starker Apathie des Pferdes erfolgt für die Schockprophylaxe zudem eine Infusionstherapie. Physiotherapeutische Maßnahmen können die Symptome zweifelsohne lindern und Antioxidantien wie Vitamin E und Selen scheinen zu einer Besserung beizutragen. Wegen der fehlenden Möglichkeit der kausalen Therapie stehen für die symptomatische Behandlung immer wieder auch nichtsteroidale Entzündungshemmer zur Diskussion. Beim leidenden Tier ist ihr Einsatz medizinisch und ethisch unbestritten. Dieser Tatbestand gestattet den breiten Einsatz dieser Wirkstoffe im Sinne einer „erlaubten Medikation" beim Sportpferd aber nicht. Dieser Vorbehalt ist auch aus Sicht der Zucht zu unterstützen, weil der Sport u.a. dazu dienen soll, die Leistungs-fähigkeit der Tiere zu überprüfen und aufgrund der Resultate die Selektion und Zuchtwertschätzung vorzunehmen. In Anbetracht neuer Erkenntnisse zur Ätiologie dieser Myopathien, vor allem deren genetischer Prädisposition, muss ein erzwungener Einsatz betroffener Tiere im Sinne der Zuchthygiene als unverantwortlich erachtet werden. Des Weiteren ist vollkommen klar, dass der Pferdesport in der heutigen Gesellschaft nur dann akzeptiert wird, wenn er regulär sowie mit gesunden und gut betreuten Tieren betrieben wird.

Die Prognose für das Tying-Up ist grundsätzlich ungünstig, selbst unter Beachtung des Umstandes, dass sich die Rezidive mit zunehmendem Alter seltener einstellen.

Ätiologie und Pathogenese

Zu Ursachen und Krankheitsverlauf des Tying-Up finden sich viele und diverse Angaben, sowohl traditionelle und pauschalisierende wie auch spezifischere, die vor allem auf genetischen Untersuchungen basieren. Zwischen diesen beiden Herangehensweisen können deshalb gewisse Zusammenhänge hergestellt werden, weil genetische Untersuchungen für gewöhnlich ja von Erfahrungswerten ausgehen. Im Allgemeinen wird auch für diese Form einer anstrengungsbedingten Rhabdomyolyse eine Fütterung verantwortlich gemacht, die zu viel Kohlenhydrate enthält. Diese soll zu Störungen bei der Speicherung von Glykogen in der Muskulatur führen. Auslösend für das Krankheitsbild des Tying-Up ist die veränderte Bindung der Hexokinase an die Mitochondrien, wodurch es zu einer mangelhaften Produktion von ATP kommt. Schon mehr als 4,5 kg Getreide pro Tag werden als hauptsächlicher Risikofaktor erachtet, eine Menge also, die als eine vollkommen normale Ration für ein Rennpferd gilt. Dieser Faktor darf darum sicher nicht isoliert betrachtet werden, sondern ist vielmehr in Zusammenhang mit der geforderten Arbeit zu gewichten.

> Die Fütterung muss der Arbeit angepasst sein, und zwar besonders in dem Sinne, dass zuerst die Arbeit zu steigern ist und erst im Nachhinein die Menge der verabreichten Kohlenhydrate. Andernfalls besteht kein Zweifel, dass die Überfütterung eine höhere Zahl von anstrengungsbedingten Rhabdomyolysen nach sich zieht, vermutlich vor allem darum beim Rennpferd so häufig, weil die Dauer ihrer Arbeit relativ begrenzt ist.

Verwirrend in diesem Zusammenhang ist jedoch die Feststellung, dass die Zahl der Fälle von Rhabdomyolysen mit steigenden Ansprüchen, also bei größerer Belastung, abzunehmen scheint. Man hat es hier also mit einem heiklen Gleichgewicht und nicht nur mit den beiden Faktoren Futter und Arbeit zu tun. Peters (2011) formuliert diesen Sachverhalt so, dass die anstrengungsbedingte Rhabdomyolyse die Folge der Belastung eines Pferdes ist, das im Verhältnis zu seiner physischen Fitness zu stark gefordert wird. Es ist bislang jedoch nicht eindeutig bekannt, wie ein Trainer die Quantifizierung der Fitness seiner Schützlinge beurteilen soll. Überdies dürften sich Trainer und Tierärzte einig sein, dass solch ein Missverhältnis zwischen Belastung und Physis auch mentale Probleme, den Stress sowie die leichte Erregbarkeit der Pferde, zur Folge haben kann, die zum Auftreten des Leidens beitragen. Letzteres wird dadurch untermauert, dass Tiere im Training umso häufiger betroffen sind, je jünger sie sind. Für sie ist ja praktisch jede Aufgabe ein neues Erlebnis und die Gelassenheit des routinierten älteren Pferdes fehlt ihnen.

Im Zusammenhang mit der Futteraufnahme werden verschiedentlich weiterhin gewisse Hypothesen kolportiert, die als überholt erachtet werden müssen. Sie werden trotzdem erwähnt, um vor unbegründeten Hoffnungen zu schützen, insbesondere weil mit solchen Zusatzfuttermitteln reger Handel getrieben wird und in der Pferdehaltung wirtschaftliche Aspekte auch eine Rolle spielen. Zum einen wurde vermutet, dass anstrengungsbedingte Myopathien auf einem Mangel an Vitamin E und Selen beruhen. Dieser Aussage mangelt aber jede wissenschaftliche Grundlage, und auch aus praktischer Sicht ist es unwahrscheinlich, dass Rennpferde, die im Allgemeinen mit ausgewogenen Mischungen gefüttert werden, wirklich Mängel an Vitamin E und Selen haben. Zum anderen wurde für viele Jahre die Akkumulation von Milchsäure ebenfalls als Ursache für Tying-Up erachtet und Medikamente für deren Senkung („Alkaline Syrups") wurden populär. Studien über die aktuellen Konzentrationen von Milchsäure in der Muskulatur von betroffenen und gesunden Pferden zeigten aber keine Unterschiede. Im Falle der Polysaccharid-Speicher-Myopathie, die als eine der Ursachen des Tying-Up gilt, besteht nachweislich absolut keine Erhöhung der Milchsäurekonzentration.

Elektrolyte, die mit dem Schweiß verloren gehen, wurden ebenfalls als Grund für die anstrengungsbedingte Rhabdomyolyse genannt. Viele betroffene Pferde zeigen aber keine Elektrolyt-Verluste, und selbst falls sie solche haben, verschwindet das Leiden bei Korrektur nicht.

Neben der Fütterung spielt bei anstrengungsbedingten Leiden natürlich die Arbeit eine große Rolle, aber auch diesbezüglich werden gegensätzliche Beobachtungen berichtet. Einerseits soll unregelmäßiges Training in Zusammenhang mit dem Auftreten von Tying-Up stehen, anderseits kann es auch bei Tieren auftreten, die an 7 Tagen der Woche zur gleichen Zeit gearbeitet werden.

Weiter wird ein Einfluss seitens der Jahreszeit angenommen, was im Zusammenhang mit der Außentemperatur als glaubwürdig erscheint. Johlig und Mitarbeiter (2011) haben diesen Umstand auch bei Warmblütern bestätigt (zu über 80 %), wobei sie darauf hinweisen, dass in der Zeit von Oktober bis März die Pferde möglicherweise auch nicht regelmäßig genug gearbeitet werden. Anderseits wissen wir aber auch, dass Pferde nicht ständig in Form sein können. Schwankungen ihrer Fitness sind schlicht und einfach normal und können zu zufälligen saisonalen Häufungen führen. Beachtung dürfte überdies verdienen, dass kühlere Temperaturen im Frühling zu herrschen pflegen, zu einer Zeit also, zu der Pferde üblicherweise im Aufbau sind und ihre (physische und psychische) Fitness noch mangelhaft sein kann.

All diese komplexen Zusammenhänge weisen darauf hin, dass das Management der Pferde eine sehr große Rolle spielt – was an die Ansicht unter Fachleuten erinnert, dass bei genügend schlechtem Management bei jedem Pferd irgendwelcher Rasse eine anstrengungsbedingte Rhabdomyolyse auftreten kann.

Es werden als kausale Faktoren auch Infektionen des Respirationstraktes (EIV/EHV) erwähnt, was jedoch als eine mehr als erklärungsbedürftige Aussage gewertet werden muss. Hier dürfen sicher nicht diese Erreger als Missetäter verantwortlich gemacht werden, sondern viel mehr jene Trainer, die kranke Pferde arbeiten, die nicht fit sein können.

Stuten sind gemäß diverser Autoren häufiger betroffen als männliche Tiere, womit im Lauf der Zeit der Verdacht erwuchs, dass Reproduktionshormone ätiologisch und pathogenetisch auch eine Rolle spielen könnten. Allerdings fehlt dieser Vermutung mangels wissenschaftlicher Studien die sachliche Begründung und auch seitens der Wirkungsweise dieser Hormone sind keine Zusammenhänge erkennbar. Bekräftigt werden diese Zweifel auch durch anderslautende Ergebnisse, wo keine Häufung von Patientinnen gefunden wurde. Möglicherweise kann im Rennsport der Einfluss des Geschlechts in dem simplen Grund liegen, dass Stuten für gewöhnlich fleißiger und ehrgeiziger zu arbeiten pflegen, dies von einzelnen Betreuern aber nicht beachtet wird.

Weiter wird immer wieder auch das Temperament der Pferde, bzw. deren leichte Erregbarkeit, ins Spiel gebracht. Allerdings können hier ebenfalls verfälschende Einflüsse bestehen, und interessanterweise wird vereinzelt auch genau das Gegenteil erwähnt, dass die meisten Pferde ein relativ ruhiges Verhalten zeigen. Für beide Ansichten kann man Begründungen finden, aber die gegensätzlichen Ansichten weisen in erster Linie darauf hin, dass bei dieser multifaktoriellen Ätiologie die Ursachen und Zusammenhänge einfach noch zu wenig bekannt sind.

Der Gedanken an endokrinologische Einflüsse ist grundsätzlich jedoch interessant, beim Studium von vergleichbaren Problemen beim Menschen ist dieses Phänomen allerdings eher im Zusammenhang mit der Thyroidea bekannt. Vergleichbare Studien oder Berichte zu diesem Gebiet beim Pferd sind nicht bekannt, dürften aber Interesse verdienen.

All diese Ausführungen mögen zeigen, wie komplex das Krankheitsgeschehen bei anstrengungsbedingten Rhabdomyolysen ist und wie schwierig das Management dieser Pferde sein kann. Dabei sind wir bisher noch nicht auf den Umstand eingegangen, dass im gleichen Betrieb und bei gleicher Arbeit für gewöhnlich nur einzelne Pferde betroffen sind. Dies weist typischerweise darauf hin, dass ein weiterer Faktor sehr bedeutend sein muss – die seit Längerem vermutete genetische Prädisposition für anstrengungsbedingte Rhabdomyolysen. Auf diese ätiologischen und prädisponierenden Aspekte beim Kreuzverschlag und beim Tying-Up wird im Folgenden zusammenfassend eingegangen.

5.3.9 Die genetische Basis verschiedener Myopathien

Wie einleitend erwähnt wurden beim Pferd in den letzten Jahrzehnten bei der Klärung der Ursachen für die diversen Myopathien mit genetischen Untersuchungen die größten Fortschritte erzielt. Zunächst wurde nachgewiesen, dass die Myoglobinurie (Kreuzverschlag) autosomal vererbt wird. Es folgten die Aufdeckung von biomechanischen Zusammenhängen sowie die Nachweise der Vererbung der Hyperkaliämischen periodischen Paralyse und der Polysaccharid-Speicher-Myopathie. Eine familiäre Prädisposition für die anstrengungsbedingte Rhabdomyolyse bei Quarter Horses und verwandten Rassen wurde von Valberg und Mitarbeitern (1996) erbracht. Es folgten der Nachweis des Zusammenhangs der malignen Hyperthermie mit einer Mutation des Ryanodin-Rezeptor-Gens 1 sowie der Mutation des Glykogen-Bindungs-Enzyms 1 als Ursache für die Störung der Glykogenspeicherung.

Vier Jahre später, 2008, wiesen McCue und Mitarbeiter (2008a & b) die Wirkung der Glykogen-Synthase-Mutation 1 (*GYS1*) und ihr Auftreten bei verschiedenen Rassen mit der Polysaccharid-Speicher-Myopathie vom Typ 1 und 2 nach. Die Entdeckung dieses Gens verifizierte überdies die autosomal dominante Vererbung der PSSM. Eine Arbeit von McCue und Mitarbeitern (2008a) zeitigte nebenbei überdies die Erkenntnis, dass die genetische Grundlage für die PSSM mehr als 1.000 Jahre alt sein muss. Für uns ist das nicht erstaunlich, wenn wir an die einleitend erwähnten Ausführungen von Meister Albrant denken.

Eine Übersicht über die bekannten Gene, die zum Syndrom des Tying-Up beitragen, fasste Valberg 2010 zusammen:

- Typ 1 Polysaccharid-Speicher-Myopathie
- Typ 2 Polysaccharid-Speicher-Myopathie
- Maligne Hyperthermie
- Wiederholte (oder chronische) anstrengungsbedingte Rhabdomyolyse
- Glycogen Branching Enzym Defizienz

Außerdem wird vermutet, dass auch Störungen des Stoffwechsels eine Rolle spielen können, aber dafür wurden bisher keine genetischen Marker gefunden.

Diese ersten Ergebnisse zur Erblichkeit der Krankheit wurden inzwischen bestätigt, und heutzutage wird versucht, die spezifischen Gene zu identifizieren und zu lokalisieren. Hier gibt es Untersuchungen aus Japan, wo das Tying-Up ebenfalls eine große Rolle spielt und die Vererbung durch einen oder mehrere genetische Faktoren vermutet wird. Bei verwandten Vollblütern fanden sich zwei Regionen der DNS, welche die verantwortlichen Gene enthalten könnten; die aussichtsreichste befindet sich auf dem Chromosom 12. Die Identifizierung weiterer Gene ist in Arbeit, wobei man sich an Kandidatengene halten will, die beim Menschen bei Muskeldystrophien eine Rolle spielen.

Eine weitere Studie zur Erblichkeit der anstrengungsbedingten Rhabdomyolyse befasste sich mit ihrem Auftreten in einer Familie von Warmblutpferden. In der untersuchten Familie war die Prävalenz dieses Leidens auffallend hoch, worauf überprüft wurde, ob histopathologische Anzeichen der Polysaccharid-Speicher-Myopathie (PSSM) und die Glykogen-Synthase-Mutation 1 (*GYS1*) mit dem Auftreten der Rhabdomyolyse in dieser Familie assoziiert seien. Aus diesen Untersuchungen wurde gefolgert, dass die PSSM in Assoziation mit der *GYS1*-Mutation ein identifizierbarer Grund für die anstrengungsbedingte Rhabdomyolyse bei Warmblutpferden sein kann. Gleichzeitig bestätigte die Studie, dass dieses Leiden bei *GYS1*-positiven Pferden nicht immer manifest ist, denn es erkrankten auch Pferde, welche diese Mutation nicht aufwiesen.

Damit wurde bekräftigt, dass weitere Faktoren zum Auftreten der PSSM beitragen müssen, bzw. die dominante Vererbung der Mutation nicht immer penetrant ist und die Expression durch Umweltfaktoren beeinflusst werden kann.

Vorsorge

Wie bereits erwähnt müssen wir uns in Anbetracht des Wissensstandes über anstrengungsbedingte Myopathien bei der Therapie vorderhand mit symptomatischen Bemühungen begnügen. Deren Erfolge sind somit für gewöhnlich nicht zufriedenstellend, womit die Prävention bei solch schweren und wirtschaftlich bedeutsamen Problemen größte Beachtung verdient.

Bei Berücksichtigung der Ätiologie und Pathogenese der belastungsinduzierten Myopathien, wo die Vererbung von prioritärer Bedeutung ist, muss prophylaktisch an vorderster Stelle die Zuchthygiene angestrebt werden. Dies wird vermutlich aber noch ein langer und steiniger Weg sein, weshalb wir vorderhand ebenso mit den Möglichkeiten der Vorsorge für die heutige Generation der Pferde vertraut sein müssen.

Kurzfristig müssen wir uns ernsthaft darum bemühen, ein Gleichgewicht zwischen der Versorgung mit Kohlenhydraten bzw. Energie und der von den Pferden geforderten Arbeit zu finden. Von größter Bedeutung ist dabei, jeweils zuerst das Training zu intensivieren und erst nachher das Futterangebot zu steigern. Bei steigendem Energiebedarf muss dringend auch darauf geachtet werden, Kohlenhydrate mit Fetten und Ölen zu substituieren. Entsprechende Versuche zeigten, dass Pferde mit wiederholter, belastungsinduzierter Rhabdomyolyse, die ein fettreiches, kohlenhydratarmes Futter erhielten, nach der Arbeit eine signifikant niedrigere CK-Aktivität hatten als Probanden, die eine fettarme, kohlenhydratreiche Diät erhalten hatten. Die Werte von Muskelglykogen und -laktat zeigten jedoch keinen signifikanten Unterschied zwischen den Diäten. Praktisch bestätigt werden konnte diese Maßnahme durch die epidemiologische Abklärung bei Warmblütern, wo die Fütterung mit Öl oder Fett die klinischen Anzeichen um den Faktor 5,6 reduzierte.

Bezüglich medikamentöser Möglichkeiten wird verschiedentlich die perorale Verabreichung eines Muskelrelaxans, z.B. Dantrolen (2mg/kg KG), vor Aufnahme der Arbeit erwähnt. Dabei handelt es sich um eine direkt an der Skelettmuskulatur angreifende Substanz, die insbesondere bei maligner Hyperthermie als Antidot Anwendung findet. Dieses Hydantoin-Derivat wird auch für die Behandlung von spastischen Syndromen mit krankhaft gesteigerter Muskelspannung beim Menschen eingesetzt und soll die Membran von Muskelzellen stabilisieren. Es wirkt über die Verhinderung der Freisetzung von Kalzium aus dem sarkoplasmatischen Retikulum, wahrscheinlich über eine Hemmung des Ryanodin-Rezeptors. Dadurch können die unkontrolliert ablaufenden Kontraktionen der gesamten Skelettmuskulatur durchbrochen werden. Nachdem anfänglich nur anekdotische Hinweise eine Wirkung erhoffen ließen, konnte bei Vollblutrennpferden eine entsprechende Wirkung nachwiesen werden. Hierbei wurde das Ausmaß der Rhabdomyolyse durch die Bestimmung der Creatinkinase quantifiziert und auch klinisch wurden deutliche Besserungen festgestellt. Die Applikation dieses Wirkstoffes (1 Stunde vor der Arbeit) wird vor allem dann empfohlen, wenn strengere Arbeit verlangt oder diese an einem ungewohnten Ort vorgenommen wird. Diese mögliche Prävention (unerlaubte Substanz) kommt für Sportpferde nicht infrage.

Mittelfristig muss die Gestaltung der Arbeit überdacht werden. Hierbei steht das leichte Bewegen der Tiere vor der anstrengenden Arbeit an vorderster Stelle. Diese Forderung kann glücklicherweise leicht erfüllt werden, da heutzutage häufig Führmaschinen zur Verfügung stehen. Deren Benutzung ist auch aus weiteren gesundheitsprophylaktischen Gründen ratsam: So können die Tiere während des Ausmistens der Boxen am besten in die Führmaschine gebracht werden, wo sie nicht nur bewegt werden, sondern außerdem weder dem in der Box aufgewirbelten Staub noch der Gefahr von Gabelstichen ausgesetzt sind.

Nach dem Satteln sollen Rennpferde für mindestens 15 bis 20 Minuten in einer vertrauten Umgebung im Schritt geritten und dann auch ruhig getrabt werden. Auch damit ist kein besonderer Aufwand verbunden und es sollte eigentlich dem routine-mäßigen Trainingsablauf für die meisten Vollblüter entsprechen. Es ist grundsätzlich empfehlenswert, mit den Pferden möglichst viel Zeit außerhalb der

Box zu verbringen, sei es mittels Führen an der Hand oder in der Maschine und mit permanentem Auslauf oder Weide. Gefährdete Pferde müssen jeden Tag bewegt werden und dürfen nie auch nur für einen Tag Boxenruhe haben. Das Aufbautraining soll für die Tiere überdies ermüdend gestaltet werden, vergleichbar mit der Arbeit für die Förderung des Stehvermögens, bspw. Galopp in langsamem Tempo und Schwimmen.

Solche Empfehlungen finden sicherlich die Zustimmung der Tierärzteschaft, die sich häufig sehr wundert, wie schlecht die equinen Athleten im Allgemeinen aufgewärmt werden. Dieser Umstand dürfte der Ausdruck des Niveaus der Sportmedizin beim Pferd sein, wobei jedoch zugegeben werden muss, dass auch beim Menschen bezüglich der Dauer und der Intensität des Aufwärmens noch große Unklarheiten bestehen. Auch hier ist die Suche nach dem Optimum nach wie vor schwierig. Rückblickend dürfte man sich in diesen Zusammenhängen auch wundern, warum Rhabdomyolysen in der leistungsbetonten Rennpferdezucht im Lauf der Zeit nicht einfach der natürlichen Selektion zum Opfer fielen. Pilsworth (2012) äußert sich diesbezüglich in dem Sinne, dass das verbreite Auftreten dieses Leidens einfach der Preis für hohe Geschwindigkeit (Speed) sein könnte, bzw. dass die Veranlagung mit an Sicherheit grenzender Wahrscheinlichkeit mit Genen verknüpft sei, die Rennerfolg ermöglichen. Die Existenz eines Polymorphismus für letztere Eigenschaften (Myostatin) wurde inzwischen berichtet, allfällige Zusammenhänge harren aber noch des Nachweises. Ein weiterer Grund als Erklärung für die ausgebliebene Ausmerzung könnte darin liegen, dass frühere Galopper schlicht und einfach anders gearbeitet wurden. Einerseits hatten damals die Pferde üblicherweise nicht nur gleichentags mehrere Läufe (Heats) zu bestreiten, sondern mussten auch über längere Distanzen laufen. Zum andern wurden sie bis 1836 auch nicht mit Fahrzeugen zu den Rennplätzen transportiert. Dazu haben wir wegen eines Wettcoups von Lord Bentinck im St. Leger in jenem Jahr verbindliche Angaben, der sein Pferd Elis nach Doncaster fahren ließ und somit die Buchmacher täuschen konnte. Andernfalls hätte Elis eine sechswöchige Reise auf eigenen Hufen unternehmen müssen. Die Galopper in früheren Zeiten wurden jedoch selbst bei Bahntransporten „aufgewärmt“, wenn sie längere Strecken zu und von den Bahnhöfen geführt oder geritten werden mussten. Angaben zu den Anforderungen im Rennsport der frühen Jahre finden wir auch im Lebenslauf von Byerley Turk (1678–1703), einem der Gründerväter der Vollblutzucht. Nur gerade schon die Luftlinie seiner Reisen „zu Fuß“ betrug über 6,000 km.

Bezüglich des häufigen Auftretens des Tying-Up im Trabrennsport muss sicherlich beachtet werden, dass die verschiedenen Gangarten der Equiden sich evolutionär entwickelten und die Tiere je nach Geschwindigkeit der Fortbewegung von einer in die andere wechseln. Die Zucht der Traber und Pacer hat zwar beachtliche Ergebnisse gezeitigt, weil deren Spitzengeschwindigkeit mit über 50 km/h über eine Meile nicht viel langsamer ist als jene von Vollblut-Galopprennpferden mit über 60 km/h. Nichtsdestoweniger muss aber in Betracht gezogen werden, dass Traber und Pacer mit allen möglichen Hilfsmitteln dazu gebracht werden müssen, bei höheren Geschwindigkeiten im Trab oder Pass zu bleiben und nicht anzugaloppieren. Der Übergang in andere Gangarten ist jedoch physiologisch begründet, weil damit seitens der Tiere Energie gespart werden kann. In Anbetracht der häufigen gesundheitlichen Schädigungen muss man heutzutage somit sicherlich hellhörig sein, wenn Zweifel am Sinn der Nutzung dieser Tiere geäußert werden, wenn diese Nutzung nur einem Selbstzweck dient.

Mittelfristig kann auch insofern präventiv gehandelt werden, indem beim Kauf eines Pferdes mittels Studiums seines Pedigrees oder eingeholter Auskünfte die familiäre Veranlagung hinterfragt wird und eventuell spezifische Untersuchungen vorgenommen werden. Fachleute wie Tierärzte und Agenten sind mit solch einer Aufgabe vertraut.

Langfristige Vorsorge muss züchterisch erfolgen, wobei man sich wohl fragen muss, warum dies in der jahrhundertealten Vollblutzucht bisher nicht erfolgt ist. Als Erklärung für diesen Umstand mag dienen, dass Zuchthygiene, die wirkungsvollste Möglichkeit der Prophylaxe, in früheren Zeiten anspruchsvoll war. Bis vor Kurzem konnten nur populationsgenetische Untersuchungen vorgenommen werden, was bei den Equiden mit einem derart langen Generationenintervall und einer relativ kleinen Zahl von Nachkommen nur schwer zu bewerkstelligen war. Möglicherweise dürfte auch die Unterstützung durch die Züchterschaft mangelhaft gewesen. Im Zusammenhang mit den belastungsbedingten Rhabdomyolysen war bisher nur bei den Zuchtverbandsverantwortlichen für das American Quarter Horse (AQH) die Bereitschaft für solche Untersuchungen zu erkennen. Hier gelang Tryon und Mitarbeitern (2009) der eindrückliche Nachweis, dass Leistungsprüfungen die beste Grundlage für zuchthygienische Bestrebungen bieten. Sie untersuchten Untergruppen von American Quarter Horses, wo man sowohl Zuchtlinien für den Renn- und Westernsport als auch für Schauklassen (Halter classes) kennt. Sie wollten wissen, wie die Allelfrequenzen von diversen Erbkrankheitsgenen bei diesen Populationen verteilt sind und benutzten als Kontrollgruppe auch Paint Horses, die ebenfalls nicht leistungsgeprüft gezüchtet werden. Die prospektive Studie umfasste 651 Elite-Leistungs-AQHs sowie als Kontrollen 200 Halter-AQHs und 180 American Paint Horses (APHs). Unter anderen wurde das Vorkommen von Genen für die hyperkaliämische periodische Paralyse (HYPP), die Glycogen Branching Enzym Defizienz (GBED) und die Typ 1 Polysaccharid-Speicher-Myopathie (PSSM1) studiert. Dabei stellte sich heraus, dass die „Racing- und Barrel Racing"-Untergruppen, die leistungsgeprüften Tiere also, die niedrigsten Frequenzen aller Krankheitsgene hatten.

Eine unvergleichlich progressive Einstellung zur Zuchthygiene zeigte die American Quarter Horse Association (AQHA) schon Ende des letzten Jahrhunderts, als die Hyperkaliämische periodische Paralyse bei diesen Pferden größere Probleme bereitete. Nachdem sich herausgestellt hatte, dass dieses Leiden auf den Hengst *Impressive* zurückverfolgt werden konnte, nahm sich die AQHA der Sache in vorbildlicher Art und Weise an. Falls sich nämlich der Name dieses Hengstes im Pedigree eines Pferdes befindet, ist seit 1998 auf dem Abstammungsausweis der Hinweis vermerkt: *„This horse has an ancestor known to carry HYPP, designated under AQHA rules as a genetic defect. AQHA recommends testing to confirm presence or absence of this gene."*

Es wäre überaus begrüßenswert, wenn dieses Beispiel von Aufgeschlossenheit auch bei anderen Problemen und Rassen Schule machen würde. Andernorts wird zu oft nur hinter vorgehaltener Hand über solche Probleme gesprochen, aber unter solchen Voraussetzungen können Zucht und Handel keinen Anspruch auf transparentes und seriöses Geschäftsgebaren geltend machen. Bezüglich der Aufklärungspflicht beim Auftreten von genetischen Leiden sind Tierärzte und Züchter gefordert, weil *„...der Einsatz fraglicher Vatertiere in Zukunft für die Beteiligten rechtliche Probleme zur Folge haben könnte"*.

Zuchthygienische Möglichkeiten haben mit den fulminanten Fortschritten in der genomischen Forschung in unserer Zeit ganz neue Dimensionen bekommen (Brosnahan et al. 2010). Diese Untersuchungstechniken können auch beim Kauf von Pferden angewendet werden. Als Käufer kann man somit auch vorsorgend agieren, zumindest dann, wenn seitens des Verkäufers nicht transparent kommuniziert wird. Diese Entwicklung hat inzwischen jedoch, wie bei den meisten wissenschaftlichen Fortschritten, bereits zu Auswüchsen geführt, indem bei Auktionspferden ohne Wissen des Anbieters von potenziellen Käufern DNS-Untersuchungen in Auftrag gegeben wurden. Dafür genügen einige Mähnenhaare, die jedermann in einem unbeobachteten Moment ausreißen kann. Ein solches Vorgehen erfolgte in der Vollblutzucht bisher zwar vorwiegend für Marker des Leistungsvermögens, aber die Veranlagung für anstrengungsbedingte Rhabdomyolysen ist ebenfalls leistungshemmend und kann in weiterem Sinne somit auch diesem Kapitel zugeordnet werden.

Die American Association of Equine Practitioners hat 2011 bereits ein Statement veröffentlicht, welches das Vorgehen bei der Untersuchung von DNS-Proben im Zusammenhang mit einem Kauf regeln soll: Jede Entnahme einer Probe für genomische Untersuchungen soll nur im Einverständnis mit dem Besitzer erfolgen dürfen.

Die rechtlichen Grundlagen für die Lösung dieser Problematik harren aber noch der Formulierung! (http://www.aaep.org/statement_updates.htm)

> DieseAusführungen lassen erkennen, dass wir es bei den anstrengungsbedingten Rhabdoymyolosen mit überaus schwierigen Krankheitsbildern zu tun haben. Trotz aller Fortschritte in der Genomforschung ist die Situation nach wie vor schwierig, indem auf Fragen bezüglich des Erbgangs häufig keine erschöpfende Auskunft gegeben werden kann.

5.4 Verhalten und Wohlbefinden

Das Pferd und andere Equiden dienen dem Menschen seit Jahrtausenden in Aufgaben von erstaunlicher Mannigfaltigkeit. Dabei muss angenommen werden, dass sie selber sehr stark zum Gelingen dieser Partnerschaft beitrugen. Ihre Domestikation gelang nur, weil sie die Bereitschaft mitbrachten, sich anzupassen und unterzuordnen. Von den ungefähr 4.000 Säugetierarten konnten nur etwa ein Dutzend erfolgreich domestiziert werden und auch unter den Equiden selbst gibt es bekanntlich Arten, die sich für die Zusammenarbeit nur schlecht eignen. Die Domestikation von Tieren ist nicht irgendwelchen „Flüsterern" zu verdanken, sondern vielmehr vorteilhaften biologischen Voraussetzungen.

Die große Lernfähigkeit und Kooperationsbereitschaft von Pferden sind offensichtlich, wenn man sich vor Augen führt, für wie viele Aufgaben der Mensch dieses Tier und seine nahen Verwandten als Reit-, Last- und Zugtier nutzen kann. All das weist darauf hin, dass Equiden umfangreiche intellektuelle und mentalen Fähigkeiten besitzen, die nicht unterschätzt werden dürfen. Andernfalls könnte das Wohlbefinden beeinträchtigt werden sowie Verhaltensstörungen auftreten. Es ist somit unabdingbar, sich bei der Vorsorge für die Gesundheit des Gastrointestinaltraktes auch mit dem Verhalten der Pferde zu beschäftigen. Bezüglich der Futteraufnahme gilt überdies auch hier der Umkehrschluss, dass ein großer Teil des Wohlbefindens des Pferdes seine Quelle im Verdauungstrakt hat.

5.4.1 Störungen von Futteraufnahme und -verhalten/Koppen

Im Zusammenhang mit Störungen des Verhaltens und dem Auftreten von Krankheiten von Magen und Darm steht neben den andernorts besprochenen Problemen das Koppen an vorderer Stelle. Obwohl diese Verhaltensstörung schon lange bekannt ist, war ein Zusammenhang bis vor Kurzem jedoch unklar. Er wurde sogar infrage gestellt, nachdem darauf hinwiesen wurde, dass die Tiere beim Koppen angeblich keine Luft abschlucken.

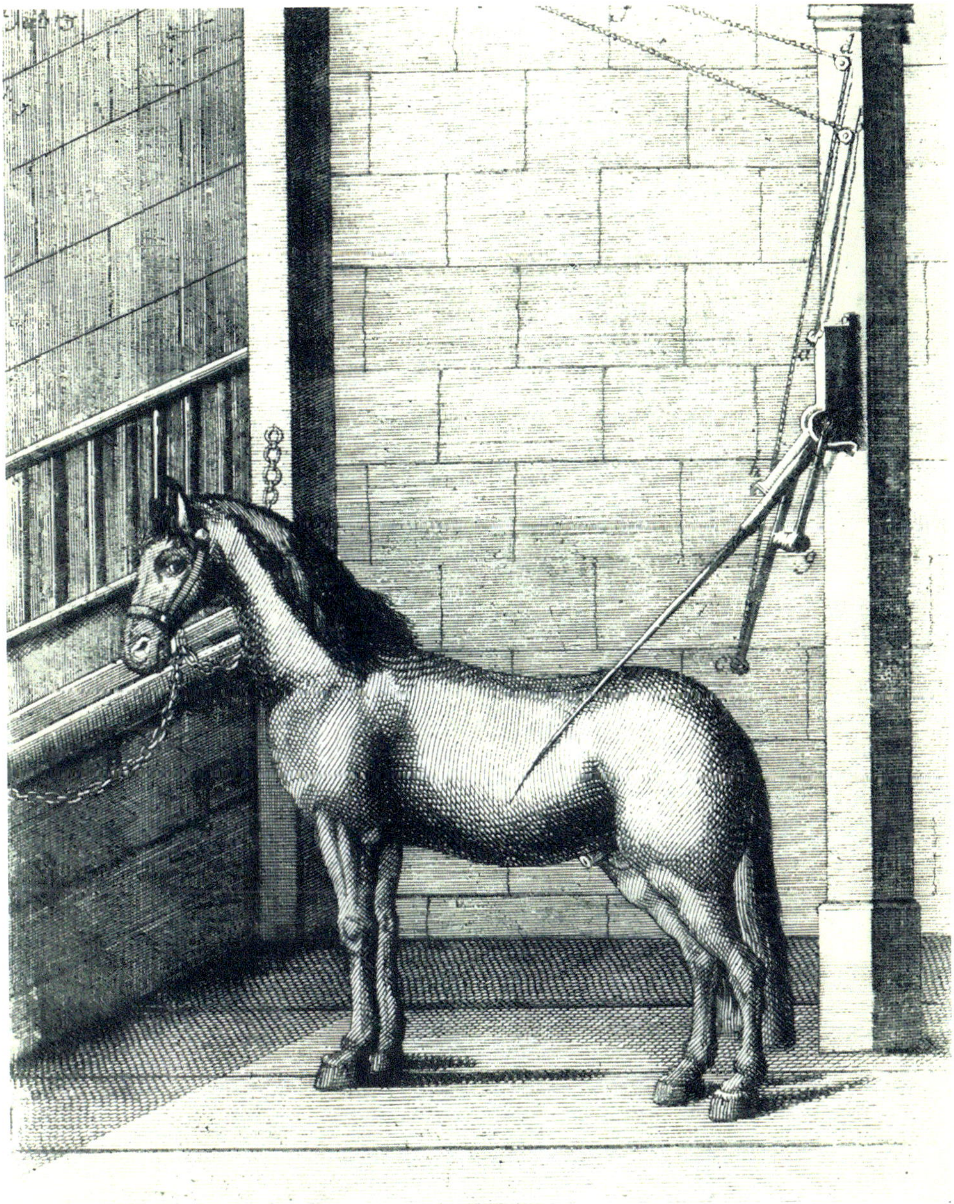

Abb. 2 – „Die elektrische Behandlung wird bei folgenden Untugenden angewandt: ‚Schläger, Beisser, Steiger, Nichtzieher, Schläger im Geschirr, Stetigkeit und Krippensetzer'. Der Apparat ist vom Verein Pferdewohl zum Preis vom RM. 18.- zu beziehen." (Franck 1929).

Historisch wurden verschiedene Maßnahmen aufgeführt, mit denen man das Koppen abgewöhnen wollte. Das ging so weit, dass für die Pferde der Kavallerie eine sogenannte Peitschmaschine erfunden wurde. Diese „sei das brauchbarste Instrument, denn mit ihr lassen sich auch alle anderen Stalluntugenden abgewöhnen. Sie besteht aus einer starken Rute oder Spiessgerte, welche mittelst Spannfedern oder dergleichen bewegt wird und dem Pferd einen kräftigen Hieb versetzt, so oft es auf die Krippe aufsetzt, ohne dass das Pferd jemanden sieht, der es straft. Es muss aber ‚Tag und Nacht Jemand im Stalle sein und die Maschine wieder spannen', so oft sie losgedrückt ist".

Beim Auftreten des Koppens bei Vollblütern (neben anderen Verhaltensstörungen) wurde in jüngerer Zeit ein enger Zusammenhang mit der Menge von Raufutter (weniger als 6,8 kg), der Einstreu (außer Stroh), dem Aufenthalt in der Box und fehlendem sozialem Kontakt (Sichtkontakt) sowie freiem Auslauf festgestellt.

Darüber hinaus ergaben sich Besonderheiten wie das Ergebnis bei erwachsenen Warm- und Vollblütern ohne Weidegang, dass sie bei viermaliger täglicher Fütterung (ohne nähere Angaben zum Futter selbst), im Vergleich mit mehr oder weniger häufigerem Füttern, mehr als doppelt so häufig Untugenden wie Koppen, Weben und Boxwandern zeigten.

Dieses Beispiel macht klar, dass die Pferdefütterung auch bezüglich des Verhaltens sehr anspruchsvoll ist, dass sie eine Gratwanderung sein kann und man viele Faktoren in die Planung miteinbeziehen und abwägen muss. Wenn ein Pferd auf Stroh steht, kann es sich sowohl beschäftigen als auch der ständig sezernierten Magensäure Substrat liefern. Obige Nachteile können unter diesen Voraussetzungen somit nicht oder weniger gravierend eintreten.

Die ursächliche Prävention von Stereotypien sind auch Haltungs- und Managementedingungen wie die Möglichkeit des Körperkontakts (gegenseitige Fellpflege), täglicher Auslauf oder Weidegang, Fütterung von viel Raufutter und wenig oder kein Kraftfutter – alles Dinge also, die den natürlichen Verhaltensweisen der Equiden entsprechen.

Solche empirisch begründeten Empfehlungen gab es bereits zu der Zeit, als Pferde noch täglich arbeiteten. So empfahl Mortgens A. 1827:

> „Hinsichtlich der Fütterung, des Saufens und der Abwartung der Handelspferde beobachte man noch folgende Handelsvortheile, als:
> 1) Man füttere halb guten, nahrhaften Hafer, halb Weizenkleie, und reiche diese Nahrung den Pferden in kleinen vertheilten Portionen, z.B. früh 5 oder im Winter um 6 Uhr, dann wieder ein Futter um 9 Uhr, Mittags um 11 Uhr, Nachmittags 3 Uhr und Abends um 6 Uhr."

Mortier A. und Lentin C.F. (1884) bemerkten:

> „Was nun die Fütterung anbelangt, so ist Heu und Hafer in bester Qualität immer das vorteilhafteste Futter, bei welchem sich die Pferde am wohlsten befinden.
>
> Auch giebt man nicht, wie sonst wohl üblich, das Futter in drei Mahlzeiten, sondern in fünf, um die Pferde immer bei Appetit und nie leer oder übervoll im Magen zu wissen.
>
> In unserem Stall wurde auf folgende Weise gefüttert: früh um 5 Uhr, wenn die Pferde des Nachts über ihr Heu völlig aufgefressen hatten, ein Futter; gegen 7 Uhr Wasser: um 7 Uhr das zweite Futter, dann ein wenig Heu; dann bis 11 Uhr nichts weiter; um halb 12 Uhr das erste Mittagsfutter: gegen 1 Uhr ein wenig Heu; um 5 Uhr nachmittags ¾ Eimer Wasser; hierauf ein kleines Futter, und um halb 7 Uhr das zweite Hauptfutter; um 8 Uhr zur Abfütterung 3 Pfund Heu beim Streumachen."

Die fünfmalige Fütterung von Pferden wird in unserer Zeit aus arbeitstechnischen Gründen häufig abgelehnt. Das Abwägen von Aufwand und Nutzen, das Kalkulieren von indirekten Kosten und die Sorgfaltspflicht als Halter lassen aber die Frage offen, ob eine geschickte Arbeitsorganisation diesen Bedürfnissen nicht nachkommen könnte. Auf die Alternative von Futterautomaten weist Hothersall (2009) hin.

5.4.2 *Die Verlagerung des Dünndarms ins Foramen epiploicum*

Neben diesen allgemeingültigen Angaben zu Zusammenhängen von Störungen des Verdauungsapparates und des Verhaltens wurde das Koppen inzwischen auch als spezifischer Risikofaktor für die Verlagerung von Jejunum und Ileum ins Foramen epiploicum erkannt. Diese Art von Kolik gehört zu den häufigeren Problemen des Dünndarms und hat dessen Strangulation zur Folge, die nur mittels chirurgischen Eingriffs behoben werden kann.

Daneben können allerdings auch saisonale Bedingungen sowie Größe und Alter der Pferde eine Rolle für das Auftreten dieser Verlagerung spielen.

Prophylaxe von Verhaltensstörungen

In Anbetracht all der vielen kausalen Faktoren für Verhaltensstörungen müssen neben der Fütterung weitere Möglichkeiten der Prävention genutzt werden. Pferde brauchen auch Sozialkontakt und Abwechslung und es wird grundsätzlich empfohlen, junge Pferde in Gruppen von sechs oder acht Individuen zu weiden. Dann sollte einerseits genügend Unterhaltung geboten sein und anderseits sollten nicht zu viele Rangordnungskämpfe übermäßigen Stress verursachen.

Spezifische Möglichkeiten zur Abwechslung bietet insbesondere die Beschäftigungen mit fressbaren Dingen (Stroh und Futter); andere Ablenkungsangebote werden durch das mehr oder weniger gute Angebot von Gras auf der Weide beeinflusst. So soll beim Beschäftigen der Pferde auf der Weide darauf geachtet werden, dass genügend Angebote, also bspw. mehrere Strohhaufen, zur Verfügung stehen. Andernfalls ist das Risiko aggressiver Interaktionen groß. Die Angst vor Verletzungen ist seitens der Besitzer der hauptsächliche Grund für den Verzicht auf Weidegang in einer Gruppe. Grünes Gras ist jedoch die beste Möglichkeit der Beschäftigung für Pferde; sie sind motiviert zu grasen und verbringen selbst auf Weiden mit magerem Wuchs viel Zeit damit. Die naturnahe Haltung der Pferde ist die beste Prävention der Entstehung von Untugenden und ihren möglicherweise schweren Folgen.

Der Zusammenhang von Störungen der Verdauung mit der Entwicklung von Untugenden beginnt schon bei der Aufzucht von Fohlen. Die Fohlen sind in der freien Natur ständig in engem Kontakt mit der Mutter bis zum Absetzen im Alter von ca. 9 Monaten und bleiben bis zum Alter von 18 Monaten in der Familie. Dabei lernen die jungen Pferde mit ausgewachsenen Pferden zu kommunizieren, werden diszipliniert und lernen gewisse Überlebenstechniken. Im Gegensatz dazu werden viele domestizierte Fohlen zu verschiedenen Zeiten der ersten Jahreshälfte geboren und werden sowohl früh als auch häufig abrupt abgesetzt. Die verfrühte Trennung der Fohlen von den Adulten bedeutet, dass vielen jungen Fohlen die Erziehung fehlt, die ihnen Sicherheit vermitteln würde. Das Absetzen wird als eine der stressigsten Zeiten im Leben eines Pferdes erachtet. Das abrupt abgesetzte, überängstliche und leicht erregbare Fohlen ist gestresst und dadurch in der Folge möglicherweise weniger lernfähig.

Das Absetzen bringt natürlich auch eine Änderung der Nahrungsaufnahme mit sich, die Umstellung auf ausschließlich feste Nahrung und häufig auch den Beginn der Fütterung mit Kraftfutter. In diesem Zusammenhang musste festgestellt werden, dass das Ausmaß von Stress und die Konzentrationen von Cortisol bei Fohlen mit traditioneller Diät, basierend auf Stärke und Zucker, höher waren als bei Tieren, die fett- und faserreiches Futter erhielten. Die Fohlen aus der Gruppe mit Fett- und Faser-Diät hingegen galoppierten in den ersten Stunden unmittelbar nach dem Entwöhnen weniger häufig und auch weniger lange und machten einen ausgeglicheneren Eindruck. Diese Tiere verwendeten überdies signifikant mehr Zeit darauf, unbekannte Objekte zu überprüfen. Den Umgang mit dem Menschen lernte diese Gruppe deutlich rascher als die mit Zucker und Stärke gefütterten Tiere. Auch die Diät mag also die Fähigkeit der Bewältigung des Stresses beim Absetzen beeinflussen.

Die Untugend des Koppens entwickelt sich häufig zum Zeitpunkt des Entwöhnens, und in einer Studie über vier Jahre, bei welcher Fohlen im Stall oder auf der Weide abgesetzt wurden, war die Zahl von Koppern in der ersten Gruppe höher.

Das Füttern von Kraftfutter hatte eine vierfache Zunahme von koppenden Tieren zur Folge. Risikoanalysen ergaben auch hier, dass das Füttern von Konzentraten, der Mangel an Rohfasern und der Stallbau begünstigende Faktoren sind.

Daraus wurde die Hypothese formuliert, dass bei jungen Pferden Veränderungen an der Magenschleimhaut der Grund für das Koppen sein könnten. Es wurde vermutet, dass das Koppen, so wie das Kauen, alkalischen Speichel produziert, der die Magensäure puffert. Zur Überprüfung dieser Vermutung wurden 15 koppende Fohlen gastroskopiert. Dabei musste festgestellt werden, dass die Magenschleimhaut dieser Tiere signifikant häufiger entzündet, trocken und ulzeriert war als bei normalen Fohlen. Die Verabreichung von Antacida bei diesen Fohlen für drei Monate bewirkte, dass sowohl die Zahl der Geschwüre als auch die Frequenz des Koppens zurückgingen. Diese Zusammenhänge waren signifikant und es darf angenommen werden, dass die Gabe von Säurehemmern und die Verbesserung der Fütterung (mehr Rohfasern und Fett) dieses Verhalten verbessern können.

Allerdings braucht diese Art der Behandlung viel Zeit (ca. 3 Monate) und Vorbeugen ist auch wegen möglicher Nebenwirkungen der Medikamente besser.

> Besonders bezüglich des Verhaltens wird beim Pferd allgemein darauf aufmerksam gemacht, dass sich die Fütterung nicht auf die Berechnung von Nährwerten und die Einflüsse auf die physische Gesundheit beschränken darf. Wir müssen bezüglich der Futteraufnahme auch die Auswirkungen auf das Verhalten berücksichtigen. Dabei gelten rohfaser- und fettbasierte Diäten als sehr befriedigend, und auch der Einsatz von Futterautomaten kann sinnvoll sein, wenn dadurch mehrere kleine Mahlzeiten angeboten werden können.
>
> Daneben finden sich auch hier durch die Zuchthygienegenetische Voraussetzungen, welche die bestmögliche Gesundheitsvorsorge ermöglichen.

5.5 Weidegang

Im Zusammenhang mit der Futteraufnahme wird der große Nutzen des Weidegangs für die Gesundheitsvorsorge der Equiden erwähnt. Seine Vorteile sollen abschließend begründet und es soll auf mögliche Probleme hingewiesen werden. Das Grasen auf einer Weidefläche entspricht der evolutionär geformten Natur der Pferde und all ihre Organsysteme sind darauf ausgerichtet, bei leichter Bewegung ständig etwas Futter aufzunehmen. Für die Erhaltung ihrer physischen und psychischen Gesundheit soll dieses Verhalten so gut und oft wie möglich nachvollzogen werden. Das betrifft aber nicht nur die Futteraufnahme bzw. den Verdauungstrakt, sondern auch den Bewegungs-, Zirkulations- und Atemapparat sowie das Verhalten der Tiere. Die ständige leichte Bewegung stärkt alle Strukturen wie Knochen, Muskeln, Sehnen, Bänder und insbesondere den Gelenkknorpel, dessen Durchblutung bekanntlich nur durch Bewegung bewirkt werden kann. Das Fressen vom Boden ist auch für den Respirationstrakt äußerst vorteilhaft, weil dadurch eine ständige Drainage der Atemwege erfolgen kann. Diese Mechanismen sind auch der Grund für die Empfehlung, nach Transporten Weidegang anzubieten. Schon nach 6 Stunden hoher Kopfhaltung kann eine Entzündung und bakterielle Besiedelung des Atemtraktes erfolgen, doch das Grasen mit gesenktem Kopf für einige Stunden kann die Atemwege wieder reinigen.

All diese Dinge sind vor allem für die heutigen Sport- und Freizeitpferde von Bedeutung, weil sie bei Weitem nicht mehr so viel Bewegung haben wie die in früheren Zeiten in der Landwirtschaft und im Transportwesen eingesetzten Pferde. Einmal mehr ein Tatbestand, der schon lange bekannt ist: *„Der Stall in unseren Breiten ist ein notwendiges Übel“* und es besteht Bedarf, *„die schädlichen Einwirkungen desselben nach Möglichkeit zu verhindern“* (Wrangel 1928).

Positive Aspekte

Bezüglich des Nutzens von Weidegang für die Prävention von Störungen des Magen-Darm-Trakts wie Ulzera und Störungen der Peristaltik wurden erstere bereits verschiedentlich erforscht und andernorts besprochen. Studien zum Einfluss der freien Bewegung auf der Weide für die Förderung der Darmmotorik erfolgten hingegen erst im letzten Jahrzehnt. Als signifikante Variablen für die Peristaltik wurden in dieser Untersuchung die Tageszeit, die anatomische Lokalisation, die Haltungsform (Stall oder Weide) und die Kombination der anatomischen Region und des Managements erkannt. Im Einzelnen ergab sich, dass die Darmmotilität bei Pferden im Stall niedriger ist als auf der Weide. Als Grund für die herabgesetzte Peristaltik bei aufgestallten Tieren werden die Art des Futters, das Futterregime und das Ausmaß der Bewegung vermutet. Einerseits reduziert Kraftfutter die Menge, die den Darm passieren muss, womit mangels Volumens die Dehnungsrezeptoren zu wenig stimuliert werden. Zum andern wird die gastrointestinale Funktion wegen ausbleibender Aktivtät ebenfalls zu wenig angeregt. Lange Zeiten von Inaktivität, wie sie bei Stallhaltung vorkommen, reduzieren die Darmmotilität. Außerdem ist die Frequenz der intestinalen Kontraktionen nachmittags höher als morgens. Zudem ist bei „Weidepferden" die Motorik des Caecums am deutlichsten ausgeprägt, während bei „Stallpferden" die größte Motilität in der sternalen Flexur des Dickdarms festgestellt wurde. Das aborale ventrale Colon ist bei beiden Haltungsformen am wenigsten aktiv – und diese Region ist bekanntlich auch am häufigsten von Obstipationen betroffen.

Negative Aspekte

Es ist nicht von der Hand zu weisen, dass Pferdebesitzer manchmal nur schwer von den Vorteilen des Weidegangs für ihre Tiere überzeugt werden können. Das größte Hindernis ist die Angst vor Verletzungen und es wäre falsch, diesen Aspekt außer Acht zu lassen. Rangordnungskämpfe gehören ja ebenfalls zum natürlichen Verhalten des Pferdes und selbst beim harmlosen Spiel kann es sich Verletzungen zuziehen. Hier müssen tatsächlich Vor- und Nachteile abgewogen und mögliche Gefahren so gut wie möglich ausgeschlossen werden.

Statistiken zu Weideverletzungen sind selten, und eine Untersuchung aus dem Polosport kann nur indirekt Antworten auf diese Frage geben. Hier wurden (primär aus Gründen des Tierschutzes) Polo-Ponys während einer Saison medizinisch nahe begleitet. Das Auftreten von Verletzungen, Unfällen und Krankheiten im Training, im Wettkampf und auf der Weide wurde bei 252 Ponys während 144 Tagen dokumentiert. Die Ergebnisse gliederten sich folgendermaßen: Auf der Weide gab es 13 Zwischenfälle (Schläge von anderen Pferden, Verletzungen durch Äste und Zweige), im Stall deren 15. In Relation zu Weidegängen (n = 2,575) ent-

Abb. 3 – Bandwurmglieder auf frischem Pferdekot.

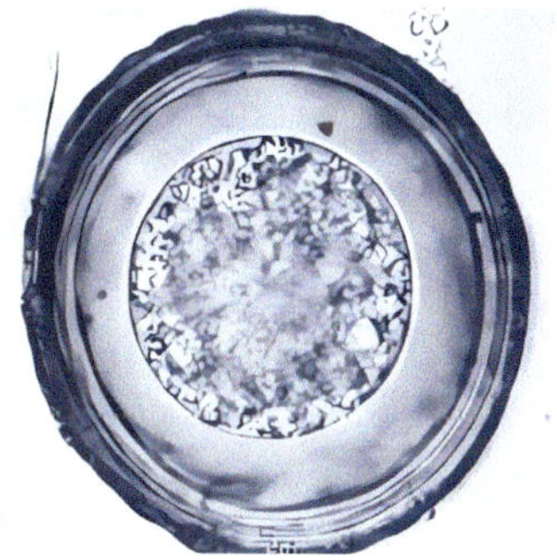

Abb. 4 – Mikroskopische Aufnahme eines Bandwurmeis.

spricht dies 0,5 %, in Bezug auf Stalltage 0,15 %. Bei 2,012 Einsätzen im Spiel wurden 58 Vorkommnisse dokumentiert (2,9 %), bei 12,284 Trainingseinheiten deren 15 (0,1 %). Diese Zahlen können sicherlich nur als Referenzwerte dienen und es sind weitere Abklärungen nötig, um spezifische Fragen zu Zusammenhängen zwischen dem Nachteil von Weidegang in Bezug auf Verletzungen und seinem Vorteil mit Blick auf die Prävention multifaktoriell bedingter Störungen des Gastrointestinaltrakts beantworten zu können.

Eine andere Studie, basierend auf einer Befragung von mehr als 600 Besitzern von Sport- und Freizeitpferden in England, ergab, dass etwa 40 % ihrer Tiere im Lauf eines Jahres Verletzungen erlitten hatten. Etwas mehr als drei Fünftel dieser Blessuren (62 %) hatten sich auf der Weide ereignet. Als Verletzung galten Läsionen von Schürfungen bis zu Frakturen. Fast die Hälfte davon (47 %) bedurfte einer tierärztlichen Intervention, wobei insbesondere die distale Gliedmaße betroffen war; 10 % der Schädigungen waren schwer (Frakturen).

Die Zahl der Weideverletzungen überraschte. Als Risikofaktoren wurden erkannt:

Neuzugänge, größere Gruppen, Futteraufnahme, Verwendungszweck (mehr Sportpferde als Cobs und Ponys) und Ausbildung nach der Parelli-Methode. Die Ursachen werden in erster Linie dem Verhalten der Pferde zugeschrieben, den Rangordnungskämpfen bei neu einzugliedernden Tieren, der größeren Häufigkeit von Auseinanderaussetzungen und den schlechteren Ausweichmöglichkeiten bei größeren Gruppen sowie dem Kampf ums Futter.

Für die Prophylaxe ist somit besonders wichtig, dem normalen Sozialverhalten der Pferde Rechnung zu tragen. Neuzugänge müssen sorgfältig eingegliedert und Änderungen in der Zusammensetzung von Gruppen müssen vorsichtig vorgenommen werden. Gruppen sollen, so wie in der freien Natur, relativ klein bleiben und es sollen mehr Futterplätze angeboten werden als Pferde auf der Weide sind. Der Weidegang soll regelmäßig angeboten werden und Zäune müssen pferdegerecht und gut unterhalten sein. Sportpferden bedürfen wegen ihrer athletischen Beanspruchung und ihres Managements einer intensiveren Betreuung.

Die Bewirtschaftung der Weide

Wenn man von den Vorzügen des Weidegangs spricht, wird natürlich vorausgesetzt, dass dieses Unterfangen sachgerecht angegangen wird. Gute Pflege und Hygiene der Weide wird als selbstverständlich erachtet, insbesondere die Kontrolle von Endoparasiten, die einerseits durch Einsammeln des Kots und anderseits durch die Beweidung mit Wiederkäuern erfolgen kann. Letztere Methode hat überdies den Vorteil der besseren Nutzung des Nahrungsangebots. Vor Kurzem wurde ein weiterer günstiger Faktor erkannt, die Bekämpfung von Ektoparasiten. Unter diesen können vor allem Zecken von Bedeutung sein, die für diverse Erreger von Pferdekrankheiten als Vektor dienen können. In erster Linie sind sie verantwortlich für die Übertragung der Piroplasmose, daneben aber auch für die Borreliose (Borrelia burgdorferi) und die Frühsommer-Meningoencephalitis (FSME). Dabei ist von Interesse, dass der Anteil mit Borrelien infizierter Zecken auf extensiv beweideten Flächen deutlich niedriger liegt als im umliegenden Brachland. Außerdem haben langjährige Studien gezeigt, dass das Infektionsrisiko für den Menschen in mit Wiederkäuern beweideten Gebieten 60-mal niedriger ist als auf Brachflächen. Der Erreger der Lyme-Borreliose wird vor allem durch Zecken übertragen, aber Wiederkäuer wie Rinder oder Ziegen können selbst bei Befall nicht infiziert werden. Sie sind eine Sackgasse für den Parasiten und üben somit eine Schutzwirkung aus.

Es dürfte empfehlenswert sein, die Erfahrungen aus der Humanmedizin auch für die Bekämpfung von Zecken-Krankheiten bei den Equiden zu nutzen.

Bei schlechter Pflege von Weideflächen können Erosion und Wasserverschmutzung erfolgen. Der Erhaltung der Grasnarbe muss also auch aus ökologischen Gründen große Beachtung geschenkt werden. Bezüglich des Pferdebestandes muss man sich dabei bewusst sein, dass erfahrungsgemäß pro Pferd ein Platzbedarf von 1 bis 2 ha besteht, bzw. 3 ha pro Zuchtstute und ihren Nachwuchs. In Zukunft kann aus ökonomischer Sicht bei der Bewirtschaftung von Weiden noch größere Aufmerksamkeit gefordert sein, weil Grün- und Raufutter knapper werden können. Flächenkonkurrenz durch biogene Rohstoffe und ein sich andeutender Klimawandel lassen Druck auf Futterflächen für Pferde erkennen. Eine Optimierung der Grünlandnutzung ist nötig).

> Weidegang ist für die physische und psychische Gesunderhaltung des Pferdes von größter Bedeutung. Man muss sich der Risiken aber bewusst sein und sie mit Vor- und Umsicht auf ein Minimum beschränken. Daneben zeichnet sich ab, dass der Pflege von Weiden in unserer Zeit größere Aufmerksamkeit geschenkt werden muss als bisher.

5.6 Wasser

Unter den Nahrungsmitteln für Säugetiere hat das Wasser größte Bedeutung. Sie können viel länger ohne Futter überleben als ohne Wasser. Selbst unter extremen Bedingungen kann ihr Organismus weiterleben, wenn etwa die Hälfte des Körperfetts oder des Proteins abgebaut und ausgeschieden werden. Vermindert sich hingegen der Wassergehalt des Körpers nur um einen Zehntel, so erlischt das Leben. Wasser enthält zwar keine Nährstoffe, ist aber der limitierende Bestandteil für Nahrungsmittel.

Der Bedarf eines Pferdes an Wasser ist in erster Linie abhängig von Verbrauch und Verlust, es wird aber auch als flüssiges Medium für die Verdauung und die Fortbewegung des Futters im Magen-Darm-Trakt benötigt.

Der Verlust erfolgt über Kot, Harn, Atemluft, Schweiß und bei der laktierenden Stute auch über die Milch. Diese Verluste sind abhängig von der Menge, Art und Qualität des Futters, von Umweltfaktoren, vom physiologischen Zustand und der physikalischen Aktivität des Tieres. Bei gesunden erwachsenen Pferden bei leichter Arbeit verteilen sich die Verluste auf etwa 50 % im Kot, 20 % im Urin und 30 % auf andere Mechanismen.

Der Bedarf für erwachsene Pferde in Ruhe in gemäßigtem Klima beträgt pro 100 kg Körpergewicht zwischen 3 und 7 l, durchschnittlich 5 l auf 100 kg Körpermasse. Der Wassergehalt des Körpers eines erwachsenen Pferdes beträgt etwa 70 %, jener des Fohlens 75 bis 80 %, womit deren Bedarf relativ etwas höher ist.

Bei laktierenden Stuten ist der Bedarf höher als bei anderen Pferden, einerseits wegen des Verbrauchs für die Milch, anderseits weil die Futteraufnahme für deren Produktion erhöht ist. Sie können pro Tag bis 75 l Wasser benötigen.

Alte Pferde müssen Gelegenheit haben, immer wieder kleine Mengen zu saufen, weil sie wegen schlechter Zähne eventuell weniger Gras aufnehmen.

Tiere mit Stoffwechselerkrankungen (z.B. Cushing, Hypophysenadenom) haben ohnehin einen erhöhten Wasserbedarf.

Bezüglich der Körperkondition ist zu beachten, dass fettleibige Pferde weniger Wasser brauchen als schlanke, weil fette Pferde aufgrund ihrer zu einseitigen (trockensubstanzarmen) Diät wenig Wasser aufnehmen.

Wenn Pferde Zugang zu trinkbarem Wasser haben, dann nehmen sie normalerweise so viel auf wie sie brauchen. Die beschränkte Aufnahme von Wasser reduziert jedoch Appetit und Futteraufnahme.

Bezüglich des Bedarfs im Zusammenhang mit der Futteraufnahme gilt grundsätzlich, dass die Wasseraufnahme proportional zum Gehalt an Trockensubstanz ist. So wurden bei einer Studie mit der Fütterung von 5,8 kg Heu knapp 18 l Wasser, bei der Verabreichung von 1,8 kg Kraftfutter und 1,3 kg Heu nur etwas mehr als 10 l aufgenommen (Kentucky Equine Research 2009).

Diese Resultate verdienen Beachtung, weil die wichtige Aufnahme von Rohfasern den Wasserbedarf in verschiedener Hinsicht beeinflusst. Wenn Pferde Raufutter aufnehmen, verlagert sich Wasser aus dem interstitiellen Raum ins Lumen des Darms, was eine Abnahme des Plasmavolumens bewirkt und Durst zur Folge hat. Die Verabreichung von 2,27 kg Heu bewirkte bereits eine Erhöhung des totalen Plasmaproteins und eine größere Wasseraufnahme, als wenn die gleiche Menge Kraftfutter gefüttert wurde. Dieser Umstand kann Rennpferde-Trainer dazu verleiten, ihren Schützlingen vor den Rennen kein Raufutter zu verabreichen. Das Pferd hat dann zwar mit großer Wahrscheinlichkeit etwas weniger Gewicht, aber diese Maßnahme erhöht dafür die Gefahr für die Entstehung von Magenulzera.

Pflanzliche Rohfasern haben überdies die Kapazität, Wasser zu binden. Sie sind auch nicht gut verdaulich und somit geht je nach Angebot mehr Wasser über den Kot verloren. In einem Versuch mit Alfalfa-Heu hatten die Pferdeäpfel einen Feuchtigkeitsgehalt von 81,5 %, wenn es als solches (lange Halme) gefüttert, gegenüber 75,2 %, wenn es in pelletierter Form verabreicht wurde.

Die Aufnahme von mehr Eiweiß und Salz erhöht den Bedarf an Wasser ebenfalls, im ersten Fall wegen der Ausscheidung des harnpflichtigen Stickstoffs, im zweiten wegen der Stimulierung des Dursts.

Die häufigste Komplikation im Winter wegen mangelhafter Aufnahme von Wasser ist die Eindickung der Ingesta mit daraus resultierender Obstipation.

Grundsätzlich gilt, dass Pferde in jedem Haltungssystem ganztätig freien Zugang zu qualitativ einwandfreiem Trinkwasser haben müssen. Auf Weiden und Ausläufen müssen Tränkeeinrichtungen so installiert sein, dass Rangeleien möglichst ausgeschlossen werden können. Im Winter muss sichergestellt sein, dass die Wasserversorgung gewährleistet ist (bspw. keine eingefrorenen Selbsttränken) und es empfiehlt sich, das Wasser leicht zu temperieren.

6. Gefährdung der Pferdegesundheit durch leistungsbeeinflussende Mittel

(B. Schlatterer, P. S. Glatzel)

Für ein Grundrecht des Pferdes auf Erhalt von Gesundheit und faire Behandlung in all seinen Nutzungsarten besteht nicht nur breiter Konsens in allen internationalen Regelwerken des Pferdesports, sondern auch in den jeweiligen Tierschutzgesetzen.

Mit unnatürlichen Maßnahmen dürfen keine Leistungen verlangt werden, die ohne diese Maßnahmen nicht erbracht werden können. Dazu zählen Manipulationen durch chemische Mittel wie auch mechanische-physikalische-methodische Einwirkungen. Besonders zu verurteilen sind Vorgehensweisen, mit denen körperliche oder mental-psychische Schwächezustände maskiert, verschleiert oder ausgenutzt werden, um einem Tier entgegen der Schutzverantwortung eine Leistung abzufordern.

Da sich aber die Zugriffsmöglichkeiten zur Verhinderung von Manipulationen als sehr komplex herausgestellt haben, mussten in die Regelungen für Dopingverstöße neben der Tatsache des Versuchs der Manipulation auch das gesamte Umfeld von Handel mit sowie Besitz von Dopingmitteln aufgenommen werden.

Der Notwendigkeit der Therapie erkrankter oder geschwächter Tiere ist vernünftigerweise durch neue Medikationsregelungen erkannt und durch klare Vorgaben wieder rechtssicherer geworden.

6.1 Leistungssteigernde (dopingrelevante) Substanzen in Futter- und Futterergänzungsmitteln

Die konventionelle Ernährung von Sportpferden erfolgt auf der Basis von Hafer, Mais, Kleie, Heu und Wasser. Mehr und mehr sind in letzter Zeit neben weiteren, bislang ungewöhnlichen pflanzlichen Futtermitteln Nahrungsergänzungsmittel auf den Markt gelangt in der Absicht, optimale Voraussetzungen für die Leistungsstärke und die Gesundheit der Pferde zu schaffen.

Futterpflanzen können eine Vielzahl dopingrelevanter Substanzen aus dem Primär- und Sekundärstoffwechsel der Pflanzen enthalten. Hinzu kommt, dass Futtermischungen Kräuter verschiedenster Herkunft enthalten können. Viele der ergänzend verwendeten Kräuter und Pflanzen enthalten pharmakologisch wirksame Stoffe, deren Eigenschaften von durchblutungsfördernd über stimulierend, sedierend, analgetisch und antiphlogistisch bis zu halluzinogen reichen. Darunter fallen Wirkstoffe wie Hordenin, Atropin, Salicin (Salicylsäure), Ephedrin/Norephedrin, Cocain/Benzoylecgonin, Cannabinoide, Morphin und Reserpin. Weiterhin ist wie bei den für Sportler vorgesehenen Nahrungsergänzungsmitteln die Gefahr der Kontamination mit weiteren dopingrelevanten Substanzen gegeben.

Manche dieser Ergänzungsmittel enthalten wohl absichtlich zugemischte Substanzen, beispielsweise androgen-anabole Steroide, die als sogenannte Vorhormone leicht zu beschaffen sind. Aber auch weitere pflanzliche Wirkstoffe sind neuerdings als relevante natürliche Beimischungen auffällig. Aus Bienenpollen z.B. Kaffeesäure, Phenethyl-Kaffeat, Coumarin- und Cinnamonsäure, aus Teufelskralle Iridoid Glycoside, Terpenoide, acetylierte phenolische Glycoside, aus Echinacea immunstimulierende Polysaccharide und Alkamide, aus Flachs Phytoöstrogene und Flavonoide, aus Knoblauch Sulfoxide und γ Glutamylcysteine, aus Baldrian Valerensäure und Iridoid-Glykoside, aus Yuka Saponine und Resveratrol, aus sibirischem Ginseng Eleutherosid und aus zu Futtermitteln verarbeiteten Schokoladenabfällen Methylxanthine (Coffein, Theobromin, Theophyllin).

Teufelskralle hat Einfluss auf zahlreiche pro-inflammatorische Marker. Ihr Pflanzenextrakt findet deswegen häufig Verwendung bei entzündlichen Zuständen des Bewegungsapparates. Aus dem Harn des Pferdes lassen sich die Substanzen Harpagosid und zwei weitere Derivate mittels LC/MS-Analyse bestimmen. Bei Felduntersuchungen ist diese Wirkstoffklasse allerdings nur selten detektiert worden. Häufiger ist jedoch der Nachweis von Eleutherosid in Urin gelungen. Seine Wirkungen auf das Zentralnervensystem und das Endokrinum sind signifikant.

Im Full Scan-Modus sind für die beiden genannten Wirkstoffklassen eindeutig identifizierbare Produkt-(Folge)Ionen nachgewiesen.

Die Untersuchung verdächtiger Marktprodukte wie z.B. „Energy 5“ oder „Super So-Kalm Paste“ hat im ersten Fall die Anwesenheit von Stanozolol und Mestanolon, im zweiten Fall die von Chinin und Cinchonin ergeben. In beiden Fällen wurde zum Nachweis ein GC-MS-Verfahren eingesetzt.

Für Sportpferde sind nur zertifizierte Zufütterungsmittel geboten. Futtermittel-kontaminationen entbinden den für das Pferd Verantwortlichen nicht von der Verpflichtung zur Einhaltung der Vorschriften. Pflanzenprodukte oder natürliche Produkte zur Ruhigstellung bzw. zur Stimulation sind zudem nach den FEI-Regeln verboten.

Wettbewerbspferde sollten völlig separiert von Normalpferden aufgestallt werden. Dies ist besonders wichtig im Hinblick auf die zu einer Exposition führenden Ausscheidung von Arzneimitteln durch Nachbartiere.

Erstaunlich ist das Ergebnis eines Pferdeumfeld-Monitorings, wonach in kontaminierten Naturböden, Stalleinstreu und Wasseransammlungen nicht nur Antiphlogistika, sondern zusätzlich noch Naproxen und Coffein gefunden wurden.

6.2 International abgestimmte Anti-Doping-Maßnahmen

Das weltweit verbindliche Regelwerk zur Feststellung und Ahndung von Verstößen gegen Fairness und Ehrlichkeit im Sport durch Athleten und für Tiere im Wettbewerb ist der seit 1. Januar 2009 gültige World Anti-Doping Code (ADC) der Welt-Anti-Doping-Agentur (WADA). Die WADA ist eine unabhängige Einrichtung; sie wird von vielen Sportorganisationen und Regierungen finanziert und koordiniert seit ihrer Gründung im Jahr 1999 die Entwicklung und Verfassung eines weltweit gültigen Anti-Doping-Programms.

Dieses umfasst neben dem World Anti-Doping Code (Code) eine Verbotsliste gegliedert nach Substanzklassen (Liste), den internationalen Standard für Laboratorien (ISL), den internationalen Standard „of Privacy and Personal Information“, den internationalen Standard zum Testen sowie den internationalen Standard für die Befreiung vom Verbot medizinisch-therapeutischer Maßnahmen.

Da Regierungen mit Nichtregierungseinrichtungen keine Verträge schließen können, haben über 100 Regierungen ein internationales Übereinkommen gegen Doping im Sport im Rahmen der Generalkonferenz der Organisation der Vereinten Nationen für Erziehung, Wissenschaft und Kultur (UNESCO) ratifiziert, womit sie sich verpflichten, die wichtigsten Elemente des WADA-Codes in ihre nationalen Gesetze zu übernehmen. Gleichermaßen gilt dies auch für die Sportverbände. Diese Konvention ist 1997 in Kraft getreten. In § 16 des WADA-Codes wird ausdrücklich auch auf die Anwendung bei Tieren im Wettbewerb hingewiesen. In diesem Fall sind von den entsprechenden internationalen Sportverbänden wie zum Beispiel der „Fédération Equestre Internationale“ (FEI) die Anti-Doping-Regeln in deren Statuten überzuführen.

Die FEI ist eine schweizerische Einrichtung, ihr Tribunal spricht in Anlehnung an die WADA-Regeln Recht, Geldstrafen werden in Schweizer Franken bemessen. Für den Pferderennsport ist von der Internationalen Vereinigung der Pferderennsportverbände (International Federation of Horseracing Autorities, IFHA) eine von vielen nationalen Signaturverbänden gezeichnete Vereinbarung zur Zucht, zum Rennen und zum Wettgeschäft formuliert worden, die auch Aspekte des Dopings und der Medikation umfasst. Sie fordert unter anderem, dass der Sicherheit und dem Wohlergehen von Pferd und Reiter höchste Beachtung zuzumessen sind. Das Wohlergehen des Pferdes ist auch nach dem Code of Conduct der FEI eine zentrale Forderung. Beide internationale Rechtsrahmen sind in nationale Richtlinien umzusetzen. In Deutschland betrifft dies die Deutsche Reiterliche Vereinigung (FN) und das Direktorium für Vollblutzucht und Rennen. Richtungsweisend sind dabei die Leistungsprüfungsordnung (LPO der FN) bzw. die Rennordnung (RO des Direktoriums für Vollblutzucht und Rennen).

Die von der FN aufgestellten Anti-Doping- und Medikamentenkontrollregeln (ADMR) sind an das internationale Regelwerk der FEI angeglichen. Neben der Einhaltung dieser Bestimmungen stehen als übergeordnete Ziele des Pferdesports Tierschutz, Chancengleichheit und Unfallverhütung obenan. Zu den Regelungen für verbotene und medikamentös-therapeutische Substanzen werden in den ADMRs auch detailliertere Angaben zu verbotenen Methoden gemacht.

Dies umfasst zum einen alles, was zur Verstärkung bzw. Vermehrung des Sauerstoffaustausches eingesetzt werden kann. Zum anderen fallen darunter chemische und physikalische Manipulationen wie beispielsweise an Dopingproben, intravenöse Infusionen außerhalb von Klinikaufenthalten, Manipulationen an einem Teil des Körpers mit dem Ziel der Veränderung der Sensibilität (Neurektomie, Hautirritantien) sowie das Einsetzen z.B. eines Tacheotubus oder der Stoßwellentherapie zur Behandlung von Gelenkerkrankungen.

Die Rolle des Turniertierarztes ist bei dem Umfang der ADMR-Regelungen auf relativ wenige Tätigkeiten begrenzt. Gesundheitsüberprüfungen und wenige instrumentelle Untersuchungen wie z.B. die Thermografie mit Wärmekameras zur Diagnose krankhafter oder absichtlich gesetzter Hyperthermieregionen stehen dabei im Vordergrund. Der Gewinnung von Dopingproben oder deren Beaufsichtigung ist eine weitere Maßnahme. Die Einschaltung zuständiger Behörden zur Verfolgung von Verstößen gegen die in §3 des Tierschutzgesetzes aufgeführten Bestimmungen ist schon wegen der geringen Strafbewertung als Ordnungswidrigkeit aus der bisherigen Erfahrung als nicht realitätsnah anzusehen.

Die Anti-Doping-Bestimmungen für den Trabrennsport sind in der Traberrennordnung (TRO) des Regelwerks „Satzung und Ordnungen" des Hauptverbandes für Traber-Zucht e.V. (HVT) niedergelegt. Die Traberverbände haben in der „International Trotting Association" mit Sitz in Kanada ihren obersten Dachverband. Letztlich ist auch die Verabreichung von Zellen, von Nukleinsäuren oder von Substanzen verboten, die die Genexpression zu ändern imstande sind.

Der WADA-Code stellt Anti-Doping-Regeln und Prinzipien auf, benennt die Rolle und Verantwortung aller am Sport Beteiligten, deren Rechte und Pflichten, definiert die Rolle von Erziehung und Forschung und gibt Richtlinien vor, wie mit Einfügungen oder Veränderungen des Codes durch die Zeichnungs- und Entscheidungsverantwortlichen zu verfahren ist. Der Code sichert dem Athleten eine faire Anhörung und ein solches Verfahren vor dem Tribunal zu. Für den betroffenen Athleten bzw. für den im Pferdesport Verantwortlichen besteht die Möglichkeit zur Anrufung des Internationalen Schiedsgerichts (CAS – Court of Arbitration for Sport).

Dem CAS gehören mehrere hundert Experten an, die vom „International Council for Arbitration" (ICAS) für vier Jahre berufen werden. Vorgeschlagen werden können sie vom IOC, internationalen Verbänden, nationalen olympischen Komitees oder auch direkt vom ICAS.

6.2.1 Doping-Definition

Die erste Definition von Doping bezog sich auf die Anwesenheit einer verbotenen Substanz oder ihrer Metaboliten oder von Markern (indirekter Hinweis) in der Probe eines Athleten. Verstöße gegen die heute anerkannten Anti-Doping-Regeln erweitern mittlerweile die Dopingdefinition. Sie umfassen beispielsweise die Verwendung oder den Versuch der Verwendung einer verbotenen Substanz, deren Inverkehrbringen oder den Versuch des Inverkehrbringens oder deren Verabreichung bzw. den Versuch der Verabreichung. Jede Anti-Doping-Organisation kann somit jeden beweisbaren Hinweis aus der erweiterten Dopingdefinition heranziehen, um ein Dopingvergehen festzustellen.

Die FEI lehnt sich in der Benennung der Verstöße gegen die Anti-Doping-Regeln weitestgehend an die der WADA an. Verbotene Methoden finden dabei gemäß ihrer Bedeutung eine zusätzliche Aufnahme in die Nennliste.

Zentrale Bedeutung haben die Verbotslisten als internationaler Standard. Vorbild und Richtschnur ist auch hierbei die der WADA. Die WADA-Liste wird jährlich aktualisiert und jeweils im Oktober veröffentlicht. Für die Aktualisierung ist ein Komitee aus elf internationalen Experten verantwortlich. Für die Aufnahme in die Verbotsliste müssen mindesten zwei von drei Kriterien erfüllt sein:

1. Die Substanz oder die Methode vermag allein oder in Verbindung mit anderen Substanzen oder Methoden die Performance zu erhöhen oder hat das Potenzial hierzu.
2. Die Verwendung der Substanz oder der Methode kann gesundheitsschädigende Auswirkungen haben.

3. Die Verwendung der Substanz oder der Methoden verletzt die Fairnessregeln im Sport.

In die Liste sind auch solche Substanzen aufzunehmen, die in der Lage sind, die Verwendung anderer in der Verbotsliste aufgeführter Substanzen oder Methoden zu verschleiern.

Der Vorschlag der Experten wird allen Beteiligtenkreisen zur Kommentierung zugeschickt und dann vom WADA Health, Medicine, and Research Committee und dem Gründungsrat gebilligt. Die aktuelle Liste ist über folgenden Link zu eröffnen.

Die Liste ist nach zwei Arten von Substanzklassen aufgebaut:

- Geschlossene Liste: Sie umfasst den Prüfauftrag ausschließlich für die aufgeführten Substanzen in dieser Klasse.
- Offene Liste: Sie erweitert den Prüfauftrag auf nicht genannte Substanzen, die aber struktur- oder wirkungsähnlich sind.

Die Substanzklassen Alkohol und Betablocker sind für verschiedene Sportarten verboten (P1, P2).

Verbotene Substanzen werden im Pferdesport auf der Grundlage ihrer physiologischen Wirkung auf Organe bzw. Organsysteme definiert. Beispielhaft sei eine Zusammenstellung nach § 6 der der Vereinbarung „International Agreement on Breeding, Racing and Wagering“ zusammengestellt. Sie wird publiziert von der „International Federation of Horseracing Authorities (IFHA)“.

Tabelle 1 – Verbotsliste der WADA

Klasse nach WADA	Klassenname	Beispiele	Typ
S1	Anabolika		Offen
S1.1	Exogene, anabol-androgene Steroide (AAS)	Nandrolon Epitestosteron	
S1.2	Endogene AAS, exogen verabr. Substanzen	Clenbuterol	
	Andere Anabolika		
S2	Peptidhormone, Wachstumsfaktoren	EPO, LH, Insuline, GH	Offen
S3	Beta-2-Agonisten	Terbutalin	Offen
S4	Hormonantagonisten und Modulatoren	Aromatasehemmer, SERMS	Offen
S5	Diuretika	Furosemid	Offen
M1	Sauerstofftransfer	Blutdoping	Offen
M2	Chemische/physikalische Manipulationen	Probenverfälschung	Offen
M3	Gendoping	Gentransfer, Genexpressionmanipulation	Offen
S6	Stimulantien	Bromantan, Strychnin	Offen
S7	Narkotika	Fentanyl	geschlossen
S8	Cannabinoide	Tetrahydrocannabinol	geschlossen
S9	Glucocorticoidsteroide	Methylprednisolon	Offen, topische Applikationen erlaubt

Tabelle 2 – Verbotene Substanzen mit einer möglichen Wirkung auf eines oder mehrere Organsysteme (§ 6 der IFHA) und Erweiterung auf spezifische Substanzen

• Nervensystem
• Herz-Kreislauf-System
• Respirationssystem
• Verdauungssystem
• Urogenitalsystem
• Reproduktionssystem
• Bewegungsapparat
• Immunsystem (zugelassene Impfstoffe ausgenommen)
• Endokrines System

Verabreichung von

• Endokrinen Sekreten und ihren synthetischen Analoga
• Maskierende Substanzen

6.2.2 FEI-Anti-Doping-Regelungen beim Pferd

Mit Ablauf des 4. April 2010 ist die bisherige Einteilung der verbotenen Substanzklassen nach dem Annex II der Veterinary Rules (11th edition, 1 January 2009) – Dopingsubstanzen – Medikationsklasse A – Medikationsklasse B – zugunsten einer übersichtlichen „Equine Prohibited Substances List" (Liste) aufgegeben worden.

In dieser Liste sind die Substanzen entweder nach ihrem Internationalen Freinamen (INN) oder nach ihrer chemischen Bezeichnung aufgeführt. Die Liste ist Bestandteil der „FEI Equine Anti-Doping and Controlled Medication Regulations" (EAD/EADCM) und erlaubt die Information zu jeder Substanz, ob eine strenge Dopingeinschätzung oder unter definierten Bedingungen die Möglichkeit zur Verwendung als Medikament vorliegt.

Die aktuelle Liste der verbotenen Substanzen ist unter dem Link zu finden. In der ab dem 5. April 2010 gültigen Liste sind alphabetisch derzeit 1148 Substanzen mit ihrer Klassenzugehörigkeit aufgeführt. Sie enthält eine Vielzahl von

Arzneimitteln z.B mit Wirkung auf das Zentralnervensystem (Stimulanzien, Tranquilizer), anabole Steroide und Wachstumsfaktoren, genetisch rekombinante Substanzen (Erythropoetin, Wachstumshormon), natürliche und synthetische Hormone. Auch analog zur WADA erfolgt vor der Verabschiedung der Liste eine Anhörung der nationalen Verbände. Die Liste ist als offene Liste zu handhaben. Substanzen mit ähnlicher Struktur wie die aufgelisteten oder mit vergleichbarer biologischer Wirkung sind demnach ebenfalls als verboten anzusehen.

Mit der „Equine Prohibited Substances List" (Liste) wird in Analogie zur WADA völlige Transparenz angestrebt, wodurch eingeschätzt werden kann, welche Substanz zu welcher Kategorie gehört und welche Substanz verwendet werden kann oder nicht verwendet werden darf.

Die WADA räumt bei strenger ärztlicher Indikation medizinische Ausnahmegenehmigungen für die Anwendung von Substanzen ein, die sonst unter das grundsätzliche Anwendungsverbot fallen. Als Einschränkung gilt jedoch, dass der medizinische Gebrauch einer verbotenen Substanz oder einer verbotenen Methode keine zusätzliche Leistungssteigerung bewirkt. Ohne Anwendung wäre eine Rückkehr zum normalen Gesundheitszustand nicht zu erwarten und hätte eine erhebliche gesundheitliche Beeinträchtigung zur Folge. Bei Athleten, die im „Testing-Pool" eines Verbandes geführt werden, ist der die Genehmigung aussprechende Verband verpflichtet, die erteilte Ausnahmegenehmigung der WADA umfänglich über das ADAMS-System (Anti-Doping-Verwaltungs- und Managementsystem) zu melden. Analoge Situationen wie bei den medizinischen Ausnahmegenehmigungen sind naturgemäß nun auch im Pferdesport gegeben. Dabei ist die kontrollierte Anwendung verbotener Substanzen und verbotener Methoden vorerst in den „Equine controlled Medication Rules" (ECM Rules) geregelt. Darin wird definiert, wann ein Verstoß gegen eine kontrollierte Medikation vorliegt. Die Erteilung einer medizinischen Ausnahmegenehmigung mit der Erlaubnis einer unschädlichen Wettkampfteilnahme ist wie bei der WADA für den Athleten geregelt. Ohne eine „Equine Therapeutic Use Exemption" (ETUE) ist in jedem anderen Fall der Nachweis einer kontrollierten Medikationssubstanz ein Verstoß gegen die Doping-Richtlinien. Dies schließt auch den Versuch der

Anwendung einer kontrollierten Medikationssubstanz oder einer kontrollierten Medikationsmethode sowie die Verweigerung oder ein Täuschungsmanöver bei einer Probenentnahme mit ein. Auch ist jede Komplizenschaft im Rahmen der Zuwiderhandlung oder versuchten Zuwiderhandlung gegen die ECM-Regeln strafbar.

Die Wirksubstanzen können einzeln nach ihrer Klassifizierung aufgerufen werden (z.B. Flunixin. Das Suchfenster für eine bestimmte Substanz kann geöffnet werden.

Unter den Bedingungen der FEI-Regularien darf kein Medikament per Injektion ohne Vorliegen des komplett ausgefüllten FEI-Formulars 3 verabreicht werden. Die FEI hat eine Auflistung erlaubter Medikationen publiziert:

Tabelle 3 – Erlaubte Medikationen

• Antibiotika (Ausnahme Procain-Penicillin)
• Antiprotozoenmittel
• Magenschützende Mittel
• Insektenabwehrstoffe
• Wurmmittel (Ausnahme Levamisol oder Tetramisol)
• Intravenöse Rehydrationsmittel (nicht vor Wettkampf)
• B-Vitamine, Aminosäuren, Elektrolyte (i.d.R. per os, ausnahmsweise i.v. oder im)
• Altrenogest an rossige Stuten
• Präventive oder kurative Gelenkbehandlungen (per os, im)
• Oberflächliche Wundbehandlungen (ohne Corticosteroide, Lokalanästhetika, Irritantien)

Intraartikuläre Behandlungen sind unter FEI-Regularien des Wettbewerbs verboten.

6.3 Allgemeine Überwachungsmaßnahmen

6.3.1 Gewinnung von Dopingproben

Die Auswahlverfahren für die zu beprobenden Pferde, die Probengewinnung, der Probentransport und die Probenanalytik sind nach festgelegten Regeln vorzunehmen, wie in § 1014 bis 1025 der Veterinary Regulations beschrieben. Durchführung und Überwachung sowie die damit verbundenen Dokumentationspflichten sind weiterhin im Test-Handbuch der FEI zu finden.

Neben obligatorischen Proben von Siegpferden ist eine Zufallsbeprobung üblich und bei besonderem Verdacht auch eine gezielte Probennahme. Eine Probennahme ist innerhalb von 30 Minuten nach Feststellung des Wettkampfergebnisses anzuordnen. Um den Nachweis einer verbotenen Substanz in einem Pferd sicherzustellen, kommen hierfür grundsätzlich Gewebe, Körperflüssigkeiten (z.B. Blut) oder Ausscheidungen (z.B. Urin) infrage. Normalerweise werden von einem zu beprobenden Pferd Urin und Blut herangezogen, jeweils aufgeteilt in A-Probe und B-Probe. Trotz gelegentlicher Schwierigkeiten bei der Gewinnung von Spontanurin sollte Urin aber grundsätzlich wegen der forensischen Vorteile bei der Analytik (höhere Konzentrationen und längere Nachweisbarkeit von Substanzen) gewonnen werden. Genaue Hinweise für den regelgerechten Gebrauch von Probennahme-Utensilien, die Vornahme und Überwachung der Probennahme und die damit verbundenen Dokumentationspflichten sind im Test-Handbuch der FEI zu finden. Pferde, die bei der FEI oder anderen internationalen Verbänden registriert sind, können jederzeit und damit auch außerhalb der Wettbewerbe kontrolliert werden. Die Verhinderung einer Überprüfung erfüllt den Tatbestand des Betrugs.

Die meisten bisher bekannt gewordenen Substanzen haben Hormoncharakter oder sind sonst rezeptorwirksam. Psychotherapeutisch wirksam bei Hengsten zur Dämpfung der Aggressivität ist beispielsweise Progesteron, das Pendant bei Stuten hingegen das Altrenogest. Um den Nachweis einer zurückliegenden Verabreichung von anabolen Substanzen führen zu können, wird auf Analysenmethoden für Mähnen- und Schweifhaar als Untersuchungsmatrix zurückgegriffen, weil unter diesen Bedingungen in den klassischerweise verwendeten Matrices Blut und Urin aus pharmakokinetischen Gründen nichts mehr detektiert werden kann. Beide Haararten wachsen ca. 2 cm pro Monat. Die Gesamtlänge kann in Segmenten untersucht werden, sodass im Idealfall bei einer zurückliegenden einmaligen oder auch mehrmaligen Verabreichung einer dopingwirksamen Substanz eine zeitliche Zuordnung der Verabreichung möglich wird. Bei körperfremden Substanzen oder synthetischen Hormonen oder Prohormonen ist ein entsprechender Nachweis eindeutig. Für körpereigene Substanzen ist dies in der Regel wegen der physiologischen Schwankungsbreite von deren Konzentration nur in Extremfällen möglich. Da Dopingsubstanzen von unterschiedlicher chemischer Natur sind, sind auch bei der Einlagerung in das Haar zeitlich unterschiedliche Kinetiken festzustellen. Hinzu kommt es selbst bei definierter chemischer Struktur wie z.B. bei einer basischen Struktur mit einer Affinität zum Melaninpigment dazu, dass bei unterschiedlich starker Haarpigmentierung eine unterschiedlich starke Einlagerung erfolgt. Dies wurde mehrfach bei Beta-Agonisten wie z.B. Clenbuterol nachgewiesen. Gegenüber traditionelleren Matrices hat die alternative Haarprobe gleich mehrere Vorteile: Sie ist nichtinvasiv, lässt sich nicht verfälschen und deckt ein erheblich längeres Zeitfenster für die meisten Substanzen ab. Nachteilig ist hingegen, dass die nachzuweisenden Substanzen nur in sehr geringer Konzentration vorhanden sind und deshalb eine hochempfindliche Nachweistechnik erfordern. Nach Vorreinigung der Haarprobe, chemischer Extraktion der nachzuweisenden Substanzen und Aufreinigung des Extraktes wird eine Variante der LC/MS/MS-Methodik zur Anwendung gebracht, in der Regel ohne vorherige Derivatisierung. Im Fall neutraler Steroide ist es hingegen eine GC/MS-Technik nach entsprechender Substanzderivatisierung.

6.4 Prinzipien der Detektion und Bestimmung dopingrelevanter Substanzen

Abhängig von der zu bewältigenden Probenzahl in einem analytischen Labor werden zuerst Screeningmethoden oder sofort etablierte forensisch unangreifbare Kombinationsmethoden für die Analytik eingesetzt. Da für die Mehrzahl der verbotenen Substanzen eine Nulltoleranz gilt, ist für beide Prinzipien eine hohe Anforderung an die Nachweisempfindlichkeit gegeben. Screeningmethoden sollten zwar validiert sein und eine falsch negative Rate von < 5 % (β -Fehler) aufweisen, vermögen aber zum einen keine sichere Identifizierung und zum anderen in den meisten Fällen auch keine Quantifizierung einer Substanz zu leisten. Letzteres ist aber für Substanzen mit Grenzwerten unumgänglich. Positive Ergebnisse, die mit Screeningmethoden erzielt werden, sind mit Bestätigungsmethoden nachzuprüfen.

Methoden, die sich ausschließlich auf die chromatografische Analyse ohne zusätzlichen Identifizierungsschritt stützen, sind somit für sich allein nicht als Bestätigungsmethoden geeignet. Dies trifft für alle üblichen Chromatografietechniken wie Dünnschicht (als HPTLC)-, Gas- oder Flüssigkeitschromatografie zu. Da Screeningmethoden einen höheren Probendurchsatz erlauben müssen, hat sich wegen der Teilautomatisierbarkeit von chromatografischen Methoden hierfür fast nur noch die Gas- und Flüssigkeitschromatografie durchgesetzt. Daneben hat sich seit Ende der 1980er-Jahre die ELISA-Technik als hochempfindliche Variante immunometrischer Methoden entwickelt. Grund hierfür war die zunehmende Verfügbarkeit hochwirksamer Substanzen, deren Konzentrationen mit den bis dato vielfach angewandten HPTLC-Methoden nicht mehr erfasst werden konnten. Die erste immunometrische Analytik auf Anabolika mithilfe eines Radioimmunassays mit bestätigender GC/MS erfolgte 1974 bei den Commonwealth Games.

Die nachfolgende Entwicklung der Kapillarchromatografie in Verbindung mit robusten Massenanalysatoren als Tischgeräte hat zu einer weiten Verbreitung dieser Technik beigetragen und zur Identifizierung von Metaboliten vor allem von endogenen anabolen Steroiden geführt. Die Entwicklung von Kombinationsverfahren aus HPLC und Tandem-Massenspektrometern (MS/MS) hat dann die Identifizierung kleiner polarer Moleküle und von Peptiden und Proteinen ermöglicht. Mit der Notwendigkeit zum Nachweis des verstärkten Dopingeinsatzes von Biomolekülen erlebt die immunometrische Analytik eine Renaissance. Immunoassays, Immunelektrophoresen und auf immunologischer Detektion beruhende durchflusszytometrische Methoden kommen vermehrt in Gebrauch. Auch sind neue Ansätze zum gezielten Einsatz genanalytischer Methoden in der Entwicklung.

Da nach den bisher gemachten Erfahrungen weniger als 5 % aller untersuchten Proben positiv sind, sind diese mit höchster Intensität zu analysieren. Dies beginnt bereits in der präanalytischen Phase, bei der mit unterschiedlich selektiven Festphasenextraktoren (SPE) eine Voranreicherung von Substanzgruppen ermöglicht wird.

6.5 Medikation und Abkehr von der Nulltoleranz

Zwar richten sich die Anti-Doping-Kontrollregeln im Pferdesport gegen die Manipulation der Leistungsfähigkeit, jedoch bleibt unstrittig, dass Therapiemaßnahmen zur Herstellung des normalen Gesundheitszustandes nach Treu und Glauben möglich sein müssen. Folgende Maßnahmen können einer solchen Forderung entgegenkommen und werden derzeit installiert:

1. Benennung von Wirkstoffen, deren Anwendung durch Bedingungen geregelt ist und bei deren Einsatz als Hilfen Sicherheitshinweise wie z.B. Detektionszeiten/Wartezeiten gegeben werden.
2. Die Benennung von Grenzwerten für Stoffe, die aus verschiedenen Gründen in ihrer Exposition unvermeidlich sind.

6.5.1 Etablierung von Grenzwert-Lösungen im Pferdesport

6.5.1.1 Argumente für die Orientierung an Grenzwerten:

- Mit der modernen Analytik gerät man in Konzentrationsbereiche von Substanzen und ihren Metaboliten, die weit unter einer Wirksamkeitsschwelle liegen.
- Die Beibehaltung des Nulltoleranzprinzips ist unrealistisch und bei therapeutisch eingesetzten Substanzen unverhältnismäßig.
- Eine therapeutische Behandlung schränkt wegen der oft langen Nachweisbarkeit eingesetzter Substanzen die Teilnahme an Wettkämpfen in erheblichem Maße ein.
- Die für den Pferdesport verantwortlichen Personen brauchen realistische Leitlinien bzgl. der Toleranz von Rückstandskonzentrationen und von Absetzzeiten.

6.5.1.2 Argumente gegen die Etablierung von Grenzwert-Lösungen:

- Die Applikationsweise von pharmakologisch wirksamen Substanzen ist zu verschieden, als dass sich für eine einzelne Substanz pharmakokinetische Größen vereinheitlichen ließen.
- Praktikable Modelle lassen sich beispielsweise nur entwickeln, wenn die Bioverfügbarkeit wie bei der i.v.-Applikation exakt eingeschätzt werden kann.
- Verlässliche Absetzzeiten selbst bei einer Applikationsform sind statistisch abgesichert und in der mathematischen Verteilung nur dann anzugeben, wenn die Ergebnisse an einer genügend großen Kohorte ermittelt wurden.
- Die Tiere einer Kohorte müssen denselben Gesundheitszustand aufweisen. Abweichungen in der Dosierung oder Erkrankungen können die Ausscheidungskinetik und damit Absetzzeiten verändern.
- Der Wirkungsmechanismus von Therapeutika ist verschieden, sodass der Konzentrationsverlauf beispielsweise im Plasma mit dem Wirkungsverlauf nicht nur parallel ist, sondern ihm auch voraus- oder nachlaufen kann.

- Ein Übermaß an verfügbaren pharmakologisch wirksamen Substanzen lässt sowohl Verbände als auch regulatorische Instanzen zögern, Grenzwertregelungen auf breiter Basis zu installieren.

Die Festsetzung von Grenzwerten erfordert in Abhängigkeit von der Substanzklasse unterschiedliche, experimentell in jedem Fall aufwändige Untersuchungen. Für Kontaminanten und endogene Substanzen ist die Analyse einer großen Zahl repräsentativer Proben bei einer Zielpopulation erforderlich. Für Therapeutika sind dagegen Applikationsuntersuchungen nach pharmakokinetischen Prinzipien an einem Kollektiv einer bestimmten Mindestgröße (EHSLC: 6 Pferde) durchzuführen.

Als Hilfe bei der Anwendung von Substanzen, die in der Liste als Medikamente deklariert sind, verlangt das System im Prinzip Hinweise, wie lange eine Substanz nach der Verabreichung unter bestimmten Bedingungen nachgewiesen werden kann.

Die FEI hat dazu in Fortführung der bisher gültigen „Medicine Box" eine Liste mit Nachweiszeiten (Detection Times) für bisher analytisch- pharmakokinetisch untersuchte Arzneimittel veröffentlicht, die in der Praxis Anhaltspunkte für eine unschädliche und Wettkämpfen vorausgehende Behandlung ermöglichen. Dadurch wird deutlich, dass für Therapeutika analog zu den Arzneimittelregelungen für Lebensmittel liefernde Tiere künftig mit praktisch besser umzusetzenden Zeitrastern operiert werden soll. Im Gegensatz dazu sollen Grenzwertregelungen nur für Kontaminanten und endogene Substanzen gelten. Damit ist aber auch für das betroffene Klientel eine Abkehr von einer umfassenden Transparenz vollzogen, weil weder die Analysemethoden noch nachvollziehbare und justiziable analytische Grenzwerte offengelegt werden, die zur Festsetzung der Detektionszeiten herangezogen werden können.

In die Liste mit Detektions-/Nachweiszeiten sind augenblicklich auch die bisher umstrittenen, nichtsteroidalen Antiphlogistika Phenylbutazon und Flunixin aufgenommen. Mit Stand 2010 enthält die Liste 13 Substanzen.

Das Direktorium für Vollblutzucht und Rennen und die Deutsche Reiterliche Vereinigung (FN) arbeiten auf dem Gebiet der Medikation und Verbesserung der Nachweisbarkeit der Medikation zusammen mit den Galoppsportverbänden von England, Frankreich, Irland und Italien. Diese Gruppe bildet das „European Horseracing Scientific Liaison Committee (EHSLC). Das EHSLC wurde 1998 gegründet mit dem Ziel, einen fairen und wirksamen neuen Ansatz zur Kontrolle der Medikation zunächst bei Rennpferden zu etablieren. Zur zwischenstaatlichen Harmonisierung sollte ein System der verbindlichen Nachweisgrenzen (Harmonized Screening Limits, HSL) entwickelt werden. Die HSL werden von der irrelevanten Plasma- bzw. Urinkonzentration nach pharmakokinetisch/pharmakodynamischen Prinzipien festgelegt. Allerdings werden die HSL nicht frei zugänglich gemacht. Das EHSLC gibt für die Klientel nur die Dauer der nach den HSL-Kriterien ermittelten Nachweiszeiten bekannt. Für die Klientel und die behandelnden Veterinärmediziner soll damit die Möglichkeit eröffnet werden, nach einer Behandlung die Absetzzeiten (Karenzzeiten, „Withdrawal Time“) einzuschätzen. Diese sind länger als die zugehörigen Nachweiszeiten, weil durch sie noch alle Quellen der biologischen Variabilität und der Galenik berücksichtigt werden müssen. Die kostenintensiven Untersuchungen zur Etablierung von wissenschaftlich fundierten Nachweiszeiten werden auch von der FEI als zukunftsweisend eingeschätzt. Die FEI ist bemüht, die wissenschaftlich abgesicherten Untersuchungsergebnisse in die fortzuführende Liste der Nachweiszeiten zu übernehmen.

6.6. Unwirksame Konzentrationen und Absetzzeiten (Withdrawal Times)

Tolerable Grenzwerte nach der therapeutischen Anwendung von Substanzen werden schon lange diskutiert. Ein mögliches Modell zur Berechnung der Konzentration, bei der eine pharmakologische Wirkung unwahrscheinlich ist, wurde von einer französischen Arbeitsgruppe auf der Basis wiederholter intravenöser Applikationen entwickelt.

Im ersten Schritt wird dabei die effektive Plasmakonzentration (EPC) mithilfe der Parameter Dosisfrequenz und Plasma-Clearance ermittelt. Das Prinzip ist aber weder auf Eimaldosierungen noch auf andere Applikationsweisen anwendbar. Unter Berücksichtigung der Kennziffern der Eliminatonskinetik kann für die unwirksame Plasmakonzentration (IPC) der Zeitbedarf bis zum Erreichen dieses Wertes berechnet werden. Diese „Nachweiszeit" wäre dann nach diesem Modell bis zum Erreichen der pharmakologisch unwirksamen Konzentration einzuhalten.

Die FEI bzw. die FN leitet von der Nachweiszeit die Karenzzeit ab. Diese ist statistisch unter Berücksichtigung von Sicherheitsaufschlägen von der Nachweiszeit abgeleitet, sodass man mit größtmöglicher Sicherheit davon ausgehen kann, dass das Pferd nicht positiv auf eine solche Substanz getestet wird. Der Nachweiszeit wiederum wird die Zeitspanne zugrunde gelegt, nach der eine pharmakologisch unwirksame Konzentration erreicht wird. Das bedeutet, dass viele Substanzen künftig mit einer eingeschränkten Analytik untersucht werden könnten.

Viele internationale Pferdesportverbände favorisieren inzwischen die Einführung von Grenzwerten bei Therapeutika, die für die Medikation zugelassen sind. Von 97.451 im Zeitraum 1993 bis 1997 in Europa untersuchten Dopingproben waren 432 positiv. Darunter befanden sich 332 Therapeutika, die für das Pferd zugelassen waren.

Die EHSLC verfolgt mit der Einführung von Nachweis-/Detektionszeiten einen pragmatischen Ansatz, um sowohl dem Anti-Doping-Verlangen als auch der Gesundheitsvorsorge gerecht zu werden. Basis ist hierbei die Definition von auf pharmakokinetisch-pharmakodynamischer Grundlage abgeleiteten Grenzwerten, den HSL (Harmonized Screening Limits). Sie werden willkürlich als untere Leistungsgrenzen eines analytischen Verfahrens festgelegt und sind damit nicht identisch mit dem analytisch definierten Nachweisvermögen (CCß). Die HSL werden vom IPC (für Plasma) bzw. vom IUC (für Urin) abgeleitet. Der in der Ausscheidungskinetik nach dem ICP bzw. IUC nächstgelegene Zeitpunkt wird als Detektions-/Nachweiszeit (DT) definiert und soll als summarischer und handlungsgeeigneter Parameter der betroffenen Öffentlichkeit zur Verfügung gestellt werden. Weil damit jedoch biostatistische Unsicherheiten verbunden sind, soll

Tabelle 4 – Über Detektionszeiten geregelte Substanzen

Substanz	Dosis	Anwendung	Detektionszeit Stunden (Tage)
Phenylbutazon	4,4 mg/kg/5Tage/2x/Tag 8,8 mg/kg	oral i.v.	168 (7 Tage) 168
Flunixin	1 mg/kg	i.v.	144 (6 Tage)
Ketoprofen	2,2 mg/kg/ 5 Tage/1x tägl.	i.v.	96 (4 Tage)
Dipyron (Metamizol)	30 mg/kg	i.v.	72 (3 Tage)
Dembrexin	0,3 mg/kg/ 9x/alle 12 Std.	oral	120 (5 Tage)
Mepivacain	0,07–0,09 mg/kg	s.c.	48 (2 Tage)
Lidocain	60–300 mg	s.c.	48 (2 Tage)
Detomidin	0,02 mg/kg	i.v.	48 (2 Tage)
N-Butyl Scopolamin	0,3 mg/kg	i.v.	24 (1 Tag)
Clenbuterol	0,8 µg/kg/ 2x tägl./8 Tage	oral	168 (7 Tage)
Dexamethason	10 mg	i.v.	48 (2 Tage)
Methylprednisolonacetat	200 mg/3Gelenke 100 mg/2 Gelenke	i.a i.a.	672 (28 Tage) 336 (14 Tage)
Triamcinolonacetonid	12 mg in 1 Gelenk	i.a.	168 (7 Tage)

von den Betroffenen auf den DT-Wert noch ein Sicherheitszuschlag aufgesattelt werden, was dann zur Wartezeit (Karenzzeit) führt. Die DT ist ein grober experimenteller Beobachtungswert, die Wartezeit (WT) dagegen eine Empfehlung oder die Entscheidung des behandelnden Tierarztes.

Für die Wartezeit/Karenzzeit wird oftmals der Begriff der „Withdrawal Time" verwendet, Dieser ist üblich im Bereich tierischer Lebensmittel und enthält ebenfalls Sicherheitsmargen. Diese werden aber zu Beginn der toxikologischen Bewertung eingeführt, sodass daraus eine maximal erlaubte Rückstandskonzentration (MRL) in einem Gewebe abgeleitet werden kann. Die „Withdrawal Time" (Wartezeit) ist hierbei die Zeit zwischen der zuletzt applizierten Dosis und der Zeit, bei der die MRL erreicht bzw. unterschritten wird.

Handelspräparate und Zahl der jeweils in die Untersuchung einbezogenen Pferde sind in der Originaltabelle nachzulesen.

6.6.1 Über Detektionszeiten geregelte Substanzen

Charakterisierung der in Tabelle 4 aufgeführten Substanzen

Phenylbutazon

Phenylbutazon (PBZ) ist ein nichtsteroidales Antiphlogistikum. Es ist das am häufigsten oral oder intravenös eingesetzte Mittel bei akuten und chronischen Muskel-, Gelenk- und Skeletterkrankungen. Es ist wirksam, billig sowie leicht erhältlich und kann deswegen auch missbräuchlich zur Maskierung von Entzündungen und Schmerzzuständen verwendet werden. Die Aufnahme in die Liste der Substanzen mit Detektionszeiten (DTs) zeigt an, dass auf PBZ als Therapeutikum nicht verzichtet werden kann, sein Gebrauch aber limitiert zu sein hat. Die Pharmakokinetik ist bei PBZ als eine der ersten Substanzen unter Belastung im Vergleich zu Ruhebedingungen untersucht worden. Unter Belastung nehmen die Plasma-Clearance sowie das Verteilungsvolumen ab, die daraus abgeleitete Eliminationshalbwertszeit (Elim-$t_{1/2}$) verändert sich im Vergleich zum nicht belasteten Zustand jedoch nicht. Für die Bestimmung der DT ist die Elim-$t_{1/2}$ der maßgebliche Faktor. Für die Analytik geringer PBZ-Konzentrationen aus Plasma und Urin wird eine HPLC/ESI-MS- Methode im positiven Ionenmodus mit einer Bestimmungsgrenze von 5 ng/ml eingesetzt. Für die gleichzeitige Bestimmung des Metaboliten Oxyphenbutazon wird eine LC-Triple Stage Quadrupol massenspektrometrische Methode im negativen ESI-Modus mit einer Bestimmungsgrenze von 50 ng/ml beschrieben.

Flunixin

Flunixin ist ein nichtsteroidales Antiphlogistikum mit einer Anilinopyridin-Struktur. Es wird meist als Salzkomplex zusammen mit Meglumin intravenös verabreicht. Außer bei Schmerzen des Bewegungsapparates wird Flunixin auch bei Koliken eingesetzt. Eine Untersuchung von Pferden aus den Kentucky-Rennen der Jahre 1995 und 1996 hat gezeigt, dass sowohl verletzte als auch Siegerpferde im Bereich von 0,1 bis 3,55 µg Flunixin/ml Plasma aufwiesen. Für die Belastung mit Phenylbutazon ergibt sich ein analoges Bild. Eine Quantifizierung und Analysenbestätigung im Anschluss an eine LLE (Flüssig-Flüssig-Extraktion) und in Verbindung mit einer LC-Trennung erfolgte in einem Flugzeitmassenspektometer (Q-TOF) bei einer Bestimmungsgrenze von 2,5 ng/ml.

Ketoprofen

Ketoprofen gehört als nichtsteroidales Antiphlogistikum der Propionsäurekategorie an, die beispielsweise Substanzen wie Ibuprofen, Naproxen oder Fenprofen umfasst. Es ist für die Schmerz- und Entzündungsbehandlung des Bewegungsapparates zugelassen. Am Beispiel von Ketoprofen wird die Begrenzung auf die Applikationsweise in Verbindung mit der Detektionszeit deutlich. Bei intravenöser Applikation (2,2 mg/kg/5 Tage/1x täglich) ist eine Detektionszeit von 4 Tagen als Orientierung angegeben. Bei topischer Applikation von 1,1 g in einer Gelformulierung ist Ketoprofen noch nach 16 Tagen bei einer Bestimmungsgrenze von 10 ng/ml Urin nachweisbar. Für die Wahl eines der DT angepassten Analyseverfahrens ist es allerdings erforderlich, die von der EHLSC zugrunde gelegten HSL (Harmonized Screening Limits) offenzulegen, was aber prinzipiell nicht erfolgt. Bei einer tolerablen, über der Bestimmungsgrenze einer sensitiven Methode liegenden Konzentration wäre dann die Verwendung einer weniger sensitiven Screening-Methode möglich. Für Ketoprofen in Serum stünde dann eine HPLC-

Methode oder eine Multi-Rückstands-Methode für NSAIDs in der Kombination HPLC/Photodioden-Array zur Verfügung.

Dipyron (Metamizol)
Die Resorption nach oraler Gabe unterscheidet sich zwischen ungefütterten Tiere und gefütterten Tieren um ca. 1 Stunde (3,5 vs. 2,5 Stunden). Die Cortisolkonzentration kehrt unter diesen Bedingungen nach 48 bis 72 Stunden zur Basislinie zurück. Eine topische Verabreichung (2-mal täglich ca. 17 mg/Pferd über 10 Tage) erhöht nicht nur den Glukosespiegel, sondern auch die Triglyceridfraktion. 48 Stunden nach Behandlungsbeginn sinken die Serumkonzentrationen der Schilddrüsenhormone kontinuierlich unter die Basislinie. Glukose und Triglyceride kehren 3 bzw. 7 Tage nach Behandlungsende in den Normalbereich zurück. Für die Schilddrüsenhormone werden dafür 20 Tage benötigt. Zur massenspektrometrischen Bestimmung von Dexamethason sind mehrere Methoden für Plasma im Rahmen von Pharmakokinetik-Untersuchungen beim Pferd publiziert worden. Die untere Bestimmungsgrenze reicht dabei von 0,1 bis 1 ng/ml.

Methylprednisolonacetat
Methylprednisolonacetat (MPA) wird als unlösliche, in Wasser suspendierte Substanz vor allem zur intraartikulären Injektion bei Arthritiden verwendet. Aufgrund der Hydrolyse von MPA als „Prodrug" zum aktiven Methylprednisolon (MP) halten sowohl die In-situ-Wirkung als auch der negative Einfluss auf die HPA länger an. Nach einmaliger Injektion von MPA (200 mg) wird die Sekretion von Cortison und Cortisol für mehr als 240 Stunden unterdrückt. Die Injektion mehrerer Gelenke führt zu entsprechend längeren Detektionszeiten, wie in der obigen Tabelle angegeben. MP und die endogenen Glucocorticoide wurden nach einer Flüssig-Flüssig-Extraktion und Säulentrennung im positiven Ionenmodus in einem TSQ Quantum Triple Stage Quadrupol Massenspektrometer quantifiziert. Der lineare Quantifizierungsbereich für 21 mit dieser Methode erfasste Glucocorticoide umfasst 0,1 bis 100 ng/ml. In 2 von 6 Pferden war MP noch 8 Tage nach der Injektion, bei einem sogar noch nach 12 Tagen nachweisbar (>0,06 ng/ml).

Triamcinolonacetonid

Triamcinolonacetonid (TA) wird für die Injektion in mechanisch stark beanspruchte Gelenke und oft in Kombination mit dem Lokalanästhetikum Mepivacain gebraucht. Mepivacain allein oder in der genannten Kombination eliminiert in weniger als einer Stunde die durch LPS experimentell ausgelöste Lahmheit, TA hingegen vermindert die Ödembildung und den Proteingehalt in der Synovialflüssigkeit schon nach der zweiten LPS-Injektion. Die Langzeitwirkung von TA wird durch Mepivacain nicht beeinflusst. Bei parenteraler Applikation von TA-Dosen > 0,2 mg/kg besteht paradoxerweise die Gefahr der Auslösung einer Hufrehe in der Folge einer Hyperglykämie. Diese hält bei einer Dosierung von 0,2 mg/kg 8 Tage an. Die langsame Eliminationsphase weist eine $T_{1/2}$ von 12 Stunden auf. Für eine Spurenquantifizierung ist eine Multispezies-Methode zur Bestimmung von 21 Glucocorticoiden anzuwenden. Die offiziell ermittelte Detektionszeit beträgt für TA bei einmaliger intraarterieller Applikation 7 Tage.

6.6.2 Über Grenzwerte geregelte Substanzen

Im Annex II der „FEI Equine Prohibited Substance List – Substances and Methods Prohibited in Competition", publizert in den „Veterinary Regulations 2010", wird die bislang gültige Auflistung von Schwellenwertkonzentrationen aus dem vori-

Tabelle 5 – Grenzwertgeregelte Substanzen

Verfügbares CO_2	36 mmol/l Plasma
Boldenon	0,015 µg/ml Urin bei Hengsten
Dimethylsulfoxid	15 µg/ml Urin bzw. 1 µg/ml Plasma
Estrandiol (5α-Estran-3β,17α-diol)	0,45 µg/ml Urin bei Hengsten
Hydrocortison	1 µg/ml Urin
Salicylsäure	625 µg/ml Urin bzw. 5,4 µg/ml Plasma
Testosteron	0,02 µg/ml Urin bei Wallachen bzw. 0,055 µg/ml Urin Fohlen und nicht trächtigen Stuten

gen Annex II weitergeführt. Darunter fallen Boldenon, Dimethylsulfoxid, Estrandiol, Hydrocortison, Salicylsäure und Testosteron. Sofern die Konzentrationen bestimmter Kontaminanten oder endogener Hormone nachstehende Grenzwerte nicht unterschreiten, ist keine Wettbewerbseinschränkung damit verbunden.

Von verschiedenen Pferdesportverbänden werden dazu noch weitere Substanzen für eine Grenzwertregelung vorgeschlagen:

Arsen, Nandrolon (s. Estrandiol), Methoxytyramin, 16β-Hydroxystanozolol, Theobromin, Koffein.

6.6.3 Weitere anabol-androgene Steroidhormone

Der Einsatz von Anabolika mit dem Ziel, das in der Muskulatur verfügbare Co_2 zu manipulieren, ist nicht erlaubt. Deshalb wurden sie im WADA-Index als verbotene Substanzen aufgeführt. Jedoch ist ihr Einsatz länderspezifisch unterschiedlich.

In den meisten Staaten der USA sowie in Australien sind/waren anabol-androgene Steroide im Pferderennsport üblich. Ihr Einsatz wurde mit der Argumentation begründet, dass sie neben der Erneuerung und Stärkung der Muskelmasse den Futterverzehr fördern und die durch ein intensives Training und die kraftraubenden Rennen auftretenden Verschleißerscheinungen minimieren. Sie sollen helfen, „die Batterien wieder aufzuladen“. Viele Staaten in den USA haben auf Druck der Öffentlichkeit den Nachweis dieser Steroide bei Pferden in Verbindung mit den Rennen unter Strafe gestellt. Kriterien sind unterschiedliche Grenzkonzentrationen im Urin. Außerhalb der Rennen ist eine Anwendung weiterhin erlaubt. Dafür kommen Stanozolol, Nandrolon, Boldenon und Testosteron infrage.

6.7 Genetisch-rekombinante Substanzen

Unter genetisch-rekombinante Substanzen fallen beispielsweise das rekombinante Wachstumshormon (reGH) und das rekombinante Erythropoetin (rhEPO). Mit bisher zur Verfügung stehenden Methoden ist ihr substanzieller Nachweis zeitlich nur eingeschränkt möglich, weil die biologischen Effekte länger fortbestehen als die Gegenwart detektierbarer Konzentrationen in Körperflüssigkeiten. reGH ist in Australien vermarktet und illegitim bei Rennpferden eingesetzt worden. Fraglich ist allerdings, ob durch supraphysiologische Dosen leistungssteigernde Effekte zu erwarten sind. Solche sind bei untrainierten Pferden auch unter Einbeziehung der aeroben Kapazität nicht nachweisbar. Durch den Einsatz einer LC-MS/MS-Methode kann durch Nachweis eines N-terminalen spezifischen Peptids des reGH eine Nachweiszeit bis zu 48 Stunden erreicht werden.

Erythropoetin ist ein natürliches Glykoprotein mit Hormoncharakter. Zur Anwendung auch beim Pferd stehen nur rekombinante und z.T. abgewandelte humane Proteine zur Verfügung. Die Applikation von rhEPO erhöht zwar den Hämatokrit- und Hämoglobingehalt, lässt es aber fraglich erscheinen, ob dadurch die Performance erhöht wird. Die Eigenregulation der Erythrozytenfreisetzung aus der Milz wird durch rhEPO zwar simuliert, es ist aber ungewiss, ob dadurch nicht kontraproduktive Abläufe in Gang gesetzt werden. Da rhEPO stark immunogen wirkt, scheint ein Nachweis von Antikörpern gegen diese Substanz über eine gewisse Zeit möglich und für eine Anwendung beweisend zu sein.

Mit traditionellen Analysemethoden stößt man somit im Protein- und Peptidbereich sehr schnell an methodische Grenzen. Bis es zur Entwicklung von Fingerprintmethoden kommt, bedarf es noch intensiver Untersuchungen. Eine Richtung nutzt die Analyse von Peptiden aus Plasma durch den Einsatz einer 2-D-LC-MS/MS-Methode.

6.8 Arbeitsbedingungen für Dopinglaboratorien

Die EADCM Regulations sehen einen zur WADA-Regelung analogen „FEI Standard for Laboratories (Standard)" vor, um ein geeignetes Niveau für die wissenschaftliche und forensische Integrität bei den Analyseverfahren zu gewährleisten.

Die FEI hat dazu eine Reihe von Laboratorien für die Durchführung von Analysen in deren Verantwortungsbereich genehmigt. Grundbedingung für eine Anerkennung als berechtigtes Analyselabor ist die Akkreditierung durch eine nationale Akkreditierungstelle nach den Kriterien der aktuellen EN ISO/IEC 17025-Norm und des ILAC G-7-Dokuments.

Weder die WADA noch die FEI haben die Funktion einer Akkreditierungsstelle; sie können auf der Basis einer Akkreditierung nach EN ISO/IEC 17025 ein Laboratorium für die speziellen Untersuchungszwecke zulassen/„akkreditieren", nachdem einem Labor von einer nationalen Akkreditierungsstelle bescheinigt wurde, dass die Anforderungen bei der Anwendung der EN ISO/EC 17025 auf die Analyse von Urin- bzw. Blutdoping-Kontrollproben von Athleten erfüllt sind.

Das FEI-Labor liefert für die Akkreditierungsanforderungen an ein Labor für die Analytik von Dopingsubstanzen in Dopingproben vom Pferd zusätzliche Informationen entsprechend den Kriterien von ILAC-G7:06/2009. Für eine Anerkennung durch die FEI ist weiterhin nachzuweisen, dass die AORC-Richtlinien „for the Minimum Criteria for Identification by Chromatography and Mass Spectrometry" eingehalten werden. Das von der WADA für anerkannte Laboratorien geforderte Externe Qualitätssicherungssystem mit Blind- und Doppelblindproben (Proficiency Testing) ist für die von der FEI anerkannten Laboratorien noch nicht zwingend.

Während die WADA-Laboratorien aus Gründen der Harmonisierung der analytischen Prozedur zunehmend technische Dokumente zur Durchführung von Analysen zugrunde legen müssen, sieht die FEI-Regelung keine rigide Methodenstandardisierung vor, sondern unterstützt die individuellen Laboratorien bei der Entwicklung und Verbesserung ihrer Inhouse-Methoden.

6.8.1 Laboratorium und Qualitätssicherung

Ein Qualitätssicherungssystem hat zu gewährleisten, dass alle Elemente der Prüfleistung kontrolliert ablaufen sowie in geeigneter Weise überwacht und dokumentiert werden. Dies umfasst:

- Verwendung dokumentierter und validierter Testmethoden
- Regelmäßige Mitführung von Qualitätskontrollproben

- Angemessen geschultes Personal
- Angemessene instrumentelle und technische Ausstattung
- Transparente Dokumentation aller Testabläufe
- Angemessene Auswahl von Reagenzien und Referenzstandards
- Erfolgreiche Teilnahme an Laborvergleichsstudien

6.8.2 Prüfmethoden und Methodenvalidierung

Kernstück jedes analytischen Laboratoriums sind die Prüfmethoden mit ihrer gegebenenfalls erforderlichen Validierung. Für die Mehrzahl der fraglichen Dopingsubstanzen stehen keine Standardmethoden für Kontrollanalysen zur Verfügung. Jedes Laboratorium hat deshalb Methoden zu entwickeln, zu validieren und entsprechend zu dokumentieren. Bei den verbotenen Substanzen oder Metaboliten davon bzw. bei Markersubstanzen ist der Nachweis zu erbringen, dass bestimmte Nachweisgrenzen statistisch sicher erreicht werden (Minimum Required Performance Levels, MRPL). Für Substanzen mit festgelegter Höchstmengenkonzentration ist wiederum zu zeigen, dass die bei und über dem Grenzwert liegenden Konzentrationen mit 95%iger Sicherheit ermittelt werden können. En dogen produzierte Substanzen (z.B Testosteron oder Peptidhormone) können bei jeder Konzentration als verboten angesehen werden, wenn durch weitere Methoden der Nachweis erbracht wird, dass sie exogenen Ursprungs sind.

Screeningmethoden sind nach der WADA-Richtlinie im Gegensatz zu Bestätigungsmethoden nicht zu validieren. Dies ist dadurch zu begründen, dass bei den meisten Screeningmethoden die beiden wichtigsten Qualitätskriterien Sensitivität und Spezifität nicht in gleichem Maß erreicht werden. Immunometrische Methoden haben i.d.R. eine hohe Sensitivität, sind aber meistens bezüglich der Spezifität unzureichend.

Die Validierung einer Methode kann nach zwei Modellen vorgenommen werden. Entweder wird eine Laborvergleichsuntersuchung z.B. nach den Vorgaben von IUPAC bzw. ISO durchgeführt oder aber laborinterne Validierungsstudien. Letztere sind angezeigt bei Inhouse-Methoden, also laborintern entwickelten Methoden.

Nach der Entscheidung der EU-Kommission (2002/657/EG, 2002) sind bei der Validierung modellunabhängige und modellabhängige Leistungsparameter zu unterscheiden.

Für Letztere sind im herkömmlichen Ansatz folgende Qualitätsparameter zu berücksichtigen:

- Spezifität,
- Richtigkeit
- Robustheit
- Wiederfindung
- Wiederholpräzision
- Laborinterne Reproduzierbarkeit
- Bestimmung der Nachweis-, Erfassungs- und Bestimmungsgrenze (Kalibrierkurve)
- Ferner die Bestimmung der Entscheidungsgrenze (CCα) und des Nachweisvermögens (CCß) bei laborinternen Validierungsansätzen.

6.8.3 Messunsicherheit

Die Messunsicherheit umfasst das gesamte Prüfverfahren und setzt sich aus Beiträgen der präanalytischen Phase (von der Probennahme einschließlich der äußeren und instrumentellen Bedingungen) bis zur Auswertung der experimentellen Daten zusammen (z.B. Präzison, Richtigkeit). Sie ist ein dem Messergebnis zugeordneter Parameter, der die Streuung des Messwertes charakterisiert. Alle Beiträge aus bestimmten und geschätzten Unsicherheiten werden in Form einer Standardabweichung umgerechnet und in den Ausdruck der kombinierten Messunsicherheit integriert. Deren Umformung in die sogenannte erweiterte Messunsicherheit hat den Zweck, den Wahrscheinlichkeitsbereich (z.B. 95 %) anzugeben, in dem der „wahre" Wert der gemessenen Größe liegt. Dies geschieht durch Multiplikation der kombinierten Messunsicherheit mit einem Faktor k (k = 3 für 95 %). Die Messunsicherheit muss nach der EN ISO/EC 17025-Norm angegeben werden, wenn sie beispielsweise für die Gültigkeit oder Anwendung des Prüfergebnisses von Bedeutung ist.

Standardabweichung umgerechnet und in den Ausdruck der kombinierten Messunsicherheit integriert. Deren Umformung in die sogenannte erweiterte Messunsicherheit hat den Zweck, den Wahrscheinlichkeitsbereich (z.B. 95 %) anzugeben, in dem der „wahre" Wert der gemessenen Größe liegt. Dies geschieht durch Multiplikation der kombinierten Messunsicherheit mit einem Faktor k (k = 3 für 95 %). Die Messunsicherheit muss nach der EN ISO/EC 17025-Norm angegeben werden, wenn sie beispielsweise für die Gültigkeit oder Anwendung des Prüfergebnisses von Bedeutung ist.

Für die in der EU-Kommissionsentscheidung 2002/657/EC vorgegebenen Anforderungen an die Qualität von Prüfverfahren und die Auswertung von Prüfergebnissen und die quantitative Abschätzung von deren Messunsicherheit kann eine kommerziell erhältliche Software verwendet werden (z.B. InterValplus/Optival (2008) der quo data GmbH, Dresden.

6.9 Gendoping und aktuelle Entwicklungen von Nachweismöglichkeiten

Die WADA klassifiziert die nicht-therapeutische Anwendung von Zellen, Genen oder genetischen Elementen sowie die Modulation der Genexpression als verboten. Durch die Einbeziehung von Substanzen, die die Genexpression beeinflussen können, werden die Grenzen zwischen Gendoping und herkömmlichem Doping sehr unscharf. Die intranukleäre Einschleusung von Genen als funktionelle Versionen eines defekten Gens oder von solchen zur Synthese von Produkten, wodurch sich unerwünschte Expressionen unterdrücken lassen, ist Gegenstand der Genmanipulation. Mithilfe von Genfähren integrierte und intronlose Gene wie EPO, IGF-1, vaskuläre endotheliale Wachsumsfaktoren A und D (VEGF-A,-D), GH-1 sowie Follistatin (FST) sind mit PCR-Protokollen auch in peripheren Blutzellen nachweisbar. Der Vorteil einer solchen Genmanipulation ist die kontinuierliche und persistierende Produktion funktionsbeeinflussender Faktoren. Dies ist der prinzipielle Unterschied zum herkömmlichen Doping, das der ständigen Zufuhr von Wirksubstanzen bedarf.

Genmanipulation und Gentherapie benutzen zur Erreichung ihrer Ziele identische Instrumente. Vektoren für einen Gentransfer basieren entweder auf replikationsdefizienten Viren, auf bakteriellen Plasmiden bzw. Plasmid-Liposom-Komplexen. Die Integrationsrate wird in dieser Reihenfolge geringer. Für Ganztierbehandlungen sind erhebliche Mengen an Vektoren erforderlich. Für wirksame Integrationen ins Genom eines Wirtstieres sind deshalb zusätzliche physikalische Maßnahmen wie z.B. regionale Elektroporationen notwendig, was sich nur bei gezielten Organperfusionen bewerkstelligen lässt.

Gene lassen sich weiterhin spezifisch durch verschiedene kleine Moleküle manipulieren. Dazu lassen sich Antisense-RNA zur Blockierung der Translation der m-RNA, RNAse H oder siRNA für die Zerstörung der m-RNA heranziehen. Weiterhin sind Moleküle gefunden worden, die z.B. die Expression von IGF-1 up- bzw. die von Myostatin downregulieren.

Mehrere übergeordnete oder auch streng gewebespezifisch wirksame biologische Substanzen könnten durch Genmanipulationen verstärkt gebildet werden. Neben dem Wachstumshormon mit seinen auch Sportverletzungen wirksamer heilenden Eigenschaften ist das IGF-1 mit einer muskelwirksamen Splice-Variante ein unter Dopinggesichtspunkten wichtiges Molekül. Myostatin ist ein negativer Regulator der Muskelmasse. Es wird selbst in der Muskelzelle gebildet, reduziert die Proliferation der muskulären Satellitenzellen und hemmt die Muskelzelldifferenzierung. Die Defektmutation in beiden Genen erzeugt eine starke Muskelhypertrophie.

Hemmstoffe für Myostatin zu entwickeln könnte für die Pharmaindustrie attraktiv sein. Eine Hemmung von Myostatin ist denkbar durch monoklonale Antikörper oder durch Induktion von Follistatin, einem Myostatin-Gegenspieler. Ein weiterer Kandidat für ein Gendoping ist das Erythropoetin-Gen. Neben seiner Wirkung auf die Erhöhung des Hämatokrits ist auch die parallel zu beobachtende angiogene Wirkung zur Verbesserung der Mikrozirkulation bei Verbesserung der Ausdauerfähigkeiten wichtig. Ein potenzielles Target für eine Genmanipulation wäre HIF, der Hypoxie-induzierbare Faktor 1α, der sowohl EPO als auch weitere endotheliale Wachstumsfaktoren induziert. Eine Umwandlung des Glykolyse-Muskelfaser-Typs II in den für Ausdauerbelastungen wichtigen sauerstoffreichen Typ I wird durch das Kern-Hormonrezeptor-Protein, den Peroxisomen-Proliferator-aktivierten Rezeptor delta (PPAR δ) bewirkt. Ein Transfer von dessen Gen in einen Organismus würde die Ausdauerkapazität erheblich vergrößern. Eine positive Modulation dieses Rezeptors ist mittlerweile auch durch eine niedermolekulare Substanz, den PPAR δ-Agonisten GW1516 möglich geworden. Dieser steht seit 2009 als verbotene Substanz auf der WADA-Liste.

Die Wiederherstellung intakter Komplexe zur Feinregulation von Funktionsabläufen durch kleine Moleküle kann ebenfalls noch zur WADA-Definition des Gendopings gerechnet werden. Die Freisetzung von Ca^{2+}-Ionen bei der Muskelkontraktion kann im Übermaß erfolgen, sodass Muskelschädigungen und verminderte Leistungen die Folgen sind. Der Ryanodin-Rezeptor wird in seiner Funktion als Calciumkanal durch unkontrollierten Ionenfluss dann beeinträchtigt, wenn Calstabin 1 als Regulationsfaktor dissoziiert. Die Folgen sind rasche Ermüdbarkeit und vermindertes Ausdauervermögen. Mit JTV-519 und S-107 wurden zwei Substanzen gefunden, die den Komplex wieder stabilisieren und das Ausdauervermögen wieder stark erhöhen.

Ein künftiger Missbrauch des Gendopings dürfte somit darauf abzielen, Muskulatur aufzubauen, ihre Physiologie zu optimieren, den Körper besser mit Sauerstoff zu versorgen und die Energiebereitstellung zu verbessern. Eine Begrenzung der Anwendung von Gendoping ist nur möglich, wenn parallel Methoden zur Nachweisbarkeit entwickelt werden. Die ersten erfolgreichen Schritte sind mit der Nachweisbarkeit rekombinanter Proteine erfolgt. Genetische Modifikationen selbst werden schwierig zu entdecken sein. Vermutlich kann künftig eher über den Nachweis von Sekundärwirkungen auf genetische Manipulationen geschlossen werden.

Auf neu zu entwickelnde gentechnische Verfahren ist man angewiesen, wenn Gendoping nicht durch indirekte, sondern durch direkte Feststellungen einer Genomintegration nachgewiesen werden soll. Die stabile Einschleusung von Genen ist Gegenstand der Genmanipulation. Der Vorteil einer solchen Genmanipulation wäre die kontinuierliche Produktion funktionsbeeinflussender Faktoren.

Der Einbau eines über eine mRNA abgebildeten Gens weist im Gegensatz zum physiologischerweise vorhandenen Gen eine kontinuierliche und nicht von eingeschobenen Sequenzen unterbrochene Struktur auf. Die Identifikation eines solchen intronfreien Gens mit oder ohne Vektoranteil wird damit zu einem spezifischen Nachweis für ein Gendoping.

Mit einer nested-PCR-Methode konnte auf der Grundlage eines Multiplex-Ansatzes ein empfindliches Verfahren für den Nachweis intronfreier Gene im injizierten Muskelgewebe sowie im Blut entwickelt werden. Das im Tierversuch entwickelte Verfahren ist hinsichtlich möglicher falsch positiver Resultate an einem Sportlerkollektiv validiert worden. Selbst wenn das Genkonstrukt nur über längere Zeit im Blut ohne einen wirksamen Einbau in ein funktionelles Gewebe nachweisbar wäre, so wäre dies ein Beweis für eine illegitime Anwendung des Gendopings. Dieses Verfahren kann außer auf den Menschen auch auf solche Tierarten übertragen werden, die Objekte für Genmanipulationen mit dem Ziel der Leistungsbeeinflussung sind und deren Genomentschlüsselung die Synthese der erforderlichen Primerpaare möglich macht, wie z.B. beim Pferd oder beim Hund. Die Konstruktion von sehr effizienten Adeno-assoziierten Virus-(AAV)-Genkonstrukten ist in molekularbiologischen Labors mittlerweile routinemäßig möglich. Inwieweit die Transduktionsrate bei den einzelnen Spezies eine nachweisliche Steigerung der erwünschten Expressionen auslöst, ist jedoch nicht vorhersagbar. Andererseits verweist die mit dem Verfahren verbundene hohe Sensitivität auf die Gefahr, dass bei unsachgemäßem Arbeiten durch kleinste Kontaminationen mit c-DNA falsch positive Resultate die Folge sein können.

6.10 Neue Ansätze bei den Testmaßnahmen im Pferdedoping

Leistungssteigernde Substanzen, ob Monopräparate oder Formulierungen in Arzneimitteln, wirken als solche entweder pharmakodynamisch direkt oder nach

Verstoffwechselung indirekt. Der Leber kommt hinsichtlich der qualitativen und quantitativen Metabolisierungskapazität eine Sonderrolle zu. Dies wird bereits beim „First-Pass-Effekt“ oral aufgenommener Substanzen deutlich. Die weiteren Gewebe sind in diesen Merkmalen als schwächer einzustufen. Eine Ausnahme stellen die Enterozyten des Duodenums dar, die eine vergleichsweise hohe Expression bestimmter CYP450-Enzyme aufweisen. Die Biotransformation von Substanzen in extrahepatischen Geweben hat unter Umständen eine toxikologisch besondere Bedeutung. Ferner auch dann, wenn ein indirekter Nachweis für den Einsatz von Dopingmitteln über spezifisch induzierte molekulare Merkmale in diesen Geweben erfolgen soll.

Die erste Metabolisierungsphase (Phase I-Stoffwechsel) wird durch Dutzende von Cytochrom-P450-Enzymen (CYP450s) und wenige flavinhaltige Monooxygenasen (FMOs) geleistet.

Verkompliziert wird die Situation dadurch, dass das Metabolitenmuster im Serum sich von dem im Urin in der Regel unterscheidet. Viele der in der ersten Metabolisierungsstufe erzeugten Metaboliten werden durch enzymatische Konjugationsprozesse meist im selben Gewebe weiter abgewandelt (Phase II-Stoffwechsel).

In der Regel ist die Konzentration des Grundgerüstes einer niedermolekularen Substanz infolge der renalen Konzentrierungsprozesse im Urin höher als im Blut. Dies erklärt auch die bisherige Bevorzugung von Urin als Probenmaterial, weil damit bei den Anforderungen hinsichtlich der analytischen Nachweisempfindlichkeit eher Kompromisse eingegangen werden können.

Bis in die jüngste Zeit war es üblich, die im Urin ausgeschiedenen Substanzen chemisch oder enzymatisch von den Konjuganden zu befreien, um dadurch die Metaboliten aus dem Phase I-Stoffwechsel freizusetzen. Dies ist in vielen Fällen mit einem Substanzverlust oder einer weiteren Abwandlung der Phase I-Produkte verbunden. Zur Vermeidung solcher Effekte bei den Ausscheidungsprodukten ist eine Tendenz zu erkennen, die unveränderten Ausscheidungsprodukte (Resultate des Phase II-Stoffwechsels) analytisch direkt zu bestimmen. Durch aktuelle methodische Entwicklungen wird dies zunehmend praktizierbar.

Andererseits sind die Fortschritte bei der methodischen Empfindlichkeitssteigerung auch für geringste Konzentrationen von originären bzw. metabolisierten Dopingsubstanzen ein Anlass, die Blutanalytik schwerpunktmäßig zu fordern, zumal bei der Probengewinnung dieser Vorgehensweise aus technischen Gründen der Vorzug gegeben werden sollte.

Wenn zur Leistungsbeeinflussung körpereigene oder körpereigenen Molekülen nachempfundene hochmolekulare Substanzen Anwendung finden, gibt es zur Blutanalyse keine Alternative.

Unabdingbar für eine spezifische und hochempfindliche Analytik vor allem neuer Substanzen, für die noch keine Untersuchungen zur Pharmakokinetik und Pharmakodynamik vorliegen, ist die Aufklärung des Metabolismus mithilfe von In-vitro-Methoden. Neue Wege werden deshalb über Simulationen mit Geweben und Enzymen beschritten, um in dem dadurch erzeugten Metabolitenmuster analytisch relevante Substanzen zu identifizieren und in der Folge die entsprechenden Analysenverfahren zu entwickeln.

6.10.1 CYP450-Enzyme – Wirkung und Klassifizierung

Die als Dopingmittel verwendeten niedermolekularen Substanzen treten im Organismus vor allem mit CYP450-Enzymen in Wechselwirkung. Deren Aktivitätsspektrum erstreckt sich auf Oxidationen, Peroxidationen und Reduktionen, wobei als Targetsubstanzen in erster Linie endogene Substanzen wie Steroide, Gallensäuren, Fettsäuren, Prostaglandine, Leukotriene, biogene Amine, Retinoide, Lipidhydroperoxide und Phytoalexine infrage kommen. Die CYP450-Enzyme sind in ihrer Vielfalt und vor allem im Hinblick auf ihre Bedeutung im Arzneimittelstoffwechsel umfassend beim Menschen und bei Labortieren erkundet worden.

In diesem Bereich sind bei Haus- und Nutztieren, u.a. beim Pferd, erst in den letzten Jahren genetische und biochemische Untersuchungen aufgenommen worden.

CYP450-Enzyme, darunter die Monooxygenasen, sind Mitglieder der CYP450-Superfamilie. Alle in ihrer Funktion beschriebenen Enzyme sind vom P450-

Nomenklaturkommitee einschließlich der zugehörigen Gene in einem Ordnungsrahmen zusammengefasst, der als Gliederung Familie, Unterfamilie und weiterhin unterscheidbare Einzelenzyme bzw. Einzelgene zu einem Gencluster zusammenfasst. P450-Sequenzen mit mehr al 40 % Aminosäuren-Identität werden in derselben Familie zusammengefasst, solche mit mehr als 55 % Identität in dieselbe Unterfamilie, und solche mit mehr als 97 % werden als Allelrepräsentanten aufgefasst. Die fortgeschrittenen genetischen Analysen des menschlichen Erbgutes zeigen, dass Allele, die mehrere Genkopien enthalten, in der Größe variieren können. Solche Varianten können durch Deletion, Insertion, Inversion, Duplikation oder komplexe Rekombination zustande kommen. Gene und Genproduktbezeichnungen unterscheiden sich dahingehend, dass Erstere im Gegensatz zu Letzteren (m-RNAs, Enzyme) in Schrägschrift geschrieben werden. Eine arabische Zahl bezeichnet die Familie, ein Großbuchstabe die zugehörige Unterfamilie und die weitere Zahl das individuelle Protein bzw. Gen, z.B. CYP2D50 bzw. *CYP2D50*.

Die Expression und Aktivität Arzneimittel metabolisierender Enzyme (Phase I- und Phase II-Stoffwechsel) wird sowohl von äußeren Faktoren wie Ernährung oder Exposition gegenüber Xenobiotika als auch von inneren Faktoren beeinflusst. Dafür kommen infrage: Art, Rasse, Zuchtlinie, genetische Polymorphismen, Alter, Geschlecht und Bedingungen wie Trächtigkeit.

Beim Pferd als einem langlebigen Tier, das in unterschiedlichen Altersstufen und Zuchtrichtungen zu Leistungszwecken benutzt wird, spielen solche inneren Prädispositionen möglicherweise eine wichtige Rolle. Deren genetische Analyse wird erst neuerdings in Angriff genommen.

Die CYP450-Cytochrome (P450) sind Häm-Thiolat-Proteine, die Varietäten chemisch unterschiedlicher Substanzen durch die Insertion von aktiviertem Sauerstoff in eine inerte C-H-Bindung katalysieren bzw. durch Ablösung von Alkylgruppen polare Molekülzwischenformen erzeugen. Die Enzyme verschiedener Spezies aus der gleichen Familie/Unterfamilie haben als orthologe Enzyme meist die gleichen Wirkungsspezifitäten, nicht immer jedoch eine vergleichbare Aktivität.

Die CYP1-Familie enthält Enzyme, die polyzyklische Kohlenwasserstoffe metabolisieren und durch diese außerdem selbst induziert werden. In der CYP2-Familie sind durch Phenobarbital induzierbare Enzyme versammelt, die vor allem Steroide metabolisieren sowie zusätzlich unterschiedliche Xenobiotika. Steroide werden weiterhin durch die Enzyme der CYP3-Familie, Fettsäuren durch die CYP4-Familie und Cholesterin durch die CYP7- und CYP11-Familien metabolisiert.

Den Monooxygenasen der CYP-Gruppe ist als weiteres Monooxygenase-System das der mikrosomalen flavinhaltigen Monooxygenasen zuzuordnen.

CYP2D6 ist ein Beispiel für ein *CYP*-Gen, das hochpolymorph ist. Es ist für die Metabolisierung von rund einem Viertel der beim Menschen verwendeten Arzneimittel verantwortlich. Seine ca. 75 *CYP2D6*-Allele decken damit ein breites Spektrum an Enzymaktivitäten ab. Individuen mit mehr als zwei *CYP2D6*-Normalallelen haben eine erhöhte Enzymaktivität. Individuen, die diese Allele vererbt haben, besitzen einen schnelleren Metabolismus für CYP2D6-Substanzen und werden als ultraschnelle Metabolisierer gekennzeichnet.

6.11 Spezifische Gesichtspunkte des Xenobiotica-Stoffwechsels beim Pferd

Viele der bei Dopinguntersuchungen entdeckten Wirkstoffe sind nicht als Therapeutika beim Pferd zugelassen. Erfahrungen aus der Praxis zeigen, dass bei unkontrolliertem Einsatz von Wirkstoffen aufgrund von Wechselwirkungen mit zugelassenen Stoffen entweder beabsichtigte Wirkungen ausbleiben oder toxische Reaktionen entstehen können. Solchen Geschehnissen leistet insbesondere der Einsatz von Substanzen, die aus dem Internet zu beschaffen sind, Vorschub. Oftmals liegen für nicht zugelassene Wirkstoffe nicht einmal toxikologisch-pharmakologische Prüfungsergebnisse vor. Selbst wenn Mindestuntersuchungen der klassischen Pharmakokinetik vorlägen, wäre eine Charakterisierung der molekularen Wirkung bzw. Wechselwirkung nicht möglich. Da für alle nicht als Therapeutika vorgesehenen Wirkstoffe eine gründliche Prüfung im Pferd aus ethischen und ökonomischen Gründen nicht infrage kommt, sind hilfsweise In-vitro-Modelle entwickelt worden, mit deren Hilfe metabolische Erkenntnisse auf zellulärer Ebene zu gewinnen sind. Ziel dabei ist, mit equinen Mikrosomenpräparationen und Homogenatüberständen (S9) aus Leber oder Lunge eine phänotypische Charakterisierung der CYP450-Aktivitäten zu erhalten. Eine Klassifizierung erfolgt hierbei über die Testung von für die menschlichen Mikrosomen spezifischen Substanzen sowie über die bei anderen Spezies wirksamen Enzyminhibitoren. Beim Pferd ist damit kursorisch die Zugehörigkeit zu den CYP450-Familien 1,2 und 3, aber meist ohne die weitere Unterteilung, bestimmt worden.

CYP1:	durch die Substrate Phenacetin, Ethoxyresorufin, Methoxyresorufin, Benzo-a-pyren sowie durch den für diese Familie typischen Inhibitor Fluorquinolon.
CYP2A:	durch Cumarin.
CYP2B:	durch Pentoxyresorufin, Benzphetamin, Benzoylresorufin.
CYP2C:	durch Meloxicam, Omeprazol, Warfarin.
CYP2D:	durch Tramadol und den Inhibitor Quinidin.
CYP2E:	durch Chlorzoxazon, Anilin.
CYP3A:	durch Testosteron, Erythromycin, Monensin, Ethylmorphin, Triacetyloleandomycin.

Weitere Steroid-metabolisierende CYP_{450}-Enzyme sind beim Pferd nicht näher charakterisiert.

Als Besonderheit gilt beim Pferd eine im Vergleich zum Menschen und zu Labortieren erhöhte CYP_1A-Aktivität, gemessen an der Ethoxyresorufin-O-Deethylase-Aktivität. Außerdem ist die CYP_2E-Aktivität bzgl. Der Chlorzoxazon-Hydroxylierung beim Pferd überhöht. Die hier zitierten Aktivitäten sind keiner bestimmten Isoform zuzuordnen, sie sind vielmehr das Ergebnis des Zusammenwirkens mehrerer Isoformen aus der gleichen Familie/Unterfamilie.

Der Wert solcher In-vitro-Ansätze wird insbesondere dann deutlich, wenn die Metabolisierung bislang ungetesteter neuer Substanzen mit einer sich anschließenden Analytik durch spezifische hochauflösende Nachweisverfahren verbunden wird. Dem trägt auch die im Jahr 2009 novellierte ILAC-G7-Richtlinie („Akkreditierungsanforderungen und Durchführungskriterien für Pferderennsportlaboratorien") Rechnung. Danach kann als Referenzmaterial u.a. das Metabolitenmuster aus den In-vitro-Inkubationen eines Stoffes mit Leberzellen oder deren subzellulären Fraktionen einschließlich der Mikrosomenpräparationen herangezogen werden (ILAC-G7:06/2009). Inzwischen können mit käuflichen Mikrosomen-, S9- oder Cytosolfraktionen verschiedener Spezies zugehörige Metabolismus-Studien durchgeführt werden (z.B. Invitrogen, Life Technologies GmbH, Darmstadt).

In In-vitro-Systemen sind mehrere selektiv katalytische Aktivitätsmarker verschiedener Haustierrassen mithilfe bereits erwähnter Modellsubstanzen charakterisiert worden. Bei Phenacetin ist das die Phenacetin-O-Deethylase oder CYP1A1/2, bei Cumarin die Cumarin-7-Hydroxylase oder CYP2A6, bei Tolbutamid die Tolbutamid-Hydroxylase oder CYP2C8/9, bei S-Mephenotoin die S-Mephenotoin-4'-Hydroxylase oder CYP2D6, bei Chlorzoxazon die Chlorzoxazon-6-Hydroxylase oder CYP2E1, bei Dextromethorphan die Dextromethorphan-O-Demethylase oder CYP2D6 und bei Testosteron die Testosteron-6ß-Hydroxylase oder CYP3A4. Das Pferd weist für die Dextromethorphan-O-Demethylase und die Chlorzoxazon-6-Hydroxylase die weitaus höchste Aktivität bei den untersuchten Spezies auf. Klinisch ist von großer Bedeutung die niedrige Aktivität des CYP3A-Clusters gegenüber dem ionophoren Coccidiostaticum Monensin, weil die beim Geflügel üblichen Konzentrationen im Futter von 100 bis 200 ppm beim Pferd zu starken Vergiftungserscheinungen führen. Das Geflügel hat nämlich die höchste katalytische Kapazität zur Metabolisierung der beiden für die CYP3A spezifischen Substrate Erythromycin und Triacetyloleandomycin.

Eine Übertragung von Ergebnissen aus anderen Spezies auf die equine Situation ist nicht immer möglich. Die Metabolisierung von Ketimin, ein Isomerengemisch aus R- und S-Form, das zur Narkose und postoperativen Schmerzbekämpfung beim Pferd verwendet wird, lässt sich im Gegensatz zur Situation beim Menschen beispielsweise nicht durch den allgemeinen CYP450-Inhibitor

1-Aminobenzotriazol hemmen. Die Dealkylierung von Ketimin zu Norketimin wird jedoch von den Inhibitoren für CYP3A4, CYP2A6, CYP2C19, CYP2B6 und CYP2C9 sowie durch Anti-CYP3A4 und AntiCYP2C9 gehemmt. Die Analytik von Dopingsubstanzen und ihrer Metaboliten geht meist der biochemischen Charakterisierung der verantwortlichen Enzyme voraus. Am Beispiel des nichtsteroidalen Entzündungshemmers Meloxicam kann gezeigt werden, dass sich im In-vitro-Ansatz vier unterschiedlich hydroxylierte Metaboliten nachweisen lassen.

Zur Altersabhängigkeit der Aktivitäten und der Enzymkonzentrationen gibt es bislang nur wenige Untersuchungen. Überraschend ist, dass mit zunehmendem Lebensalter beim Pferd diese Parameter für CYP2D, CYP2E und CYP3A zunehmen.

6.12 Genanalytische Evaluierung Xenobiotica verstoffwechselnder Enzyme

Da eine Zuordnung der Enzymaktivität zu bestimmten Isoformen beim In-vitro-Ansatz nicht möglich ist, wird die Prüfung an definierten Genprodukten erforderlich. Diese müssen entweder biochemisch isoliert sein oder durch Expression geklonter Allele in geeigneten Expressionssystemen vorliegen. Für das menschliche Genom sind bereits Dutzende von Allelprodukten isoliert und über ihre enzymkinetischen Kenndaten Vmax und KM charakterisiert worden.

International geht die Tendenz bei zuzulassenden Wirkstoffen/Arzneistoffen dahin, dass pharmakogenetische Biomarker und hierbei vor allem CYP450-Isoformen definiert werden müssen. Erforderlich ist dies, um schädliche Wechselwirkungen bei mehrfach verabreichten Arzneimitteln vorsorglich zu entdecken. Die USA Food and Drug Aministration (FDA) hat hierfür bereits 2004 im Humanbereich einen ersten DNA-Microarray, den AmpliChip CYP450, zur Analyse von SNPs und der Kopienzahlvarianten (CNVs) für *CYP2D6*- und *CYP2C19*-Gene zugelassen.

Die Klonierung von *CYP450*-Genen und ihre Expression in geeigneten zellulären Systemen wie beispielsweise im Baculovirus-Expressionssystem hat wegen der Sicherheitsaspekte für die Arzneimittelanwendung beim Menschen einen viel höheren Stellenwert als beim Pferd. Mittlerweile sind aber auch bei dieser Tierart mithilfe dieser Technik die Enzymisoformen CYP2D50, CYP2C92, CYP3A89, CYP3A96 und CYP3A97 isoliert und vom P450-Nomenklaturkommitee klassifiziert worden. Damit wird eine individuelle enzymologische Charakterisierung im Vergleich zu entsprechenden humanen Isoformen durchführbar. Bis jetzt ist allerdings beim Pferd wie auch bei anderen Haustieren dafür nur ein begrenzter Satz an Sequenzdaten vorhanden. Im Rahmen der CYP450-Nomenklatur können für alle sequenzierten und exprimierten Allele die Parameterkriterien Allel, Protein, Nucleotidänderungen, Enzymaktivität in vivo und in vitro sowie die zugehörigen Referenzquellen abgefragt werden.

6.12.1 Weitere Reaktionen zur Ausschleusung primär oxidativ veränderter Xenobiotica

Nach der Metabolisierung von Stoffen im Phase I- Stoffwechsel werden beim Pferd wie auch bei anderen Spezies Übertragungsreaktionen mit aktivierten Konjuganden wirksam. Durch die Anheftung von Glucuronsäure, Sulfat oder Glutathion neben weiteren, aber weniger bedeutsamen Molekülen wird die Ausscheidungsrate über die Niere erhöht. Die die Konjugation vollziehenden Enzyme UDP-Glucuronyltransferase, Sulfotransferase und Glutathion-S-Transferase kommen dabei selbst in mehreren Isoformen vor. Die beiden erstgenannten Enzyme scheinen beim Pferd die größte Rolle zu spielen. Eine umfängliche Einschätzung ist aber nicht möglich, weil bisher im Rahmen der bisherigen Analytik die komplexen Moleküle grundsätzlich chemisch oder enzymatisch hydrolysiert wurden. In der sich neuerdings abzeichnenden Entwicklung zur direkten Analyse der ausgeschiedenen Substratkonjugate wird der Phase II-Stoffwechsel einen dringlichen Aufklärungsschub erhalten, zumal mehr als 90 % der ausgeschiedenen Metabolite in konjugierter Form vorliegen. Problematisch ist die temperaturabhängige Hydrolyse de Konjugate aufgrund der mikrobiellen Situation, was ein sofortiges Einfrieren der frisch gewonnenen Probe erforderlich macht.

Zusammenfassend kann gesagt werden, dass sich der In-vitro-Ansatz mit mikrosomalen bzw. S9-Präparationen vor allem bei bisher nicht zugelassenen bzw. neuen Wirkstoffen sowohl für die Charakterisierung des Metabolismus als auch für die neueren analytischen Entwicklungen fortschreiben lässt.

Alle Belange, die das Befinden, den Leistungszustand und die Pferdegesundheit sowie die Medikations- und Dopingmaßnahmen betreffen, sind in umfangreichen und ständig aktualisierten Regelwerken in den Veterinärbestimmungen vor allem der FEI (Federation Equestre Internationale) beschrieben (www.fei.org; www.fei.org/veterinary/doping-and-controlled-medication). Die weiteren Pferdesportorganisationen wie Trab- und Galopprennsport lehnen sich prinzipiell an die FEI-Regulationen an. Die internationalen Regeln sollen im Übrigen auch auf nationaler Ebene umgesetzt werden. Aufgrund der vielschichtigen Aufgaben sind neben der Berufsgruppe der Tierärzte vor allem bei Medikations- und Dopingkontrollen viele Spezialisten anderer Fachdisziplinen beteiligt. So dürfen Analysenkontrollen ausschließlich in akkreditierten und von der FEI zugelassenen Laboratorien vorgenommen werden. Da das Interesse des im Pferdsport tätigen Personals an den komplexen Bestimmungen aus Selbstschutzgründen sehr groß ist, ist es unerlässlich, sich ständig mit dem aktuellen Stand der Veterinärbestimmungen vertraut zu machen. Deren Prinzipien sind im Kapitel 6 dieses Buches schwerpunktmäßig erörtert.

7. Haltung und Hygiene

(G. Schlenker)

Die tiergerechte Haltung und Einhaltung von Erfordernissen der Hygiene sind determinierend für Wohlbefinden, Leistungsfähigkeit und Gesundheit der Pferde. Tiergesundheit durch tiergerechte Haltung ist auch eine Forderung des Tierschutzes.

7.1 Haltungsformen und Haltungsverfahren

Zusammenfassung: Einzelhaltung in Boxen ist eine bewegungsarme Haltung mit sozialer Isolierung. Anbinde- bzw. Ständerhaltung schränkt das Verhalten der Pferde sehr stark ein, besonders Bewegung, Sozial-, Komfort- und Ruheverhalten, und ist deshalb ab 2014 in allen Bundesländern verboten. In der Gruppenhaltung ist das Sozial- und Fortbewegungsverhalten am geringsten reduziert. Voraussetzung für eine tiergerechte Gruppenhaltung ist, dass auch rangniedere Tiere ihre Grundbedürfnisse befriedigen können. Bei Gruppenhaltung ist im Stall eine räumliche Trennung zwischen verschiedenen Funktionsbereichen vorteilhaft. Die bei der Stallhaltung verwendeten Einstreumaterialien sollten eine gute Nässebindung aufweisen. Die Haltung auf Tiefstreu ist meistens mit einer verstärkten Ammoniakbildung verbunden und mit einem erhöhten Parasitenbefall. Im Dung vorhandene Fäulnisbakterien können Strahlfäule verursachen. Die Nutzung von Weiden und Ausläufen (Paddock) ermöglicht den Tieren die Befriedigung des natürlichen Bewegungsbedürfnisses und fördert die Tiergesundheit. Vor allem Zuchtstuten, Fohlen und Jungpferden ist so oft wie möglich Weidegang und/oder Auslauf zu gewähren. Als Weide sind besonders hoch gelegene, trockene Flächen mit durchlässigem Untergrund (Sandboden) geeignet. Auf das Nichtvorhandensein von Giftpflanzen ist zu achten. Ein Wälzplatz und ein Scheuerpfahl sind empfehlenswert. Wenn Pferde ganzjährig oder über einen längeren Zeitraum ganztägig auf der Weide gehalten werden, ist ein Witterungsschutz bereitzustellen. Die Zäunung soll ausbruchsicher sein.

Pferde leben natürlicherweise in Familienverbänden von bis zu 20 Individuen. Eine Leitstute führt den Familienverband, während der Hengst für den Zusammenhalt der Gruppe und die Verteidigung gegen Angriffe von außen zuständig ist. Haltungssysteme sollen die Kontaktmöglichkeiten zwischen Pferden so wenig wie möglich behindern. Sicht-, Hör- und Geruchskontakt zwischen den Tieren sind zu gewährleisten. Pferde müssen ungehindert abliegen, aufstehen sowie in Seitenlage liegen und sich wälzen können.

Der Liegebereich soll trocken und verformbar sein. Einstreulose Stallhaltung ist abzulehnen. Geeignet sind Einstreumaterialien, die eine gute Nässebindung zeigen (Stroh, Strohhäcksel, Holzspäne). Je intensiver der eingestreute Bereich von den Pferden benutzt wird, desto häufiger müssen die anfallenden Exkremente sowie nasse Einstreubereiche entfernt und täglich durch trockene Einstreu ergänzt werden. Wird Matratzenstreu bzw. Tiefstreu (Mist und Stroh) verwendet, sollte alle ein bis zwei Jahre vollständig ausgemistet werden. Liegematten oder Gussasphalte werden als Alternative für Einstreu verwendet, um Ammoniak- und Staubbildung sowie Parasitengefährdung zu reduzieren. Allerdings werden Liegeflächen mit Sägespänen gegenüber Liegematten bevorzugt. Wenn der Liegebereich den Pferden keine Sicherheit bietet, wird keine Bauch- und Seitenlage eingenommen. Im Stehen können Pferde ausruhen, aber nicht schlafen. Erwachsene Pferde ruhen etwa 7 bis 9 Stunden am Tag. Die Schlafdauer beträgt aber durchschnittlich nur 2,9 Stunden pro Tag.

Der Belag der Stallgasse muss rutschfest sein. Die Stallgassenbreite sollte bei geschlossenen Boxentüren für Kleinpferde mindesten 2,00 m und für Großpferde mindestens 2,50 m betragen. Bei hälftig zu öffnenden Boxentüren sollte sie mindestens 50 cm breiter sein. Bei Raufen ist besonders darauf zu achten, dass die Pferde nicht hineinsteigen oder mit den Hufen durch die Stäbe schlagen und hängen bleiben können. Über Widerristhöhe angebrachte Hochraufen sind ungeeignet (unphysiologische Fresshaltung, Augenentzündungen durch herabfallende Futterbestandteile und Staub). Die Vorlage von Raufutter auf sauberem Fußboden ist möglich. Futterkrippen sollten die natürliche Fresshaltung weitgehend ermöglichen. Empfohlene Höhe der Fressebene ist 0,3 x WH bis 0,4 x WH.

Zunächst kann zwischen Stall- und Weidehaltung unterschieden werden. Entweder ist es eine Einzel- oder eine Gruppenhaltung. Die Haltung im Stall kann eine reine Stallhaltung oder eine Stallhaltung mit Auslauf bzw. Zugang zur Weide sein. Weidehaltung ist saisonal oder ganzjährig.

7.1.1 Einzelhaltung

Das Halten eines Pferdes ohne Artgenossen ist nicht verhaltensgerecht. Die Einzelhaltung von Pferden ist häufig mit Verhaltensstörungen verbunden. Einzelhaltungen in Boxen haben den Nachteil, dass bestimmte Verhaltenselemente eingeschränkt werden. Diese resultieren aus einer bewegungsarmen Haltung mit sozialer Isolierung (Tabelle 1). Hinzu kommt, dass mit Freizeit- und Sportpferden häufig nur eine Stunde pro Tag gearbeitet wird. Etwa 80 % der Pferde werden einzeln gehalten, vor allem Renn- und Zuchtpferde.

Die gängige Form der Einzelhaltung ist die Haltung in Boxen, deren Nettofläche 2 x WH^2 betragen soll. Zu beachten ist bei der Aufstallung in Einzelboxen, dass miteinander unverträgliche Pferde nicht nebeneinander aufgestallt werden. Auf ausreichende Höhe der Boxentüren und Außenklappen (2,50 m für

Tabelle 1 – Einzelhaltungsverfahren

Haltung	**Beschreibung**	**Kenndaten**
Einzel-Weide-haltung, saisonal	- Standweide während der Vegetationszeit - Witterungsschutz	0,5 ha/Großpferd bzw. 0,3 ha/Kleinpferd
Anbinde-haltung Ständer-haltung	- Einzelstände - Tierschutzwidrig	Standbreite (WH + 20 cm) Standlänge (2 m x WH) Trennwände, Aufsatzgitter im Fressbereich
Innenbox	- keine Funktionsbereiche - feste Trennwände mit Gitteraufsatz	Boxengröße (m^2) $(2 \times WH)^2$ Trennwände, Höhe 1,3 m x WH
Innenbox mit ganzjährigem Weide-gang	- keine Funktionsbereiche in der Box - feste Trennwände mit Gitteraufsatz - Weidegang in der Gruppe - Wälzplatz, Scheuerbalken auf der Weide	Boxengröße (m^2) $(2 \times WH)^2$ Trennwände, Höhe 1,3 m x WH Weide 0,5 ha/Tier

große Pferde) ist zu achten, da es beim Schrecken zu schweren Kopfverletzungen kommen kann. Auf die bis in Brusthöhe geschlossenen Trennwände sind Gitterstäbe aufgesetzt, die so eng sein sollten, dass sich hochschlagende Pferde nicht einklemmen können. Außenklappen sind eine zweckmäßige Einrichtung, da sie Frischluft sowie Sicht-, Hör- und Geruchskontakt mit der Außenwelt ermöglichen. Als Mischform kann die Boxeneinzelhaltung in Kombination mit Auslauf- bzw. Weidehaltung in der Gruppe betrachtet werden.

Besonders Fohlen und Jungpferde sind aus Gründen der sozialen Entwicklung nicht einzeln zu halten. Für Stuten mit Fohlen eignen sich nur die saisonale Einzel-Weidehaltung mit Witterungsschutz und die Innenbox mit ganzjährigem Weidegang.

Eine Anbinde- bzw. Ständerhaltung schränkt das Verhalten der Pferde stark ein (Bewegung, Sozial-, Komfort- und Ruheverhalten) und ist deshalb seit 2014 in allen Bundesländern verboten.

Haltung	Beschreibung	Kenndaten
Außenbox	- keine Funktionsbereiche in der Box - feste Trennwände mit Gitteraufsatz - zu öffnende Außenfenster	Boxengröße (m^2) $(2 \text{ x WH})^2$ Trennwände, Höhe 1,3 m xWH
Außenbox mit Auslauf	- keine Funktionsbereiche in der Box - feste Trennwände mit Gitteraufsatz - Außentür - befestigter Auslauf mit Scheuerbalken	Boxengröße (m^2) $(2 \text{ x WH})^2$ Trennwände, Höhe 1,3 x WH Auslauffläche mind. 300 m^2 Auslaufgröße/Tier $2(2 \text{ x WH})^2$
Mehrraum-Außenbox mit Auslauf	- Funktionsbereiche - feste Trennwände mit Gitteraufsatz - Funktionsbereiche über Auslauf zugängig - teilbefestigter Auslauf mit Scheuerbalken	Boxengröße (m^2) $(2 \text{ x WH})^2$ Trennwände, Höhe 1,3 m x WH Auslauffläche mind. 300 m^2 Auslaufgröße/Tier $2(2\text{x WH})^2$

7.1.2 *Gruppenhaltung*

Es können geschlossene Laufställe und Offenlaufställe sowie die ganzjährige Weidehaltung unterschieden werden (Tabelle 2). Die erforderliche Stallgrundfläche pro Tier sowie die Stallhöhe sollten entsprechend der Boxenhaltung berechnet sein.

In der Gruppenhaltung ist das Sozial- und Fortbewegungsverhalten am geringsten reduziert. Eine Strukturierung des Stalles durch räumliche Trennung zwischen verschiedenen Funktionsbereichen ist vorteilhaft. Entscheidende Voraussetzung für eine tiergerechte Gruppenhaltung ist, dass auch rangniedere Tie-

Tabelle 2 – Gruppenhaltungsverfahren

Haltung	Beschreibung	Kenndaten
Gruppen-Weidehaltung, ganzjährig	- Standweide - Witterungsschutz - Wälzplatz, Scheuerbalken	0,5 ha/Großpferd bzw. 0,3 ha/Kleinpferd Witterungsschutz/Tier (m^2) $(2{,}5 \times WH)^2$
Einraum-Innenlaufstall	- keine Funktionsbereiche - Eingliederungsbox	Liegebereich/Tier (m^2) $(2 \times WH)^2$ Eingliederungsbox (m^2) $(2{,}3 \times WH)^2$
Einraum-Außenlaufstall	- keine Funktionsbereiche - zu öffnende Außenfenster - Eingliederungsbox	Liegebereich/Tier (m^2) $(2 \times WH)^2$ Eingliederungsbox (m^2) $(2{,}3 \times WH)^2$
Einraum-Außenlaufstall mit Weidegang	- keine Funktionsbereiche - mind. 2 Außentüren - Eingliederungsbox - Scheuerbalken auf Weide	Liegebereich/Tier (m^2) $(2{,}5 \times WH)^2$ Eingliederungsbox (m^2) $(2{,}3 \times WH)^2$ Weide 0,5 ha/Tier
Einraum-Außenlaufstall mit Auslauf	- keine Funktionsbereiche - mind. 2 Zugänge - Eingliederungsbox - Scheuerbalken im Auslauf	Liegebereich/Tier (m^2) $(2{,}5 \times WH)^2$ Eingliederungsbox (m^2) $(2{,}3 \times WH)^2$ Auslauffläche mind. 300 m^2 Auslaufgröße/Tier (m^2) $2(2 \times WH)^2$

re ihre Grundbedürfnisse befriedigen können. Ein neu hinzukommendes Pferd sollte deshalb schrittweise in die Gruppe eingegliedert werden. Zunächst wird es mit einem rangniederen Pferd (Integrationspferd) zusammengebracht. Hierfür ist eine Eingliederungs- bzw. Eingewöhnungsbox oder ein entsprechender Paddock von Vorteil, da die Kontaktaufnahme visuell und olfaktorisch, später nasonasal erfolgt und ein Ausweichen oder Rückzug möglich ist. Am Ende der 1. Woche kann das neue Pferd tagsüber unter Beobachtung und mit Beginn der 2. Woche über 24 Stunden in eine größere Gruppe verbracht werden. Auf Dauer nicht integrierbare Pferde sind aus der Gruppe zu entfernen. Pferde in der Gruppe sollten an den Hinterhufen unbeschlagen sein.

Haltung	**Beschreibung**	**Kenndaten**
Einraum-Außenlaufstall mit Auslauf und Weidegang	- keine Funktionsbereiche - mind. 2 Zugänge Eingliederungsbox	Liegebereich/Tier (m^2) $(2{,}5 \times WH)^2$ Eingliederungsbox (m^2) $(2{,}3 \times WH)^2$ Auslauffläche mind. 300 m^2 Auslaufgröße/Tier (m^2) $2(2 \times WH)^2$ Weide 0,5 ha/Tier
Mehrraum-Innenlaufstall	- Funktionsbereiche - Eingliederungsbox, Fressstände - Raumteiler, Scheuerbalken	Liegebereich/Tier (m^2) $(2{,}5 \times WH)^2$ Eingliederungsbox (m^2) $(2{,}3 \times WH)^2$ Fressstände, Länge 1,8 m x WH, Breite 80 cm
Mehrraum-Außenlaufstall	- Funktionsbereiche - Eingliederungsbox - Fressstände	Liegebereich/Tier (m^2) $(2{,}5 \times WH)^2$ Eingliederungsbox (m^2) $(2{,}3 \times WH)^2$ Fressstände, Länge 1,8 m x WH, Breite 80 cm
Mehrraum-Außenlaufstall mit Auslauf	- Funktionsbereiche im Stall - Eingliederungsbox, Fressstände - Wälzplatz - Scheuerbalken im Auslauf	Liegebereich/Tier (m^2) $(2{,}5 \times WH)^2$ Eingliederungsbox (m^2) $(2{,}3 \times WH)^2$ Fressstände, Länge 1,8 m x WH, Breite 80 cm Auslauffläche mind. 300 m^2, Auslaufgröße/Tier (m^2) $2(2 \times WH)^2$

Ungegliederte Laufställe werden als Einraumlaufställe bezeichnet. Wird bei Laufställen oder Offenlaufställen eine Gliederung des Stalles in verschiedene Funktionsbereiche (u.a. Fress- und Liegebereich) vorgenommen, handelt es sich um Mehrraumlaufställe. Durch die Gliederung können Bewegungsanreize initiiert sowie Risiken für eine Benachteiligung rangniederer Tiere reduziert werden. Der Fressbereich sollte nicht unmittelbar vom Liegebereich aus, sondern nur über den Auslauf zugänglich sein. Für den Fütterungsbereich sind Einzelfressstände geeignet, in die jeweils nur ein Pferd gerade hineinpasst, ungestört Futter aufnehmen kann und Schutz findet. Das Tränken der Tiere erfolgt über Selbst- (1 Tränke für ca. 15 Tiere) oder Trogtränken. An engeren Passagen sind Senkrechtstützen abzurunden oder mit Walzen zu versehen. Sackgassen oder spitze Winkel im Aufenthaltsbereich der Pferde sind zu vermeiden.

7.1.3 Weiden und Ausläufe

Unter natürlichen Bedingungen bewegen sich Pferde täglich bis zu 16 Stunden. Die Nutzung von Weiden und von Ausläufen (Paddocks) ermöglicht den Tieren die Befriedigung des natürlichen Bewegungsbedürfnisses und fördert die Tiergesundheit. Pferden, vor allem Zuchtstuten, Fohlen und Jungpferden, ist daher so oft wie möglich Weidegang und/oder Auslauf zu gewähren. Ausläufe sind weiträumige, umzäunte Areale, in denen auch gefüttert und getränkt werden kann. Unter Paddocks werden kleine Ausläufe verstanden, die in erster Linie für die Einzelhaltung genutzt werden. Als Weide sind besonders hoch gelegene, trockene Flächen mit durchlässigem Untergrund (Sandboden) geeignet. Ungeeignet sind Feuchtgebiete (Matschkoppeln), da sie mit minderwertigem Bewuchs und häufig mit einer Insektenplage (Mücken) verbunden sind. Gesundheitliche Nachteile wie Strahlfäule und Mauke entstehen, wenn die Tiere andauernd und über längere Zeit ausschließlich auf einem mit Exkrementen vermischten, morastigen Boden gehalten werden. Es empfiehlt sich, Aufenthalts- und Laufbereiche der Pferde zu befestigen. Dazu eignen sich Betonformsteine, Rasengittersteine, Lochplatten oder speziell imprägnierte Holzpflastersteine, bei großen

Flächen eine Befestigung mit Gesteinsgemischen wie bei Wirtschaftswegen. Außerhalb der befestigten Flächen sollte der Boden eine weiche Trittfläche haben, bei Regen nicht schlammig werden und bei Trockenheit nicht stauben. Auf das Nichtvorhandensein von Giftpflanzen ist zu achten (z.B. Herbstzeitlose, Roter Fingerhut, Weiße Robinie, Gemeiner Liguster, Sumpf-Schachtelhalm, Gemeiner Buchsbaum, Schwarze Tollkirsche und die Beeren-Eibe). Der Flächenbedarf bei der Weidehaltung beträgt 0,5 bis 1 ha/Pferd. Ein Wälzplatz (5 x 5 m) und ein Scheuerpfahl sind empfehlenswert. Das Wälzen ist ein Grundbedürfnis der Pferde, wofür sandiger und staubiger Untergrund bevorzugt wird. Pferde suchen bei ungünstigen Witterungsbedingungen oder hohem Aufkommen von Stechinsekten oder anderen Lästlingen einen natürlichen oder künstlichen Witterungsschutz auf. Ein Witterungsschutz muss vorhanden sein, wenn Pferde ganzjährig oder über längere Zeit ganztägig auf der Weide gehalten werden. Der Witterungsschutz muss allen Tieren gleichzeitig Unterstellmöglichkeiten bieten. Er soll auch so gestaltet sein, dass sich die Pferde vor direkter Sonneneinstrahlung schützen können, denn bei zu viel Sonneneinstrahlung auf den Kopf können Pferde einen Sonnenstich erleiden, der mit Apathie und Bewusstseinstrübungen verbunden ist. Bei hoher Außentemperatur und hoher Luftfeuchtigkeit kann es zum Hitzschlag durch Wärmestau kommen, wobei die Pferde zusammenbrechen können.

Außerdem ist auf die Bereitstellung von ausreichend frischem, kühlem und hygienisch einwandfreiem Tränkwasser zu achten (täglich 25 bis 40 l pro Tier). Die Zäunung muss ausbruchsicher und auch bei Dunkelheit erkennbar sein. Die Höhe sollte etwa 1,50 bis 1,80 m betragen und 1/3 der Pfahllänge im Boden verankert sein. Als Pfahlabstand sind 260 bis max. 500 cm einzuhalten und zwei bis vier Querbegrenzungen vorzusehen. Als Zaunmaterial eignen sich Holz, Metallrohre und Elektrozaun. Zum Schutz der Pferde vor stechenden und saugenden Weidefliegen (Belästigung, Übertragung von Krankheitserregern) ist ein ca. 1 m hohes Netz geeignet, das mit einem Insektizid getränkt ist und am Weidezaun befestigt wird. Endoparasitenstadien sind durch hygienische Maßnahmen unter Kontrolle zu halten, wie regelmäßiges Umweiden der Pferde und Abschleppen oder Eggen der Weiden. Pferdekot ist in regelmäßigen Abständen abzusammeln. Nicht abgefressene Stellen (Geilstellen) sind nachzumähen.

Unter dem Aspekt Parasitenbekämpfung/Ansteckungsprophylaxe wird für die klimatischen Gegebenheiten und Haltungsbedingungen in Deutschland empfohlen, Kotabsetzungen 2- bis 3-mal pro Woche abzusammeln. Dieses Verfahren hat sich als erfolgreiche antiparasitäre und weidehygienische Maßnahme bewährt. Beim Zerkleinern und Verstreuen, z.B. durch Eggen und Abschleppen, werden die gegen Licht und Trockenheit empfindlichen Parasitenstadien verstärkt diesen ungünstigen Einflüssen ausgesetzt. Eine erhöhte Absterberate kann dadurch zumindest bei den kleinen und großen Strongyliden erwartet werden. Spulwurm- und Bandwurmeier dürften dadurch weniger stark geschädigt werden.

7.1.4 Gnitzenplage

Die Gnitzenplage gehört zu den Weideparasitosen, welche in den letzten Jahren auch in der einheimischen Pferdehaltung an Bedeutung zugenommen haben – insbesondere wegen ihrer Rolle als Überträger von Krankheitserregern. Die Gnitzen gehören zur Gruppe der blutsaugenden Stechmücken mit nahezu 1.000 Arten der Gattung Culicoides die für die Pferde spezifisch ist gehören: Cullicoides obsoletus, C. dewulfi, C. scroticus, C. cheopterus an.

Diese sehr kleinen Mücken, die nur etwa 1 bis 4 mm groß werden, haben in den letzten Jahren unter den veränderten Klimabedingungen in Mitteleuropa zunehmend an Bedeutung gewonnen.

7.2 Haltungsfehler als Krankheitsursache

Zusammenfassung: Neben Leistungsdepressionen, Verhaltensstörungen und somatischen Erkrankungen (z.B. Herz-Kreislauf-Belastung, Magengeschwüre) kann es durch starke und chronische Belastungen der Pferde zu einer Immunsuppression kommen und zu sogenannten infektiösen Faktorenkrankheiten. Krankheitsursache sind zunächst belastende Faktoren (z.B. zu niedrige oder zu hohe Stalltemperaturen, Lärm, Transport oder sozialer Stress, aber auch hohe Leistungsanforderung). Durch die Immundepression können schwach virulente bzw. fakultativ pathogene Erreger, die ubiquitär verbreitet sind, Infektionskrankheiten auslösen. Ethopathien treten durch psychische Belastungen infolge nicht tiergerechter Haltung bzw. von Managementfehlern auf. Technopathien sind Körperschäden durch Haltungseinrichtungen. Krankheitsursachen für infektiöse Faktorenkrankheiten, Ethopathien und Technopathien sind also zunächst Faktoren, die der Mensch beeinflussen kann.

Haltungsfehler können belastend auf die Tiere und damit determinierend auf die Tiergesundheit wirken. Starke akute bzw. chronische Belastungen durch abiotische Faktoren in der Tierumgebung bewirken eine Störung des regulatorischen Gleichgewichts von Hormon-, Nerven- und Immunsystem. Neben Leistungsdepressionen, Verhaltensstörungen und somatischen Erkrankungen (z.B. Herz-Kreislauf-Belastungen, Magengeschwüren) kann es dadurch zu einer Immunsuppression kommen (Abb. 1).

Es bestehen vielfältige Kommunikationen zwischen Neuroendokrinium und Immunsystem durch Nervenbahnen, Hormone bzw. Botenstoffe. Immunsuppressionen begünstigen die Entstehung von infektiösen Faktorenkrankheiten und können eine ungenügende immunogene Wirkung von Impfstoffen zur Folge haben (z.B. gegen Influenza). So kann durch Belastungen die Barrierefunktion (lokale Abwehr) im Darm und in der Lunge geschädigt werden. Dadurch können Mikroorganismen und Endotoxine in die Lymph- und Blutbahn eindringen (Translokation), die dort durch eine belastungsbedingte Suppression der systemischen Infektionsabwehr nicht effektiv bekämpft werden. Krankheitsursache sind also zunächst belastende Faktoren, die der Mensch beeinflussen kann. Belastende Haltungsfaktoren können beispielsweise zu niedrige oder zu hohe Stalltemperaturen, Lärm, Transport oder sozialer Stress, aber auch hohe Leistungsanforderung wie Überlastung beim Training sein. Belastungen, die nicht vom Tier bewältigt werden können (z.B. durch Flucht, erfolgreichen Kampf oder Anpassung), sind immer mit gestörtem Wohlbefinden verbunden. Deshalb muss die Tierumwelt so gestaltet sein, dass die Tiere weitestgehend vor Belastungen geschützt bzw. in der Lage sind, auftretende Belastungen unter Kontrolle zu bringen bzw. zu bewältigen (Coping). Belastungen, die bewältigt werden, rufen einen Eustress hervor. Werden Belastungen nicht bewältigt, ist Distress (Traurigkeit, Teilnahmslosigkeit, Inappetenz, Bewegungsunlust etc.) die Folge. Bei den infektiösen Faktorenkrankheiten wird die Erkrankung bei immungeschwächten Tieren durch schwach virulente bzw. fakultativ pathogene oder opportunistische Erreger ausgelöst, die ubiquitär verbreitet sind. So können Atemwegserkrankungen des Pferdes (z.B. Influenza) als infektiöse Faktorenkrankheiten bezeichnet werden.

Ethopathien treten durch psychische Belastungen infolge nicht tiergerechter Haltung bzw. von Managementfehlern auf. Es gibt jedoch auch eine genetische Prädisposition für Ethopathien. So sind diese häufiger bei temperamentvollen Pferden zu beobachten. Personen, die Umgang mit Pferden haben, müssen in der Lage sein, das Verhalten des Pferdes als Ausdruck von Befindlichkeiten (Verhaltensdisplay) zu erkennen. Verhaltensstörungen sind von unerwünschten Verhaltensweisen zu unterscheiden, die zum normalen Verhaltensrepertoire gehören, aber die Nutzung einschränken. Die wichtigsten Verhaltensstörungen beim Pferd sind Stereotypien, worunter sich wiederholende Verhaltensmuster verstanden werden, die keine erkennbare Funktion haben. Sie treten gehäuft bei Einzelhaltung, Bewegungsmangel, Fütterungsfehlern und falscher Einstreu auf. Stereotypien haben offensichtlich zum Ziel, Erregungen abzubauen und Belastungen, wahrscheinlich durch Endorphinausschüttung, erträglich werden zu lassen. Zu nennen sind folgende Verhaltensstörungen:

- Boxenkicken
- Boxenlaufen, Koppellaufen
- anhaltendes Scharren mit der Vorderhand (kann aber auch ein Schmerzsymptom sein)
- Lippenschlagen (Zunge wird in schneller Frequenz gegen die Lippen geschlagen),

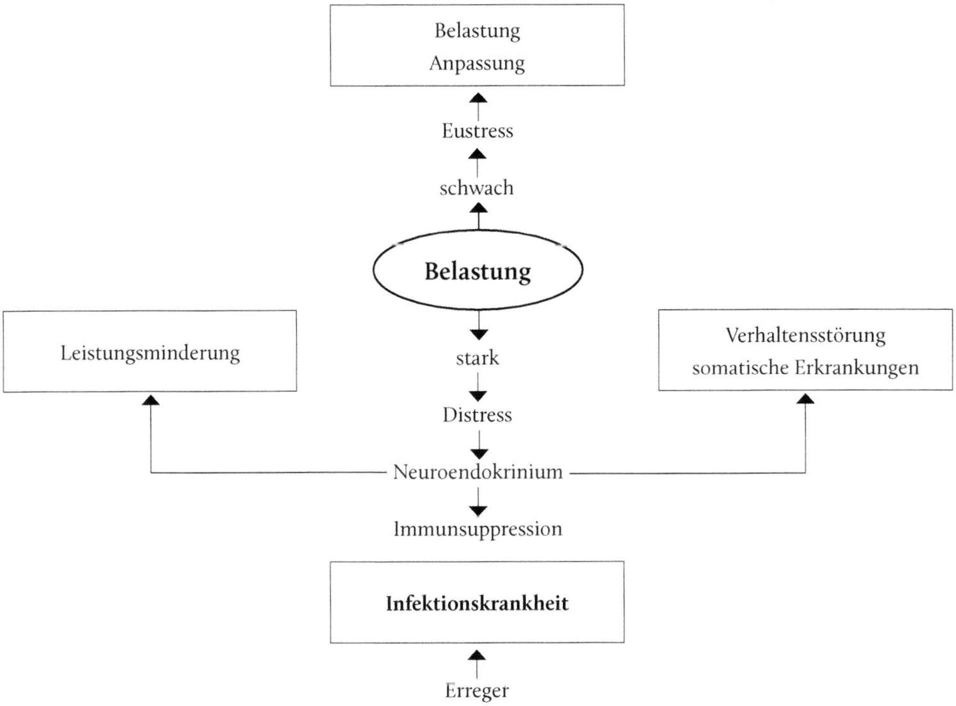

Abb. 1 – Belastungen und deren Einfluss auf den Organismus.

- Weben (Pendeln mit dem Kopf, Hals und Vorderkörper) und Headshaking
- Krippensetzen, Krippenwetzen (Wetzen mit Schneidezähnen)
- Koppen (unschönes Geräusch durch Lufteinstrom in die obere Speiseröhre infolge Druckunterschiedes durch Anspannen der Halsmuskulatur), Freikoppen und Aufsetzkoppen
- Holzkauen, Polyphagia nervosa, Polydipsia nervosa

Verhaltensstörungen, wie Boxenkicken und Scharren, können auch dazu dienen, auf sich aufmerksam zu machen, um mehr Zuwendung zu erfahren. Beschäftigungsmaterialien dienen der Vorbeugung von Verhaltensstörungen. Sie können an der Wand befestigt werden. Ein Wechsel zwischen mehreren Spielzeugen sollte möglich sein.

Technopathien sind Körperschäden durch Haltungseinrichtungen.

7.3 Stallklima

Zusammenfassung: In Pferdeställen sollte eine der Außenluft entsprechende Lufttemperatur und Luftfeuchte herrschen. Kaltställe (Außenklimaställe) sind für Pferde gut geeignet. Chronische thermische Belastung kann Immunsuppression zur Folge haben. Zugluft führt häufig zu Erkältungskrankheiten. Das Atmungssystem des Pferdes reagiert empfindlich auf Ammoniak und organische Stäube, besonders wenn diese mit Schimmelpilzen und Aktinomyzeten, Endotoxinen und Milben belastet sind. Durch die Lüftung des Stalles sollen überschüssige Wärme, Wasserdampf und Luftverunreinigungen an die Außenluft abgeführt und frische Außenluft zugeführt werden. Die Lüftung hat im Winter die Aufgabe, vor allem den Wasserdampf und im Sommer die überschüssige Wärme abzuführen. Licht ist ein wichtiger Zeitgeber. Biologische Prozesse folgen bei Menschen und Tieren dem 24-Stunden-Rhythmus (circadianer Rhythmus) sowie einer Jahresperiodik (circannuale Periodik). Licht hat einen Einfluss auf die Fortpflanzung, die Tiergesundheit, den Stoffwechsel und die Leistung. Pferde sind gegenüber Lärm sensibel. Lärm kann Schlafstörungen und Störungen im Herz-Kreislauf- und Magen-Darm-System sowie Immunsupressionen bewirken. Unbekannte Geräusche lösen Angst aus.

Zum Stallklima zählen die Lufttemperatur, die Wärmeleitfähigkeit der Liegefläche, die Luftbewegung, der Luftfeuchtigkeitsgehalt, der Gehalt der Luft an Schadgasen sowie Staubteilchen und Mikroorganismen, im erweiterten Sinn auch Beleuchtungsverhältnisse, Lärm und elektrische Felder. Die meisten Stallklimafaktoren wirken auf die Tiere über die Stallluft. Das Stallklima wird von meteorologischen (Außenklima), tierphysiologischen (vom Tier produzierte Wärme, Feuchtigkeit und Gase) und technischen Faktoren (Wärmeschutz der Bauteile, Lüftung, Beleuchtung) beeinflusst.

7.3.1 *Temperatur, Feuchte, Luftbewegung*

Pferde weisen Hitze- und Kältetoleranz auf (Kältebehaarung im Winter, Schwitzen im Sommer). Pferde bevorzugen Tag-Nacht-Schwankungen der Temperatur. Die Beibehaltung einer konstanten Stalltemperatur ist von Nachteil, da die Thermoregulation nicht trainiert wird. In Pferdeställen sollte deshalb eine der Außenluft entsprechende Lufttemperatur und Luftfeuchte herrschen. Kaltställe (Außenklimaställe), die keine nennenswerte Wärmedämmung besitzen, sind für Pferde geeignet. Bei fieberhaften Erkrankungen muss aber die Möglichkeit der Wärmezuführung bestehen. Junge und kranke Tiere benötigen höhere Umgebungstemperaturen als erwachsene und gesunde Tiere.

Homoiotherme Lebewesen können die Körpertemperatur auf einem Wert konstant halten, der in der Regel erheblich über der Umgebungstemperatur liegt. Die Thermoregulation erfolgt durch Wärmebildungs- und Wärmeabgabemechanismen sowie durch thermoregulatorisches Verhalten. Wärmeabgabemechanismen sind Konduktion (Leitung), Konvektion (Abgabe über ein Medium, z.B. Luft), Radiation (Strahlung) und Evaporation (Verdunstung). Da für Wärmeabgabe durch Konduktion, Konvektion und Radiation ein Temperaturgefälle erforderlich ist, gewinnt mit steigender Lufttemperatur die Wärmeabgabe durch Evaporation an Bedeutung. Pferde besitzen Schweißdrüsen.

Relative Luftfeuchte und Luftbewegung haben Einfluss auf die Stalllufttemperatur (Tabelle 3) und auf das Temperaturempfinden, weshalb diese drei Faktoren auch als Klimasummenmaß bezeichnet werden.

Zur tierhygienischen Beurteilung des Luftfeuchtegehalts dient die relative Feuchte. Sie ist das Verhältnis der absoluten Feuchte zur Sättigungsfeuchte in Prozent. Die Sättigungsfeuchte ist die Wasserdampfmenge, die bei einer gegebenen Lufttemperatur maximal aufgenommen werden kann. Die Wasserdampfproduktion im Stall erfolgt durch die Tiere (Evaporation) und von feuchten Flächen. Dabei ist die Verdunstung von Wasser mit einem Kühleffekt verbunden, was im Sommer durch Befeuchtung genutzt werden kann. Die relative Feuchte der Stallluft sollte 60 bis 80 % betragen (Tabelle 3), aber nicht unter 40 % fal-

Tabelle 3 – Klimaparameter für die Stallhaltung von Pferden

Parameter	Optimalbereich/Richtwert
Lufttemperatur (DIN 18910)	Die Stalltemperatur soll der Außentemperatur unter Vermeidung von Extremwerten folgen.
Reit- und Rennpferde (100–600 kg)	12 bis 16 °C
Arbeitspferde (100–800 kg)	10 bis 14 °C
relative Luftfeuchte	60 bis 80 %
NH_3 CO_2 H_2S	<10 ppm <1000 ppm 0 ppm
Staubkonzentration	1,5 bis 2,5 mg/m³ Luft
Luftgeschwindigkeit im Tierbereich	0,2 m/s bis 0,6 m/s
Lüftungsrate (DIN 18910) Winter Sommer	 50 m³/Tier und Stunde (Pferd 600 kg) 400 m³/Tier und Stunde (Pferd 600 kg)
Beleuchtung	50 bis 100 lx Fensterfläche 1m2 pro Pferd (1/20 Fenster-/Stallfläche)

len (Austrocknen der Schleimhäute, erhöhte Staubbildung). Bei hoher relativer Luftfeuchte und niedriger Lufttemperatur kann es zur erhöhten Wärmeabgabe der Tiere kommen. Sehr hohe relative Luftfeuchtigkeit bei hoher Lufttemperatur (Schwüle) erschwert die evaporative Wärmeabgabe der Tiere und führt zu Müdigkeit und Abgeschlagenheit.

Im Optimalbereich der Lufttemperatur soll die Luftgeschwindigkeit (Tabelle 3) nicht unter 0,2 m/s liegen, bei hohen Temperaturen sollten 0,6 m/s nicht überschritten werden. Steigt die Luftgeschwindigkeit, nimmt die Wärmeabgabe durch Konvektion zu. In Tiernähe sollte eine turbulente und nicht gerichtete Strömung vorherrschen Unter Zugluft versteht man einen gerichteten Luftstrom, der das

Tier partiell trifft und kälter als die sonst umgebende Luft ist. Derartige Zugluft ist unangenehm und führt häufig zu Erkältungskrankheiten.

Eine chronische thermische Belastung kann zu Immunsuppression und Krankheitsanfälligkeit führen. Erkältungskrankheiten entstehen hauptsächlich durch eine Drosselung der Blutversorgung infolge thermoregulatorischer Kontraktion peripherer Gefäße. Es kommt zur Schwächung der Barrierefunktion von betroffenen Zellen und Geweben gegenüber Infektionserregern.

7.3.2 *Luftverunreinigungen*

Luftverunreinigungen (Staub, Schadgase, Mikroorganismen) können durch hygienische Maßnahmen reduziert werden, z.B. regelmäßiges Misten, saubere Einstreu und ausreichende Lüftung. Luftverunreinigungen sind vor allem Auslöser von Atemwegserkrankungen (Abb. 2)

7.3.2.1 Staub und Mikroorganismen

Das Atmungssystem des Pferdes reagiert empfindlich auf organische Stäube, besonders wenn diese mit Schimmelpilzen und Aktinomyzeten, Endotoxinen oder Milben belastet sind (Airborne Diseases). Erhöhte Ammoniakkonzentrationen in der Stallluft wirken synergistisch. Beim Pferd kann durch Staub Chronisch Obstruktive Bronchitis bzw. Recurrent Airway Obstruction (RAO) mit asthmaähnlichen Beschwerden und Dämpfigkeit auftreten. So tritt RAO häufig bei Stallhaltung auf und ist bei im Freien gehaltenen Pferden nahezu unbekannt. Über 30 % der Fälle, in denen eine Unbrauchbarkeit des Pferdes für den Reitsport eintritt, werden durch chronische obstruktive Veränderungen der Atemorgane mit entsprechender Leistungsminderung verursacht. Staubpartikel im Stall sind hauptsächlich Bioaerosole, denn sie haben einen biologischen Ursprung und eine biologische Aktivität. Die Einwirkung erfolgt auf die äußere Haut und auf die Schleimhäute des bronchopulmonalen und des gastrointestinalen Systems. Der aerodynamische Durchmesser von Bioaerosolen schwankt zwischen 0,5 und 100

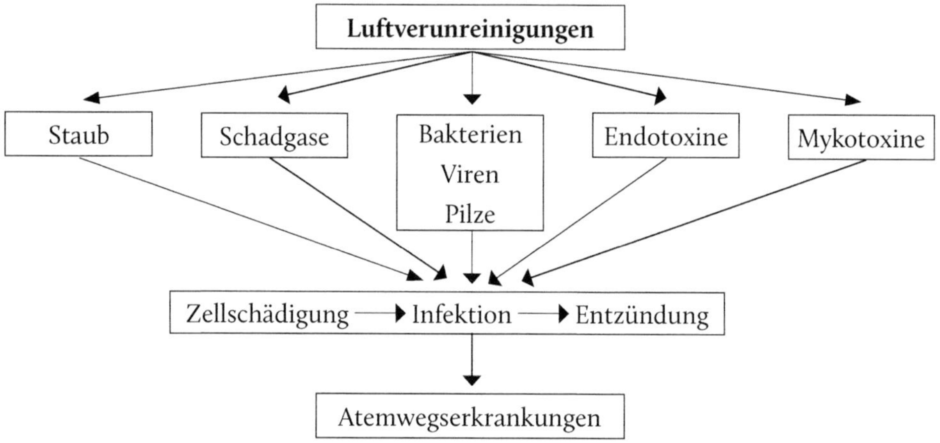

Abb. 2 – Die Entstehung von Atemwegserkrankungen durch Luftverunreinigungen (Staub, Schadgase, Mikroorganismen, Endotoxine und Mykotoxine).

µm. Dabei wird je nach Größe der Partikel zwischen einatembarem und alveolengängigem Staub unterschieden. Partikel über 5 µm werden in den oberen Atemwegen abgeschieden, Partikel unter 5 µm lagern sich auch in den tiefen Atemwegen ab, Partikel unter 0,1 µm diffundieren in die Alveolen. Partikel mit einer Größe von 10 µm haben eine Verweildauer von 25 Minuten in der Luft, während Teilchen von 5 µm die vierfache Zeit in luftgetragenem Zustand verbleiben. Durch sogenanntes Reentrainment kann bereits sedimentierter Staub wieder in den luftgetragenen Zustand überführt werden. Die Staubkonzentration (Tabelle 3) sollte in Pferdeställen bei 1,5 bis 2,5 mg/m^3 Luft liegen. Effektive Lüftung, Staubbindung durch Befeuchtung und Ölversprühen sowie eine Konfektionierung von Futtermitteln (Pellets und Cobs) kann die Staubentwicklung reduzieren. Vielfach werden Heurationen vor dem Verfüttern eingeweicht, wodurch die Inhalation von Staubpartikeln um ein 30-faches reduziert werden kann. Staubintensive Arbeitsprozesse sollten in Anwesenheit der Pferde vermieden werden, so das Aufschütteln von Einstreu und das Kehren trockener Stallgassen. Heu- und Strohabwürfe sollten verkleidet werden.

Staubpartikel enthalten Mikroorganismen, Endotoxine, Mykotoxine, Glucane, Allergene, Medikamente und auch Geruchsstoffe. Etwa 80 % der luftgetragenen Bakterien, Pilze, Viren und Protozoen sind an Staubpartikeln angelagert. Der Luftkeimgehalt in Pferdeställen beträgt etwa 5×10^3 bis 18×10^4 KbE/m³ Luft. Etwa 50 % der Gesamtkeime der Stallluft von Pferdeställen können den Pilzen zugeordnet werden, wobei in der Luft von Pferdeställen eine Schimmelpilzkonzentration von 3,9 und $5,9 \times 10^5$ KbE/m³ nachgewiesen werden kann.

Es besteht eine enge Korrelation zwischen der Staub- und der Endotoxinkonzentration in der Luft. Endotoxine sind Zellwandbestandteile gramnegativer Bakterien, die durch Zerfall der Bakterien frei werden. Sie rufen Fieber, Leistungsdepressionen, Fruchtbarkeitsstörungen, Huferkrankungen, Inappetenz und in der Lunge Entzündungen mit vermehrter Schleimbildung, bronchialer Obstruktionen sowie Surfactant-Fehlfunktion hervor (Lungeninsuffizienz). Außerdem stimulieren sie Makrophagen, welche dann zahlreiche Zytokine wie Tumor-Nekrose-Faktor alpha und Interleukine (IL) freisetzen können, wobei das IL-6 fiebererzeugend ist. In Pferdeställen wird eine Endotoxinkonzentration von 170 bis 330 EU/m³ Luft gefunden. Beta-Glukane sind Zellwandbestandteile von Pilzen. Diese können ebenfalls zur Freisetzung von Zytokinen führen. Mykotoxine sind Sekundärmetaboliten von Pilzen und wirken u.a. immunsuppressiv sowie karzinogen. Aeroallergene sind Pollen oder stammen von Tieren (z.B. Proteine, Epithelien, Haare). Eine besondere Rolle spielt bei der Entstehung von Erkrankungen die exposition von Staub mit Schimmelpilzen, Endotoxinen und Ammoniak.

7.3.2.2 Schadgase

Als Quelle für gasförmige Verunreinigungen der Stallluft werden außer beim Kohlendioxid (CO_2), das primär von den Tieren abgeatmet wird, Gärungs- und Fäulnisprozesse im Stall lagernder Tierausscheidungen angesehen. Der Geruch ist ein Summeneffekt vieler Geruchsstoffe (Osmogene). Dabei spielen Staubpartikel als Geruchsträger eine Rolle.

Ein bekanntes gesundheitsgefährdendes Gas ist vor allem Ammoniak (NH_3) (Tabelle 3). Der hohe Harnstoffgehalt im Pferdedung führt zur NH_3-Bildung. Die Aktivität der beteiligten Bakterien ist im basischen Milieu sowie bei sommerlichen Temperaturen am stärksten und kann durch Senkung des pH-Wertes auf unter 7,0 (z.B. durch Verstreuen von Natriumbisulfat) reduziert werden. Ammoniak ist ein stechend riechendes Gas, leichter als Luft und sehr gut wasserlöslich. Auf Schleimhäuten wird NH_3 in Ammoniumhydroxid umgewandelt, das zur Schädigung der Zellen führt. Besonders betroffen sind die Schleimhäute der Atemwege, wodurch die Lungen-Clearance herabgesetzt wird und Krankheitserreger leichter in das geschädigte Gewebe eindringen können. Außerdem führt es zu Ödemen, Hämorrhagien und Emphysemen in den Bronchien und Alveolen. Die Alveolenwände verdicken sich und es wird eine Lipoidschutzschicht gebildet. Dies führt zu einem erschwerten Gasaustausch, wodurch es zu Leistungsminderungen kommt. Als Richtwert gelten maximal 10 ppm NH_3 in der Stallluft.

Schwefelwasserstoff (H_2S) riecht nach faulen Eiern. Es gilt als Blut- und Nervengift. In Pferdeställen sollte kein Schwefelwasserstoff (Tabelle 3) nachweisbar sein. Bei etwa 20 ppm kommt es zu Reizerscheinungen in den Atemwegen und zu Inappetenz. Im Blut wird das Eisen im Hämoglobin in Eisensulfid überführt. Es entsteht Sulfhämoglobin, das den Sauerstoff nicht binden kann. In sehr hohen Konzentrationen ist H_2S neurotoxisch, was zur Lähmung des Atemzentrums führen kann.

CO_2 ist in den Konzentrationen, die im Stall normalerweise vorkommen, kein Schadgas. Die CO_2-Konzentration sollte im Pferdestall unter 1.000 ppm liegen (Tabelle 3). Ein erhöhter Gehalt weist auf eine ungenügende Lüftung des Stalles hin.

Kohlenmonoxid (CO) entsteht bei unvollständiger Verbrennung. Es hat eine stärkere Affinität zu Hämoglobin als Sauerstoff (CO-Hb), wodurch der Sauerstofftransport beeinträchtigt wird.

7.3.3 *Lüftung*

Durch die Lüftung des Stalles sollen überschüssige Wärme, Wasserdampf und Luftverunreinigungen, die in erster Linie von den Tieren stammen, an die Außenluft abgeführt und frische Außenluft zugeführt werden. Die Lüftung hat im Winter die Aufgabe, vor allem den Wasserdampf und im Sommer die überschüssige Wärme abzuführen. Deshalb muss im Stall eine ausreichende Frischluftversorgung und angemessene Luftzirkulation sichergestellt werden (Tabelle 3). Das Luftvolumen für ein 500 kg schweres Pferd sollte 30 m^3 betragen. Die Berechnung der Lüftungsraten kann mithilfe der DIN 18910 „Wärmeschutz geschlossener Ställe, Wärmedämmung und Lüftungs-, Planungs- und Berechnungsgrundlagen" erfolgen.

Als Lüftungsarten werden die freie Lüftung (Fenster- sowie Schwerkraftlüftung) und die Zwangslüftung (Ventilatorlüftung) unterschieden. In den meisten Pferdeställen erfolgt der Luftaustausch mithilfe der Schwerkraftlüftung. Diese funktioniert aufgrund eines Temperatur- und Dichteunterschiedes, der zwischen der Stall und der Außenluft besteht. Unzureichend sind deshalb die Leistungen der Schwerkraftlüftung in den Sommermonaten. Bei Einzelhaltung dienen Luftschlitze im unteren Boxenbereich sowie Außenklappen der Luftzirkulation. Um Zugluft zu vermeiden, darf zugeführte Luft im Tierbereich nicht 5 °C oder 5 °K (Kelvin) kälter sein als die Stallluft. Die Kühlwirkung durch Luftbewegung kann bei hohen Stalllufttemperaturen ausgenutzt werden.

7.3.4 *Licht*

Licht ist ein wichtiger Zeitgeber. Biologische Prozesse bei Tieren folgen dem 24-Stunden-Rhythmus (circadianer Rhythmus) sowie einer Jahresperiodik (circannuale Periodik). Licht hat einen Einfluss auf die Fortpflanzung, die Tiergesundheit, den Stoffwechsel und die Leistung. Mit zunehmender Tageslänge im Frühjahr und Frühsommer erhöht sich die Befruchtungsquote. Die Wirkung des sichtbaren Lichtes erfolgt in erster Linie über die Epiphyse und das Hormon Melatonin. Licht hemmt die Melatoninsekretion, womit die Hemmwirkung auf die Keimdrüsenfunktion aufgehoben wird. Deshalb ist natürlicher Lichteinfall im Stall zu fordern. Die Fensterfläche sollte 1 m^2 pro Pferd (1/20 Fenster-/Stallfläche) betragen. Kunstlichtergänzung ist besonders im Winter erforderlich. Als Richtwert für die Beleuchtungsstärke (Tabelle 3) werden im Tierbereich 50 bis 100 lx angegeben. Bei tierärztlichen Tätigkeiten sollen 250 lx vorherrschen. Die Beleuchtungsstärke beträgt im Freien etwa 100 000 lx bei unbedecktem Himmel und bei Bewölkung etwa 5000 lx. Lampen und Leuchten sollten in regelmäßigen Abständen entstaubt werden. Außerdem verbessert das regelmäßige Kalken der Wände die Lichtreflexion.

Neben diesen Wirkungen wird durch die UV-Strahlung des Lichts Vitamin D_3 gebildet, die Erythropoese angeregt und insgesamt die Widerstandsfähigkeit gegen Infektionen erhöht. Bei längerer Einwirkung von UV-Licht kommt es jedoch an ungeschützten Hautstellen durch Bildung von Histamin zum Hauterythem.

Außerdem wird durch die Absorption von Infrarot-Strahlung eine Wärmewirkung und Hyperämie erzeugt, welche über die Head'sche Zonen auch an inneren Organen auftreten kann.

7.3.5 Lärm

Schall bezeichnet ein Geräusch, einen Klang, Ton oder Knall (Schallarten). Die Wahrnehmung des Schalls ist von der Lautstärke und Entfernung seiner Quelle abhängig. Die Lautstärke (Phon) wird vom Schalldruck und der Frequenz bestimmt. Als Lärm wird Schall bezeichnet, der durch seine Lautstärke und Struktur gesundheitsschädigend oder störend bzw. belastend wirkt. Über die Folgen akustischer Belastungen bei Tieren ist wenig bekannt. Jedoch sind Schlafstörungen sowie über das zentrale und vegetative Nervensystem Störungen im Herz-Kreislauf- und Magen-Darm-System sowie Immunsupressionen zu vermuten. Unbekannte Geräusche lösen Angst aus, vor allem solche, deren Quelle und Bedeutung nicht zugeordnet werden können. Pferde sind gegenüber Lärm sensibel. Hochgezüchtete Pferdrassen sind besonders lärmempfindlich.

7.3.6 Elektromagnetische Felder

Starke elektromagnetische Felder durch Starkstromleitungen oder Mobilfunkanlagen können Nerven und Muskeln beeinflussen. Bei Tieren wird über eine Beeinträchtigung des Immunsystems, Erhöhung der Krankheitsrate, Verschlechterung der Reproduktionsparameter, Erhöhung der Rate an Missgeburten und Schreckhaftigkeit berichtet. Ebenso wird der Einfluss von geopathischen Störzonen (Wasseradern, Erdgitter, Verwerfungen), bekannt als „Erdstrahlen", in Ställen vermutet

7.4 Stallhygiene

Zusammenfassung: Die Einschleppung von Erregern (z.B. *Streptococcus equi*) in den Bestand bzw. Stall kann durch unbelebte Vektoren (z.B. Fahrzeuge, Geräte, Futter, Wasser, Einstreu, Luft) und belebte Vektoren (z.B. Menschen, Ratten, Mäuse, Wildvögel, Katzen, Hunde, Insekten) erfolgen. Ställe sind offene Systeme, sodass ein Eindringen von Erregern nicht verhindert, aber minimiert werden kann. In Ställe eingedrungene Erreger können die Tiergesundheit gefährden. Deshalb sind ständig Maßnahmen anzuwenden, die eine Reduzierung der Erregerbelastung bzw. des Infektionsdrucks in den Ställen bewirken und die dazu beitragen, dass die Übertragungswege bzw. Infektionsketten im Stall unterbrochen werden. Der wichtigste Übertragungsweg im Stall oder auf der Weide ist der direkte Kontakt von Tier zu Tier. Weitere Übertragungen können durch die Luft, durch kontaminierte Oberflächen, Tränk- und Fütterungseinrichtungen sowie Stallgeräte, durch das Personal, aber auch durch Schädlinge, so durch Fliegen, Schaben, Ratten und Mäuse, erfolgen. Kranke Tiere stellen ein hohes Infektionsrisiko dar. Sie sind in einer Krankenbox oder bei hochkontagiösen Krankheiten (z.B. Influenza, Druse, mykotische Hautkrankheiten, Equine Infektöse Arteritis) in einer Qurantäneeinrichtung bis zur Gesundung zu isolieren. Eine besondere Maßnahme zur Senkung des Infektionsdrucks und zur Unterbrechung von Infektionsketten ist die Reinigung und Desinfektion sowie die Schädlingsbekämpfung (Desinfestation).

Ziel der Hygiene ist in erster Linie der Schutz des Tieres bzw. Bestandes vor Krankheitserregern. Die Stallhygiene (zur Weidehygiene s. Abschnitt 7.1.3) ist Bestandteil des antimikrobiellen Systems, das auf drei Säulen basiert (Abb. 3):

- Säule 1: Verhinderung der Erregereinschleppung und Erregerverbreitung
- Säule 2: Aufrechterhaltung einer stabilen Abwehrlage der Tiere
- Säule 3: Impfungen

Die erste Säule beinhaltet die Maßnahmen der allgemeinen Infektionsprophylaxe (auch Biosecurity), deren Ziel die Verhinderung der Erregereinschleppung in den Stall und die Bekämpfung von Krankheitserregern im Stall ist. Die dritte Säule ist die spezifische Infektionsprophylaxe durch Impfungen. Sowohl für die allgemeine als auch für die spezifische Infektionsprophylaxe ist die zweite Säule erforderlich, welche alle Maßnahmen beinhaltet, die eine Beeinträchtigung der Infektionsabwehrlage durch Belastungen verhindern.

Hygienemaßnahmen umfassen also „Biosecurity" und die Vermeidung von Überlastungen durch Haltung und Leistung. So sind als Auslöser der Druse neben dem Erreger *Streptococcus equi* Belastungen wie plötzliche, ungewohnte Anstrengung, hartes Training, lange Transporte, Fütterungsfehler sowie ständiger Wechsel im Tierbestand zu nennen. Im Vergleich zu den Erregern der klassischen Tierseuchen können die Erreger der infektiösen Faktorenkrankheiten bei intaktem Immunsystem allein keine Krankheit auslösen. Sie sind im Gegensatz zu den Tierseuchenerregern fakultativ pathogen, das heißt, sie müssen auf ein Tier treffen, dessen Abwehrkräfte durch nicht tiergerechte Haltungsfaktoren und/oder extreme Leistung, die das Tier belasten, geschwächt sind. Die Aufrechterhaltung eines guten Gesundheitsstatus besteht also sowohl in der Minimierung des Infektionsdrucks als auch in der Vermeidung von Überlastung der Tiere. Die Erreger infektiöser Faktorenkrankheiten sind häufig in der Tierumgebung oder auf der Haut und den Schleimhäuten der Tiere vorhanden. Belastungssituationen sind nicht immer zu vermeiden, sodass der Senkung des Infektionsdrucks eine besondere Bedeutung zukommt.

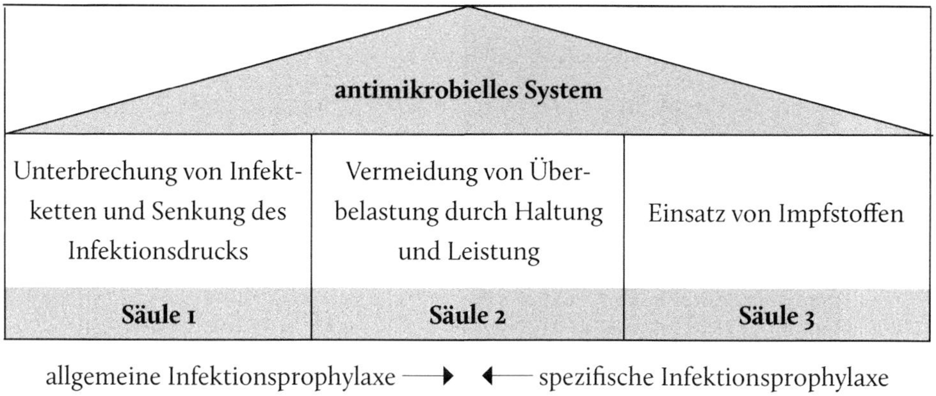

Abb. 3 – Die drei Säulen des antimikrobiellen Systems.

7.4.1 Maßnahmen gegen eine Erregereinschleppung und -verbreitung

Ställe sind offene Systeme, sodass ein Eindringen von Erregern nicht verhindert, aber minimiert werden kann. Eingedrungene Erreger können sich vermehren und die Tiergesundheit gefährden. Deshalb sind in den Ställen ständig Maßnahmen anzuwenden, die eine Reduzierung der Erregerbelastung bzw. des Infektionsdrucks bewirken und die dazu beitragen, dass die Übertragungswege bzw. Infektionsketten im Stall unterbrochen werden.

Die Einschleppung von Erregern (z.B. *Streptococcus equi*, Salmonellen) in den Bestand bzw. Stall kann erfolgen durch:

- unbelebte Vektoren: Fahrzeuge, Geräte, Futter, Wasser, Einstreu, Luft u.a.
- belebte Vektoren: Menschen, Ratten, Mäuse, Wildvögel, Füchse, Katzen, Hunde, Insekten u. a.

Mit Fahrzeugen können Erreger über große Entfernungen verbreitet werden. Bei der Kontrolle der Begleitpapiere von Futtermittellieferungen ist darauf zu achten, dass eine mikrobiologische Untersuchung erfolgt ist. Futtermittel sind so zu lagern, dass eine Kontamination mit Krankheitserregern verhindert wird. Es empfiehlt sich, das Tränkwasser in Abständen mikrobiologisch zu überwachen, besonders wenn ein betriebseigener Brunnen genutzt wird. Die Lagerung von Einstreu hat so zu erfolgen, dass eine Kontamination mit Krankheitserregern vermieden wird. Kadaver sind außerhalb des Stalles so zu lagern, dass keine Verschleppung von Krankheitserregern durch Personen und Tiere einschließlich Schädlingen möglich ist. Der Zugang von Personen in die Ställe ist zu beschränken. Im Eingangsbereich des Stalles sollten das Anlegen und Ablegen der stallspezifischen Kleidung einschließlich Schuhwerk und das Waschen und Desinfizieren der Hände möglich sein. Es sollten wenigstens Möglichkeiten zur Reinigung und Desinfektion des Schuhwerks vorhanden sein.

Pferde, die in eine Herde neu eingegliedert werden, können sich in der Inkubationszeit befinden, also noch keine Symptome einer Erkrankung zeigen, aber trotzdem Krankheitserreger ausscheiden. Deshalb sollten sie vorher quarantänisiert, das heißt 2 bis 4 Wochen isoliert von anderen Pferden in besonders vorbereiteten Boxen unter Beobachtung gehalten werden. Diese Maßnahme ist insbesondere auf Gestüten zur Deckperiode zu beherzigen, besonders wenn bereits Fremdstuten zum Abfohlen dazukommen.

Außerdem sollte die Möglichkeit des Eintrags von Krankheitserregern durch Ratten, Mäuse, Vögel, Insekten und andere Kleinlebewesen minimiert werden. Biotope für Vögel, Insekten und Schadnager können durch Ordnung und Sauberkeit in der Stallumgebung, beispielsweise durch kurzen und gepflegten Bewuchs in unmittelbarer Stallumgebung, eingeschränkt werden. In der Umgebung der Ställe ist bei Bedarf eine Bekämpfung von Schadnagern (Ratten, Mäuse) durchzuführen. Die Minimierung des Eintrags von Krankheitserregern mit der Luft ist dabei durch die vorbeugende Einhaltung von Sicherheitsabständen zu möglichen Infektionsquellen (Distanzierung) zu prüfen.

Zur Reduzierung eines hohen Infektionsdrucks und zur Unterbrechung von Infektionsketten im Stall tragen Ordnung und Sauberkeit, eine gut funktionierende Lüftung sowie das wiederholte Auftragen frischer Einstreu bei. Kranke

Tiere stellen ein hohes Infektionsrisiko dar. Sie sind in einer Krankenbox oder bei hochkontagiösen Krankheiten (z.B. Influenza, Druse, mykotische Hautkrankheiten, Equine Infektöse Arteritis) in einer Qurantäneeinrichtung bis zur Gesundung zu isolieren. Ebenso existiert ein Risiko der Verschleppung von Krankheitserregern durch das Personal. Bei der Übertragung durch Personen sind kontaminierte Hände hervorzuheben. Auf eine Händedesinfektion ist zu achten, wenn kranke oder verendete Tiere angefasst wurden. Außerdem sollten Ausrüstung, Putzutensilien und Pferdedecken nicht zwischen Pferden gewechselt werden. Tränkwasser (offene Tränken) kann mit pathogenen Mikroorganismen kontaminiert sein. Bei hohen Temperaturen und längeren Standzeiten des Wassers kann eine schnelle Vermehrung von Bakterien einsetzen. Als Infektionsquellen gelten beispielsweise bei Druse kontaminierte Futterbehälter, Tränkebecken und Tränkwasser sowie Tröpfcheninfektion. Vor allem in gemischten Reitbetrieben, in denen Pferde unterschiedlichen Alters stehen und große Fluktuation herrscht, sind jüngere oder neu eingestellte Tiere gefährdet.

Die wichtigste Maßnahme zur Unterbrechung von Infektionsketten im Stall und zur Senkung des Infektionsdrucks ist die Reinigung und Desinfektion.

7.4.2 Reinigung und Desinfektion

Im Rahmen der Bekämpfung von Tierseuchen des Pferdes (Afrikanische Pferdepest, Ansteckende Blutarmut der Einhufer, Beschälseuche, Pferdeenzephalomyelitis, Rotz, Tollwut, Milzbrand) sind die Desinfektionsmaßnahmen und die einzusetzenden Desinfektionsmittel staatlich vorgeschrieben. Im Seuchenfall wird von einer gezielten Desinfektion gesprochen. Maßnahmen der prophylaktischen Desinfektion sind nicht staatlich vorgeschrieben, besitzen aber eine große Bedeutung für die Vernichtung von Krankheitserregern.

Vor dem Ausbringen des Desinfektionsmittels müssen die Flächen abgetrocknet sein, um eine Verdünnung und damit Herabsetzung der Gebrauchskonzentration zu vermeiden. Die zur Anwendung kommenden Desinfektionsmittel sollten auf Wirksamkeit geprüft sein, z.B. Desinfektionsmittel der Liste der Deutschen

Veterinärmedizinischen Gesellschaft. In dieser Liste sind auch die herzustellenden Gebrauchskonzentrationen und die Einwirkzeiten aufgeführt. Pro m^2 Fläche sind bei der Spritzdesinfektion mindestens 0,4 l auszubringen, um die Flächen vollständig mit dem Desinfektionsmittel zu bedecken. Desinfektionsmittelreste müssen aus Tränk- sowie Fütterungseinrichtungen entfernt werden. In bestimmten Abständen ist ein Kalken der Wände und Decken angebracht, da Kalk eine desinfizierende Wirkung besitzt. Außerdem ist der Verschmutzungsgrad dann besser sichtbar. Die Wirksamkeit von Desinfektionsmitteln wird vor allem durch Unterschreitung der Gebrauchskonzentration und Einwirkzeit eingeschränkt. Von besonderer Wichtigkeit ist der Temperaturfaktor. Unter 10 °C lässt die Wirksamkeit erheblich nach und kann durch Erhöhung der Gebrauchskonzentration bzw. Einwirkzeit nur geringfügig kompensiert werden. Ausnahmen bilden Peressigsäure und Laugen (Natronlauge) sowie Kalk und Kalkmilch. Werden Desinfektionsmittel eingesetzt, ist vor dem Ausbringen eine gründliche Reinigung der Oberflächen erforderlich, damit das Desinfektionsmittel unmittelbar auf die Oberfläche einwirken kann. Durch Verschmutzung von Oberflächen, besonders mit eiweißhaltigen Substanzen, kommt es zu einer Herabsetzung der Wirksamkeit (Eiweißfehler des Desinfektionsmittels) sowie zu gehemmter Penetration des Desinfektionsmittels.

Für die Reinigung werden vor allem Hochdruckgeräte (80 bis 160 bar, 15 bis 50 l/min) eingesetzt, wodurch schon ein wesentlicher Anteil der Mikroorganismen durch Abspülen beseitigt wird. Die tolerierbare Restschmutzdicke ist erreicht, wenn das abfließende Wasser klar ist sowie die Farbe und Struktur der Oberflächen erkennbar sind.

Zur Reduzierung der Mikroorganismen bei Boxenhaltung ist eine gründliche Reinigung in wöchentlichen bis monatlichen Abständen ausreichend. Eine Reinigung mit anschließender Desinfektion ist in Abfohlboxen, Boxen für Gastpferde, in Quarantäneboxen und Boxen in Händlerställen vor jeder Neubelegung sowie bei endemischen Erkrankungen (z.B. Influenza und Rhinopneumonitis) empfehlenswert. Behandlungs- und Deckstände sollten nach Benutzung gereinigt und desinfiziert werden. Auch Laufställe sind nach der Entmistung zu reinigen und zu desinfizieren. Bei Influenza ist nach Durchseuchung des Bestandes der Stall gründlich zu reinigen und zu desinfizieren, ebenso Geräte und Transportfahrzeuge. Auch bei Auftreten von mykotischen Hautkrankheiten, Equiner Infektöser Arteritis sowie zur Bekämpfung von Parasitosen (z.B. Spulwurmbefall) sind Maßnahmen der Reinigung und Desinfektion fester Bestandteil der Bekämpfungsmaßnahmen.

7.4.3 *Desinfestation*

Unter Desinfestation (Entwesung) werden die Maßnahmen der Schädlingsbekämpfung sowie die Verhinderung des Schädlingsbefalls verstanden. Zu den Schädlingen zählen Schadnager (Ratten, Mäuse) und Arthropoden (Fliegen, Mücken, Schaben, Ameisen) sowie Vögel (Sperlinge, Tauben, Krähen, Möwen), die als lebende Vektoren Krankheitserreger übertragen oder eine Belästigung für Menschen und Tiere sind. Die Desinfestation hat vor allem zum Ziel, die Einschleppung von Krankheitserregern in den Stall bzw. Bestand zu reduzieren. Schädlinge können auch die Futterqualität durch Kot, Haare und Häutungsreste negativ beeinflussen. Die Bekämpfung der Schadnager kann durch bauliche Abschirmmaßnahmen (Verschluss von Öffnungen), Fangeinrichtungen sowie mit chemischen Methoden (Einsatz von Rodentiziden) erfolgen. Bei der Insektenbekämpfung steht neben physikalischen Methoden die chemische Bekämpfung mit Insektiziden im Vordergrund.

7.5 Fütterungshygiene

Zusammenfassung: Grundsätzlich sollte jedem Pferd ein Fressplatz zur Verfügung stehen. Die Fütterung hat mindestens dreimal pro Tag zu erfolgen. Überhöhte Kraftfuttergaben, zu geringe Heufütterung, Einsatz hygienisch nicht einwandfreier Futtermittel und geringe tägliche Wasseraufnahme sind meistens die Ursache für Koliken und Obstipationen. Behältnisse, in denen das Futter angeboten wird, sind sauber zu halten. Mikroorganismen im Futter können unschädliche Begleitflora (z.B. Gelbkeime auf Getreide), Verderbniserreger (Minderung des Nährstoffgehalts im Futter) und Krankheitserreger sein. Mit dem Futter werden eine Reihe von Erregern aufgenommen, die beim gesunden Organismus durch die Wirkung des Speichels, der Magensäure und der übrigen Verdauungsfermente größtenteils unschädlich gemacht werden. Gelangen pathogene Mikroorganismen in den Darm, können Erkrankungen, vor allem Durchfallerkrankungen, auftreten. Fütterungsfehler und Wassermangel können zu Störungen der normalen Mikroflora im Darm führen und damit zum vermehrten Wachstum pathogener Keime. Die hygienische Beurteilung von Futtermitteln erfolgt auf der Grundlage der Futtermittelverordnung. Für Mikroorganismen existieren keine gesetzlich festgelegten Grenzen, jedoch Orientierungswerte.

Die Nahrungsaufnahme erfolgt in Intervallen mit einer Gesamtzeit von 12 bis 18 Stunden. Dieser kontinuierlichen Futterzufuhr ist der Verdauungsapparat in Bau und Funktion angepasst (relativ kleiner Magen, mittellanger Dünndarm, voluminöser Dick- und Blinddarm). Deshalb hat die Fütterung mindestens dreimal pro Tag zu erfolgen. Vor der Kraftfuttergabe sollte zuerst Strukturfutter wie Heu, Silage oder Futterstroh verabreicht werden. Die Kraftfuttermenge ist pro Vorlage auf 1,5 bis 2,0 kg zu begrenzen. Während der Futteraufnahme sollen die Pferde nicht trinken können, damit sie das Futter gut einspeicheln. Überhöhte Kraftfuttergaben, zu geringe Heufütterung, Einsatz hygienisch nicht einwandfreier Futtermittel und geringe tägliche Wasseraufnahme sind meistens die Ursache für Koliken und Obstipationen. Schlundverstopfungen können durch das Verabreichen kleiner Äpfel, grober Rübenschnitzel und quellender Futtermittel (z.B. Rübentrockenschnitzel) verursacht werden. Bei grünfutterarmer Fütterung ist eine tägliche Zulage von Vitamin A, C und E empfehlenswert. In Beständen mit schlechter Qualität des Hufhorns kann die tägliche Gabe von Biotin eine Verbesserung bewirken.

Grundsätzlich sollte jedem Pferd ein Fressplatz zur Verfügung stehen. Ist dies nicht der Fall, muss durch geeignete Maßnahmen sichergestellt werden, dass eine gleichzeitige Aufnahme von Raufutter allen Pferden möglich ist. Automatische Fütterungseinrichtungen müssen so gestaltet sein, dass das jeweils fressende Tier nicht von anderen Pferden gestört werden kann. Behältnisse, in denen das Futter angeboten wird, sind sauber zu halten. Außenfutterplätze sind so zu gestalten und zu betreiben, dass das Futter vor Verderb und Verschmutzung geschützt ist.

Die Anforderungen an die Futtermittelhygiene sind in der EG-Futtermittelhygieneverordnung verankert. Die Umsetzung dieser Verordnung in Deutschland erfolgt durch die Futtermittelverordnung. Fremdstoffe in Futtermitteln sind verbotene Stoffe (z.B. Gerbstoffe, Hausmüll), unerwünschte Stoffe (z.B. Aflatoxin B_1, Arsen, Blausäure, Blei, Cadmium, Nitrit, Dioxin, Mutterkorn) sowie Rückstände von Schädlingsbekämpfungsmitteln.

In den Futtermitteln können pathogene Mikroorganismen (Bakterien, Viren und Pilze), Milben, Raupen sowie Eier und Entwicklungsformen von Parasiten vorhanden sein. Mikroorganismen im Futter können unterteilt werden in unschädliche Begleitflora (z.B. Gelbkeime auf Getreide), in Verderbniserreger (Minderung des Nährstoffgehalts im Futter) und in solche, die pathogen sind. So können beispielsweise im Futter Salmonellen vorkommen und in Silagen *Clostridium botulinum*, dessen Toxin Botulismus hervorruft. Mit dem Futter werden eine Reihe von Erregern aufgenommen, die beim gesunden Organismus durch die Wirkung des Speichels, der Magensäure und der übrigen Verdauungsfermente größtenteils unschädlich gemacht werden. Gelangen pathogene Mikroorganismen in den Darm, können Erkrankungen, vor allem Durchfälle, auftreten. Dabei hängt die Stabilität der residenten (autochthonen) Magen-Darm-Flora, die zur Unterdrückung pathogener Keime von großer Bedeutung ist, wiederum wesentlich von der Fütterung ab. Fütterungsfehler und Wassermangel können zu Störungen der residenten Mikroflora führen und damit zum vermehrten Wachstum pathogener Keime im Darm. Ebenso kann es zur Schwächung der Schleimhautbarriere im Darm kommen, was zur Translokation von Mikroorganismen und Toxinen in das Körperinnere und damit zu systemischen Erkrankungen führt. Zu berücksichtigen ist auch das Wissen, dass einige Mikroorganismen Bakterientoxine oder Mykotoxine bilden (z.B. Aflatoxine, Fumosine, Fusarium-Toxine, Mutterkornalkaloide, Ochratoxine). Dies sind Stoffwechselprodukte von Schimmelpilzen, die als Ursache für oder durch Mitwirkung bei Erkrankungen eine wichtige Rolle spielen. Sie können von einer Vielzahl ubiquitär vorkommender Schimmelpilze im Futter gebildet werden und zählen zu den giftigsten Naturstoffen überhaupt. Zusammen mit Endotoxinen gramnegativer Bakterien können so Fieber, Leistungsdepression, Fruchtbarkeitsstörungen, Huferkrankungen, Inappetenz, Koliken usw. auftreten. Allen Toxinen ist gemeinsam, dass sie unspezifische Krankheitsbilder hervorrufen, den Leberstoffwechsel belasten, immunsuppressiv wirken und damit Infektionen und Mangelerkrankungen Vorschub leisten.

Die hygienische Beurteilung von Futtermitteln erfolgt auf der Grundlage der Futtermittelverordnung. Verbotene Stoffe dürfen nicht enthalten sein, für unerwünschte Stoffe und Rückstände von Schädlingsbekämpfungsmitteln existieren Höchstmengenangaben. Für Mikroorganismen gibt es keine gesetzlich festgelegten Werte, jedoch Orientierungswerte. Salmonellen dürfen in 25 g Futtermittel nicht nachweisbar sein. Bei den Bakterien zeigen Koloniezahlen von mehr als 10^6 KbE/g Futtermittel und bei den Schimmel- und Schwärzepilzen sowie Hefen von mehr als 10^4 KbE/g Futtermittel beginnende Verderbnis an.

Zu beachten ist die richtige Lagerung von Futtermitteln, das heißt in geeigneten, kühlen und trockenen Räumen. Eine Kontamination, besonders mit pathogenen Keimen, ist bei der Lagerung zu vermeiden, indem die Lagerung in geschlossenen Behältnissen oder abgedeckt erfolgt und regelmäßig eine Schädlingsbekämpfung (Kornkäfer, Mehlmotten und Milben) durchgeführt wird. Die Lagerzeit für Futter sollte höchstens 2 Wochen, für mehlförmiges Zukauffutter maximal 3 Wochen und für pelletiertes Futter höchstens 4 Wochen betragen.

7.6 Tränkwasserhygiene

Zusammenfassung: Die Wasserversorgung erfolgt über das kommunale Netz oder aus betriebseigenen Brunnen. Fließende und stehende Oberflächengewässer (Bäche, Seen, Tümpel) sollten wegen der Gefahr von chemischen und biologischen Verunreinigungen nach Möglichkeit nicht genutzt werden. Wasser sollte Pferden ständig, aber mindestens dreimal pro Tag angeboten werden. Der Bedarf liegt bei 30 bis 80 l täglich. Tränkevorrichtungen müssen sauber sein und täglich auf Verschmutzung überprüft werden. Tränkebecken (Selbsttränken) erfordern darüber hinaus zusätzlich eine tägliche Kontrolle der Funktionsfähigkeit. Für die Qualität des Tränkwassers gibt es keine gesetzlichen Vorschriften, wie es für die Qualität des Trinkwassers der Fall ist. Tränkwasser soll wie Trinkwasser frei von Krankheitserregern und von Schadstoffen in toxischen Konzentrationen sein sowie einen angenehmen Geruch und Geschmack aufweisen. Ablagerungen an den Leitungswänden engen nicht nur das Lumen ein, sondern begünstigen auch das Ansiedeln von Bakterien und anderen Mikroorganismen und somit die Biofilmbildung. Besonders bei der Nutzung betriebseigener Brunnen kann eine Aufbereitung des Tränkwassers erforderlich werden.

Wasser dient als Lösungsmittel, Transportmittel und zur Aufrechterhaltung des Zelldrucks und der Körpertemperatur. Wasser wird im Harn und Kot sowie als Wasserdampf über Haut und Atemtrakt abgegeben. Es wird als Flüssigkeit oder mit der Nahrung aufgenommen und entsteht als Oxidationswasser im Stoffwechsel. Bei erwachsenen Tieren sind etwa 60 % der Körpermasse Wasser. Säugetiere können viel länger ohne Nahrung leben als ohne Wasser. Das Körperwasser befindet sich entweder intrazellulär oder extrazellulär. Die homöostatische Regelung des Körperwassers und der Elektrolyte erfolgt über Dehnungs- und Osmorezeptoren im Gefäßsystem. Bei Wassermangel kommt es zur Dehydratation bzw. Exsikkose und nach Verlust von einem Zehntel des Wassergehaltes im Körper schließlich zum Tod. Die Durstexsikkose ist eine hypertone Hypovolämie, womit eine intrazelluläre Entwässerung verbunden ist.

Die Wasserversorgung erfolgt über das kommunale Netz oder aus betriebseigenen Brunnen, aber auch aus fließenden und stehenden Oberflächengewässern (Bäche, Seen, Tümpel). Letztere sollten wegen der Gefahr chemischer und biologischer Verunreinigungen nach Möglichkeit nicht genutzt werden.

Bei der Gestaltung und Anordnung von Tränkeinrichtungen muss beachtet werden, dass Pferde Saugtrinker sind. Bei nahezu geschlossenen Lippen und Mundwinkelspalten wird in der Maulhöhle ein Unterdruck erzeugt und das eingesogene Wasser in langen Zügen abgeschluckt. Pferde bevorzugen deshalb

Tränken mit offener Wasseroberfläche, die so angeordnet sind, dass zur Erleichterung des Abschluckvorgangs Kopf und Hals eine gerade Linie bilden. Nach Möglichkeit ist Wasser ständig, aber mindestens dreimal pro Tag anzubieten. Die empfohlene Höhe des Wasserspiegels beträgt ca. 0,3 x WH (max. 0,4 x WH). Dies gilt auch für die Tränke auf der Weide, wo das Wasser hauptsächlich mit Wasserwagen angeliefert wird. Schnee ist kein Ersatz für eine ausreichende Tränke. Der Wasserbedarf der Tiere ist von vielen Faktoren abhängig, etwa vom Körpergewicht, von der Lufttemperatur, von der Leistung, vom Trockensubstanz- und vom Natriumgehalt des Futters. Im Sommer sind 30 % mehr Wasser anzubieten als im Winter. Der Bedarf liegt bei 5 bis 12 l pro 100 kg Lebendgewicht und Tag bzw. bei 30 bis 80 l täglich.

Tränkevorrichtungen (Trogtränke, Tränkebecken) müssen sauber sein und täglich auf Verschmutzung überprüft werden. Tränkebecken (Selbsttränken) erfordern darüber hinaus zusätzlich eine tägliche Kontrolle der Funktionsfähigkeit. Der Zulauf sollte 20 l/min betragen. Eine Tränke sollte für 15 bis 20 Pferde vorhanden sein. Tränken sind möglichst entfernt von der Futterstelle anzubringen, um ein ungestörtes Trinken zu ermöglichen sowie Verschmutzungen vorzubeugen. Offene Tränken sind vor dem Verkoten zu schützen. Trogtränken sind für die Reinigung und Erneuerung des Wassers mit Ablaufstutzen zu versehen oder als Kipptränken auszuführen. Tränken müssen für den Winter frostgeschützt sein.

Für die Qualität des Tränkwassers gibt es keine gesetzlichen Vorschriften, wie es für die Qualität des Trinkwassers der Fall ist. Tränkwasser ist EG-rechtlich in den Futtermittelbegriff eingebunden Die Anforderungen für die Tränkwasserqualität orientieren sich an der Trinkwasserverordnung von 2001. Tränkwasser soll wie Trinkwasser frei von Krankheitserregern und von Schadstoffen in toxischen Konzentrationen sein sowie einen angenehmen Geruch und Geschmack aufweisen. Für die Tränkwasserqualität existieren Empfehlungen. So gibt es vom Bundesministerium für Ernährung, Landwirtschaft und Verbraucherschutz – BMELV einen Orientierungsrahmen zur futtermittelrechtlichen Beurteilung des Tränkwassers. Darin wird an die mikrobiologische Qualität die Anforderung ge-

Tabelle 4 – Richtwerte des Bundesministeriums für Ernährung, Landwirtschaft und Verbraucherschutz zur Bewertung der physikalisch-chemischen Tränkwasserqualität.

Parameter	**Richtwert**	**Störungen**
pH-Wert	5 bis 9	<5 leistungsmindernd, Korrosion im Leitungssystem
elektrische Leitfähigkeit (µS/cm)	<3000	Durchfälle, Geschmacksbeeinträchtigung
lösliche Salze (g/l)	<2,5	Durst
Oxidierbarkeit (mg/l)	<15	Belastung mit oxidierbaren Stoffen
Ammonium (mg/l)	<3	Verunreinigungen
Arsen (mg/l)	<0,05	Gesundheitsstörungen, Minderleistung
Blei (mg/l)	<0,1	nervöse Symptome, Minderleistung
Cadmium (mg/l)	<0,02	Unbekannt
Calcium (mg/l)	<500	Durchfälle, Ablagerungen in Rohren
Chlorid (mg/l)	<250	feuchte Exkremente
Eisen (mg/l)	<3	Geschmacksbeeinflussung, Ablagerung in Rohren, Antagonist zu anderen Spurenelementen
Fluor (mg/l)	<1,5	Störungen an den Knochen
Kalium (mg/l)	<250	feuchte Exkremente
Kupfer (mg/l)	<2	Durchfall
Mangan (mg/l)	<4	Geschmacksbeeinflussung, Ablagerungen in den Rohren
Natrium (mg/l)	<250	feuchte Exkremente
Nitrat (mg/l)	<200	Methämoglobinbildung
Nitrit (mg/l)	<30	Methämoglobinbildung
Quecksilber (mg/l)	<0,003	allgemeine Störungen
Sulfat (mg/l)	<500	abführende Effekte
Zink (mg/l)	<5	Minderleistung

stellt, dass Wasser, das in das System eingespeist wird, frei sein muss von Salmonellen und Campylobacter sowie möglichst weitgehend frei von *Escherichia coli.* Die Koloniezahl aerober Bakterien findet als Orientierungswert für die mikrobielle Belastung Berücksichtigung (maximal 10.000 KbE/ml bei 20 °C, maximal 1.000 KbE/ml bei 37 °C). Zur Bewertung der physikalisch-chemischen Parameter des Tränkwassers werden im Orientierungsrahmen vom BMELV ebenfalls Richtwerte unter Berücksichtigung von Lebens- und Futtermittelsicherheit gegeben (Tabelle 4). Durch physikalisch-chemische Faktoren können neben gesundheitlichen Beeinträchtigungen auch geschmackliche Veränderungen des Wassers eintreten sowie Ablagerungen in den Leitungsrohren verursacht werden.

Besonders bei betriebseigenen Brunnen kann das Grundwasser mit Nitrat und Nitrit belastet sein, die aus Düngemitteln und Gülle stammen. Erhöhte Nitritwerte beeinträchtigen den Sauerstofftransport durch Methämoglobinbildung. Nitrat verursacht ab 100 mg/l Fruchtbarkeitsstörungen. Hohe Sulfat- und Magnesiumkonzentrationen (über 250 bzw. 125 mg/l) wirken abführend. Hartes Wasser (über 25 °dH) und Calciumwerte über 500 mg/l führen zu Ablagerungen in Wasserleitungen. Eisen über 3 mg/l verursacht Geschmacksbeeinflussung und Zusetzen der Wasserleitungen. Außerdem fördert Eisen das Bakterienwachstum. Schwefel führt zur Geruchsbeeinträchtigung. Geruchs- und Geschmacksbeeinträchtigung sind oftmals Gründe für Verminderung oder Verweigerung der Wasseraufnahme. Ablagerungen an den Leitungswänden engen nicht nur das Lumen ein, sondern begünstigen auch das Ansiedeln von Bakterien und anderen Mikroorganismen und somit die Biofilmbildung. Durch Stagnation des Wassers in den Leitungen und gleichzeitig hohe Umgebungstemperaturen kann es zu einer sehr starken Keimvermehrung und Biofilmbildung kommen. Biofilme können auch Stoffwechselprodukte absondern, die den Geruch und Geschmack des Tränkwassers negativ beeinflussen.

Wird Tränkwasser aus dem öffentlichen Netz entnommen, so ist die Trinkwasserqualität nur bis zu den Stallungen (Hausinstallation) garantiert. Wasser aus hofeigenen Brunnen kann mit Erregern kontaminiert sein. Wenn Brunnen im Tierproduktionsbetrieb nur zur Bereitstellung von Tränkwasser angelegt sind, ist eine Überwachung der Wasserqualität nicht vorgeschrieben, sollte aber ein- bis zweimal im Jahr erfolgen. Besonders bei der Nutzung betriebseigener Brunnen kann eine Aufbereitung des Tränkwassers erforderlich werden. Dabei handelt es sich vor allem um die Filterung des Wassers, die Enthärtung sowie um die Reduzierung des Keimgehaltes. Auch die Reinigung und Desinfektion des Leitungssystems zur Beseitigung von Ablagerungen und Biofilmen dient der Tränkwasseraufbereitung. Filterung ist notwendig, um Schmutzpartikel wie Sand zu entfernen sowie zur Entfernung von Eisen- und Manganoxid (Enteisenung, Entmanganung). Die Enthärtung erfolgt hauptsächlich durch Einsatz von Ionenaustauscherharz. Bei zu hohem Keimgehalt (bei Überschreitung der Richtwerte) sollte eine Desinfektion durch Zugabe beispielsweise von Chlorverbindungen erfolgen. Chemische Mittel müssen entsprechend der Trinkwasserverordnung sowie der Biozid-Verordnung und futtermittelrechtlich zugelassen sein. Auch durch UV-Strahlung kann eine Desinfektion erfolgen.

7.7 Tierkörperbeseitigung

Zusammenfassung. Es besteht eine Meldepflicht beim Anfall eines verendeten, tot geborenen, ungeborenen sowie getöteten Tieres. Bis zur Abholung ist das Material geschützt aufzubewahren. Einrichtung, Materialien und Geräte zur Aufbewahrung und zum Transport müssen nach Nutzung gereinigt und desinfiziert werden.

Die Beseitigung von Tierkörpern hat so zu erfolgen, dass die Gesundheit von Menschen und Tieren nicht gefährdet wird und schädliche Umwelteinflüsse nicht herbeigeführt werden. Die Tierkörperbeseitigung ist gesetzlich geregelt.

Als tierische Nebenprodukte der Kategorie 2 werden in der EU verendete, tot geborene, ungeborene sowie getötete Tiere, die nicht zum menschlichen Verzehr vorgesehen sind, bezeichnet. Als Verarbeitungsmethoden für Material der Kategorie 2 werden das Verbrennen oder Mitverbrennen sowie die Dampfsterilisation genannt. Bei der Dampfsterilisation werden die Tierkörper zunächst zerkleinert (Teile höchstens 50 mm). Die zerkleinerten Tierkörper sind bis zum Zerfall der

Weichteile zu erhitzen. Anschließend ist das Material mindestens 20 Minuten lang ununterbrochen bei einer Temperatur von mindestens 133 °C und einem Druck von mindestens 3 bar zu halten (Sterilisation).

Der Anfall eines verendeten, tot geborenen, ungeborenen sowie getöteten Tieres ist unverzüglich der zuständigen beseitigungspflichtigen Einrichtung zu melden. Die Beseitigungspflicht obliegt den Körperschaften des öffentlichen Rechts. Diese können die Pflicht an den Betreiber eines Verarbeitungsbetriebes (TBA) bzw. einer Verbrennungs- oder Mitverbrennungsanlage übertragen. Tierkörper sind unverzüglich durch die beseitigungspflichtige Einrichtung abzuholen. Bis zur Abholung ist das Material geschützt vor Mensch und Tier und vor Witterungseinflüssen aufzubewahren. Die Einrichtung, Materialien und Geräte zur Aufbewahrung und zum Transport müssen nach Nutzung gereinigt und desinfiziert werden. Während der Zeit der Aufbewahrung dürfen die Tierkörper nicht abgehäutet, geöffnet oder zerlegt werden. Ausnahmen sind Zerlegungen durch einen beamteten Tierarzt.

7.8 Pflege

Zusammenfassung: Pferde sind täglich auf Schäden und Krankheitszeichen zu überprüfen. Die Haut- und Fellpflege soll ebenfalls täglich erfolgen. Eine besondere Stellung nimmt die Hufpflege ein. Bei Stallhaltung sollte die Sohle täglich mit einem Hufkratzer gesäubert werden. Das Beschlagintervall beträgt in der Regel 4 bis 8 Wochen. Putzzeug und Reinigungsutensilien sind regelmäßig zu reinigen und zu desinfizieren.

Pferde sollten mindestens einmal täglich auf Schäden und Krankheitszeichen kontrolliert werden, wobei eine sofortige Untersuchung angezeigt ist, wenn das Pferd unerklärlicherweise an Gewicht verliert, Schmerzen beim Fressen zeigt oder unzerkautes Futter aus dem Maul verliert.

Großes Augenmerk ist auf die Körperpflege zu richten, da sie entscheidend zum Wohlbefinden beiträgt. Das arteigene Pflegeverhalten des Pferdes sollte durch die Haltungsbedingungen so wenig wie möglich eingeschränkt werden.

Die solitäre Hautpflege ist gekennzeichnet durch Selbstbeknabbern mit den Schneidezähnen, Kratzen mit den Vorderkanten der Hinterhufe, Scheuern an Gegenständen wie Bäumen, Zäunen, Boxenwänden oder Scheuereinrichtungen und vor allem durch das Wälzen. Eine tägliche Haut- und Fellpflege mit Kardätsche, Striegel, Bürste oder Schwamm ist für das Wohlbefinden des Pferdes wichtig. Eine besondere Stellung nimmt die Hufpflege ein. Bei ausschließlicher Weidehaltung sollten die Pferde unbeschlagen sein. Auch bei Pferden auf der Weide sollten die Hufe in die tägliche Gesundheitskontrolle eingeschlossen sein. Bei Stallhaltung sollten die Sohle täglich mit einem Hufkratzer gesäubert und verschmutzte Hufe mit warmem Wasser abgewaschen werden. Stark strapazierte Hufe können gefettet bzw. mit einem Lack überzogen werden. Alle 4 bis 6 Wochen sind die Hufe auszuschneiden. Wenn der Zustand der Hufe oder die Nutzung der Pferde es erfordern, ist für fachgerechten Beschlag oder anderweitig geeigneten Hufschutz zu sorgen, wobei das Beschlagintervall in der Regel 4 bis 8 Wochen beträgt. In Desinfektionswannen können Pferdehufe einfach und effektiv desinfiziert werden. Einmal im Jahr sollten die Zähne kontrolliert werden. Putzzeug und Reinigungsutensilien sind regelmäßig zu reinigen und zu desinfizieren, vor allem, wenn es für mehrere Tiere benutzt wird.

Für die Pflege und Konditionierung der Pferde sind Wasch- und Putzboxen, Behandlungsstände, Besonnungsanlagen sowie Pferdeführanlagen zu empfehlen.

Pflegemaßnahmen fördern das Vertrauen der Pferde zum Menschen und sind eine Möglichkeit für soziale Kontakte. Fohlen und Jungpferde sollten in diesem Zusammenhang an den Umgang mit Menschen, das Anbinden, Führen und Hochheben der Hufe gewöhnt werden. Das Pferd begreift den Menschen als Partner, der ranghöher, ranggleich oder rangniedriger sein kann. Brutalität erzeugt nicht einen höheren Rang, sondern Feindschaft. Bestrafen ist nur in unumgänglichen Situationen angebracht. Lernen ist durch Belohnung zu stimulieren.

7.9 Transporthygiene

Zusammenfassung: Durch den Tiertransport können Infektionskrankheiten einschließlich Seuchen verbreitet werden. Mit dem Transport können Belastungen der Tiere verbunden sein, die Schmerzen, Leiden und Schäden auslösen können. Es ist verboten, kranke oder verletzte Tiere zu transportieren sowie den Tieren beim Transport Schmerzen zuzufügen. Die Verwendung von elektrischen Treibhilfen ist bei Pferden verboten. Beim Transport oder beim Verbringen in einen anderen Bestand ist ein Equidenpass mitzuführen. Bei der innergemeinschaftlichen Verbringung von Tieren muss die Sendung von einem Zertifikat (Tiergesundheitsbescheinigung) begleitet werden, das nicht älter als 10 Tage sein darf.

Bei der innergemeinschaftlichen Verbringung von Tieren finden Kontrollen an den Grenzen der Mitgliedstaaten nach Einführung des gemeinsamen Binnenmarktes nicht mehr statt. Die Sendung muss aber von einem Zertifikat (Tiergesundheitsbescheinigung) begleitet werden, das vom zuständigen amtlichen Tierarzt ausgestellt wurde und nicht älter als 10 Tage sein darf. Die Nachricht über das Eintreffen einer Tiersendung erhält der amtliche Tierarzt des Bestimmungsortes vom amtlichen Tierarzt des Herkunftsortes der Tiere über das EDV-gestützte EU-Meldesystem TRACES (Trade Control and Expert System), sodass jederzeit eine Überprüfung der Tiersendung am Bestimmungsort möglich ist.

Dagegen ist die Einfuhr das Verbringen von einem Drittland in die EU. Voraussetzung dafür ist, dass das Drittland zur Einfuhr von Tieren und Waren in die EU berechtigt ist (Nennung in der Drittlandliste). Die Einfuhr darf nur über EU-zugelassene Veterinärgrenzkontrollstellen erfolgen.

Für Equiden, die transportiert werden oder an pferdesportlichen Veranstaltungen teilnehmen, ist ein Equidenpass vorgeschrieben, der beim Transport oder beim Verbringen in einen anderen Bestand mitzuführen ist. Ab Juni 2009 geborene Equiden müssen zur eindeutigen Identifizierung einen Chip tragen.

Viehtransportfahrzeuge sowie Transportbehältnisse müssen so beschaffen sein, dass tierische Abgänge, Einstreu oder Futter während des Transportes nicht herausfallen oder heraussickern können. Sie müssen leicht zu reinigen und zu desinfizieren sein.

Neben dem Tierseuchenschutz sind beim Transport die Belange des Tierschutzes zu berücksichtigen. Mit dem Transport sind Belastungen der Tiere verbunden, die Schmerzen, Leiden und Schäden auslösen können. Eine physische Belastung ist die vermehrte Muskelarbeit des stehenden Tieres während des Transportes. Es können Wunden, Frakturen, Prellungen und Quetschungen auftreten. Bei längeren Transporten leiden Tiere oft unter Dehydratation und Energiedefizit. Psychische Belastung ist vor allem Angst. Belastungen können Mangeldurchblutung zur Folge haben, wodurch z.B. die Blutversorgung der Schleimhäute im Darm oder in der Lunge und deren Barrierefunktion beeinträchtigt sein können. Auch kommt es durch Transportbelastungen häufig zu einer Immunsuppression.

Bei Transporten von Pferden für nicht kommerzielle Zwecke ist der Nachweis einer Sachkunde für Tiertransporte nicht erforderlich, aber beispielsweise für den Betrieb einer Pensionspferdehaltung oder eines Reiterhofes. Trotzdem ist auch einem privaten Pferdehalter, der häufig Pferde über große Entfernungen transportiert, der Erwerb eines Sachkundenachweises für Tiertransporte zu empfehlen. Andere Forderungen der rechtlichen Vorschriften zum Tierschutz beim Transport sind auch von privaten Pferdehaltern einzuhalten.

Es ist verboten, kranke oder verletzte Tiere zu transportieren. Nicht transportfähig sind Tiere, die sich nicht schmerzfrei oder ohne Hilfe bewegen können, Tiere, die große offene Wunden oder Organvorfälle haben und hochträchtige Tiere (ab 90 % der Trächtigkeitsdauer) oder Tiere, die vor weniger als 7 Tagen niedergekommen sind. Ausnahmen sind Transporte zur tierärztlichen Behandlung. Ein Pferd, das transportiert wird, sollte ein Halfter tragen, an dem sich ein Panikhaken befindet, der leicht zu öffnen ist. Die Beine können durch Bandagen oder Gamaschen, die Hufe bzw. der Kronrand durch Sprungglocken geschützt werden. Auch der Schweif kann zum Schutz bandagiert werden. Sollen Pferde in Gruppen transportiert werden, sind ihnen vor dem Verladen die Hintereisen abzunehmen. Pferde sind an das Verladen zu gewöhnen, was schon gemeinsam mit der Mutter im Fohlenalter beginnen sollte. Erst wenn das Pferd ohne Angst in den Hänger geführt werden kann, was mehrere Wochen dauern kann, können Fahrten unternommen werden. Bei Tieren, die sich sehr leicht erregen, kann eine medikamentöse Ruhigstellung durchgeführt werden, wobei mit einem eingeschränkten Reaktionsvermögen gerechnet werden muss. Das Verladen stellt für die Tiere oft eine stärkere Belastung dar als der eigentliche Transport. Der Umgang mit Tieren hat ruhig und vorausschauend zu erfolgen, denn Tiere benötigen zum Gewöhnen an eine neue Situation Ruhe und Zeit. Die Verwendung von elektrischen Treibhilfen ist bei Pferden verboten. Es ist verboten, Tiere zu schlagen oder zu treten, an empfindlichen Körperteilen Druck auszuüben, an den Ohren, dem Schweif und Fell zu zerren bzw. Tiere mit am Körper befestigten Mitteln auf Transportfahrzeuge zu winden. Pferde werden meistens einzeln auf das Transportfahrzeug geführt. Scheuklappen sind oft hilfreich. Pferde dürfen nicht mehrstöckig verladen werden. Verladeeinrichtungen (Brücken, Rampen, Stege) müssen so beschaffen sein, dass ein Ausrutschen der Tiere verhindert wird. Ein Neigungswinkel von 20° darf bei Pferden nicht überschritten werden. Die Seitenwände müssen so hoch sein, dass diese von den Tieren nicht überwunden werden können. Die Mindesthöhe des Laderaumes muss mindestens 75 cm über dem Widerrist des größten Pferdes liegen.

Als bodensensible Tiere meiden Pferde besonders das Betreten von wackligen Flächen. Zur Geräuschdämmung können Einstreu oder Matten verwendet werden. Tiere unterschiedlicher Arten und Tiere, die Unverträglichkeiten zeigen, sind getrennt zu befördern, ebenso geschlechtsreife männliche und weibliche Tiere. Hengste sind von gleichgeschlechtlichen Artgenossen zu trennen.

Bei der Ladedichte ist zu beachten, dass die Pferde während des Transports in ihrer natürlichen Haltung stehen können. Die Mindestbodenflächen sind in der Verordnung (EG) Nr. 1/2005 für den Schienen-, See-, Luft- und Straßentransport (Tabelle 5) aufgeführt.

Die Transportmittel müssen zugelassen sein. Es darf keine Verletzungsgefahr bestehen. Das Material der Transportmittel darf nicht gesundheitsschädlich sein. Transportmittel müssen Schutz vor schädlichen Witterungseinflüssen bieten.

Tabelle 5 – Ladedichten beim Transport auf der Straße

Kategorie	Bodenfläche pro Tier
Ausgewachsene Pferde	1,75 m^2 (0,7 × 2,5 m)
Junge Pferde (6–24 Monate) bei Beförderung bis 48 Stunden	1,2 m^2 (0,6 × 2 m)
Junge Pferde (6–24 Monate) bei Beförderung mehr als 48 Stunden	2,4 m^2 (1,2 × 2 m)
Ponys (kleiner als 144 cm Widerristhöhe)	1 m^2 (0,6 × 1,8 m)
Fohlen 0–6 Monate)	1,4 m^2 (1 × 1,4 m)

Anmerkung: Bei langen Beförderungen müssen Fohlen Raum zum Liegen haben.

Der Boden der Transportmittel muss rutschfest sein. Fohlen unter 4 Monaten sind in eingestreuten Transportmitteln zu transportieren. Um die von den Tieren produzierte Wärme abzuführen, ist bei hohen Außenlufttemperaturen eine effektive Belüftung des Laderaumes von großer Bedeutung. Die Aufstellung in Fahrtrichtung ist belastungsärmer als quer zur Fahrtrichtung. Bei Transporten von länger als 8 Stunden (lange Beförderung) gelten die für kommerziell genutzte Pferde festgelegten Tränk- und Fütterungsintervalle sowie Ruhepausen, woran sich auch der Transport von Renn- und Turnierpferden orientieren sollte (Verordnung (EG) Nr. 1/2005). Bei langer Beförderung müssen Hausequiden über 4 Monate alt sein. Pferde müssen nach einer Transportdauer von 24 Stunden abgeladen werden und eine 24-stündige Ruhepause erhalten. Alle 8 Stunden sind sie während des Transports zu tränken und, wenn notwendig, zu füttern. Für die 24-stündigen Pausen sind die Pferde in einer Versorgungsstation unterzubringen, zu füttern und zu tränken. Dabei muss angemerkt werden, dass das Abladen und das anschließende Wiederaufladen für die Tiere erheblich belastender als der Verbleib auf dem Fahrzeug während der Ruhepause sind. Außerdem besteht in den Versorgungsstationen ein erhöhtes Infektionsrisiko. Der Schienentransport ist für die Beförderung von Pferden bedeutungslos. Bei Schiffstransporten auf offenem Deck sind die Tiere so unterzubringen, dass sie vor schädlichen Witterungseinflüssen und Seewasser geschützt werden. Unter Deck müssen sie angebunden werden oder sich in Verschlägen befinden, die einsehbar und zugänglich sind. Der Transport mit dem Flugzeug kann als eine schonende Transportform betrachtet werden und wird deshalb vor allem für wertvolle Sportpferde genutzt. Von der International Air Transport Association (IATA) sind Richtlinien für den Transport von Tieren mit Luftfahrzeugen erarbeitet worden, die von den Luftfahrtunternehmen einzuhalten sind.

7.10 Hygiene in Kliniken

Zusammenfassung: Hygienestandards in Tierkliniken orientieren sich am Gesundheitswesen. In Pferdekliniken können nosokomiale Infektionen auftreten, z.B. durch Methicillin-resistente *Stapylococcus aureus*-Stämme (MRSA). Die Unterbindung der Übertragung von pathogenen Keimen erfolgt in erster Linie durch Isolierung und Distanzierung von Infiziertem und Nichtinfiziertem bzw. erregerausscheidenden und empfänglichen Patienten, durch Raumgestaltung sowie durch Desinfektion und Sterilisation. Die Desinfektion von Händen und Instrumenten hat einen hohen Stellenwert, die von Wänden oder Fußböden einen geringeren. Instrumente, Apparate und Stoffe, die mit Haut und Schleimhaut in Berührung kommen, müssen desinfiziert sein. Sterilisiert werden Instrumente, Apparate und Stoffe, die mit Geweben, sterilen Körperhöhlen oder dem Blut in Kontakt treten. Eine besondere Rolle spielt die Desinfektion der Hände. Man unterscheidet die hygienische Händedesinfektion sowie die chirurgische Händedesinfektion. Bei großen Eingriffen mit Eröffnung von Körperhöhlen bzw. in der Knochenchirurgie muss nach der Antiseptik das OP-Feld steril abgedeckt werden. Aseptische Operationen erfordern das Tragen eines sterilen Kittels, eines Kopf- und Mundschutzes sowie von Schutzhandschuhen.

Ein effektives Hygienemanagement auf der Grundlage von Hygieneplänen ist von Bedeutung für die Gewährleistung der Qualität der in einer Klinik zu erbringenden Leistung. In größeren Kliniken sollte ein Hygienebeauftragter benannt werden. Hygienestandards in Tierkliniken orientieren sich am Gesundheitswesen. Die Erreger sind durch den Einsatz von Antibiotika und Desinfektionsmitteln in der Klinik häufig resistent. Nosokomiale Infektionen (Hospitalinfektionen) sind alle von Patienten in einer Klinik erworbenen Infektionen. So treten in Pferdekliniken wie in Krankenhäusern nosokomiale Infektionen mit Methicillin-resistenten *Stapylococcus aureus*-Stämmen (MRSA) auf. Besonders anfällig für nosokomiale Infektionen sind Risikopatienten, bei denen durch Erkrankung bzw. Belastungen (Transport, Angst) die Infektionsabwehr geschwächt ist.

7.10.1 Übertragungswege

Im Allgemeinen stammen die Erreger entweder von anderen Patienten, vom Klinikpersonal oder von Gegenständen und Flächen. Große Bedeutung besitzen Übertragungen durch kontaminierte Hände und Geräte wie Katheter und Endoskope (Device-assoziierte Infektionen). Auch die Übertragung von Krankheitserregern durch Schädlinge ist von Bedeutung, so durch Fliegen, Schaben, Mäuse und Ratten. Die Unterbindung der Übertragung erfolgt in erster Linie durch Isolierung und Distanzierung von Infiziertem und Nichtinfiziertem bzw. erregerausscheidenden und empfänglichen Patienten, durch Raumgestaltung sowie durch Desinfektion und Sterilisation.

7.10.2 Allgemeine Anforderungen

In Behandlungs- und OP-Räumen sind folgende Anforderungen zu beachten:

- Oberflächen einschließlich Dehnungsfugen abwasch- und desinfizierbar
- Flächen für Staubablagerung vermeiden
- geschlossene Schränke verwenden
- Fußböden und Wände bis 2 m Höhe aus leicht abwasch- und desinfizierbarem Material

- Vorhandensein von Handwaschbecken (Bedienung ohne Handkontakt), Einweghandtüchern sowie wandständigen Spendern für Flüssigseife und Händedesinfektionsmittel
- Trennung der reinen von der unreinen Seite für den OP-Bereich, Schleusenprinzip für alles, was in den OP-Raum einzubringen ist (Personal, Patienten, Geräte), automatisch schließende Türen
- reduzierter Personenverkehr
- Einrichtungsgegenstände auf das Notwendigste reduzieren (OP-Tisch, Leuchte, Instrumententisch, Narkosegerät)
- die Nichtkontamination als wichtiges Grundprinzip beachten

Es empfiehlt sich, ein Operationsprogramm von aseptisch, bedingt aseptisch zu septisch einzuhalten. Waschbecken und Bodeneinläufe sind Keimreservoire. Der Wasserstrahl darf nicht direkt in den Siphon des Waschbeckens gerichtet sein, um das Entstehen von Keimaerosol zu vermeiden. Die natürliche Lüftung ist in der Regel für OP-Räume unzureichend. Eine keimarme sowie turbulenzarme Belüftung des OP-Raumes und besonders des OP-Felds kann durch raumlufttechnische Anlagen mit Luftfiltern erzielt werden. Günstig ist ein leichter Überdruck gegenüber den anderen Räumen. Ein 20- bis 25-facher Luftwechsel pro Stunde sollte erreicht werden. Die Beleuchtungsstärke sollte 500 lx bis 1.000 lx betragen, im OP-Feld 10.000 lx.

Ställe zur stationären Unterbringung von Tieren sind besondere Gefahrenquellen für nosokomiale Infektionen. Jeglicher Kontakt der Patienten untereinander ist zu vermeiden. Die Oberflächen und Haltungseinrichtungen müssen leicht zu desinfizieren sein. Hohe Luftfeuchtigkeit und feuchte Stellen sind zu vermeiden. Türen sind geschlossen zu halten. Versorgungseinrichtungen, Pflegegeräte und -mittel sind patientenindividuell zu verwenden und vor Einsatz bei neuen Patienten zu desinfizieren bzw. zu entsorgen. Es sollte eine raumspezifische Schutzkleidung getragen werden. MRSA-Patienten sind isoliert unterzubringen. Fliegenbekämpfung ist im Bedarfsfall durchzuführen. Jegliche Übertragungswege zum OP- sowie Behandlungsraum sind zu unterbinden.

7.10.3 Spezielle Anforderungen

Die Desinfektion von Händen und Instrumenten hat einen hohen Stellenwert, die von Wänden oder Fußböden einen geringeren. Desinfektionsmatten für Schuhwerk sind nicht sehr effektiv (Schmutzbelastung, kurze Einwirkzeit), aber zur Keimreduktion beim Verlassen von erregerbelasteten Räumen zu empfehlen. Als Mittel für die Flächendesinfektion, für die Händedesinfektion, für die Instrumentendesinfektion sowie Wäschedesinfektion eignen sich geprüfte und als wirksam bewertete Desinfektionsmittel.

7.10.3.1 Reinigung und Desinfektion

Flächendesinfektion

Die Flächendesinfektion erfolgt mit chemischen Mitteln als Wisch- oder Sprühverfahren. Bei der Wischdesinfektion spielt der mechanische Effekt für den Desinfektionserfolg eine wichtige Rolle. Eine Sprühdesinfektion ist vor allem dort anzuwenden, wo eine Wischdesinfektion nicht möglich bzw. zu aufwändig ist. Insgesamt muss eine vollständige Benetzung der Oberfläche erreicht werden. Bei der Wischdesinfektion ist zu vermeiden, dass wegen zunehmender Verschmutzung der Desinfektionsflüssigkeit die Desinfektionswirkung nachlässt bzw. aufgehoben wird. Die für die Reinigung und Desinfektion verwendeten Tücher und Lappen sollten anschließend vernichtet oder vor erneuter Verwendung sterilisiert werden. Eine Desinfektion der Fußböden ist nach jeder Kontamination mit erregerhaltigem Material durchzuführen. Patientennahe Flächen sollten routinemäßig desinfiziert werden. Für häufig berührte Gegenstände (Türklinken, Telefon) ist dies ebenfalls angezeigt. Die verwendeten Desinfektionsmittel sollten vierteljährlich gewechselt werden, um einer Resistenzbildung vorzubeugen. Viermal im Jahr ist eine Grundreinigung und -desinfektion mit Entfernung des beweglichen Inventars zu empfehlen. Desinfektionspläne (Tabelle 6) sind ein geeignetes Hilfsmittel. Außerdem sollten Kontrolluntersuchungen auf entsprechende Keime vorgenommen werden.

Tabelle 6 – Muster für einen Desinfektionsplan

Was	Wann	Womit
Fußboden	- zwischen Operationen ohne Kontamination - zwischen Operationen mit Kontamination - nach Beendigung des OP-Programms	- umweltfreundlicher Reiniger - Flächendesinfektionsmittel - Flächendesinfektionsmittel
Wände	- nach Beendigung des OP-Programms - nach Kontamination	- umweltfreundlicher Reiniger - Flächendesinfektionsmittel
OP-Tisch	- nach jedem Patienten	- Flächendesinfektionsmittel
OP-Leuchte	- bei sichtbarer Verschmutzung, aber mindestens einmal täglich	- Flächendesinfektionsmittel
Waschbecken	-einmal täglich	- Scheuerpulver
Inventar	- nach Beendigung des OP-Programms - nach Kontamination	- Flächendesinfektionsmittel - Flächendesinfektionsmittel

In OP-Räumen besitzt Reinigung und Desinfektion einen besonderen Stellenwert. Eine Desinfektion bis zu einer Höhe von 2 m sowie des Inventars ist täglich nach Betriebsende erforderlich. Bei den Desinfektionsmaßnahmen werden oft bestimmte Geräteteile sowie Fixationsgurte und Lagerungskissen für den Patienten vernachlässigt. Der OP-Tisch ist nach jedem Patienten zu desinfizieren. Stark verschmutzte Flächen müssen vor der Desinfektion gründlich gereinigt werden. In OP-Räumen kann nach nächtlicher UV-Bestrahlung bei abgestellter Lüftung auf den bestrahlten Flächen und in der Luft eine Keimreduzierung erreicht werden. In Ställen für die stationäre Unterbringung ist vor Belegung mit einem neuen Patienten die Haltungseinrichtung und besonders die Liegefläche zu reinigen und zu desinfizieren. Die Wirksamkeit der Flächendesinfektion sollte halbjährlich durch Abklatschplatten überprüft werden.

Desinfektion von Instrumenten, Apparaten und Textilien
Instrumente, Apparate und Stoffe, die mit Haut und Schleimhaut in Berührung kommen, werden als unkritische Medizinprodukte bezeichnet und müssen desinfiziert sein. Die Schritte bestehen aus Sammeln, Vorreinigen, Reinigen, Desinfizieren, Spülen und Trocknen. Die chemische Desinfektion von Instrumenten im Tauchbad ist ein weit verbreitetes Verfahren mit beschränkter Wirksamkeit. Der Desinfektionseffekt kann bei diesem Verfahren partiell ausbleiben (unvollständiges Eintauchen, Luftblasen, Blut- und Eiweißreste, zunehmende Verschmutzung der Tauchbäder). Das Tauchbad sollte deshalb wegen seiner Unzulänglichkeiten durch die Dampfdesinfektion (75 °C) ersetzt werden.

Flexible Endoskope werden als Medizinprodukte mit erhöhten Anforderungen an die Aufbereitung eingestuft. Die Aufbereitung kann manuell oder maschinell erfolgen. Zur Reinigung werden hauptsächlich Lösungen mit Tensiden eingesetzt und zur Desinfektion aldehydische Lösungen. Endoskopische Zusatzinstrumentarien, welche die Mukosa penetrieren (z.B. Biopsiezangen) müssen sterilisiert werden. Die Wirksamkeitskontrolle der Desinfektion von Endoskopen sollte viertel- bis halbjährlich erfolgen. Dazu sind Abklatschproben von der Oberfläche und Spülproben (NaCl-Lösung) aus den Arbeitskanälen zu entnehmen.

Operationskleidung und -abdecktücher sind thermisch oder chemothermisch zu behandeln. Thermische Waschverfahren müssen bei einer Mindesttemperatur von 90 °C erfolgen, chemothermische Verfahren bei Temperaturen von 40 bis 75 °C.

7.10.3.2 Sterilisation

Der Begriff Aseptik bezeichnet Maßnahmen zur Herbeiführung der Keimfreiheit bei Operationsutensilien. Sterilisiert werden Instrumente, Apparate und Stoffe, die mit Geweben, sterilen Körperhöhlen oder dem Blut in Kontakt treten. Sie werden als kritische Medizinprodukte bezeichnet. Die gereinigten Instrumente und Geräte werden verpackt und sterilisiert. Die Verpackung (Container, Papierbögen), in der das Sterilgut sterilisiert wird, dient der anschließenden Lagerung und soll nur so viel Sterilgut enthalten, wie auf einmal verbraucht wird, denn der

Inhalt einer geöffneten Packung gilt als unsteril. Es gibt physikalische und chemisch-physikalische Sterilisationsverfahren. Für die Beurteilung der Wirksamkeit verschiedener Sterilisationsverfahren wird die Dezimalreduktionszeit (D in min) verwendet. D ist die Reduktion der Ausgangskeimzahl um eine Zehnerpotenz (entspricht einer Abtötungsquote von 90 %). Die Dampfsterilisation (Autoklavieren) ist gegen Mikroorganismen und deren Sporen sowie Viren wirksam. Das Sterilisiergut muss im Autoklaven so angeordnet werden, dass der Dampfzutritt nicht behindert wird. Die Bildung von Luftinseln ist zu vermeiden, da die Temperatur in Luftinseln niedriger ist. Dampfsterilisiert werden können Metall, Keramik, Glas, wässrige Lösungen, Baumwolle, Leinen und hitzebeständige Mischgewebe, Gummiwaren und thermostabile Kunststoffe. Bei der Sterilisation mit trockener Hitze sind höhere Temperaturen und längere Ausgleichszeiten erforderlich als bei der Dampfsterilisation, da Luft ein schlechter Wärmeleiter ist. Die Kammer von Heißluftsterilisatoren muss so beschickt werden, dass die Luftzirkulation nicht behindert wird. Es können nur Gegenstände sterilisiert werden, die bei 200 °C nicht beschädigt werden. Zur Sterilisation von Medizinprodukten sollte der Dampfsterilisation der Vorzug gegeben werden.

Maßgeblich ist die Prüfung des Druck- und/oder Temperaturverlaufs in der Kammer, die bei jedem Sterilisationsvorgang zu erfolgen hat. Außerdem werden Chemoindikatoren mitgeführt. So wird bei der Dampfsterilisation zum Testen der Dampfdurchdringung der Bowie-Dick-Test angewendet. Dazu wird ein Testbogen mit einem chemischen Indikator in einem Prüfpaket in die Mitte der Kammer gelegt. Halbjährlich oder nach 400 Chargen werden Bioindikatoren als Kontrollen mitsterilisiert. Für die Prüfung von Dampfsterilisatoren eignen sich Sporen von *Bacillus stearothermophilus*, für die Prüfung von Heißluftsterilisatoren Sporen von *Bacillus subtilis*.

7.10.3.3 Händedesinfektion

Die Übertragung von Mikroorganismen erfolgt hauptsächlich über die Hände (Kontaktinfektion). Man unterscheidet die hygienische Händedesinfektion sowie die chirurgische Händedesinfektion und die Anwendung von Schutzhandschuhen. Die hygienische Händedesinfektion ist nach Kontakt mit infizierten Patienten sowie mit Blut, Kot und Sekreten und bei Gefahr einer Kontamination von Patienten und von sterilen Instrumenten und Flüssigkeiten durchzuführen. Dazu ist ein Desinfektionsmittel einzureiben (Dauer 30 Sekunden). Das geeignete Mittel für die Händedesinfektion ist Propanol (60 %). Stark verschmutzte Hände sind zuerst mit Seife zu waschen. Die chirurgische Händedesinfektion dient ausschließlich dem Schutz des Patienten bei operativen Eingriffen. Sie beginnt mit einem Waschvorgang. Dieser soll 1 bis 2 Minuten dauern und die Bürstenreinigung von Fingernägeln beinhalten. Das Abspülen erfolgt am Schluss mit nach oben gerichteten Fingerspitzen und tiefliegendem Ellenbogen. Nach dem Abtrocknen mit sterilen Tüchern (erst die Hände, dann die Unterarme) ist auf die Haut der Hände und der Unterarme das Desinfektionsmittel (z.B. 70%iger Alkohol) einzureiben und etwa 3 Minuten einwirken zu lassen. Eine völlige Entfernung von Erregern kann durch die chirurgische Händedesinfektion nicht erreicht werden, da eine Restmenge in den Talgdrüsen, Haarfollikeln sowie Hautfalten verbleibt, die während des operativen Arbeitens nachgeschoben werden. Deshalb sind bei aseptischen Operationen OP-Handschuhe zu tragen.

7.10.4 Prä- und postoperative Maßnahmen

Bei lokalisierten eitrigen Erkrankungen des OP-Personals und Keimträgertum mit multiresistenten Erregern ist vor Gesundung bzw. Sanierung jede operative Tätigkeit zu unterlassen.

Vor dem Verbringen des Patienten in den OP-Raum sind Verbände und im OP-Feld die Haare zu entfernen. Eine Rasur des OP-Feldes führt durch Hautirritationen zur Erhöhung des Risikos einer Wundinfektion. Deswegen soll die Haarentfernung mit einer Haarschneidemaschine erfolgen. Bei kontaminierten Eingriffen sowie bei bakteriellen Infektionen ist eine perioperative Antibiotikaprophylaxe indiziert. Die präoperative Hautantiseptik zur Keimreduzierung im Operationsgebiet erfolgt im OP-Raum beginnend an dem geplanten Hautschnitt Ziel der Antiseptik ist es, die Umgebung eines Hautschnittes oder einer Verletzung und die Hände des Operateurs in einen Zustand zu bringen, dass von ihnen keine Infektionsgefahr ausgeht. Zur Hautantiseptik wird das Antiseptikum mittels Tupfer, Kompresse oder als Aerosol spiralförmig im Zentrum des Op.-Feldes beginnend aufgetragen. Die Einwirkzeit beträgt 15 Sekunden, bei Injektionen und Punktionen dagegen präoperativ nach dreimaliger Applikation insgesamt 5 Minuten. Wirkstoffe der Wahl sind Alkohole. Bei großen Eingriffen mit Eröffnung von Körperhöhlen bzw. in der Knochenchirurgie muss nach der Antiseptik das OP-Feld steril abgedeckt werden. Aseptische Operationen erfordern das Tragen eines sterilen Kittels sowie eines Kopf- und Mundschutzes. Die Bekleidung wird in der Reihenfolge Kasack, Hose, Kopfhaube, Mund- und Nasenschutz, Socken und Schuhe angelegt. Vor dem Anziehen des sterilen Kittels erfolgt die chirurgische Händedesinfektion, zum Schluss das Anlegen der OP-Handschuhe. Das Sprechen ist während der OP zu reduzieren. Nach der Hautnaht wird das Operationsfeld sorgfältig gereinigt und desinfiziert. Immunsuppressive Zustände durch Unterkühlung (die Thermoregulation ist nach Allgemeinanästhesie beeinträchtigt) sind zu vermeiden. Paramunitätsinducer können eingesetzt werden. Bei stationärer Unterbringung ist auf die hygienische Situation der Haltungseinrichtungen zu achten. Besonders die Liegefläche muss leicht zu reinigen und zu desinfizieren sein. Wichtig ist auch, die Patienten so schnell wie möglich zu entlassen, um die Exposition des Tieres im Hospital so kurz wie möglich zu halten.

7.10.5 Applikation und Probennahme

Ampullen, die lange vor der Applikationszeit geöffnet wurden, gelten als kontaminiert. Bei Verwendung von Mehrdosenbehältnissen ist die Durchstichmembran vor dem Anstechen zu desinfizieren. Angebrochene Behältnisse dürfen nicht mit offenen Entnahmekanülen aufbewahrt werden. Bei Injektionen und Kapillarblutentnahme sind die Hände hygienisch zu desinfizieren und ein Hautantiseptikum ist aufzusprühen. Vor einer Punktion des Liquorraumes sowie von Gelenken und von Körperhöhlen sind zusätzlich sterile Handschuhe zu tragen. Bei der Entnahme von Salben aus Töpfen ist auf aseptische Entnahmebedingungen zu achten.

8. Nutzung Gesunder Pferde für Freizeit und Sport

(H. Preuschoft, Bochum)

Funktionelle Morphologie des Pferdekörpers und Biomechanik der Fortbewegung

Unter den Haustieren zeichnen sich Pferde durch die Leistungen ihres Bewegungsapparates aus. Gerade deswegen werden sie seit Jahrtausenden gehalten und eingesetzt, um Lasten oder Menschen zu transportieren. Ihre Bedeutung für den Verlauf der Geschichte ist immens. Es ist nur folgerichtig, dass die Aufklärung der Vorgänge bei der Lokomotion von Vierfüßern im späten 19. Jh. (Muybridge) an den Gangarten der Pferde ansetzte.

All das ist Grund genug, den Bewegungsapparat der Pferde unter funktionellen Gesichtspunkten zu betrachten. Der Rahmen für die Gestalt eines Tierkörpers wird durch den Bewegungsapparat abgesteckt. Verdauungsapparat, Nervensystem, Blutgefäßsystem und Atemapparat fügen sich diesem Rahmen ein.

Der Bewegungsapparat folgt strikt biomechanischen Gesetzmäßigkeiten. Dieser Zusammenhang ist Gegenstand des Beitrags.

Die allererste Annäherung an den Pferdekörper vonseiten der Biomechanik besteht in der Frage: **Welche Kräfte wirken auf das Pferd?**

Diese Beschleunigung besteht im Stehen, unter den Bedingungen der Statik, aus dem Gewicht des Körpers und den dem Gewicht entgegengesetzten Bodenreaktionskräften als Antwort auf das Körpergewicht (**Abb. 1**). Ihre Größe ist

$$F = \text{Masse x Gravitationskonstante}$$

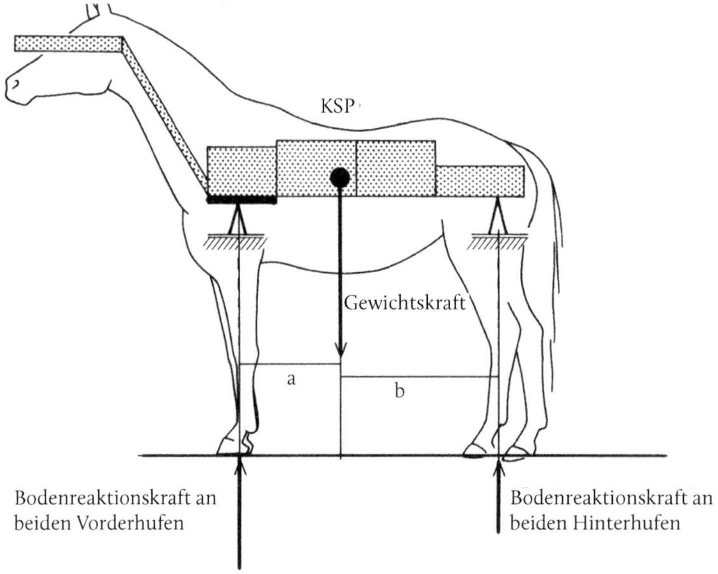

Abb. 1 – Das Körpergewicht kann man sich als eine Kraft vorstellen, die im Schwerpunkt angreift. Sie ruft Gegenkräfte an den Hufen hervor. Der Körperstamm kann als Balken verstanden werden, der verschiedene Dicke und damit verschiedene Schwere hat.

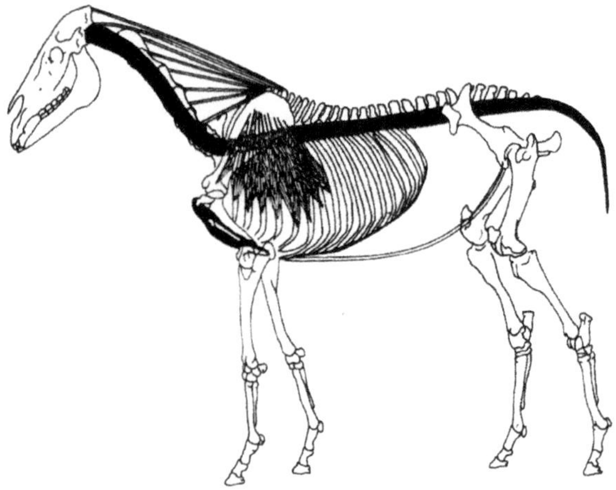

Abb. 2 – Kopf und Hals stellen einen Freiträger dar, der nach vorn-unten absinken will und nach hinten zunehmende Biegemomente verursacht. Der Rumpf ist ein Träger auf zwei Stützen, der nach unten durchhängt. Wenn die Bodenreaktionskraft (BRK) von der Senkrechten abweicht, wie in Abb. 3, erfolgt eine Beschleunigung, die hier nicht abgebildet ist, aber jede Richtung annehmen kann.

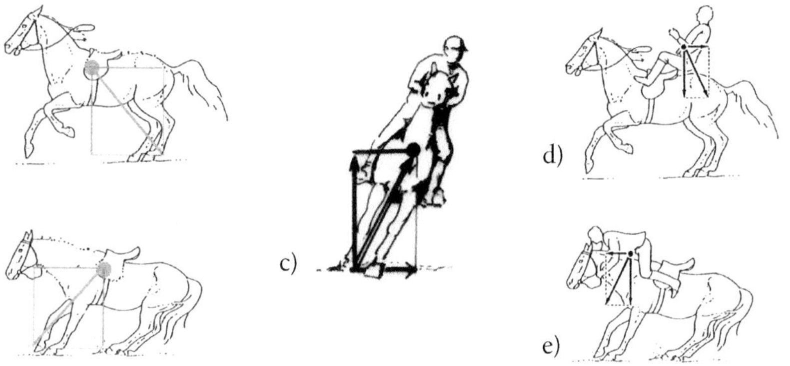

Abb. 3 – Beschleunigungen, die das Pferd schneller werden lassen (a), abbremsen (b) oder zu einer Seite hin umlenken. In dem in c dargestellten Fall „geht der Reiter mit", er erfährt also die gleiche Beschleunigung wie sein Pferd. In d und e ist allein die Beschleunigung gezeigt, die der Reiter erfährt. Wenn diese größer (d) oder kleiner (e) ist als die des Pferdes, kommt er aus dem Sattel.

„Beschleunigungen" (a für acceleration, **Abb. 3**) sind Krafteinwirkungen, die den Bewegungszustand ändern. Sie wirken, ebenso wie die Gewichtskraft, über die Hufe vom Erdboden aus auf das Pferd ein. Da die Erdbeschleunigung allgegenwärtig ist, nimmt man sie kaum wahr. Wichtige, anders geartete Beispiele sind etwa:

Erhöhung oder Verminderung der Geschwindigkeit vom Schritt über den Trab zum Galopp: Die von au*ß*en erforderliche Kraft *hängt von der Zu- oder Abnahme der Geschwindigkeit* (a) ab.

$$F = m \times a$$

Negative Beschleunigungen, Bremsen (Paraden, aus dem Gang in die niedrigere Gangart oder zum Halten) können sehr beeindruckend sein, etwa als „Sliding Stop" im *Western Riding*. Die erforderliche Kraft ist von der Zeit bestimmt (Imder Entfernung von demjenigen Huf überwunden werden, um den das Pferd gedreht wird.

$$m_i = m_s \times h_v \text{ oder } m_i = m_s \times h_h$$

Die Beschleunigungen wirken sowohl auf das **Pferd als auch auf den Reiter**. Weil die Masse des Pferdes 5-mal (400 kg/80 kg) oder gar 10-mal so groß ist (600 kg/60 kg) wie die des Reiters, setzt sich die Pferdemasse immer gegenüber der Reitermasse durch.

Während die Beschleunigungen des Pferdes am Boden bzw. an den Hufen angreifen, wirken die Beschleunigungen des Reiters über die Sitzfläche auf den Rücken des Pferdes. Das kann schiefgehen, wenn die Beschleunigungen unterschiedlich groß sind. (**Abb. 3**): Zwischen Reiter und Pferd bzw. zwischen Reiter und Sattel besteht im technischen Sinne ein „Gelenk“, das fast nur Druckkräfte übertragen kann. Die Oberfläche jedes „englischen“ Sportsattels ist zu glatt, um andere Kraftkomponenten aufzunehmen. Immerhin können die Beine an beiden Seiten auch Kräfte in horizontaler Richtung übertragen. Manche besonders im romanischen Bereich, aber auch in den USA benutzte Sättel haben hohe Vorder- und Hinterzwieseln und können damit auch erhebliche Kräfte in Längsrichtung des Pferdes übertragen.

Hals und Kopf

Technisch ist der Hals ein Freiträger mit Verspannung (**Abb. 2**), die hinten an den langen, nach rückwärts geneigten Dornfortsätzen der Brustwirbel ansetzt. An seinem vorderen Ende sitzt ein in der Regel nicht allzu schwerer Kopf. Der Hals von Sportpferden ist meist schlank und ziemlich lang, der Kopf ist eher leicht im Vergleich zu Wildpferden, die eine mächtige Kaumuskulatur und entsprechend starken Knochenbau brauchen. Die Spannungen im Nackenband sind von Gellman & Bertram an niederländischen Warmblütern quantitativ untersucht worden. Das Verhältnis zwischen Halslänge und Gewicht des Kopfes ist meines Wissens nie einer Studie unterzogen worden.

Je länger die **Hebelarme der Verspannung**, umso geringer die Kräfte. Deshalb ist bei fast allen großen Säugetieren die spezialisierte Form des Halses mit langen Dornfortsätzen der vorderen Brustwirbel und einem Nackenband zu finden. In den Fasern des elastischen Bindegewebes werden die Kräfte mit zunehmender Dehnung immer größer. Sie entfalten kaum Kraft bei geringer Dehnung, viel Kraft bei erheblicher Vordehnung, d.h. bei tiefer Halsstellung. Im sogenannten „straffen“ Bindegewebe bringt schon eine geringe Dehnung einen erheblichen Zuwachs an Kraft.

Muskeln sind in ihrer Länge veränderbar, erlauben damit also eine freie Wahl der von ihnen kontrollierten Gelenkstellungen. Aber: Ihre Kraftentfaltung kostet **Energie**. Pro Einheit der Querschnittsfläche wird von den Muskeln nur wenig Kraft erzeugt (3-10 N/mm^2). Deshalb sind sie immer viel dicker als die zugehörigen Sehnen oder Bänder, deren Bindegewebsfasern sehr viel Kraft aufnehmen (200 $N/mm^{2)}$ Die Anstrengung von Muskeln wird offensichtlich vom Organismus wahrgenommen, während die Information über die Anspannung von Bindegewebsstrukturen zwar vom extrapyramidalen motorischen System registriert und berücksichtigt, aber nicht als „Anstrengung“ wahrgenommen wird. Die Muskelanstrengung wird möglichst klein gehalten. Tiere sind in der Ausführung von Bewegungen immer auf den Wirkungsgrad eingestellt.

Ein vorwärts „gedehnter“ Pferdehals spart zunächst einmal Muskelkraft ein, nicht aber die Kraftentfaltung in den Bändern. Beizäumung und gar Aufrollen machen den Hals kürzer und vermindern das „Lastmoment“, erfordern aber auf der anderen Seite Muskelkraft für das Einnehmen der jeweiligen Stellung. Um zunächst einmal die Verkürzung und Dehnung der verschiedenen Halsabschnitte zu prüfen, haben Kienapfel & Preuschoft die Länge des Mähnenkamms in verschiedenen Halsstellungen geprüft und aus der Länge auf die Dehnung bzw. Kontraktion der Muskeln geschlossen. Diese Muskelaktivitäten sind inzwischen durch EMG (Elektromuskulogramm) überprüft und vollkommen bestätigt worden (Kienapfel et al., 2016.)

Eine **Streckung** des Halses (in der oft erstrebten „Dehnungshaltung“) führt zwangsläufig zu einer erhöhten Last auf den Vorderbeinen. Im Gegensatz dazu bringen jede Beizäumung und jedes Aufrollen des Halses eine geringfügige **Entlastung der Vorderbeine** mit sich. Allerdings ist nicht bekannt, um wie viel; entsprechende Berechnungen fehlen ebenso wie Messungen.

Innerhalb der druckfesten Struktur, also der Halswirbelsäule, führt jede Anspannung eines Bandes oder eines Muskels zu **Druckkräften**. Diese treten also zusammen mit Elementen des Skeletts auf (**Abb. 2**), im Allgemeinen Knochen. Wenn nur minimale Bewegungen vorkommen, sind sie aus (Faser-)Knorpel beschaffen. Je höher die Druckkräfte sind, umso mehr Skelettmaterial zur Verfügung stehen, um diese Kräfte aufzunehmen und umso dicker muss folglich das Körperelement sein.

Rumpfstatik des Pferdes, Schulter, Rippen, Becken

Der Rumpf ist bei allen „großen" Lauftieren aus Gründen der Energieersparnis nicht sehr lang, sondern eher gestaucht. Die Zahl der Brustwirbel mit Rippen (18) ist bei Pferden größer als bei den Wiederkäuern (12 Brustwirbel mit Rippen). Einen langen, biegsamen Rumpf können sich nur „kleine" Säuger leisten. Je länger der Rumpf, umso größer die durch den Reiter verursachten Biegemomente (**Abb. 4**). Deshalb kann ein kurzes „Quadratpferd" mehr Gewicht tragen als ein „Rechteckpferd", es ist also der bessere „Gewichtsträger". Hierbei ist gleich, wo der Reiter sitzt. Eine Verschiebung des Reitersitzes ist nur durch Verlagerung des Sattels möglich, bei liegendem Sattel besteht kaum noch eine Möglichkeit zur Verschiebung.

Der vordere Abschnitt des Rumpfes ist einerseits durch den langen Hals, andererseits durch den Schultergürtel bestimmt:

Die Dornfortsätze der vorderen Brustwirbel liefern, wie oben schon einmal gesagt, einen erheblichen Hebelarm. Ihre Neigung nach hinten hält die Biegespannung innerhalb dieser langen Knochenstäbe niedrig und erhöht die Druckspannung. Die Zugkraft der o.g. Zugstrukturen wird auf mehrere Brustwirbel verteilt. Die extreme Höhe des Widerrists bei Reitpferden scheint keineswegs immer bei großen Säugetieren (Rinder, Antilopen, Kamele, Elefanten) vorhanden zu sein. Man könnte daraus schließen, dass es sich um ein Ergebnis der Zuchtwahl

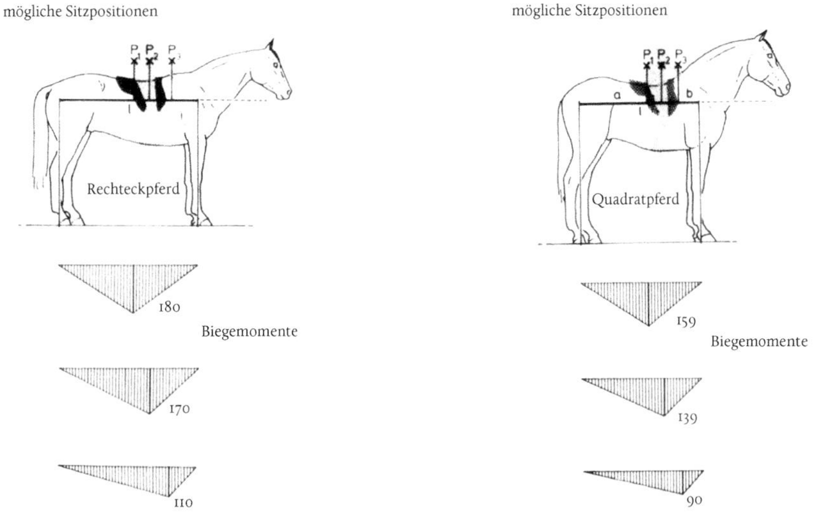

Abb. 4 – Die Rumpfbiegung ist bei einem Rechteckpferd immer größer als bei einem Quadratpferd. Hierbei ist es gleich, ob der Reiter den Sattel weiter vorn oder hinten auflegt.

zugunsten der sicheren Sattellage handelt. Allerdings fehlen Untersuchungen, die eine eventuelle allometrische Abhängigkeit prüfen.

Ein überaus wichtiges, wenn auch in der Regel übersehenes druckfestes Element im vorderen Rumpf ist das Sternum oder Brustbein (**Abb. 2**), beim Pferd ein mächtiger Balken aus Knorpel und Knochen.

Die Aufhängung des Rumpfes an den Rippen über den M. serratus verlangt Druckfestigkeit von diesen. Tatsächlich haben die vordersten Rippen besonders große Durchmesser und sind ziemlich gerade gestreckt. Das verleiht ihnen die erforderliche Druckfestigkeit gegen den Zug des Körpergewichts. Weiter hinten tendiert der Rumpf dank seines Gewichts zum Durchhängen nach distal. Dieses Durchhängen (**Abb. 2**) führt zu einer Zugbeanspruchung der Bauchmuskeln.

Wie im Hals, so muss auch im Rumpf ein Gleichgewicht zwischen den jeweils benachbarten Wirbeln erhalten werden.

Diese einfachen Sachverhalte sind seit 1976 veröffentlicht und damit bekannt, werden aber nur selten beachtet. Experimentelle Ermittlungen mit der FESA-

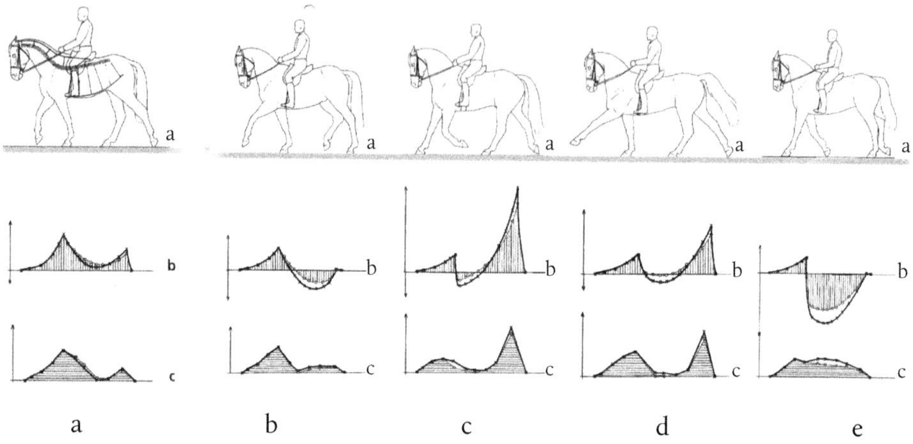

Abb. 5 – Die Biegung des Rumpfes ändert sich in den Phasen der Gangarten erheblich. a im Schritt, b und c in zwei Phasen des Trabes, d und e in zwei Phasen des Galopps. In der mittleren Zeile sind die Biegemomente, in der untersten Zeile die Druckkräfte abgebildet. Diese nehmen ihre höchsten Werte unmittelbar vor dem Kreuzbein, ihre zweithöchsten Werte im vorderen Brustabschnitt an. Dem entsprechen auch ihre variierenden Durchmesser. Das Gewicht des Reiters spielt bei den heutigen, meist sehr großen Sportpferden (über 600 kg) eine geringe Rolle.

Methode zeigten, dass die allerhöchsten Druckspannungen im unteren Schulterblatt zwischen dem Gelenk und der Aufhängung des Rumpfes am M. serratus auftreten (**Abb. 2**). Diese Verbindungen sind etwas nach hinten-oben ebenso wie das Schulterblatt geneigt.

Auch an der Hinterextremität haben die Druckspannungen ihre höchsten Werte zwischen Hüftgelenk und Wirbelsäule. Sie sind aber hier nicht nach hinten, sondern nach vorne gerichtet und verlaufen damit genau in Richtung des lang gestreckten, stabförmigen Darmbeins oder Iliums: Dieses hat am oberen, der Wirbelsäule nahen Teil noch einen kräftigen Ausleger, das Tuber, als Ursprung für die Streckmuskeln des Hüftgelenks, vor allem den M. gluteus medius.

Die **Rippen** des Pferderumpfes sind denjenigen aller Lauftiere ähnlich, indem sie im wirbelsäulennahen Drittel in Querrichtung, im größeren Teil ihrer Länge (etwa 2/3) in Längsrichtung des Tieres, ihre größte Festigkeit aufweisen. Sie ertragen vor allem die Torsionsbeanspruchungen, denen der Rumpf bei diagona-

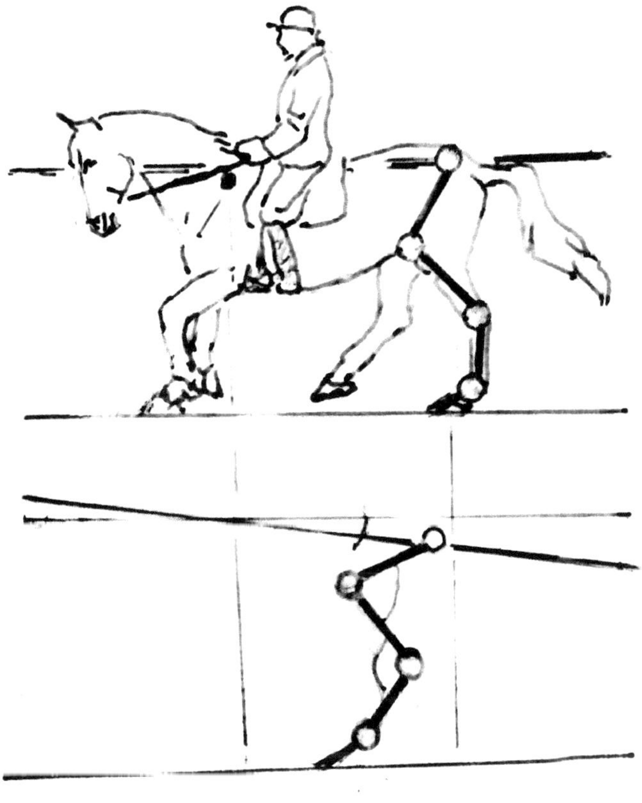

Abb. 6 – „Versammlung“, d.h. ein Treten der Hinterbeine näher zum Schwerpunkt des Systems Pferd plus Reiter, ist wegen der nun einmal gegebenen Länge der Hinterbeinsegmente zwangläufig verbunden mit einer „Aufrichtung“ und mit einer „Hankenbeugung“. Zentrum der Aufrichtung ist das obere Ende des stützenden Vorderbeins.

ler Unterstützung ausgesetzt ist. Die **Torsion** ist unausweichlich, wenn mindestens ein Huf vom Boden abgehoben ist. Außerdem halten Rippen die druckfeste Wirbelsäule auf Abstand von den zugfesten Bauchdecken und werden dabei auf Druck belastet.

In den verschiedenen Gangarten ändern sich die Biegebeanspruchungen des Pferderumpfes erheblich (**Abb. 5**). Der Einfluss des Reiters ist dabei ziemlich gering, weil er nur einen Bruchteil von dem wiegt, was das Pferd auf die Waage bringt (90 kg: 400 kg oder 22,5 % bis 60 zu 600 kg oder 10 %).

Reiter sind immer bestrebt, ihr Pferd zu „**versammeln**" (**Abb. 6**), das heißt, es zum Tragen eines hohen Anteils an Körpergewicht auf den Hinterbeinen zu veranlassen und die Vorderbeine zu entlasten, die im ruhigen Stehen etwa 55 % des Körpergewichts übernehmen. Da der Reiter über dem Schwerpunkt des Pferdes sitzt, ändert er das Verhältnis nicht. Die Übernahme von mehr Gewicht durch die Hinterbeine erfolgt durch deren Stellung weiter nach vorne, zum Schwerpunkt hin. Wegen der vorgegebenen Länge der Segmente ist ein Vorwärtsstellen der Hinterbeine nur möglich, wenn gleichzeitig eine gewisse „Aufrichtung" der Körperachse um das obere Ende der tragenden Vordergliedmaße, also eine Absenkung der Hinterhand und gleichzeitig eine verstärkte Beugung der großen Gelenke („Hankenbeugung") stattfindet.

Gangarten der Sportpferde

Als Gangarten werden im heutigen Pferdesport allein Schritt, Trab, Galopp anerkannt und in jeweils drei Tempi geritten, wobei das mittlere Schritttempo in kaum einer Prüfung verlangt wird. Diese Beschränkung auf die drei „Grundgangarten" steht im Gegensatz zu der Vielfalt der „alternativen" Gangarten sogenannter Gangpferde, die fast überall auf der Welt beliebt sind.

Die Gangarten unterscheiden sich in der Dauer des Bodenkontaktes (**Abb. 7 a, c, e, g**) und in der Fußfolge (**Abb. 7 b, d, f, h**). Sie beruhen auf verschiedenen mechanischen Prinzipien: Der stunden- ja, tagelang durchgehaltene Schritt ist ein Pendelprozess, der gleichfalls lange durchgehaltene Trab beruht auf der Elastizität der Beugesehne. Beide Gangarten arbeiten mit geringem Energieaufwand.

Dagegen führt der nur über kürzere Strecken durchzuhaltende Galopp zu komplizierten Schwingungen des ganzen Körpers, kann aber sehr schnell werden.

Schritt: Jedes Beinpaar, also Vorder- und Hinterbeine, durchläuft eine Standphase, in welcher der Schwerpunkt der Vorhand, bzw. unabhängig davon der Hinterhand, angehoben (und langsamer) wird und dabei potenzielle Energie gewinnt. Auf die Stand- folgt eine Schwingphase, in welcher das zugehörige Bein wie ein hängendes Pendel nach vorn geschwungen wird und dabei die Vor- bzw.

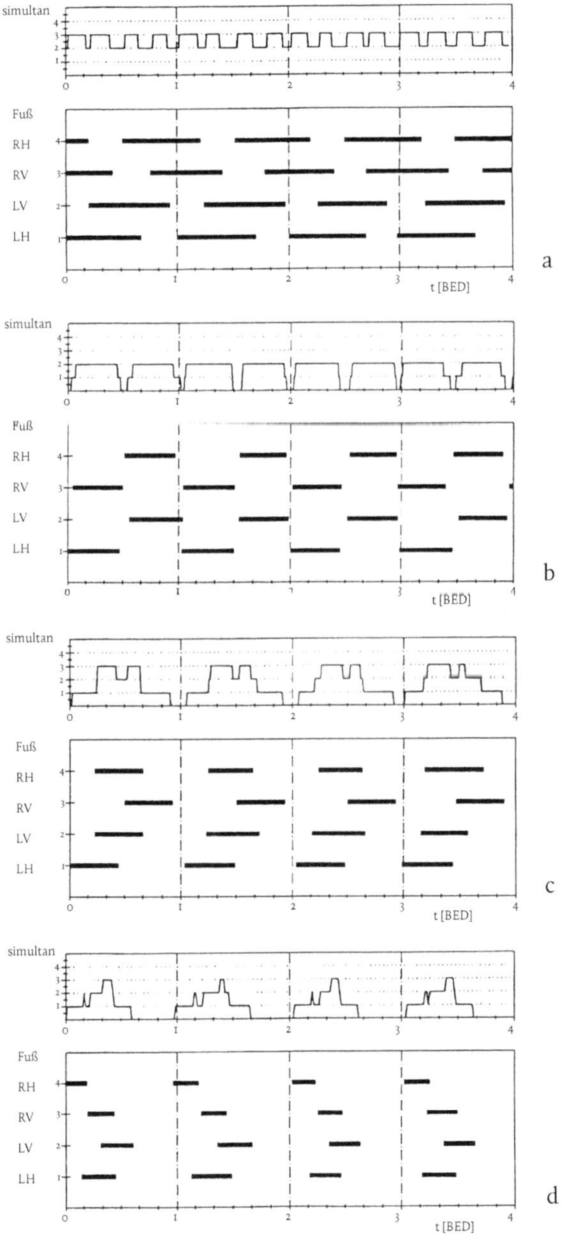

Abb. 7 – Dauer des Bodenkontaktes und Fußungsmuster. Im Schritt (a, b) verweilen jeweils zwei oder drei Hufe am Boden, mindestens einer wird abgehoben. Im Trab sind vor und nach der Schwebphase jeweils zwei Hufe gleichzeitig am Boden (c, d), im Galopp zwei oder auch nur einer, im Renngalopp sind die Schwebephasen länger und dazwischen ist kurzzeitig nur ein Huf am Boden.

Hinterhand wieder Geschwindigkeit aufnehmen und potenzielle Energie in kinetische Energie umwandeln lässt (**Abb. 8**). Die Geschwindigkeit des Gehens wird bestimmt durch Schrittlänge, multipliziert mit der Schrittfrequenz, wobei die zuletzt genannte gemäß der Pendelperiode

$$T = 2 \times \pi \times \sqrt{L/G}$$

begrenzt ist. Die Schrittlänge ist begrenzt durch die Länge der Hebelarme der Verbindung zwischen dem stehenden Huf und dem rumpfnächsten Gelenk, der „Traglinie" Schulter und Hüfte. Natürlich kann jedes Tier, wie auch jeder Mensch mit unterschiedlich langen Schritten gehen. Das kostet aber Energie, und deshalb stellt sich als mittlere, am wenigsten Energie verbrauchende Länge die ein, in welcher die Traglinie durch das Schulter- oder Hüftgelenk verläuft. Unmäßig lange Beine bringen auch die Gefahr des Brechens mit sich.

Alle **„alternativen" Gangarten** können durch Verkürzung der Standphasendauer aus dem Schritt abgeleitet werden. Gleichzeitig wird die Schrittlänge vergrößert durch die Schwebephase zwischen dem Abheben des einen Hufs vom und dem Aufsetzen des anderen Hufs auf dem Boden. Diese Schwebephasen sind im Gegensatz zum Trab für Vorder- und Hinterbeine zeitlich getrennt. Dadurch wirft ein töltendes Pferd wenig und macht dem Reiter das Sitzen bequem. Der Gewinn an Schrittlänge ist durch die vorgegebene Länge des Pferdes vom Bug bis zur Streckmuskulatur des Hüftgelenks begrenzt.

Der **Trab** beruht auf dem Federn der Fesselgelenke. Diese werden durch die langen Beugesehnen der „Finger" (besser: der Phalangen) in ihrer Stellung gehalten. Wegen ihrer Länge von fast 1 m, vom Ursprung am Unterarm bzw. Unterschenkel bis zum Ansatz and den Zehengliedern, reicht die minimale Dehnung der Sehnen von knapp 4 % der Ausgangslänge, um einen Ausschlag der Phalangen von 6 bis 12 cm herbeizuführen. Das ist genau die Höhe, um welche der Körperschwerpunkt des Pferdes sich im Trab hebt und senkt. Die Muskeln am Unterarm bzw. Unterschenkel habe sehr kurze und sehr stark gefiederte Fasern. Deshalb können sie durch ihre Spannung die Dehnung und damit die Schwingungsfre-

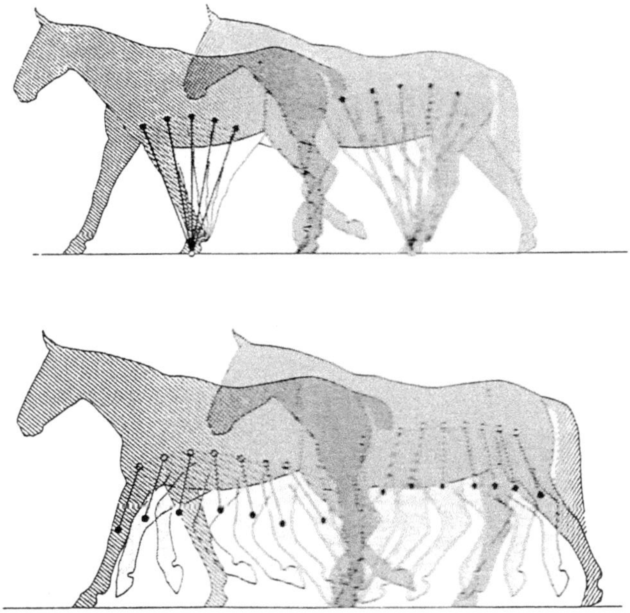

Abb. 8 – Im Schritt bewegt sich jedes Bein in der Standphase wie ein umgekehrtes Pendel (a), in der Schwungphase wie ein hängendes Pendel (b). Dessen Länge ergibt sich aus dem Abstand zwischen Drehpunkt und Schwerpunkt des jeweiligen Beines. Sie bestimmt die Frequenz der Pendelschwingungen.

quenz modulieren wie ein Saiteninstrument. Ein Trabzyklus besteht aus jeweils zwei diagonalen Stützphasen.

Die Tempi, in denen **Trab** geritten wird, variieren sehr (**Abb. 9**): Von null (gar kein Raumgewinn, Piaffe) bis 6 m/s oder gar mehr im starken Trab. Im Renntrab sogar um die 50 km/h). Die Piaffe erfordert eine fortgeschrittene Ausbildung und nicht alle Pferde eignen sich dafür. Als „versammelt" gilt das Arbeitstempo, das man sehr häufig in Reithallen und auf Reitplätzen sieht. Diese Bewegung resultiert aus dem für das Pferd bequemsten, meist etwas schnellerem Tempo und dem plumpen Versuch der Reiter durch Treiben von hinten und Bremsen mit den Zügeln eine Versammlung herbeizuführen. Manche kriegen das hin.

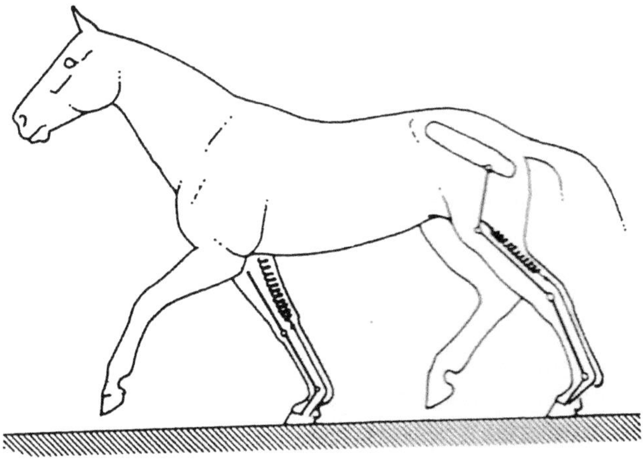

Abb. 9 – Im Trab werden die Beugesehnen der Phalangen durch ein Zugband (die Zehenflexoren) um ein Geringes gedehnt. Wegen ihrer Länge von fast 1 m bringt das einen Ausschlag am Kronbein von 6 bis 12 cm. Diese Höhe wird in jeden Trabtritt auch vom KSP erreicht. Die stark gefiederten Muskeln erlauben eine Änderung der Spannung, aber kaum der Länge des Zugbandes.

Die beiden Stützphasen jedes Trabzyklus führen zu Beschleunigungen des ganzen Körpers (von etwa 2 G) nach oben. Diese Beschleunigungen sind bei vielen Pferden sehr hoch (individuell verschiedene „Aktion“) und werden dem Reiter zwangsläufig über den Sattel in voller Höhe mitgeteilt. Sie führen zusammen mit anderen unglücklichen Umständen zu dem gefürchteten „Werfen“ des Reiters.

Das kann durch „Leichttraben“ vermieden werden: Der Reiter steht mit jedem zweiten Halbzyklus auf. So halbiert er die Frequenz und wandelt das passive Geworfenwerden in eine Aktivität um. Das belastet eine Diagonalstütze des Pferdes mehr als die andere (Traben auf dem rechten oder linken Hinterfuß). Es ist üblich, auf dem jeweils „inneren“ Hinterfuß zu traben und beide Richtungen regelmäßig zu wechseln.

In der praktischen Gebrauchsreiterei wird der Trab gemieden und durch langsamen Galopp ersetzt. Allein der „Jog“ vieler Westernpferde (ein sehr langsamer Trab) ist ein Beispiel für seinen praktischen Einsatz.

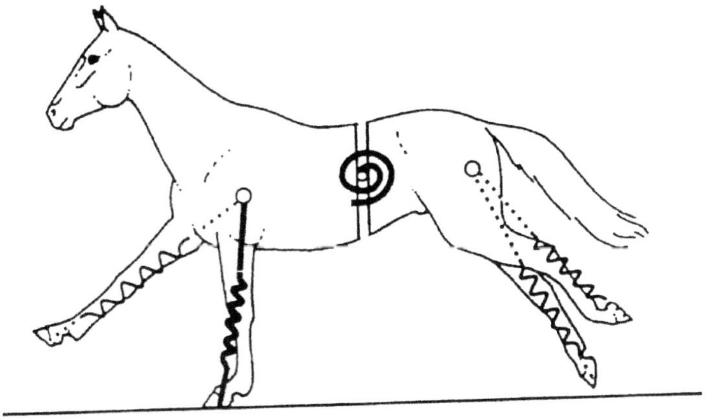

Abb. 10 – Galopp: Biegefeder im Rumpf neben den Längsfedern in den Beinen. Die hier aktive Beinfeder ist durch einen dicken Strang gekennzeichnet. Die Biegefeder im Rumpf lässt keinen Streckengewinn am Boden zu, wie bei vielen kleinen Tieren, sondern senkt und hebt nur das Becken.

Der **Galopp (Abb. 10)** verursacht, wie der Trab, Beschleunigungen von etwa 2 G nach oben, aber eben nur einmal und nicht zweimal pro Zyklus. Deshalb wird der Galopp als besser zu sitzen empfunden. Er bringt seine höhere Geschwindigkeit überwiegend durch die Vergrößerung der in jedem Zyklus zurückgelegten Strecke. Diese wird zum einen durch Schwebephasen (beider Vorder- und beider Hinterbeine) und zum anderen durch Verschieben des Schultergelenks gegenüber dem Rippenkorb erreicht. Die Drehachse des Schulterblattes befindet sich in dessen oberstem Drittel. Zusätzlich zum Verschieben des Schulterblattes erfolgt noch eine Drehbewegung des Körperstamms um eine horizontale Achse, welche die Lendenwirbelsäule um eine Kleinigkeit früher abwärts sinken lässt als Kopf, Hals und Brustwirbelsäule. Bei Geschwindigkeiten von 5m/s bis 7 m/s, also im Arbeitstempo, liegt der Ausschlag im Mittel bei +/- 6°.

Die Wiegebewegungen führen auch zu einem immer wieder zu beobachtenden Phänomen: Nach den ersten Galoppsprüngen schnaubt das Pferd im Takt der Gangart. Das liegt am „Nach-vorn-Schwappen“ der Eingeweide bei jedem

Aufsetzen der bremsenden Beine und an dem „Nach-hinten-Schwappen" der Eingeweide beim erneuten Beschleunigen. Die Eingeweide schieben die Lunge vor sich her: – Ausatmung – oder ziehen sie mit sich: Einatmung.

Hinzu kommt noch etwas anderes: Wir konnten die Beine durch Federn ersetzen und deren Schwingdauern bestimmen. Während im Trab mit zwei Federn gute Ergebnisse erzielt werden, braucht man für den Galopp drei Federbeine. Außerdem müssen noch die ebenfalls elastischen Biegungen der Rumpf-Längsachse (besonders im Bereich zwischen Lenden- und Brustwirbelsäule) berücksichtigt werden. Damit stellt sich der Galopp als Kombination von Wiegebewegungen des Rumpfes und mehreren, ganz verschiedenen elastischen Verformungen dar.

Pferde gehören zu den großen Tieren, deren Rumpf relativ wenig beweglich ist und nicht zum Streckengewinn beiträgt wie bei kleinen Tieren. Ihr Becken führt anstelle der Schwenkbewegungen des Beckens mit dem Hüftgelenk nur sehr begrenzte Bewegungen nach oben oder unten aus. Immerhin bewirkt diese Bewegung, dass die Hinterbeine im vergrößerten Schwerefeld um fast das Zweifache (1,7-fache) schneller vorwärts geschwungen werden als ohne diesen Mechanismus.

Den **Renngalopp** zeigen, abgesehen von seltenen Ausnahmefällen, nur diejenigen Pferde, die öfter ihre Höchstgeschwindigkeit gehen (**Abb. 9**). Für den Reiter fühlt er sich ganz anders an als der langsamere „Canter". Anstelle des Wiegens tritt die hohe Anspannung aller Muskeln des Tieres. Statt des Dreitaktes hört der Reiter zwei Doppelschläge: das getrennte Aufsetzen der Vorder- und der Hinterhufe, den Viertakt des Renngalopps Die Diagonalstütze „reißt" auseinander, die Frequenz geht von bequemen zwei auf nahezu drei Zyklen pro Sekunde. Die Geschwindigkeiten liegen mit 16,6 bis 19,4 m/sec nahe beim Dreifachen, jedenfalls aber beim Doppelten des Arbeitstempos.

Beim Betrachten der Sportsendungen im Fernsehen bekommt man oft den Eindruck, als ob die eigentliche Lebensaufgabe von Pferden das **Springen** über Hindernisse, nicht die Fortbewegung auf der Erdoberfläche wäre. Zwar ist bei den Dressurprüfungen (Kl. M) der Gehorsamssprung am Ende der Prüfung weggefallen, aber auch ursprünglich viel mehr auf Ausdauer angelegte Prüfungen wie die früher bei uns „Military" genannte Vielseitigkeit werden heute mehr und

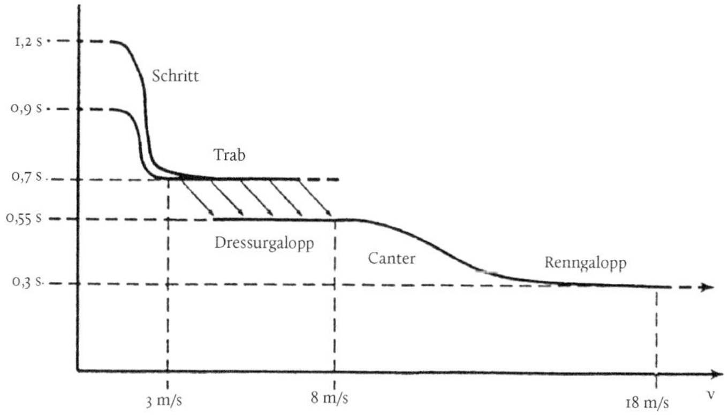

Abb. 11 – Dauer einer Bewegungseinheit (BED) gegen Geschwindigkeit (v).
Der Trab kann erheblich variiert werden. Auf der anderen Seite variiert auch der Galopp (der hier nach dem englischen Vorbild Canter genannt wird), bis zum Renngalopp. Obgleich hier keine scharfe Grenze zu ziehen ist, fühlt sich der Renngalopp für den Reiter deutlich anders an.

mehr als besonders raffinierte Springprüfungen mit längeren Galoppstrecken durchgeführt.

Dabei entwickeln Pferde jeden **Sprung** aus dem Galopp. Ganz gleich, wie man sich einem Hindernis nähert, das Pferd wird immer einen galoppähnlichen Zyklus vor und hinter dem Sprung einschieben. Über dem Hindernis führt es stereotyp bestimmte Bewegungen aus (**Abb. 12**): Der letzte Galoppsprung vor dem Hindernis ist etwa niedriger als im Anlauf und die Vorhand hebt sich höher vom Boden ab als zu erwarten. Die Hinterhufe setzen dann nebeneinander auf und verleihen dem System Pferd und Reiter zusätzlich Geschwindigkeit in der Horizontalen. Bei der Landung setzen die beiden Vorderhufe versetzt, aber so schnell hintereinander am Boden auf, dass wir sie trotz Zeitlupenaufnahmen mit 200 Bildern/sec nicht trennen konnten. Der Impuls (F x t), den das springende Pferd gegen den Boden ausübt, ist erst nach dem Aufsetzen der Hinterhufe vollständig aufgebraucht: Der erste Galoppsprung nach dem Hindernis ist niedriger als in dem Galopptempo (5 bis 8 m/sec), das zwischen den Hindernissen folgt. Umgekehrt dreht sich die Längsachse etwas nach vorn-unten. Die Vorder- und die Hin-

Abb. 12 – Bewegungen eines Pferdes beim Springen Die Hebung der Kopf-Schulter-Partie beginnt schon, bevor die beiden Hinterhufe gleichzeitig den Boden erreichen. Der freie Flug ohne Kontakt der Hinterhufe mit dem Boden beginnt in der Regel erst, nachdem der Sattelpunkt seinen höchsten Punkt erreicht hat. Über dem Hindernis dreht sich die Längsachse etwas nach vorn-unten und die Vorder- und die Hinterhufe werden ungefähr gleich schnell nach vorne in die Landeposition gebracht. Der Schweif wird nach oben geschlagen. Die Vorderhufe berühren zeitlich versetzt sehr schnell hintereinander den Boden, den Impuls der Landung zehrt das Pferd erst mit den Hinterbeinen völlig auf.

terhufe des Pferdes werden etwa gleich schnell nach vorne in die Landeposition gebracht. Die erforderliche Gegenbewegung bringen menschliche Weitspringer zustande, indem sie die zunächst angehobenen Arme nach unten schlagen. Weil die Beine eines Pferdes nur so wenig Masse im Verhältnis zum Rumpf enthalten, reicht ein begrenztes Hochschlagen des Schweifs als Gegenbewegung, um die Drehung nach vorn-unten in Grenzen zu halten.

Danksagung: Die Untersuchung wurde schon vor langen Jahren bei Zeitlupenaufnahmen durch das Institut für den Wissenschaftlichen Film von der Deutschen Forschungsgemeinschaft unterstützt. Die Deutsche Reiterliche Vereinigung und das DOKR in Warendorf haben Pferde, Platz und Ausrüstung für die Erhebungen zur Verfügung gestellt und dazu noch die Reiter motiviert, an den Versuchen teilzunehmen.

Die hier dargelegten Ergebnisse hätten nie erzielt werden können ohne meine früheren Mitarbeiter: Prof. A. Christian, Flensburg, Dr. P. Falaturi, Dr. S. Recknagel, Witten, Prof. H. Witte, Ilmenau und ohne die Beratungen durch Prof. U. Witzel, Bochum. Allen gebührt mein Dank für die nachdrückliche Unterstützung.

9. Erhaltung und Vermehrung der Pferde

(P. S. Glatzel)

Für die Feststellung ethologischer, klinischer und reproduktionsmedizinischer Zusammenhänge sind spezielle Untersuchungen notwendig. Hierzu gehören sowohl für die Stute als auch den Hengst die Überprüfung der allgemeinen Gesundheit, der Erbgesundheit, des spezifischen Verhaltens und die Feststellung der geschlechtlichen Gesundheit, welche in den je nach Schule allgemein bekannten Untersuchungsschlüsseln notiert werden. Das Ziel der Prüfung ist die Einschätzung des Status Präsens und je nach Anforderung eine Aussage zur Zuchttauglichkeit und -würdigkeit.

Auf die Schwerpunkte der Untersuchungsanforderungen zu den unterschiedlichen Abschnitten im Zuchtjahr und des Geschlechtszyklus müssen je nach Saisonabschnitt und unterschiedlicher Problemstellung zur Klinik und Fruchtbarkeitslage bzw. bei den Problemstuten die zielführenden Befunde mit entsprechenden Bildern dokumentiert werden. Zu dokumentieren sind adspektorische Situationen evtl. mit Fotoaufnahmen vom allgemeinen und speziellen Geschlechtsverhalten sowie vom äußeren Genitale, vaginoskopische Befunde von Vorhof, Hymenalgegend, Vaginalgewölbe und äußerem Muttermund bzw. Ultraschallaufnahmen oder Videosequenzen der inneren Geschlechtsorgane wie Corpus Uteri, Bifurkation, Uterushörner, Adnexen und Ovarien.

Über die Uterushörner (Cornua uteri) steht der Uteruskörper (Corpus uteri) mit den paarigen Eileitern strukturell und funktionell in Verbindung und wird durch den Gebärmutterhals (Zervix) von der Scheide getrennt. Uterus und Zervix sind als eine Einheit zu verstehen und unterliegen den gleichen hormonellen Einflüssen wie der uterine Zyklus. Die Wand der Gebärmutter gliedert sich in die zum Lumen gerichtete Schleimhaut, das Endometrium, auch Tunica mucosa genannt, bestehend aus einer einfachen Epithelschicht und der Lamina propria, das daran angrenzende Myometrium, die Tunica muscularis, und das Perimetrium, bestehend aus Tela subserosa und Tunica serosa.

Diese Strukturen sind durch die transrektale Palpation gut erreichbar und auch für die Ultraschalluntersuchung wegen ihrer eindeutigen Darstellung, flüssigkeitsgefüllten (z.B. Uterus oder Follikel) und festen Gebilden (z.B. Fruchtteile oder Corpora lutea) gut geeignet.

Die gynäkologische Ultraschalluntersuchung ist der rektalen Palpation der inneren Geschlechtsorgane der Stute anzuschließen, um die erhobenen Befunde zu objektivieren und zu dokumentieren. So können bereits Follikel mit einem Durchmesser von < 30 mm dargestellt werden. Es ist weiterhin möglich, Doppelovulationen, Follikelatresien, Tumore, Hämatome, Gelbkörper sowie den Konzeptus zu erkennen.

Für die sonografische Untersuchung der inneren Geschlechtsorgane beim Großtier werden Ultraschallgeräte mit einem Echtzeit-Veterinär-Linearschallkopf von 3,5 bzw. und hauptsächlich 5,0 Megahertz (MHz) eingesetzt. Der 3,5 MHz-Ultraschallkopf hat eine größere Eindringtiefe (bis zu 279 mm, je nach Gewebetextur) auf Kosten einer geringeren Auflösung (unklarere Bilder) und wird auch für die transkutane Untersuchung z.B. zur abdominalen transkutanen Trächtigkeitsfeststellung im fortgeschrittenen Stadium genutzt. Der 5-MHz-Schallkopf findet bei der rektalen Untersuchung Anwendung; er hat eine geringere Eindringtiefe (ca. 50 mm) aber eine bessere Auflösung.

Sehr hilfreich können Hormonmessungen z.B. von Progesteron als „Leithormon" des Sexualzyklus bzw. Trächtigkeitsschutzhormon im Blutserum oder Gemelk mit Schnelltests im Stall sein.

Für weiterführende Laboruntersuchungen sind Zervix- und Uterustupfer für spezifische bakteriologische sowie Uterusbioptate für histologische Analysen zu entnehmen und in speziellen Transportmedien an entsprechende Labors zu senden.

10. Reproduktionsmedizin

(P. S. Glatzel)

10.1 Stute

Prädisponierend sind die pferdespezifischen Reproduktionseigenschaften mit einem ausgeprägten saisonalen Zyklusverhalten. Dieses Zyklusverhalten und eine Tragzeit von ca. 11 Monaten führt unter natürlichen Bedingungen dazu, dass die Nachzucht zur günstigsten Jahreszeit, in europäischen Ländern im Frühjahr, bei länger werdenden Tagen geboren wird (Langtagtier).

Eine Hauptregelfunktion für dieses Verhaltensmuster haben hierbei die im Zentralnervensystem (ZNS) gelegenen endokrinen Regelmechanismen.

10.1.1 Biologische Anforderungen

Im Allgemeinen werden Stuten als Drei- oder Vierjährige zur Zucht eingesetzt. Die jungen Stuten sollten genau selektiert und nur bei ausreichender Reife und Größe besamt werden. Sie werden im Herbst/Winter zur saisonalen Anöstrie voruntersucht, um im folgenden Jahr in die Zucht genommen zu werden.

Die Tragezeit beim Pferd wird im Allgemeinen mit 323 bis 350 plus/minus 10 Tagen angegeben. Dabei wird die Tragzeit von jahreszeitlichen Faktoren wie Futtergrundlage, Witterungsverhältnissen und Deckperiode beeinflusst. So tragen Stuten, die zwischen Dezember und April gedeckt wurden, durchschnittlich 10 Tage länger als die ab Mai gedeckten. Außerdem kann auch eine Entwicklungspause von 3 bis 5 Wochen auftreten, welche die beobachtete Tragzeit entsprechend verlängert. Dabei kommt es zu einer Ruhe in der Fruchtentwicklung zwischen dem 16. und dem 35. Tag p.c. (post conceptionem) Derartige Beobachtungen sollten bei der Bewertung von Einflussfaktoren wie Alter oder Fettleibigkeit der Stute sowie Rasse oder Geschlecht des Fohlens Berücksichtigung finden.

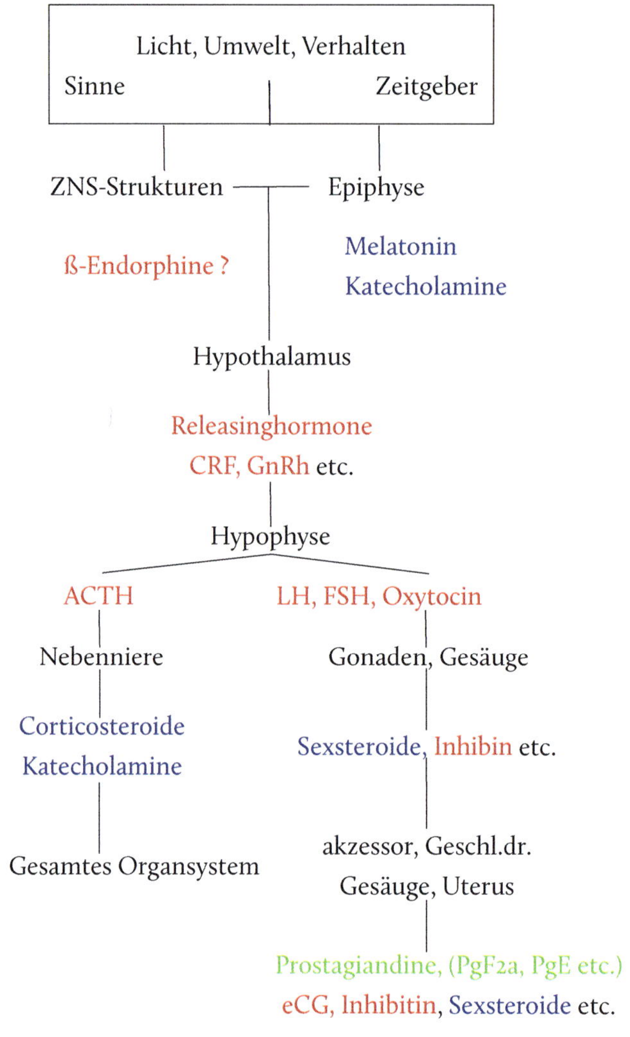

Bedeutung des Hypothalamus-Hypophysensystems für die Biokybernetik der hormonalen Steuerung: Steroid- u. Aminoderivate, Peptid-, Proteinstrukturen, Fettsäuren

Abb. 1 – Hormonaler Regelkreis.

Außerdem können Stuten den Geburtsablauf selbst kontrollieren. Bei Angst kann die Stute aufspringen und die Austreibung der Frucht verhindern, um sich später nach Beruhigung wieder abzulegen und die Geburt zu beenden. Erklärt wird dieses Verhalten dadurch, dass die noradrenergen Neuronen, welche das limbische System mit dem hypothalamischen Nucleus paraventricularis und Nucleus supraopticus verbinden, bei Gefahr die hypophysäre Oxytocinausschüttung unterbrechen.

Das Pferd gehört zu den saisonal polyöstrischen Tieren, welche in unseren Breitengraden ihre Hauptrossezeit von April bis August haben und während des übrigen Jahresverlaufs übergangsweise in eine anöstrische Phase übergehen. Auf der nördlichen Erdhalbkugel werden ovulatorische Zyklen von März bis September beobachtet. Dieser Umstand steht dem Bestreben der Züchter entgegen, das Abfohlen zu einem möglichst frühen Zeitpunkt im Jahr zu terminieren, um die Stute dementsprechend früh wieder belegen zu können.

Die Steuerung bzw. Auslösung von Zyklusgeschehen und äußerem Rosseverhalten wird durch verschiedene Faktoren bestimmt. Dazu gehören vor allem die Tageslichtdauer und -intensität, der Ernährungszustand, die Fütterung sowie die Klimaverhältnisse. Entscheidend für die Auslösung der Rosse ist dabei ein Wiederkehren von Tageslicht nach einer Dunkelphase von etwa 9,5 bis 10,5 Stunden. Vielfach wird in der Literatur von einer gesteigerten sexuellen Aktivität bei zunehmender Tageslichtdauer gesprochen, womit die Stute zu den sogenannten „Long day breeders“ gehört.

10.1.2 Saisonale Anöstrie

Im saisonalen Anöstrus (kürzer werdende Tage) zeigt die Stute ein indifferentes Geschlechtsverhalten. Als Zeitgeber fungiert das Morgengrauen, welches in der Zirbeldrüse in Zeitabständen von ca. 14 Stunden als stimulierend auf die endokrine Regulation der Geschlechtsfunktionen wirkt und zur Zeit der Äquinocte zum Sommerende wieder zum allmählichen Sensibilitätsabbau der betroffenen endokrinen Systeme führt. Auf diese Weise wird die Frühjahrs-/Sommerperiode als

Jahresabschnitt mit den besten Futterbedingungen und guten sowie weitgehend zuverlässigen klimatischen Bedingungen zur Fortpflanzung genutzt.

Als Ausdruck dieses jahreszeitlichen Rhythmus können bekanntlich das psychosexuelle Verhalten, die entsprechenden klinisch-morphologischen Veränderungen an den Geschlechtsorganen sowie die entsprechenden spezifischen Hormonfreisetzungen beobachtet werden. Die Pulsfrequenz der GnRH-Freisetzung (Gonadotropin-Releasing-Hormon) ändert sich in Abhängigkeit vom Zyklusstadium und bestimmt dadurch die Menge der Gonadotropine (LH, FSH, Luteinisierungs- und Follikelstimulierunshormon), welche aus der Hypophyse sezerniert werden.

Während der saisonalen Anöstrusperiode sind nur geringe Freisetzungen von Gonadenhormonen oder die Ausbildung größerer Follikel an den Eierstöcken festzustellen. Klinisch ist das Genitale fest geschlossen mit blassen, trockenen Schleimhäuten und relativ kleinen Eierstöcken, die in der Regel zwei bis drei kleine ca. 1 bis 2 cm große Bläschen aufweisen. Es können auch Restgelbkörper, C. albicantes, gefunden werden, die für eine basale Progesteronfreisetzung (P4) sorgen und ein Wiederanlaufen des Zyklus insbesondere zu Saisonbeginn verhindern können.

Diese Verhinderung des Zyklusbeginns wird als ein biologischer Schutz vor einer Überforderung der Stute gewertet und tritt z.B. bei schlechten Futter- bzw. Wetterverhältnissen, schlechtem Allgemeinzustand und allgemeinen Erkrankungen oder nach Geburtsstörungen (Schwergeburt, Nachgeburtsverhaltung, verzögerter Gebärmutterrückbildung, Uterusentzündungen, degenerativen Prozessen an der Gebärmutterschleimhaut in der vorausgegangenen Saison) auf.

Bei der zyklischen Stute bewirkt die Umstellung des Hormonhaushaltess während der Paarungszeit (länger werdende Tage) regelmäßig ablaufende äußere und innere Sexualzyklen. Dies ist beispielsweise an den Progesteronkonzentrationen im Blut zu erkennen, welche während des Östrus unter 1ng/ml Blutplasma liegen, um unmittelbar vor der klinisch feststellbaren Ovulation anzusteigen und bis zum Beginn der nächsten Rosse über 1ng/ml Blutplasma zu verharren. Dieser Zusammenhang wird klinisch genutzt, um die Rosse hormonell zu in-

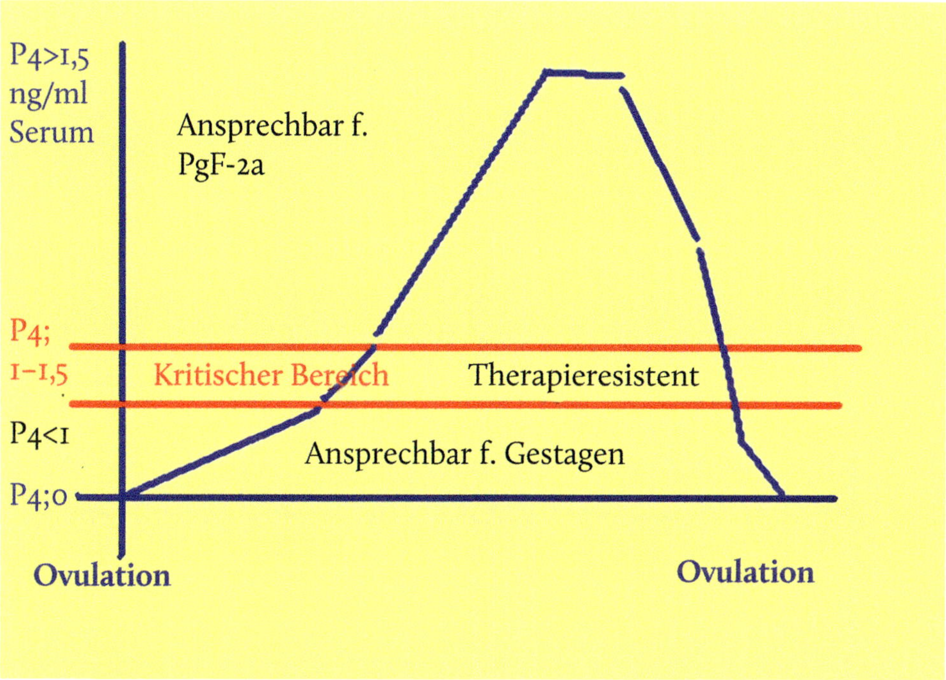

Abb. 2 – Progesteronprofil des Geschlechtszyklus der Stute. Die P4-Konzentration kann mit Schnelltests (Fa. Biolab Unterschleißheim) direkt in der Box im Gemelk oder Blut gemessen werden.

duzieren und eine fast gezielte Ovulation durch hormonelle Interventionen zu erreichen.

Das LH erreicht bei der Stute ein absolutes Maximum prae ovulationem. Seine Freisetzung verändert sich etwa ab der Mitte des Diöstrus und das FSH-Sekretionsmuster wird durch eine erhöhte Pulsatilität gekennzeichnet. Diese endokrine Biokybernetik führt zu einem vermehrten Follikelwachstum an den Ovarien und einem stetigen, von diesen gebildeten Östrogenanstieg. Dieser löst die typischen Symptome der Rosse aus. Sie werden zum einen durch das veränderte Verhalten der Stuten und zum anderen durch morphologische Veränderungen am äußeren Genitale sichtbar. Bedingt durch die ansteigende Östradiolkonzentration zu Beginn der Rosse ist die Vulva ödematös geschwollen, schlaff und der Scheidenvorhof zeigt eine geringgradig hyperämische Schleimhaut. An den Ovarien sind zyklische Veränderungen mit blasigen Gebilden oder Gelbkörper festzustellen, welche durch das typische Progesteron-Sekretionsmuster mit hohen Werten ab dem 7. bis 9. Tag p. ov. und einer entsprechenden Östradiol-Sekretion zur Rosse gekennzeichnet sind.

Das veränderte Verhalten der Stute gegenüber dem Hengst kann durch das Abprobieren (am besten mit einem Hengst) festgestellt werden. Diese Prüfung des Paarungsverhaltens am Probierhengst sollte jedem anderen diagnostischen Verfahren vorausgehen, da sie einerseits einen wichtigen Teilbefund zur Diagnostik des Zyklusstadiums liefert, andererseits durch eine kurzfristige Hormonfreisetzung (LH) aus der Hypophyse stimulierend auf das Endokrinum und damit auf die Genitalfunktionen der Stute wirkt.

Dabei werden insbesondere drei Parameter zur Beurteilung herangezogen:

1. das sogenannte Blitzen (rhythmisches Aufrichten der deutlich ausgebildeten Klitoris und Sichtbarmachen in der entsprechend gespreizten Schamspalte)
2. oft gleichzeitiges rhythmisches Abspritzen von kleinen, schleimigen, typisch aromatischen Harnmengen und das Zur-Seite-Legen des Schweifes,
3. Drängen zum Hengst und sägebockartiges Stehen.

Diese drei Kriterien geben Aufschluss über die Intensität der Rosse. Sie können als positiv, negativ oder auch als fraglich beurteilt werden. Sie dienen auch dem Betreuer, um die Stute belegen zu lassen oder den Tierarzt zur Zuchtbetreuung zu rufen.

Das Ziel der klinischen Arbeit ist, den ovulationsgerichteten Belegungs- bzw. Besamungszeitpunkt auch unter Einsatz der künstlichen Samenübertragung (K.B.) festzustellen. Vom Tierarzt wird der Fokus dafür auf die Untersuchungen am Uterus und den Ovarien ante und post ovulationem (p. ov.) bei der praktischen Fruchtbarkeitsüberwachung der Stute gerichtet. Hierbei werden die physiologischen Befunde verglichen, um entsprechende klinische Wertungen zu begründen.

Die Erfolgskontrolle ist die Feststellung und Dokumentation der Gravidität.

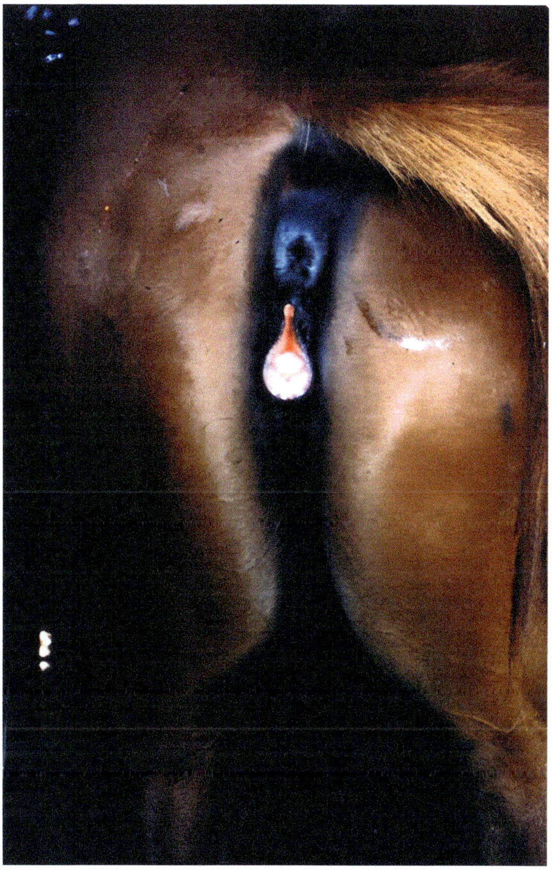

Abb. 3 – Stute in Hochrosse beim Abprobieren: Die Stute steht, hebt den Schweif beiseite, zeigt das typische Blitzen und „schleimt“, drängt zum Hengst.

Daraufhin wird die trächtige Stute überwacht, um die Fruchtresorption oder Abortgefahr durch Zwillingsträchtigkeiten im Ultraschallbild rechtzeitig zu erfassen oder eingeleitete klinische Maßnahmen zu begleiten und zu überprüfen.

Für die Untersuchung zyklischer Vorgänge am Uterus ist ausschließlich die Gebärmutterschleimhaut, also das Endometrium, von Bedeutung, das sich aus einem einschichtigen Epithel und der drüsenreichen Lamina propria mucosae, bestehend aus Stratum compactum und Stratum spongiosum, zusammensetzt.

Beide Schleimhautanteile unterliegen zyklusabhängigen Strukturveränderungen. Das Oberflächenepithel ist bei der Stute einschichtig, hochprismatisch und zeigt endokrin beeinflusst sekretorische Aktivität. Die Lamina propria schließt in großer Zahl tubulär verzweigte Uterindrüsen ein. Diese Strukturen sind physiologischerweise je nach Flüssigkeitsfüllung als weißgraue, dünne Steifen bzw. Ringe (Längsschnitt/Querschnitt) im Ultraschallbild unauffällig. Bei Entzündungen sind hier undeutliche, diffuse Schwellungen zu erkennen. Bei vermehrter Sekretion sammelt sich dann auch echoärmere Flüssigkeit im Lumen oder in verstopften Drüsen (Endometriumszysten) an.

10.1.3 Zu erwartende Untersuchungsergebnisse und Interpretationen

Um die Dynamik der Follikelentwicklung zu erfassen, werden klinisch-sonografische Untersuchungen in 24- bis 48-stündigen Intervallen durchgeführt und dokumentiert. Auf diese Weise kann das Heranreifen der Follikel verfolgt und der Ovulationszeitpunkt vorausgesagt werden. Eine Aussage über die Ovulation ist durch das alleinige Abprobieren am Hengst nicht möglich. Dabei muss man berücksichtigen, dass die äußeren Rossesymptome erst 24 bis 48 Stunden post ovulationem abklingen, die Stute auch so lange noch die Nähe des Hengstes duldet und das Verhalten der Stute individuell und jahreszeitlich unterschiedlich ausfällt.

Die zuchthygienischen Untersuchungen sind insbesondere zu Beginn der Decksaison und bei Stuten, mit denen in der letzten Saison nicht gezüchtet wurde, wichtig, um frühzeitig ihr Zyklusverhalten zu erkennen.

Die Entscheidung zur Zuchtnutzung in der laufenden Saison hängt maßgeblich von der verbleibenden Zeit zum Decksaisonende ab. Bei ca. 50 % der schnell versorgten Stuten (Vollblüter) kann eine erfolgreiche Zuchtnutzung (davon 90 % trächtig) während der laufenden Saison, bei einer Güstzeit von ca. 52 Tagen, im Natursprung erzielt werden. Hierfür waren durchschnittlich zwei Rossen notwendig. Die mittlere Güstzeit bei den betreffenden Tieren lag bei 52 Tagen.

10.1.4 Ovarfunktion

10.1.4.1 Proöstrus, Östrus, Ovulation

Ungefähr 3 bis 5 Tage vor der Ovulation beginnen sich bei der Stute die äußeren und inneren Rossezeichen auszubilden. Es finden sich 2 bis 3 Follikel mit einer Größe von ca. 3 bis 3,5 cm auf den Ovarien. Ab ca. dem 16. Zyklustag sind eine starke Größenzunahme beim größten Follikel und eine relative Größenabnahme beim zweitgrößten Follikel zu erkennen. Der größte Follikel wird während der Rosse zum Graaf'schen Follikel (zwischen 35 und 70 mm Durchmesser), die Hochrosse beginnt, die Stute zeigt alle Rossesymptome deutlich ausgeprägt. Der nun dominierende Follikel befindet sich auf der Plateauphase seiner Entwicklungsdynamik und bereitet sich auf die Ovulation durch entsprechende innere Umbauprozesse vor, wogegen der zweitgrößte bei ca. 25 bis 30 mm verharrt.

Bis 2 Tage vor der Ovulation ist beim Graaf'schen Follikel eine Zunahme der Echogenität der Follikelflüssigkeit an der Peripherie des zur Ovulation kommenden Follikels festzustellen. Außerdem nimmt der Follikel signifikant an Größe zu, an Innendruck ab und verliert seine kreisrunde Form zugunsten einer ovalen, leicht eindrückbaren Gestalt von fluktuierender Konsistenz. Die Follikelwand nimmt zunächst an Dicke zu, um ca. 12 bis 6 Stunden a. ov. an ihrem Pol dünn und geschmeidig zu werden. Dementsprechend besteht die Möglichkeit, mittels Ultraschalldiagnostik eine Eingrenzung des Ovulationszeitpunktes vorzunehmen. Dies ist durch die Überprüfung der Follikelgröße, der Follikelwandstärke, der Zunahme der Echogenität der Ränder und der Veränderung der Follikelform möglich. Die Konsistenz der Follikel ist 72 Stunden vor der Ovulation bei ca. 30 % prall, weich bei ca. 60 % und sehr weich bei ca. 10 % der Stuten. Dagegen weisen ca. 9 % der Follikel 12 Stunden vor der Ovulation noch eine pralle Konsistenz, ca. 51 % eine weiche, und ca. 40 % eine sehr weiche Konsistenz auf. Der präovulatorische Follikel erreicht einen Durchmesser von 35 bis 55 mm, in Ausnahmefällen einen Durchmesser von bis zu 100 mm.

Neben der Beurteilung des Follikelwachstums zur Zyklusansprache und Vorhersage der Ovulation kann auch die im Ultraschall darstellbare Textur des Ute-

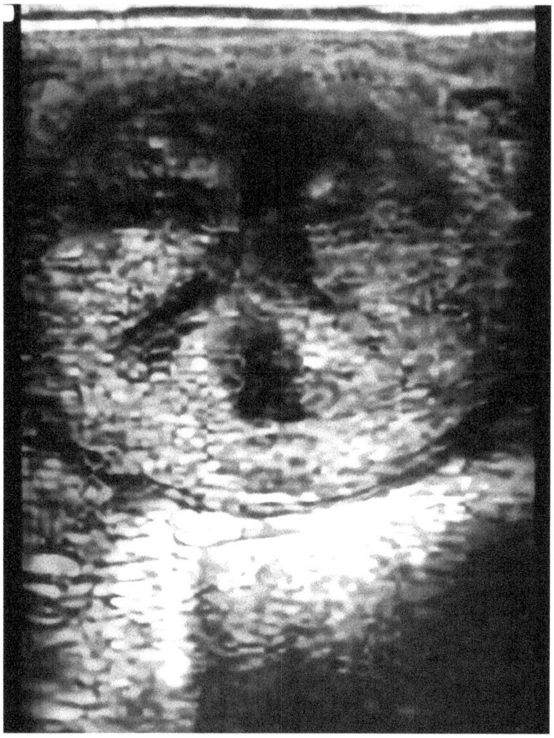

Abb. 4 – Das Ultraschallbild zeigt deutlich die Radspeichenstruktur im Uteruslumen.

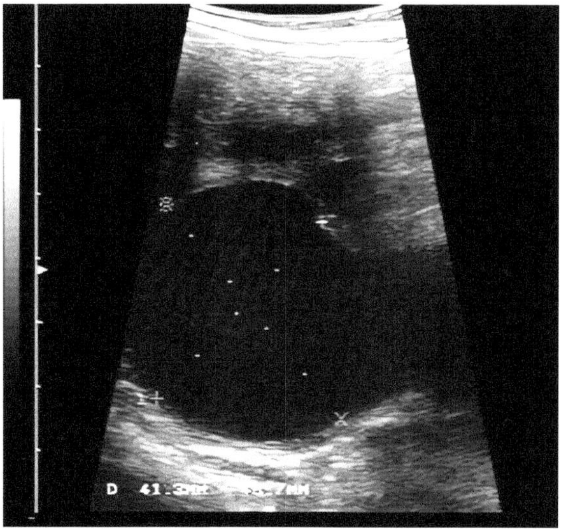

Abb. 5 – Sonogramm der Ovulation.

ruslumens herangezogen werden. Hierbei stellt das Verschwinden der für die Rosse typischen Radspeichenstruktur (Abb. 4) ca. 12 Stunden vor der Ovulation ein weitgehend sicheres Zeichen für die bevorstehende Ovulation dar.

Die Palpation der Ovarien der Stute kann in der periovulatorischen Zeit sensible Reaktionen auslösen, was sich in Unruhe und Abwehrbereitschaft der Stute äußert und auch nach der Ovulation in der Postöstrusphase bis zur Umbildung des C. hämorrhagicum (C. h.) in das C. luteum (C. l.) im Postöstrus und Beginn des Metöstrus anhält.

Im Postöstrus ist die Unterscheidung eines ovulationsbereiten Follikels als echoarme, flüssigkeitsgefüllte Blase von einem Corpus haemorrhagicum im Ultraschallbild als uniform echogene oder mit einem anechogenen Zentrum, dem zentralen Blutgerinnsel versehene, unregelmäßig umschriebene Fläche von größter praktischer Bedeutung.

Eine transrektale Palpation der Ovarien erlaubt die Feststellung der kurzfristig stattgehabten Ovulation, jedoch nicht deren präzise Vorhersage, weil sie zwar im Allgemeinen am letzten Tag der Rosse stattfindet, jedoch von Rosse zu Rosse unterschiedlich lang sein kann (3 bis 11 Tage).

Zur Ovulation ist der zusammengefallene Follikel bzw. die Bildung eines Kraters am Ovar im Bereich der Ovulationsgrube zu palpieren. Dieser füllt sich danach mit einem Blutgerinnsel, welches einschließlich der Follikelwand als Corpus haemorrhagicum (C. h.) bezeichnet wird. Dieses weiche C. h. kann mit einem ovulationsbereiten Follikel verwechselt werden. Jedoch ist es durch sein „Schneeballknirschen“ unter leichtem Druck und insbesondere mithilfe der Sonografie möglich, die beiden Gebilde voneinander zu unterschieden. Ein C. h. ist bei der Stute nur ausnahmsweise in den ersten postovulatorischen Tagen zu ertasten, da es nicht über die Ovaroberfläche herausragt, sondern sich aufgrund der anatomischen Besonderheiten des Stutenovars in das Ovargewebe nach innen ausbildet. Zu dieser Zeit können am Schlachtorgan viele kleine stecknadelkopfgroße bis 0,5 cm große Bläschen festgestellt werden: die Kohorte der neu rekrutierten Follikelpopulation-Rekrutierungsphase.

10.1.4.2 *Metöstrus, Diöstrus*

Im Metöstrus wird das C. haemorrhagicum immer dichter, z.T. finden sich Flüssigkeitslakunen als dunkle kreis- bis ellipsenförmige Strukturen und es entsteht das C. rubrum, das im Ultraschall als dichtes Gewebe und dann als C. luteum angesprochen wird.

Im Diöstrus können an beiden Ovarien im Allgemeinen 3 bis 4 kleine (< 2,0 cm) Follikel festgestellt werden. Daneben findet sich ein deutlicher Restgelbkörper (Corpus albicans) auf einem der beiden Eierstöcke. Um diese Zeit beginnt die Selektion des dominanten Follikels, die Divergenz der Follikeldynamik findet statt. Dieses Phänomen ist sonografisch-morphologisch nicht darstellbar, sondern ein innerovarielles, endokrinologisch-histologisches Ereignis.

In diesem Zyklusstadium ist die Textur des gesunden Uterus als graue, unkonturierte Struktur mit weicher Konsistenz nur bei besonderer Aufmerksamkeit darzustellen.

Nach der Divergenz folgt die Dominanzphase in der Follikeldynamik. Diese ist daran zu erkennen, dass ab ca. dem 15. Zyklustag (p. ov.) ein Follikel aus der Population, manchmal auch auf jedem Ovar ein Follikel, ein beschleunigtes Wachstum aufweist. Dieser dominante Follikel nimmt rasch an Größe zu und verhindert das Wachstum der übrigen Kohorte.

Dabei besteht die Möglichkeit, insbesondere unter dem Einfluss exogener Stressoren (Wetterstürze, Futterumstellung, Personalwechsel, Standortwechsel, physische und psychische Anspannung), dass es zur vollständigen Rückbildung aller angebildeten Follikel kommt.

10.1.5 Deckzeitpunkt, Ovulation

Der ideale Deckzeitpunkt ist der Tag vor dem Eisprung, da hier die Duldung der Stute noch voll ausgeprägt ist und man von einer mindestens zweitägigen Befruchtungsfähigkeit des Samens im weiblichen Genitale ausgehen kann.

Doppelovulationen kommen beim Pferd in ca. 16 bis 18 % der Fälle vor. Sie sind im Allgemeinen nicht erwünscht, weil hieraus Zwillingsgraviditäten entstehen können. Deshalb ist ihre Vorhersage wichtig und mit der Ultraschalluntersuchung möglich. Hierbei kommen zwei gleiche Follikel oft am selben Ovar zur Ausreifung. Dass sich ein derartiges Geschehen anbahnt, ist ab dem 16. bis 18. Zyklustag oft voraussehbar, wenn zwei Follikel die gleichen Veränderungen parallel erfahren.

10.1.6 Die gravideStute

Der Embryo ist in der Frühträchtigkeit eine frei in der Gebärmutter flottierende, kugelige Struktur. Die Frühträchtigkeit wird bis zur Implantation des Konzeptus, der Ausbildung der Endometriumskrypten und dem Beginn der Sekretion des hier gebildeten Equinen Choriongonadotropins (ecG) bis ca. zur 6. Woche post conceptionem (p. c.) gerechnet.

Klinisch ist ab etwa dem 16. Tag p. c. das für die Frühträchtigkeit charakteristische Sensibilisierungsstadium des Uterus festzustellen. Dieses ist durch eine extreme Kontraktionsbereitschaft der Gebärmutter charakterisiert, wobei sich die Gebärmutterhörner als deutliche, mitunter gekrümmte, solide Stränge ertasten lassen. Der Uterus fühlt sich unter der untersuchenden Hand kompakt an. Am Sitz der Fruchtblase, in der Nähe der Bifurkation, bildet sich um den 18.bis 21. Tag der Trächtigkeit eine etwa hühnereigroße Aussackung mit verhältnismäßig dünner Wandung. Diese Aussackung erreicht bis zur 6. Woche der Trächtigkeit Gänseei- bis Faustgröße.

Mittels Ultraschall ist die Fruchtanlage ab Tag 9 oder 10 p. ov. darstellbar.

Der Durchmesser der Fruchtblase beträgt zwischen dem 14. und 18. Tag 1,4 bis 2,7 cm. Praktisch bedeutsam ist die sichere Trächtigkeitsuntersuchung um den 18. Tag. Die Fruchtblase befindet sich zu diesem Zeitpunkt als symmetrische, runde Kugel an der Uterushornbasis bzw. im Corpus uteri. Am 20. Tag nimmt die Fruchtblase eine mehr asymmetrische, polygonale Form an. Ab dem 23. Tag ist der Embryo zu erkennen, der zu diesem Zeitpunkt etwa 6 mm lang ist. Sogar die Herztätigkeit kann von diesem Zeitpunkt an beobachtet werden.

Im Rahmen der Frühträchtigkeitsdiagnostik sind Ultraschalluntersuchungen bei unklaren palpatorischen Uterusbefunden, zum Nachweis oder zum Ausschluss von Risikoschwangerschaften wie Zwillingsträchtigkeiten (insbesondere eineiige) oder beim Verdacht auf eine Fruchtresorption angezeigt.

Bei rechtzeitiger Feststellung einer im Allgemeinen unerwünschten Zwillingsträchtigkeit zwischen dem 23. und 30. Tag p.c. ist eine erfolgreiche Entfernung einer Frucht durch das sogenannte manuelle Abdrücken möglich. Nach einer derartigen Maßnahme sollte die Vitalität der verbliebenen Frucht ca. eine Woche später überprüft werden.

Endokrinologisch wird die Gravidität auch bei der Stute durch das „Schwangerschaftsschutzhormon" Progesteron (P4) gewährleistet. Dabei gilt für die Stute die Besonderheit, dass dieses Steroidhormon bis ca. zur 6. Woche p. c. nur vom Eierstock gebildet wird. Beim Pferd übernimmt um die 6. Woche die Gebärmutter seine Synthese. Beim Wechsel des Syntheseorts ist ein biologisches Zusammenspiel aller beteiligten Organe notwendig. Eine entscheidende Bedeutung hat hierbei die Chorionhülle des Konzeptus. Diese bildet um den 30. Tag p. c. einen sogenannten „Choriongürtel", eine mehrreihige Zellschicht im Bereich der „Äqutorialebene" der äußeren Fruchthülle, der kugeligen Struktur, aus. Von diesen Zellen wandern während der andauernden Fruchtwanderung durch das Gebärmutterlumen einige in die zwischenzeitlich angelegten Krypten oder Krater bzw. Cups der Schleimhaut (Endometrial Cups) aus und kolonisieren diese Endometriumsstrukturen. Durch die veränderte Umgebungsstruktur, Fremdstruktur, beginnen diese Zellen Proteine zu sezernieren, das ecG. Dieses hormonartige Substrat gelangt über den Blutstrom in die Ovarien und wirkt hier FSH und LH-ähnlich (analog), wodurch zwar östrogenproduzierende Bläschen gebildet werden, welche auch äußere Rosseerscheinungen erzeugen können (Rosse in der Frühträchtigkeit), um den 35. bis 42. Trächtigkeitstag in aller Regel aber als anovulatorische Strukturen luteinisieren, P4 sezernieren und als Hilfsgelbkörper bis zum ca. 60. Trächtigkeitstag fungieren. Im peripheren Blut ist das ecG (früher PMSG) bis zum ca. 120. Tag der Gravidität nachweisbar. Es wird hier gewonnen und bei anderen Spezies als FSH-Analogon für ovarielle Stimulationsprogramme im Rahmen des Embryotransfers auch in der Humanmedizin genutzt. Nach dem ca. 60. Trächtigkeitstag übernimmt die Gebärmutter die alleinige Synthese des P4. Das ist auch der Grund, warum eine Aborteinleitung mit dem luteolytisch wirkenden Prostaglandin $F_{2\alpha}$ bei der Stute nur bis zur ca. 5. bis 6. Trächtigkeitswoche möglich ist und danach lediglich die myometrische Wirksamkeit des $PGF_{2\alpha}$ durch kontrollierte mehrmalige Anwendung wirksam sein kann.

Es ist deshalb ratsam, eine weitere Feststellung der Gravidität nach all diesen hormonellen Abläufen ca. 6 bis 8 Wochen p. c. durchzuführen. Bei der rektalen bzw. Ultraschalluntersuchung können eindeutige Fruchtteile, Herzaktionen sowie spontane Bewegungen als Zeichen der lebenden Frucht und bei einiger Übung oft auch die Geschlechtsmerkmale zur Geschlechtsbestimmung festgestellt werden.

Die Geburtswege, Scham, Vorhof, Hymen, Vaginalgewölbe und äußerer Muttermund sind matt glänzend und von pappigem Schleim überzogen, der als relatives Hindernis bei der Einführung des Spekulums bemerkbar ist. Der äußere Muttermund ist fest mit diesem weißlichen Schleimüberzug verschlossen. Diese weißliche Färbung rührt von eingewanderten Leukozyten her, die hier eine Wächterfunktion vor evtl. Keimbesiedlungen haben.

In der folgenden Graviditätszeit ist auf eine gute Pflege, Aufstallung mit freiem Weidegang und entsprechende Hygiene zu achten.

Im Rahmen der sogenannten Herbstuntersuchung sollte nochmals überprüft werden, ob die Frucht lebt und ihre Lagerung dem Trächtigkeitsstadium entspricht. An der Stute sollte kurz auch das Gesäuge klinisch überprüft werden.

10.1.7 Euter (Uber)

Das Euter der Stute besteht aus zwei Mammarkomplexen mit Corpus mammae und Zitzen (Papilla mammae).

Jeder Mammarkomplex weist zwei, seltener drei Drüsen (Gll. mammariae) auf, die jeweils ein unabhängiges Gangsystem, von den Alveolen kommend, als Duc-

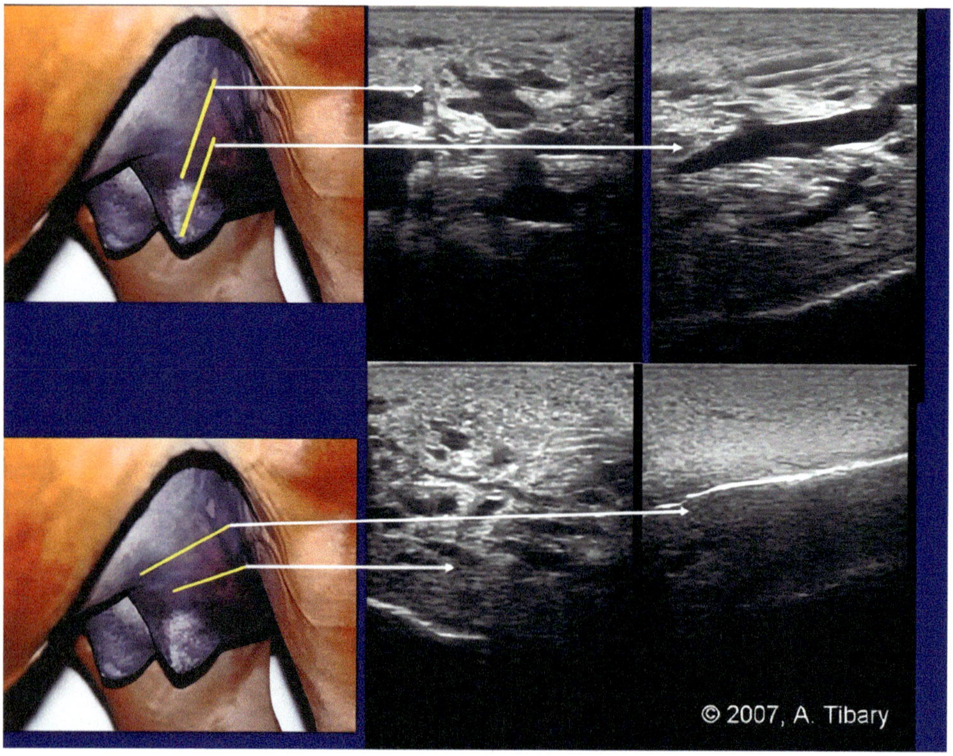

Abb. 6 – Euter adspektatorisch mit Ultraschallschnitt an der gelben Linie. Die weiße Linie im Ultraschallbild stellt den Sulkus intramammarikus zwischen den zwei Euterhälften dar.

tus lactiferi zum jeweiligen Sinus lactiferus führen. Sie münden in einen Ductus papillaris, der als Ostium papillare nach außen führt. Deshalb sehen wir an der Zitzenspitze jeweils zwei, selten drei Ausführungsöffnungen.

Im Ultraschallbild können dementsprechende Strukturen erkannt werden. Ausgehend von der äußeren Haut als dichtere, dünne Struktur (weißer Streifen) folgt nach innen das grieselige, gräuliche Drüsengewebe und darauf wieder das dichtere (feine Streifen), das Gangsystem auskleidende feste Bindegewebe. Die Lumina der flüssigkeitsgefüllten Hohlräume sind echoschwach, fast schwarz.

Je nach Schnittebene ergeben sich runde (Querschnitt) oder schlitzförmig bis ovale (Längsschnitt) dunkle Flächen insbesondere im Bereich der Zitzenzisterne, auch im nicht laktierenden Zustand. Die Eutergefäße sind an der Organbasis deutlich zu erkennen und vergrößern ihre Durchmesser zur Geburt und Laktionsvorbereitung. Bei Veränderungen, z.B. Ödemen, sind die entsprechenden Abschnitte (Drüsenanteile) vermehrt und bei Entzündungen die Gangsysteme verdickt und dichter, bzw. mit demarkiertem Sekret gefüllt.

Die weiße Demarkationsgrenze zwischen Drüsenanteil und Gangsystem wird prononcierter und breiter.

10.1.8 Partus

Der Geburtsverlauf beim Pferd ist durch einen schnellen Ablauf gekennzeichnet. Innerhalb von ca. 30 bis 120 Minuten sollte der Vorgang samt Nachgeburtsabgang beendet sein. Außerdem ist festzustellen, dass die Geburten zumeist zwischen 1 und 6 Uhr stattfinden. Der natürliche Grund hierfür ist das Gefährdungspotenzial durch Raubtiere in der Natur. Aufgrund dieser Gegebenheiten ist die Geburtshilfe eine besondere Herausforderung und von einer sorgfältigen Geburtsüberwachung abhängig.

Eindeutige Aussagen zur Geburtsvorhersage beim Pferd sind schwierig. Auch die Teststreifen zur Ca/Mg-Messung sind nur mit Sachverstand und in Kombination mit den wenigen klinischen Symptomen interpretierbar. Insbesondere bei Stuten mit pathologischen Veränderungen an der Plazenta wie Auflösungs- und Entzündungsvorgängen zeigt der Test falsche Vorhersageergebnisse. So kann ein Test eine 90%ige Wahrscheinlichkeit der Geburt innerhalb von 12 Stunden anzeigen, aber die Geburt tritt tatsächlich erst nach mehr als 48 Stunden ein.

Es sind deshalb nach wie vor die direkten Beobachtungsmaßnahmen mit Stallwache rund um die Uhr die meisteingesetzten. Als Hilfsmittel werden Schweißbänder mit Sender angelegt, um die Transpiration zu Beginn der Presswehen (Dolores ad partum) gemeldet zu bekommen. Videoüberwachungen oder Bewegungsmelder sowie Lichtschranken registrieren und melden das Ablegen der Stute.

Die Sorge gilt hierbei sowohl der Stute als auch dem Fohlen. Das Fohlen befindet sich während und nach der Austreibung oftmals noch in Teilen der Am-

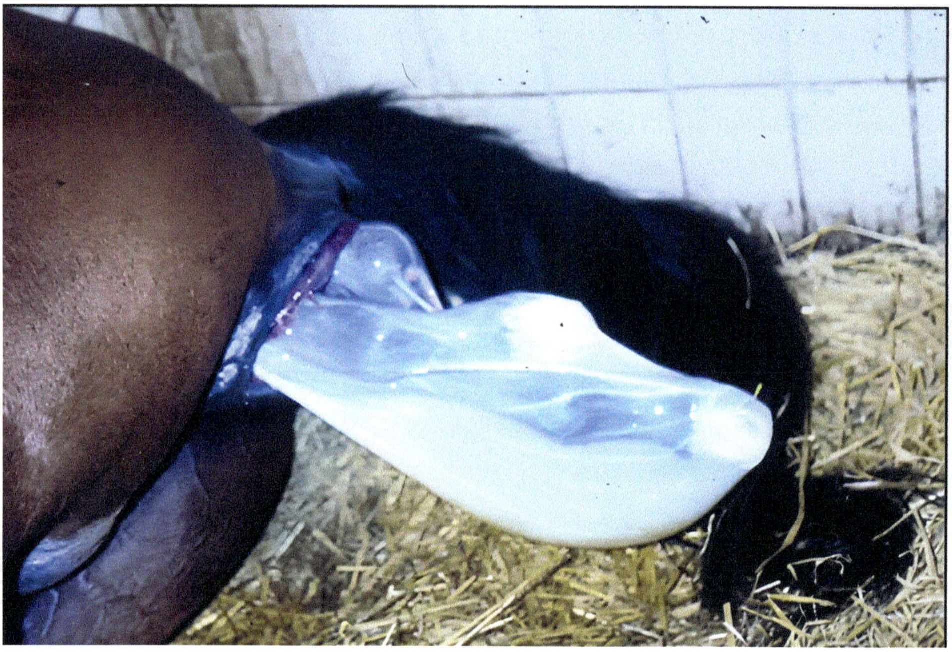

Abb. 7 – Die Stute liegt, das Allantois-Chorion ist gebrochen, es erscheint die durchsichtige Amnionblase mit den erkennbaren Vorderbeinen und der Nasenspitze direkt unter dem Schweifansatz.

nionhülle und kann ersticken. Es muss also nach der Geburt sofort aus dieser „Glückshaube" befreit werden, damit diese nicht zur „Unglückshaube" wird.

Sowohl die primäre als auch die sekundäre Wehenschwäche kommen bei Stuten selten vor. Dabei tritt die primäre Wehenschwäche oft rezidivierend bei kurz aufeinander folgenden Trächtigkeiten sowie bei alten und schlecht vorbereiteten Stuten auf Die Hauptgefahr geht dabei von vorzeitig einsetzenden Ablösungsprozessen der Plazenta aus, was zu asphyktischer Schädigung des Fohlens und Nachgeburtsverhaltungen führen kann.

Bei unphysiologischer Lagerung der Frucht kommt es zu Verletzungen des Geburtsweges. Gleichzeitig behindern gelegentlich eintretende „Sturmwehen" geburtshilfliches Eingreifen und es kann zum gefürchteten „Tetanus uteri" mit nachfolgender Atonie kommen.

Geburtsstörungen durch den knöchernen Geburtsweg treten beim Pferd bei relativ und absolut zu großen Früchten oder bei spätgebärenden alten „Maidenstuten“ auf. In diesen Fällen sind Feto- bzw. Teilfetotomien erforderlich.

Beim Pferd erfolgen 98 bis 99 % der Geburten in Vorderendlage. Bauchquer- oder -vertikallagen treten häufiger auf als Rückenquer- oder -vertikallagen. Stellungsfehler, wie seitliche oder untere Stellung, sind bei Totgeburten und primärer Wehenschwäche zu beobachten.

Haltungsfehler sind häufige fetusbedingte Geburtskomplikationen. Dabei ist die Kopfseitenhaltung, aufgrund des langen Fohlenhalses mit dem schmalen, langen Kopf, recht häufig anzutreffen und ist oft mit einer Skoliose der Halswirbelsäule vergesellschaftet, was auf eine lang dauernde Verlagerung schließen lässt. Inwieweit hier erbliche Belastungen mitwirken, ist nicht eindeutig geklärt. Diese Veränderung kann bis zu 17 % ursächlich für Schwergeburten verantwortlich gemacht werden. Außerdem treten auch die Brustkopf- und Rückenkopfhaltung auf.

Die häufigsten fetusbedingten Geburtskomplikationen sind fehlerhafte Haltungen. Hierzu zählen insbesondere die Karpalbeuge- sowie die Fußnackenhaltung, wogegen die Schulter oder Schulter-Ellbogen Beugehaltung seltener auftreten.

Aufgrund des schnellen und auch beim ungestörten Geburtsvorgang durch heftige Austreibungswehen gekennzeichneten Geburtsvorgangs sind Zerreißungen des weichen Geburtswegs bei nicht rechtzeitiger Hilfe und Dammschutz, besonders bei Enge des weichen Geburtswegs bzw. schlecht vorbereiteten primiparen Stuten zu befürchten. Vaginalrisse können dabei entweder durch die Hufe des Fohlens, nach Abstreifen des Sohlenkissens durch verstärkte geburtshilfliche Maßnahmen oder während solcher durch den Operateur bei ungenügendem Hufschutz entstehen. Verletzungen können in allen Vaginalabschnitten entstehen, wobei häufig das dorsale Scheidendach beschädigt wird. Entstehen derartige Perforationen in mehr kranialen Bereichen, können diese bis in die Bauchhöhle führen und selbst Schäden an Colon und Rektum verursachen. Oft werden derartige Verletzungen insbesondere nach Sturmwehen und fehlerhafter nachgeburtshilflicher Untersuchung nicht erkannt, was dann zu Darmprolaps, Peritonitis bzw. Rekto-Vaginalfistel führen kann

Abb. 8 – Vollständiger Dammriss.

Der Dammriss ...
... ist eine Gewebszerreißung zwischen der dorsalen Schamkommissur und dem Anus in unterschiedlicher Ausdehnung und Tiefe.

Begünstigend sind:

- Narben
- mangelhafte Geburtsvorbereitung
- absolute oder relativ zu große Foeten
- Stellungs- und Haltungsfehler der Frucht

und für das Muttertier lebensbedrohlich ist. Verletzungen der Zervix treten insbesondere nach überstürztem Auszug, schwieriger Reposition und nach Fetotomien auf. Außerdem vermindern Narben im Scheiden-Dammbereich infolge vorangegangener Operationen (Caslick-Operation, Episiotomie) oder Geburtsverletzungen die Dehnbarkeit des Gewebes bei der Geburt und begünstigen das Einreißen. Zur Vermeidung eines vollständigen Dammrisses wird bei solchen Stuten die Episiotomie empfohlen. Partielle Dammrisse oder Episiotomie-Verletzungen können innerhalb der ersten Stunden mit guten Erfolgsaussichten operativ versorgt werden.

Uterusverdrehungen können sich ante partum insbesondere während des Absenkungsstadiums im 8. bis 10. Trächtigkeitsmonat oder intra partum während des Öffnungsstadiums einstellen. Sie stellen ein absolutes Geburtshindernis dar, sodass in der Regel eine Sectio caesarea bzw. eine intraabdominale Retorsion nach Laparotomie erforderlich wird.

Zweihornträchtigkeiten treten bei der Stute in ca. 0,5 % der Trächtigkeiten auf und sind zu 50 % Indikation für Kaiserschnitte.

Alle diese Störungen, insbesondere Aborte, Frühgeburten, i.u. Infektionen, Atonia uteri, Sectio caesarea, Fruchttod oder ausbleibendes Saugen führen zu Störungen im Ablösungsprozess der Plazenta fetalis und damit zu Störungen des Nachgeburtsabgangs bzw. Retentio secundinarum.

Als Faustzahlen für den Nachgeburtsabgang können gelten:

- bis 6 Std. p.p. regelhafter Abgang,
- ab 6 Std. p.p. verzögerter Abgang,
- ab 12 Std. p.p. Nachgeburtsverhaltung.

Erste Maßnahmen bei Retentio secundinarum bei der Stute

- Vorsichtiger (!) 1. Abnahmeversuch,
- Tropfinfusion 10 I.E. Oxytocin in 1 l Infusionslösung über 1 Std.,
- Antibiotische Versorgung des Uterus,
- Abschneiden der Nachgeburtsteile handbreit distal der Scham,
- Allgemeine medizinisch-prophylaktische Versorgung der Stute (Antibiose).

Die Anzeichen der nahenden Geburt sind bei den Stuten sehr individuell ausgeprägt. Der Geburtsverlauf wird durch drei Phasen gekennzeichnet: Vorbereitungsphase, Eröffnungsphase und Austreibungsphase. Diese Phasen sind bei der Stute zwar genau definiert, jedoch aufgrund des rasch ablaufenden Geburtsvorgangs oft nur andeutungsweise voneinander abzugrenzen. Da beim Pferd erfahrungsgemäß die meisten Geburten während der Nacht stattfinden (90 % zwischen 23.00 und 06.00 Uhr) und die Stuten den Geburtsverlauf in geringen Grenzen kontrollieren können, sollte der Geburtseintritt möglichst erkannt werden, damit bei Bedarf schnell Hilfe geleistet werden kann: Denn sowohl die Stute als auch das Fohlen sind bei Geburtsstörungen akut gefährdet.

Die trächtige Stute zeigt im Allgemeinen eine entsprechende Leibesfülle. Die äußeren Geschlechtsorgane sind ödematös geschwollen, der Bandapparat beginnt sich zu lockern. Letzteres zeigt sich in einem etwas schwankenden, z.T. auch schwerfälligeren Gang. Im letzten Monat, manchmal auch erst in der letzten Woche der Gravidität beginnt die eigentliche Vorbereitungsphase. Dabei werden zusammen mit den äußeren Feststellungen an den Geschlechtsorganen auch entsprechende innere Geburtsvorbereitungen beobachtet. Hieraus resultieren die ersten Stellwehen. Es sind zunächst Uteruskontraktionen, die reaktiv durch das Größenwachstum und die Bewegungen der Frucht sowie Druck durch benachbarte Eingeweide und die muskulatur hervorgerufen werden. Dabei wird einerseits die Gebärmutter insgesamt im Abdomen aufgerichtet und gleichzeitig die Frucht aus ihrer unteren Stellung etwas seitlich abgedrängt, um danach wieder abzusinken. Derartige Myometrium-Aktivitäten können auch an der Bauchdecke in entsprechenden peristaltischen Bewegungen beobachtet werden, die der Stute auch kolikartige Schmerzen bereiten können. Zunächst treten die frühen Stellwehen in unregelmäßigen, längeren Zeitabständen oft nach Aufnahme kalten Wassers auf, um mit fortschreitender Gravidität in immer kürzeren Zeitintervallen festgestellt zu werden. Stunden vor der Geburt kommt es zum Einfallen der Beckenbänder, was aber aufgrund der starken Bemuskelung der Stute im Kruppenbereich nur undeutlich zu erkennen ist. Gleichzeitig ist ein Einfallen der Flankengegend sowie ein Absinken der Frucht im Mutterleib zu beobachten.

Ein relativ sicheres Zeichen der nahenden Geburt ist die Vergrößerung des Eutervolumens, die bei den meisten Stuten ab ca. 2 Wochen vor der Geburt zu erkennen ist. Außerdem ändert das Eutersekret seine Färbung von bräunlich (ca. 1 bis 2 Wochen a. p.) über gelblich nach weißgelblich zum Geburtstermin und seine Konsistenz von wässrig zu viskös.

Bei den meisten Stuten können an den Zitzenkanalöffnungen sogenannte Harztröpfchen 1 bis 4 Tage vor der Geburt beobachtet werden. Dabei handelt es

Abb. 9 – Wenige Minuten nach der Geburt liegt das Fohlen in Brustposition, mit untergeschlagenen Beinen, erhobenem Kopf sowie mit stehenden Ohren und geschlossenem Mundspalt. Die Augen sind offen, auf Geräusche reagiert es. Alles zusammen genommen sprechen diese Kriterien für ein intaktes sensibles Nervensystem sowie für eine normale Vigilanz.

sich um eingetrocknete Präkolostralmilch. Es gibt aber auch Stuten, bei denen Präkolostrum schon Wochen vor der Geburt abfließt. Bei Maidenstuten ist oft auch kurz vor der Geburt nur eine minimale Euterentwicklung ohne Harztröpfchen und praktisch ohne Kolostrum im Euter festzustellen. Aufgrund der Feststellung, dass die Ca-Konzentration im Eutersekret über 10 mmol/l ansteigt, wenn die Geburt naht, wurden Tests zur Feststellung der Ca-Konzentration im Gemelk als mögliche Geburtsvorhersagetests eingeführt. Es ist zu empfehlen, den Test möglichst spät am Abend durchzuführen, da die Veränderungen an Ca- und Mg-Konzentrationen im Eutersekret vor der Geburt sehr schnell ablaufen.

In diesem Zusammenhang konnte eine Korrelation von Färbezeit im Test und Nähe des Geburtstermins erkannt werden. Als Geburtsvorhersage können derartige Befunde aber nicht ausschließlich herangezogen werden. Ein relativ sicheres Zeichen der nahenden Geburt ist die Vergrößerung des Eutervolumens, die bei den meisten Stuten ab 2 Wochen vor der Geburt zu erkennen ist.

Bei Beginn der Geburt beginnen die Stuten stark zu schwitzen, sie legen sich ab. Deshalb werden Geburtsmelder (Schweiß-Flüssigkeits-Indikatoren) als Brustgurte und/oder Lichtschranken sowie Überwachungskameras in den Geburtsboxen installiert, damit eine sichere Kontrolle möglich wird.

Eine deutliche endokrine Veränderung ist während der letzten Wochen vor der Geburt im Anstieg der Progesteronkonzentration und in dem plötzlichen, innerhalb von 24 Stunden ante partum festzustellenden Abfall zu erkennen, was dann zu einer Zunahme im Östradiol-Progesteron-Verhältnis führt. Diese Veränderung im Proporz der Steroidhormone, welche das Myometrium von der inhibitorischen Wirkung des Relaxins und Progesterons befreit, ermöglicht die Geburt.

Ein präpartaler Anstieg in der Progesteronkonzentration bis 3 Tage vor der Geburt deutet auf eine Entleerung der Speicher in den Chorion-Zotten durch den Druck der Stellwehen auf die plazentare Verankerung. Dieser Mechanismus wird durch die fötalen adrenocortikalen Hormone verursacht.

Durch diese hormonalen Veränderungen ist das Myometrium zunehmend zu Kontraktionen in der Lage. Die regelmäßig ablaufenden Stellwehen (Dolores präparantes) können so den Fötus aus seiner unteren in eine seitliche und letztlich in die obere Geburtsstellung bringen. Gleichzeitig streckt sich die Frucht, die Druckkräfte des Uterus treiben jetzt die Frucht in Richtung Zervix/Vaginalkanal. Die Stellwehen gehen in die Öffnungswehen über. Mit dem Druck des Fetenkopfes auf Nervenendkörperchen im Bereich des sich öffnenden und verstreichenden Zervix wird ein visceromotorischer Reflex (Fergusson-Reflex) ausgelöst, wodurch Oxytocin aus dem Hypophysenhinterlappen freigesetzt wird. Die Öffnungsphase geht in die Austreibungsphase über. Das rasche Ansteigen des Oxytocinspiegels im Blut löst nun die tuberocervical gerichteten, rhythmischen Austreibungswehen (Presswehen), die eigentlichen Geburtswehen aus. Unterstützt

Abb. 10 – Direkt nach dem Partus, die Nachgeburtsteile „hängen“ noch. Das Fohlen unternimmt erste Aufstehversuche.

werden diese längsgerichteten Myometrium-Kontraktionen durch das kurzzeitige rhythmische Einsetzen der Rumpfmuskulatur, der Bauchpresse. Diese wird durch Reizung von Druckrezeptoren im Scheidendach durch den durchdringenden Fötus ausgelöst. Diese Rezeptoren im Scheidendach werden durch den N. pudendus mit dem Rückenmark verbunden und lösen damit die Kontraktionen der Bauchmuskulatur aus.

Mit dem Einsetzen der ersten Bauchpressenstöße beginnt die Stute zu schwitzen, wird sehr unruhig und legt sich in aller Regel nieder. Die enormen Austreibungskräfte sind gemeinsam mit der anatomischen Struktur des Stutenbeckens für den raschen Verlauf des Geburtsgeschehens verantwortlich. Insgesamt ist mit dem Austreiben der Frucht und dem Abnabeln die Geburt beendet, die Nachgeburtsphase beginnt. Bei Stuten mit unproblematischem Geburtsverlauf ist auch mit einem „Physiologischen Nachgeburtsabgang“ zu rechnen. Eine Voraussetzzung hierfür ist auch, dass der vom Fohlen gesetzte Saugreiz zur weiteren Oxytocinausschüttung rechtzeitig ca. 30 bis 60 Minuten p. p. gesetzt wird.

Bei der hormonellen Regulation in der materno-plazentaren Verbindung als Ort der Steroidsynthese am Ende der Gravidität zeichnen sich Veränderungen ab, welche einerseits als Ausdruck der P4/E2-Ratio die Wehentätigkeit zulassen und gleichzeitig die Ovarien wieder als Ansprechsorgan auf die p. p. beginnende zyklische Aktivität vorbereiten und mit vom Fötus gesteuert werden.

Ablösungsprozesse der Plazenta

A. Ante und sub partu (Histologische Reifung und Loslösung unter endokriner Steuerung). Mechanische Lockerungsprozesse)

1. Reifung und Gewebsentspannung (pars maternalis und pars fetalis)
2. Geburtswehen, rhythmische Veränderungen der Druckverhältnisse in den Verankerungen zwischen Choreonzotten und Uterusschleimhautkrypten (mechanischer Lockerungsprozess)

B. Post partum (mechanische Lockerungsprozesse unter immunologisch/enzymatischen Veränderungen)

- 1 Anämie der Choreonzotten nach dem Abnabeln
- 2 Nachgeburtswehen (von apikal nach kaudal verlaufend) und beginnende Einstülpung der Fruchthüllen von apikal nach kaudal
- 3 Abgang der Secundinae

10.1.9 Puerperium und Anlaufen des Geschlechtszyklus post partum, Fohlenrosse

Eine Woche nach dem Abfohlen beginnt bei Stuten in der Regel die Fohlenrosse. Da zu diesem Zeitpunkt noch ein sehr hoher Keimgehalt in der Gebärmutter vorhanden ist, die Involutionsvorgänge noch nicht abgeschlossen und die Befruchtungsaussichten damit nicht optimal sind, wird eine Besamung in der Fohlenrosse allgemein nicht empfohlen.

Als Alternative wird die darauffolgende Rosse genutzt. Jedoch steht diesem Bestreben oft das Eintreten der Stuten in die laktations- oder jahreszeitlich bedingte Anöstrie entgegen. In diesen Fällen sollte eine Abwägung zwischen dem Wohl der Stute und einer künstlichen, oft wirtschaftlich begründeten Zyklusinduktion vorgenommen werden.

Um ein ungestörtes Abfohlverhalten zu gewährleisten, sollten auf den Gestüten entsprechende Vorkehrungen getroffen werden. Hierzu gehören:

Organisation im Stutenstall

Frequenz von Tierbewegungen und Menschen auf ein Minimum beschränken, Fremdbesucher vermeiden. Insbesondere auch andere Haustiere wie Hunde und Katzen fernhalten!

- Kontakt frisch gefohlter zu abfohlenden Stuten vermeiden, abortierte Stuten unbedingt bis zur Abklärung der Ursache isolieren

EHV Impfung sorgfältig handhaben

Maßnahmen vor der Geburt bei Pferden:

Mindestens 14 Tage vor der Geburt die Stute in eine Abfohlbox stellen, gegebenenfalls Hufeisen entfernen (Boxenfläche für eine Stute mit Fohlen (Abfohlbox) mindestens 2,3 x WH^2.

Hochgeschlossene Trennwände sollten nur in Ausnahmefällen in Abfohlboxen verwendet werden und unter der Voraussetzung, dass die Pferde mindestens einen Artgenossen über die Frontseite sehen, riechen und hören können. (Aus: Leitlinien zur Beurteilung von Pferdehaltungen unter Tierschutzgesichtspunkten vom 9. Juni 2009, Bundesministerium für Ernährung, Landwirtschaft und Verbraucherschutz)

- 3 bis 5 Tage vor der Geburt entwurmen (Strongyliden und Zwergfadenwürmer)
- Stuten mit zu erwartenden Geburtsstörungen regelmäßig auf Anzeichen der herannahenden Geburt kontrollieren, Geburtsüberwachung
- Geburtshilfen und Eingriffe in den Uterus nur unter sterilen Bedingungen (Handdesinfektion)

Versorgung von Stute und Fohlen nach der Geburt

Bei der Entfernung von Schleim dem Fohlen nicht ins Maul fassen, nur von außen über die Nase abstreifen

- Bei Atemproblemen: 1–2 ml Lobelin i.m. injizieren, Respirot in die Nase oder auf den Zungengrund
- Möglichst spät abnabeln, da noch erhebliche Mengen Blut aus der Plazenta nachlaufen
- Nabeldesinfektion mit Jod
- Stellreflex und Saugreflex kontrollieren
- Kolostrum muss in den ersten 3 Stunden aufgenommen werden, anderenfalls Kolostrum ermelken und mit einer Nuckelflasche eingeben
- Kolostrum-Reserve (ca. 100-ml-Portionen) anlegen, eingefroren bei -20 °C ist es zwei Jahre haltbar
- Injektion von 2 ml Baypamun P oder Duphamun (Paramunitätsinducer) und 5 ml Vitaselen i.m.
- Bei Hengstfohlen ein Klistier verabreichen
- Generell den Abgang des Mekoniums kontrollieren, erst wenn Milchkot kommt, ist die Obstipationsgefahr vorüber
- Bei allergischen Reaktionen auf das Kolostrom (hämolytischer Ikterus) Ersatzkolostrum einsetzen
- Am 3. Lebenstag erneut Paramunitätsinducer verabreichen
- 7. Lebenstag: 1. Wurmkur, in 14-tägigen Abständen wiederholen bis zum 3. Lebensmonat
- im 3. Lebensmonat: 1. Grundimmunisierung mit Resequin plus

10.1.10 Geschlechtsgesundheit und zuchthygienische Bedingungen der Stute: Determinierende Voraussetzungen

10.1.10.1 Klinisch-gynäkologische Untersuchungen auf Zuchttauglichkeit

Im Allgemeinen wird die Zuchtkontrolle im Herbst als Herbstuntersuchung begonnen. Aufgrund der hierbei erzielten Ergebnisse werden die Stuten in Fruchtbarkeitsklassen eingeteilt und es werden die züchterischen Weichen gestellt. In diesem Zusammenhang bestehen Unterschiede zwischen den Zuchtverbänden der verschiedenen Pferderassen. Während in der Kalt- und Warmblutzucht die Fortpflanzungsmodalitäten weitgehend frei gestaltet werden können, wird in der Vollblutzucht durch die Regularien des Direktoriums für Vollblutzucht und Rennen eine eindeutige Vorgehensweise vorgeschrieben, welche auch als allgemeine Orientierung zur Zuchtüberwachung dienen kann. So wird eine „Herbstuntersuchung" der Zuchtstuten und deren Dokumentation auf Stutenkarten zwingend vorgeschrieben. Diese „Herbstuntersuchung" wird von unabhängigen, bestellten Spezialisten jährlich im September durchgeführt. Die Feststellung der Trächtigkeit führt zur Fälligkeit der Decktaxe, güste und Maidenstuten werden vollständig zuchthygienisch untersucht. Auf diese Informationen, welche in der Einteilung in eine Fruchtbarkeitsklasse (Tabelle 1) münden, kann und sollte zurückgegriffen werden.

Tabelle 1 – Fruchtbarkeitsklassen nach GÖTZE und MERCKT [48]

Klasse	Voraussetzungen	Aussicht auf Trächtigkeit in der Zuchtsaison
I	Tragende Stuten und Maidenstuten ohne klinische und bakteriologische Bedenken	70–100 %
II	Stuten ohne klinische und bakteriologische Bedenken, die ein Jahr güst geblieben sind	50–70 %
III	Stuten ohne klinische und bakteriologische Bedenken, die mehr als ein Jahr güst geblieben sind, und Stuten der Klasse IV bzw. V nach Abheilung	25–50 %
IV	Stuten, die klinische Krankheitserscheinungen zeigen oder bakteriologisch bedenklich sind	0– 25 %
V	Stuten, die wegen erheblicher klinischer Krankheitserscheinungen oder aus anderen Gründen keine Aussicht auf Wiederherstellung mehr bieten	fast 0 %

Quelle: Pferdekrankheiten; 4. Arbeitstagung der Fachgruppe „Pferdekrankheiten" der DVG in München 1975.

Eine derartige Vorgehensweise ist schlüssig und sowohl für den Züchter als auch den Tierarzt eine gute Handreichung für eine erfolgreiche Zuchtarbeit, in deren Mittelpunkt die erfolgreiche Zucht mit einer Gravidität steht.

Bei 0-paren Stuten gehen viele Züchter davon aus, dass venerische Infektionen bei Maidenstuten nicht vorkommen. Aber auch bei Maidenstuten werden gelegentlich Genitalinfektionen festgestellt. Diese können beispielsweise durch Kontakte zu Wallachen bei der gemeinsamen Weidehaltung verursacht worden sein. Deshalb kann zum Schutz des Hengstes und der anderen Stuten auf Tupfer Proben von Zervix und Fossa clitoridis nicht verzichtet werden. Beachtet werden in diesem Zusammenhang insbesondere Vollblüter, welche in aller Regel nach ihrem Einsatz auf der Rennbahn als „Maidenstuten" in die Gestüte kommen. Sie sind also 5 Jahre und älter. Mit diesem Alter ist die Geschlechts- und Zuchtreife in jedem Falle erreicht.

Die zuchthygienische Arbeit beginnt mit der Erstuntersuchung des Genitals, der Feststellung des Zyklusstandes und der Entnahme der Tupferproben. Sollen Stuten z.B. durch Lichtprogramme vorzeitig in den Zyklus gebracht werden, sollte der Zustand der Ovarien insbesondere in Bezug auf Restgelbkörper (Progesteronsekretion z.B. mit einem semiquantitativen Schnelltest vor Ort) überprüft und im Zweifelsfall durch eine $PGF_{2\alpha}$-Injektion entfernt werden.

Eine zyklische Maidenstute ist bei negativem Tupferbefund der Fruchtbarkeitsklasse I nach Götze und Merckt zuzuordnen, hat also bei voller Ausnutzung der Zuchtsaison eine 70- bis 100%ige Chance auf eine Trächtigkeit.

Nach Feststellung der Geschlechtsgesundheit kann die Bestimmung des idealen Decktermins erfolgen.

10.1.10.2 Festlegung des Decktermins

Der ideale Deckzeitpunkt ist der Tag vor dem Eisprung, da hier die Duldung der Stute noch voll ausgeprägt ist und man von einer mindestens zweitägigen Befruchtungsfähigkeit des Samens im weiblichen Genitale ausgehen kann. Bei der Stute ist die Vorhersage des Ovulationszeitpunktes schwierig, da die Dauer der

Rosse großen individuellen und jahreszeitlichen Schwankungen unterliegt. Auch mit klinischen Untersuchungen, Hormonbestimmungen oder anhand hämatologischer Parameter ist es bisher nicht gelungen, eine Vorhersage des Ovulationszeitpunktes bei der Stute sicher zu stellen. Ist nach Ablauf von 2 Tagen der Eisprung noch nicht erfolgt, wird die Stute erneut dem Hengst zugeführt, da in der Vollblutzucht lediglich der „Natursprung" zugelassen ist. Die Herausforderung liegt also in der sicheren Vorhersage der Ovulation für die nächsten 2 Tage. Auf Vollblutgestüten ist daher in der Hauptsaison ein 2- bis 3-tägiges Untersuchungsintervall anzuraten, um mit dem Stutenmeister die Deckplanung für die Hengste vorzunehmen.

Bei den anderen Zuchtverbänden führen die wirtschaftlichen Überlegungen im Management dazu, dass durch die gezielte Anpaarung züchterisch wertvoller Elterntiere vielversprechende Nachzucht erzeugt und durch hohe Trächtigkeitsraten eine optimale züchterische Nutzung des Einzeltieres gewährleistet wird. Deshalb ist in der Warmblutpferdezucht der Natursprung nahezu vollständig durch die künstliche Besamung mit flüssig konserviertem Samen oder Tiefgefriersperma ersetzt worden. Um eine hohe Abfohlrate zu erzielen, sollen Bedeckungen bzw. Besamungen baldmöglichst zu einem positiven Trächtigkeitsbefund führen.

10.1.10.3 Zuchtnahme, Natursprung, künstliche Samenübertragung

Zuchtstuten werden zumeist im Alter von 3 bis 18 Jahren vorgestellt. Bevor die Stuten in ein Besamungsregime aufgenommen werden, sollte eine Zuchttauglichkeitsuntersuchung nach obigem Muster abgeschlossen sein und eine Einschätzung ihrer Fruchtbarkeitsaussichten mit dem Besitzer bzw. Halter abgesprochen werden. Hierbei sollte besonders auf die Stuten der Klassen IV und V eingegangen werden. Für diese Stuten wäre ein vollständiger Zuchtausschluss für die laufende Saison zu erwägen und eine Zuchtpause mit Weidegang bis zur nächsten Saison anzuraten.

> Die Prüfung des Paarungsverhaltens am Probierhengst sollte jedem anderen diagnostischen Verfahren vorausgehen, da es einerseits einen wichtigen Teilbefund zur Diagnostik des Zyklusstadiums liefert, andererseits durch eine kurzfristige Hormonfreisetzung (LH) aus der Hypophyse stimulierend auf das Endokrinum und damit auf die Genitalfunktionen der Stute wirkt.

Direkt vor der Zuchtnahme ist zu empfehlen, mittels einer sonografischen Untersuchung festzustellen, welche Strukturen am Ovar vorhanden sind.

10.1.10.3.1 Natursprung, extensive Betreuung

Das Besamungsintervall richtet sich zum einen nach der Dauer der Befruchtungsfähigkeit der Spermien im weiblichen Genitale und zum anderen nach der Befruchtungsfähigkeit der ovulierten Oozyte mit einer maximalen Lebensdauer von ca. 12 Stunden p. ov. Weiterhin muss die Dauer der Spermienwanderung und der Kapazitation im weiblichen Genitaltrakt berücksichtigt werden, um einen Besamungsmodus zu wählen, bei dem die Spermien kurz vor oder unmittelbar nach der Ovulation den Fertilisationsort erreichen. Naturgemäß bestehen demnach die besten Konzeptionschancen, wenn die Bedeckung in zeitlicher Nähe zur Ovulation stattfindet.

Im Natursprung wird hierfür eine optimale Zeitspanne von ca. 48 Stunden ante ovulationem angegeben. Im Deckbetrieb wird deshalb, beginnend mit dem zweiten oder dritten Rossetag, die Insemination alle 2 Tage bis zum Abklingen der äußeren Rossesymptome bzw. bis zur Feststellung der Ovulation durchgeführt.

Dies ist insgesamt ein recht aufwändiges Vorgehen, ganz abgesehen von der ständigen Verfügbarkeit des Beschälers.

Dieser Mangel kann durch den Einsatz der Ultraschalluntersuchung gemildert werden. Es wird zunächst ab ca. dem 16. bis 17.Tag des Zyklus in 2-tägigen Intervallen bis zum Beginn der Rosse untersucht und danach mit täglichen Kontrollen die Follikeldynamik verfolgt. Auf diese Weise können die Ovulation weitgehend sicher vorhersagt, der Erfolg optimiert und die genannten Probleme minimiert werden. In bekannten Gestüten kann die Untersuchungsfrequenz auf zwei bis drei Untersuchungen ab Rossebeginn mit weitgehender sicherer Vorhersage eingeschränkt werden.

Außerdem kann mithilfe einer Ovulationseinleitung Zeit gewonnen werden. Bei einem Ansprechen auf eine Prostaglandinverabreichung ist eine Ovulationsinduktion bei einer Follikelgröße von ≥ 40 mm mittels hCG i.v. oder i.m. wirkungsvoll. Es kann bei einer großen Anzahl der Stuten schon innerhalb von 24 Stunden zu einer Ovulation kommen. Die Trächtigkeitsergebnisse sind mit 80,6 % sehr gut, die Behandlung erfordert wenig Aufwand und ist einfach durchzuführen.

10.1.10.3.2 Frischsamenübertragung, flüssig konservierter Samen, semiintensive Betreuung

Bei der Frischsamenübertragung sollte die Besamungsdosis mindestens 500 Millionen vorwärtsbewegliche Spermien betragen, um eine gute Fruchtbarkeit zu gewährleisten. Für die Samenübertragung von gekühltem, flüssig konserviertem Samen liegen die Empfehlungen jedoch bei 1 Milliarde Spermien pro Besamungsdosis, da durch die Kühlung die Vitalität der Spermien abnimmt. Das Besamungsvolumen hat einen signifikanten Einfluss auf die Befruchtungsrate. Als optimal wurde ein Volumen zwischen 10 und 25 ml ermittelt. Ein größeres Besamungsvolumen verdünnten Samens wirkt sich oft negativ auf die Trächtigkeitsrate aus. In den meisten Besamungsprogrammen mit Frischsamen nach Samenteilung und flüssig konserviertem Samen kann verfahren werden wie im Natursprung, wenn die logistischen Voraussetzungen gegeben sind und der Samen ständig zur Verfügung steht

Anders ist die Situation zu bewerten, wenn Mängel im Ejakulat, beispielsweise bei alten Hengsten, festgestellt werden mussten. In solchen Fällen kann das Trächtigkeitsergebnis durch eine tägliche oder zweimal tägliche Besamung verbessert werden.

Mit einem täglichen Einsatz des US-Gerätes kann hierbei die Ovulation 24 bis 12 Stunden im Voraus angesagt und die entsprechende Organisation für die Verfügbarkeit des Samens getroffen werden.

Naturgemäß bestehen die besten Konzeptionschancen, wenn die Bedeckung bzw. Insemination in zeitlicher Nähe zur Ovulation stattfindet. Bei der Stute ist dies eine Zeitspanne von ca. 12 Stunden vor bis 6 bis 8 Stunden nach der Ovulation. Ob die Bedeckung prä- oder postovulatorisch vorgenommen werden soll, hängt zumeist vom Untersuchungsintervall ab, das unter praktischen Bedingungen vorgegeben ist, und wird mithilfe des Ultraschallbefundes entschieden. Hierbei kann die Überprüfung der Ausprägung der sogenannten Radspeichenstruktur im Uteruslumen von Nutzen sein. Bei Besamungen, welche später als 12 Stunden nach der Ovulation vorgenommenen werden, ist nur mit einem sehr geringen Trächtigkeitserfolg zu rechnen.

Bei Stuten auch bei Stuten mit Fohlen bei Fuß der Klassen I und II (s. Tabelle 1) kann bei vorhandenem Corpus luteum zur Rosseinduktion (Auslösung der Luteolyse) ein Prostaglandin 2a ($PGF_{2\alpha}$) eingesetzt werden. Da dieses Vorgehen von der Präsenz eines aktiven C. l. abhängig ist, sollte bei Stuten mit unklaren Aussagen zuvor der Progesterongehalt (P4) im Blut (z.B. mit einem Schnelltest im Stall) überprüft werden.

Nach der Rosseinduktion mittels $PGF_{2\alpha}$ kommen oft nur wenige Stuten der Klasse III (Tabelle 1) nicht in Rosse. Diese müssen gesondert weiterverfolgt werden, um zu überprüfen um welche Ursache es sich handelt, etwa Stille Brunst, Anaphrodisie, Anöstrie oder mangelnde Geschlechtsreife.

10.1.10.3.3 Tiefgefrorenes (TG) Sperma, terminorientierte, ovulationsgerichtete Besamung, intensive Betreuung

Bei der Übertragung von Tiefgefriersamen soll die Anzahl an Pailletten verwendet werden, die 500 Millionen vorwärtsbewegliche Samenzellen enthalten.

Der Einsatz von Tiefgefriersamen bringt durch die praktisch unbegrenzte Lagerungsfähigkeit im tiefgefrorenen Zustand den Vorteil, dass der Samen jederzeit versandt werden kann und somit bereits vor der Decksaison auf der entsprechenden Besamungsstation verfügbar ist. Sein Transport muss somit nicht mit dem Ovulationszeitpunkt der Stute koordiniert werden, wenn er benötigt wird. Außerdem ermöglicht der Einsatz von Tiefgefriersamen eine erhöhte Verfügbarkeit internationaler Hengste, den Turniereinsatz von Zuchthengsten auch während der Decksaison sowie die Anlage von Samenbanken.

Es gibt erhebliche individuelle Schwankungen hinsichtlich der Tiefgefrier- und Auftaufähigkeit von Hengstsperma, sodass die Qualität des Samens einiger Hengste nach dem Tiefgefrier- und Auftauprozess stark herabgesetzt sein kann und keine befriedigenden Trächtigkeitsraten mehr erreicht werden.

Da die Befruchtungsfähigkeit des Spermas im aufgetauten Zustand zeitlich begrenzt ist, liegt die ideale Zeitspanne für eine Tiefgefriersamenübertragung zwischen 12 Stunden prä- und 6 Stunden post ovulationem.

Um dieses Zeitoptimum nicht zu verpassen, sind eine frequente sonografische Follikelkontrolle nach Feststellung der Hauptrosse und einem Follikel von >3,5 cm im 6-stündigen Rhythmus und eine unmittelbare Insemination, sobald die Ovulation festgestellt wurde, unumgänglich. Alternativ wäre ein 12- bis 24-stündiger Untersuchungsrhythmus und, sobald ein präovulatorischer Follikel festgestellt wird, eine tägliche Insemination bis zur Ovulation. Weiterhin ist eine Ovulationsinduktion mittels hCG (Humanes Choreogonadotropin) i.v (LH-Analogon) bei Ausprägung eines präovulatorischen Follikels von > 35 mm Durchmesser und eine Insemination 24 Stunden post injectionem möglich. Eventuell sollte jedoch bei hiernach nicht erfolgter Ovulation 36 bis 48 Stunden p.i. eine Nachbesamung vorgenommen werden.

Die Trächtigkeitsergebnisse von Stuten, die mittels TG besamt wurden, liegen um 73,6 %. Dieses Ergebnis ist nur vor dem Hintergrund einer intensiven Überwachung zu sehen; die Stuten sollten alle 6 Stunden nach dem Erreichen eines Follikeldurchmessers von ≥ 40 mm untersucht und nur einmal p. ov. besamt werden.

Bei den Stuten ist zwischen dem 6. und dem 16. Zyklustag mit einem Corpus luteum zu rechnen, der auf $PGF_{2\alpha}$ reagiert. Vor dem 6. Zyklustag führt eine $PGF_{2\alpha}$-Applikation nicht zur Luteolyse, da das sich entwickelnde Gelbkörpergewebe hinsichtlich der $PGF_{2\alpha}$-Wirkung refraktär ist.

10.1.10.4 Zuchtnahme post partum, Fohlenrosse, Rosseinduktion nach der Fohlenrosse

Ziel ist es, die Stuten möglichst in der darauffolgenden Rosse erfolgreich zu besamen. Um die darauffolgende Rosse vorzuverlegen und gegebenenfalls zu verhindern, dass die Stuten laktations- oder jahreszeitlich bedingt anöstrisch oder azyklisch werden, hat sich die Rosseinduktion mit Prostaglandinen als effektiv und wirtschaftlich erwiesen.

Eine Rosseinduktion mittels $PGF_{2\alpha}$ am Tag 18 bis 19 p.p. und eine anschließende Induktion der Ovulation hat sich als wirkungsvoll erwiesen. Eine Induktion der Ovulation in der induzierten Rosse mittels mehrmaliger Applikation von GnRH oder einer einmaligen hCG-Injektion bewirkt offensichtlich ein schnelleres Follikelwachstum und eine schnellere Reifung des Follikels. Entscheidend ist, dass der Behandlungsbeginn nach der Größe des dominanten Follikels und nicht nach der Rossedauer festgelegt wird. Deshalb sollte den Stuten GnRH oder hCG erst bei Vorliegen eines präovulatorischen Follikels von mindestens 35 bis 40 mm Durchmesser verabreicht werden. Die Trächtigkeitsergebnisse bei den Stuten, bei denen mittels Prostaglandin die Rosse induziert wurde, liegen um 68 %; 6,4 % hatten ein negatives TU-Ergebnis und 25,5 % der Stuten kamen nicht in Rosse.

Bei den Stuten, bei denen die Ovulation mittels GnRH induziert wurde, wurden 73,8 % Stuten tragend, 23,8 % wurden nicht in der induzierten Rosse trächtig und bei 2,4 % der Stuten kam es zu keiner Ovulation.

Bei Stuten, die nach der Prostaglandin-Injektion nicht in Rosse kommen und die unbedingt gedeckt werden sollen, kann 6 Tage lang Gestagen verabreicht und im Anschluss daran mit einer Prostaglandin-Injektion eine Luteolyse ausgelöst werden. Ein Großteil dieser Stuten kommt dann in Rosse und kann erfolgreich besamt werden (ca. 60 % TU+). Im Sinne der Stutengesundheit sollte dieses Verfahren aber nur sehr restriktiv genutzt werden.

Eine weitere Möglichkeit liegt in der einmaligen Verabreichung von hCG bei einem dominanten Follikel einer Größe von ≥ 40 mm. Diese Stuten weisen zumeist innerhalb von 24 bis 48 Stunden p.i. eine Ovulation auf.

Bei diesem Regime kann mit 80,6 % tragenden Stuten gerechnet werden.

Tabelle 2 – Zyklussteuerung, Einsatz von Hormonen bei der Zuchtstute

In der Tabelle sind die bedeutendsten klinischen Befunde und mögliche Therapeutische Maßnahmen zusammengefasst.

Äußerer Befund	Ovarbefund	Therapeutische Möglichkeit
Keine Rosse	ohne Funktionskörper	Gestagenverabreichung, $PGF_{2\alpha}$, dann GnRH (2 Tage später) 2-4 Inj. im 6-stündigen Intervall
Keine Rosse	Corpus luteum pseudograviditatis bzw. persistens	$PGF_{2\alpha}$, dann GnRH (2 Tage später) 2-4 Inj. im 6-stündigen Intervall
Keine Rosse	ungestörter Zyklus, Corpus luteum periodium	Echografie Progesteronmessungen > 2 ng; $PGF_{2\alpha}$ i.m.
unregelmäßige Rosse	zystische Gebilde (weich fluktuierend)	Gestagenblock oder hCG, dann $PGF_{2\alpha}$ + (2 Tage später GnRH 2-4 Inj. im 6-stündigem Intervall)
unregelmäßige Rosse	zystische Gebilde (fest derb, knisternd, im Ultraschall echogene Strukturen)	s.o. falls keine Besserung, 1 Jahr Weidegang bzw. Ovarektomie des veränderten Organs
unregelmäßige Rosse	OvarTumore	Ovarektomie des veränderten Organs
Rosseeinleitung	Midlutealphase	$PGF_{2\alpha}$ + GnRH ab 2 Tage später alle 6 Std. bis zur Ovulation
Ovulationsauslösung	Rossefollikel	$PGF_{2\alpha}$ + hCG (hCG, bei wiederholter Anwendung Antikörperbildung möglich)

Es sollte berücksichtigt werden, dass die Trächtigkeitsergebnisse nicht nur von der Rosseinduktion oder von der Ovulationsinduktion abhängig sind, sondern dass zahlreiche Faktoren auf die Konzeptionsergebnisse wirken. Hierfür müssen vonseiten der Hengste die individuellen, d.h. rasse- und altersbedingten Schwankungen sowie die saisonalen sowie fütterungs- und haltungsbedingte Unterschiede berücksichtigt werden.

Insgesamt ist das direkte Fortpflanzungsmanagement entscheidend. Dabei kann durch Induktion der Rosse und die Terminierung der Ovulation die Zahl der zur erfolgreichen Belegung erforderlichen Bedeckungen oder Besamungen verringert werden. Die hierfür möglichen Maßnahmen sind in Tabelle 2 zusammengefasst.

Zur Ovulationsinduktion können bei entsprechendem Bedarf (verzögerte Follikelentwicklung, Wettersturz oder determinierte Ovulationsprogramme) entweder humanes Choriogonadotropin (hCG) oder Gonado-Releasing-Hormon (GnRH) appliziert werden. Bei Letzterem sind häufig Nachdosierungen notwendig. Sobald der Durchmesser des dominanten Rossefollikels eine Größe von ≥ 35 mm erreicht hat, kann den Stuten das GnRH-Präparat alle 6 bis 12 Stunden s.c. bis zur stattgefundenen Ovulation appliziert werden. Die hCG-Applikation sollte bei einer Follikelgröße von ≥ 40 mm i.v. vorgenommen werden. Bei derartigen Vorgehensweisen sollten ab einer Follikelgröße von ≥ 40 mm die Ultraschalluntersuchungen in 6-stündigem Rhythmus bis zur Ovulation und Besamung vorgenommen werden.

Die Ovulationsinduktion mittels mehrmaliger Injektion von GnRH ist wirkungsvoll, doch dauert es länger bis zum Ovulationseintritt als nach einer hCG-Injektion. Die Trächtigkeitsergebnisse waren mit 73,8 % etwas niedriger im Vergleich zur hCG-Gruppe. Jedoch ist diese Methode zur Ovulationsterminierung recht aufwändig und deshalb mit höheren Kosten, die durch mehrmalige Injektionen entstehen, unter Praxisbedingungen nur schwer durchführbar.

Bei mehrmaliger, im Durchschnitt 3-mal täglicher Applikation von GnRH kann eine Ovulation induziert werden. Diese Maßnahme wird insbesondere bei Stuten mit erhöhter verzögerter Ovulationsneigung oder Anöstrie angewendet.

Häufige Besamungen fördern das Risiko einer Kontamination der Gebärmutter und einer daraus resultierenden Gebärmutterentzündung. Durch eine hormonelle Intervention im Bereich der Hypothalamus-Hypophysen-Achse mit GnRH-Analoga oder in der Hypophysen-Gonaden-Achse durch die Verabreichung von hCG ist eine recht genaue Eingrenzung des Ovulationszeitpunktes möglich.

Der Gelbkörper der Stute entzieht sich aufgrund der anatomischen Verhältnisse der Hand des Untersuchers und ist bei der transrektalen Palpation nicht zu befunden. Lediglich das Corpus haemorrhagicum befindet sich zunächst in der Fossa ovarica, kann jedoch bedingt durch seine weiche Konsistenz mit einem präovulatorischen Follikel verwechselt werden.

So wird in der praktischen Arbeit nicht selten ein dominanter, aber nichtovulatorischer Follikel der ersten Anbildungswelle zur letztlich fruchtlosen Besamung genutzt, weil das Corpus luteum nicht diagnostiziert wurde. Die sonografische Untersuchung des Stutenovars verbessert die Diagnosesicherheit. Corpora lutea lassen sich über weite Strecken des Geschlechtszyklus der Stute sonografisch darstellen.

Die Trächtigkeitsraten nach Besamung mit flüssig konserviertem Samen können aufgrund eines intensiven Untersuchungsrhythmus mit ca. 87 % bei durchschnittlich 1,8 Besamungen recht hoch sein.

10.1.10.5 Problemstuten (Fruchtbarkeitsklassen III-IV) intensive Betreuung

11.1.10.5.1 Ovar-determinierte Störungen

> Bei sogenannten Problemstuten können anhand der klinischen Befunde und der Ergebnisse der Ultraschalluntersuchungen und -dokumentationen stichhaltige klinische Diagnosen gestellt werden. Derartige Erhebungen müssen oft über mehrere Zyklen, mit täglichen oder 2- bis 3-tägigen Intervallen durchgeführt werden um letztlich therapeutische Möglichkeiten von ovariell bedingten Fruchtbarkeitsstörungen zu erarbeiten.

Als Ursachen derartiger Störungen werden Ovulationsstörungen bei endokrinen Entgleisungen gefunden. Diese äußern sich einerseits oft in dünnwandigen, großen, häufig Östrogen produzierenden zystischen Gebilden, welche zur Dauerrosse (Nymphomanie) führen können, andererseits in dickwandigen, derben, oft Progesteron sezernierenden oder inaktiven Strukturen. Diese Stuten weisen als Leitsymptom eine Anöstrie auf.

Eine andere Ursache kann in einem gestörten Ablauf der Follikeldynamik gesehen werden, wobei die Divergenzphase nicht regelhaft abläuft und das Ovar als kleinzystische, schwammartige Struktur erscheint. Der große Nutzen der Ultraschalltechnik besteht dabei auch darin, dass der Erfolg von eingeleiteten Therapiemaßnahmen verfolgt und dokumentiert werden kann. Ein klinisch schwer vorhersagbares Ereignis kann die verzögerte oder nicht stattfindende Ovulation mit Follikelatresie sein. Dabei bleibt ein zur Ovulation bereiter Follikel auch mehrere Tage unverändert „stehen", um schließlich zurückgebildet zu werden, oder es übernimmt plötzlich der konkurrierende zweitgrößte Follikel, zumeist am kontralateralen Ovar, die Dominanz und ovuliert. Ursächlich können hierbei auch Stressoren (Wetterstürze, Futterumstellung, Personalwechsel, Standortwechsel, physische und psychische Anspannung) beteiligt sein.

Wird dieser Zustand rechtzeitig erkannt, das ist in der Regel 24 Stunden nach Feststellung des Graaf'schen Follikels, kann versucht werden, eine Ovulation zu induzieren. Dies ist mithilfe von hCG bzw. GnRH möglich. Dabei muss jedoch darauf geachtet werden, dass der Therapieerfolg, die Ovulation, innerhalb von 48 Stunden stattfindet. Andernfalls ist die Eizelle in aller Regel nicht mehr befruchtungsfähig.

10.1.10.5.2 Determinante weicher Geburtsweg

Für das Zustandekommen und die Aufrechterhaltung einer Gravidität ist ein intakter, weicher Geburtsweg notwendig – Scham mit Vestibulum, Hymenalgegend, Vaginalgewölbe und Zervix. Diese Abschnitte sind als Schutzvorrichtungen für die Gebärmutter samt Inhalt durch äußere Noxen zu werten. Um dieser Aufgabe gerecht zu werden, ist dieses anatomische „Kanalsystem" derartig kompartimentiert (Vulva, Hymen, Zervix), dass eine entsprechende Druckmotorik und ein Gefälle nach aboral entsteht. Außerdem sind Hilfsstrukturen wie Zilien, Becherzellen und Drüsen so angelegt, dass je nach Kompartiment und Druck der Genitalkanal den Anforderungen entspricht. Dabei stellt der Hymenalring das wichtigste physiologische Siegel zur Außenwelt dar. Diese Strukturen können durch Deck-/Geburtsverletzungen, Bindegewebsschwäche, Ernährungsdefizite oder Östrogendominanz beeinträchtigt werden. Die Behebung dieser Noxen besteht neben der ursächlichen z.B. fütterungsbedingten Ursachenbehebung in einer Therapie je nach sekundärer Indikation und einer operativen Raffung des erschlafften Gewebes, einer sogenannten Scheidenplastik. Eine derartige chirurgische Intervention bei der Indikation „mangelhafter Schamschluss" sollte diesen physiologischen Verschlussmechanismen Rechnung tragen.

Dabei muss festgestellt werden, dass betroffene Stuten eine hohe Rezidivneigung aufweisen. Die Erfolgsrate einer Operation liegt zwischen 50 und 85 % im Hinblick auf das Zustandekommen einer Trächtigkeit. Es besteht aber eine hohe Inzidenz für Deckverletzungen und Dammriss/Episiotomie zur folgenden Geburt.

10.1.10.5.3 Uterus-determinierte Fruchtbarkeitsstörungen

In der Pferdezucht spielen zunehmend entzündliche und/oder degenerative Veränderungen der Uterusschleimhaut eine Rolle. Für mangelhafte Fruchtbarkeitsleistungen wird zusätzlich eine besondere Prädisposition mancher Tiere für diese gestörten Umbauprozesse innerhalb des Endometriums angeführt. Dabei werden fehlgeleitete Immunantworten als Ursache in Erwägung gezogen.
Die Fertilität einer Stute, d.h. die Fähigkeit zur Konzeption und Aufrechterhaltung der Gravidität bis zur Geburt eines lebenden Fohlens, wird durch die funktionelle Morphologie des Endometriums entscheidend beeinflusst.

Für die Untersuchung zyklischer Vorgänge ist ausschließlich die Gebärmutterschleimhaut, das Endometrium, von Bedeutung, das sich aus einem einschichtigen Epithel und der drüsenreichen Lamina propria mucosae, bestehend aus Stratum compactum und Stratum spongiosum, zusammensetzt. Beide Schleimhautanteile unterliegen zyklusabhängigen Strukturveränderungen. Das Oberflächenepithel ist bei der Stute einschichtig, hochprismatisch und zeigt endokrin beeinflusst sekretorische Aktivität. Die Lamina propria schließt in großer Zahl tubulär verzweigte Uterindrüsen ein.

Die Grenze zum kaudal gelegenen Vestibulum vaginae bildet das Hymen, welches sich unmittelbar kranial der Harnröhrenöffnung als Schleimhautfalte quer durch die Scheide erstreckt und durch seinen speziellen Druckmechanismus das innere Genitale vor Keimbesiedlungen bewahrt.

Diese Strukturen sind transrektal nicht zu ertasten und je nach Flüssigkeitsfüllung als weißgrauer, dünner Steifen bzw. Ring (Längsschnitt/Querschnitt) im Ultraschallbild unauffällig. Bei Entzündungen sind hier undeutliche, diffuse Schwellungen zu erkennen. Bei vermehrter Sekretion sammelt sich dann die echoarme Flüssigkeit im Lumen.

Ein entscheidender Faktor für die Qualität der Uterusschleimhaut scheint das Alter der jeweiligen Stuten zu sein. Bei älteren Stuten lässt sich häufig eine Persistenz einer Endometritis feststellen, die über verminderte Fruchtbarkeitsleistung bis hin zur Unfruchtbarkeit führen kann. Endometriumbioptate von älteren Stuten (≥ 15 Jahre) zeigen eine Zunahme an entzündlichen Zellinfiltraten und Fibrosierungen sowie eine geringere Drüsendichte als solche von jungen Stuten (5 bis 7 Jahre). Dabei ist die persistierende Endometritis ein klinischer Begriff, der durch das Unvermögen eine mikrobielle Kontamination zu überwinden gekennzeichnet ist. Unter physiologischen Bedingungen kann bei Stuten die spontane Überwindung einer mikrobiellen Kontamination innerhalb von 76 Stunden nach Exposition beobachtet werden. Bei empfänglichen Tieren versagt diese, sodass persistierende bzw. rezidivierende Endometritiden entstehen können. Chronische, nichteitrige Entzündungen sind klinisch-gynäkologisch nicht erfassbar, stellen jedoch eine der häufigsten Sterilitätsursachen dar. Im Ultraschallbild können Hinweise mit vermehrter Sekretansammlung und nicht zykluskonformer Uterustextur gefunden werden.

Leider treten in jüngerer Zeit immer häufiger Fertilitätsstörungen bei Stuten in Erscheinung, die zu verlängerten Güstzeiten beitragen und sich auf pathologische Veränderungen der Abwehrmechanismen innerhalb der Gebärmutter zurückführen lassen. Dabei stellt vor allem eine funktionstüchtige Uterusschleimhaut neben den Einrichtungen zur Ernährung einer heranwachsenden Frucht ein Abwehrsystem zur Verhinderung von Infektionen bereit. Versagt dieses System, kommt es zu Entzündungen und degenerativen Prozessen, die als persistierende Endometritiden und Endometrosen bekannt sind. Beide spielen als Ursache für mangelhafte Fruchtbarkeitsleistungen bei Stuten zunehmend eine Rolle. Verantwortlich hierfür sind Störungen der anatomisch-motorischen, humoralen sowie zellulären Abwehrmechanismen. Insbesondere die Letzteren sind bisher nur unzureichend beleuchtet worden, obwohl eine deutliche Ansammlung von spezifischen Antwortträgern der zellulären Immunität, der T-Lymphozyten, im Uterus der Stute in Folge von Infektionen bereits erwiesen ist. Diese Zellen scheinen besonders im Hinblick auf die von ihnen freigesetzten Botenstoffe, den Zytokinen, eine wichtige Rolle zu spielen.

Die Klassifizierung der Schleimhautveränderungen beim sogenannten Endometritis-/Endometriose-Komplex des Endometriums erfolgt in erster Linie durch die histologische Untersuchung. Dabei wird zwischen zwei grundlegend unterschiedlichen Veränderungen differenziert, die allerdings in einzelnen Fällen auch vergesellschaftet auftreten können. Einerseits handelt es sich hierbei um die persistierende oder rezidivierende infektiöse Endometritis, eine akute Entzündung der Gebärmutterschleimhaut bei sogenannten „empfänglichen" Stuten, die sich durch eine polymorphkernige Zellinfiltration auszeichnet und im Schallbild eine verdickte und verdichtete Innenauskleidung der betroffenen Bezirke, oft mit echoarmen Sekretansammlungen vergesellschaftet, aufweist.

Andererseits wird die, in der Regel nicht entzündliche, chronisch degenerative Endometrose beschrieben. Bei dieser handelt es sich um einen Zustand des Endometriums, der durch Alterationen glandulärer Epithelien innerhalb der betroffenen Areale gekennzeichnet ist. Heute steht dieser Begriff für die Diagnose „Chronisch degenerative Endometritis" (CDE), da diese ätiopathogenetisch unklaren Gewebsalterationen nicht zwangsläufig mit entzündlichen Veränderungen kombiniert sind. Bei der Diagnose der CDE handelt es sich um periglanduläre Fibrosen einzelner Drüsen, die Bildung von gestauten Drüsenkomplexen – sogenannten „Nestern" – sowie um Stromafibrosen.

Die degenerativen Veränderungen bilden sich im Ultraschallbild als dezentral gelegene dunkle, runde oder polygonale Blase ab. Ihr Durchmesser kann von ca. 0,5 cm bis mehrere Zentimeter Durchmesser erreichen. Es sind Drüsennester mit oder ohne periglanduläre Fibrosierung, lymphatische Lakunen und lymphatische Zysten. Bei den sogenannten Lymphlakunen handelt es sich entweder um sehr ausgedehnte, auch im Stratum compactum nachweisbare Lymphangiektasien (endothel ausgekleidet) oder um große, mit Lymphe gefüllte Gewebsspalten mit Beeinträchtigung der Lymphdrainage.

Die Ultraschalluntersuchung kann Hinweise auf eine derartige Erkrankung geben, was für die Voraussage einer Fruchtbarkeit wichtig ist. Die Klassifizierung der Endometriumsalteration wird mithilfe der histologischen Aufarbeitung des Bioptats gestellt. Basierend auf dem Ausmaß der Veränderungen erfolgt eine Einteilung in drei Kategorien (Tabelle 3). Kombinationen zweier Befunde führen zur Einordnung in die nächsthöhere Kategorie.

Tabelle 3 – Uterus, Endometritis/Endometrosekomplex, Ultraschallbefund

Kategorie nach Kenney & Doig (1986)	**Grad der pathologischen Veränderungen im**	
	Endometrium	**Ultraschall**
I	Keine	unauffällig
IIa	Leichtgradig	Verdichtungen, wenig
IIb	Mittelgradig	Lakunen, deutlich
III	Hochgradig	Zysten, eindeutig

Tabelle 4 – Prognostizierte Abfohlraten anhand der histologischen Veränderungen in Uterusbiopsien

Kategorie nach Kenney & Doig (1986)	**Prognostizierte Abfohlrate in Prozent**
I	80–90
Iia	50–80
Iib	10–50
III	<10

Beim Zustandekommen derartiger Veränderungen sind die T-Helferzellen und ihre Zytokine wichtig. So sind bestimmte Zytokine für den Übergang von akuter Entzündung und/oder geringgradigem degenerativem Umbau innerhalb des Endometriums zu chronischer, persistierender Infektion und/oder Degeneration verantwortlich. Deshalb könnten spezifische „Zytokinblocker" zum Einsatz kommen, die zu einer Ursachenminimierung dieser Fruchtbarkeitsstörung der Stute führen.

Nach histologischer Klassifizierung der Kategorien IIb oder III kann die Produktion von T-Helferzellen-spezifischer Messenger-RNA (mRNA) der Zytokine Interferon-g (IFN-g), Interleukin-2 (IL-2), Interleukin-4 (IL-4), Interleukin-5 (IL-5) und Interleukin-13 (IL-13) nachgewiesen werden, und zwar außer im Proöstrus in allen Zyklusstadien, was im Biopsiematerial der Kategorie IIa nicht möglich ist. Dabei wird vermutet, dass akute entzündliche und/oder geringgradige degenerative Veränderungen noch nicht von einer prägnanten Zytokinproduktion begleitet werden, während diese für langandauernde chronische Veränderungen kennzeichnend ist. Der Nachweis einer vermehrten Zytokinproduktion im Uteruskörper entspricht dem deutlichen Anstieg des T-Zellen-Gehalts innerhalb des Uteruskörpers als erstem Ort des Antigenkontakts. Dabei ist eine fehlgeleitete Immunantwort als Ursache persistierender Endometritiden und Endometrosen bzw. besonderer Empfänglichkeit betroffener Stuten möglich. Deshalb könnte der Einsatz von Zytokinen oder deren Inhibitoren als „Biological response modifiers" im Hinblick auf zunehmende Antibiotikaresistenzen als alternative Heilmethode möglich sein.

Die von aktivierten T-Lymphozyten sezernierten Proteohormone erhöhen die Funktion vorhandener Phagozyten und stimulieren auf diesem Weg entzündliche Antworten. Die Fähigkeit eines einzelnen Zytokins, die Produktion anderer Zytokine zu erhöhen oder zu unterdrücken, ist darüber hinaus ein Regulationsmechanismus für die Immun- und Entzündungsantwort. Damit wird der Regenerationsversuch der Schleimhaut nach schweren Zerstörungen durch infektionsbedingte Funktionseinschränkungen unterstützt. Außerdem können Zytokine als Parameter für das Vorliegen spezieller Entzündungsarten herangezogen werden sowie Aussagen über allergische Komponenten bei der Entstehung einer Erkrankung zulassen.

Tatsächlich können während einer allgemeinen Immunantwort beide Zytokinmuster (einer Th_1- oder Th_2-Antwort) in Erscheinung treten.

Korrelationen zwischen den Zyklusstadien sowie der Kategorie und Gruppeneinteilung im Hinblick auf die positiven Zytokinsequenzen lassen sich nicht herstellen. Es ist jedoch zu vermuten, dass IFN-γ auf eine Art als „wegweisend" angesehen werden kann, da es in der Häufigkeit des Nachweises dominiert und damit seine immunomodulatorische Rolle bestätigen könnte.

10.1.10.6 Trächtigkeit

10.1.10.6.1 Geschlechtsbestimmung

Die Geschlechtsbestimmung ist die hohe Schule der Ultraschalldiagnostik. Sie ist ab der 6. bis 8. Trächtigkeitswoche möglich. Hierbei wird an der Frucht die Lage des Geschlechtshügels überprüft. Dabei werden der Beckengürtel (Hinterextremitäten) und der Nabelstrang aufgesucht. Befindet sich der Geschlechtshügel, eine dichte, ca. 0,5 cm lange Auftreibung zwischen Nabelschnur und Becken, dann ist es ein Hengstfohlen. Befindet sich diese Struktur hinter dem Beckengürtel unter dem Schwanzansatz, handelt es sich um ein Stutfohlen.

Zur Sicherheit ist hier immer ein Bild zu dokumentieren und im Zweifelsfall keine Aussage zu machen.

10.1.10.6.2 Trächtigkeitsverluste

Trächtigkeitsverluste können von allen beteiligten Kompartementen, der Stute, der Frucht und den Fruchthüllen sowie der Plazenta ausgehen.

Tabelle 5 – Ursachen von Trächtigkeitsverlusten beim Pferd (Aborte in Prozent)

Ursache	**Prozent von Aborten n = 935 Aborte**	**Prozent von Aborten n = 1357 Aborte**
Zwillinge	19,1	39,0
Infektionen	29,8	29,0
davon: Viren	14,1	10,6
Bakterien	12,5	11,5
Hefen, Mykosen	2,6	1,4
Mischinfektionen	nicht ausgewiesen	1,1
Missbildungen und sonstige Erkrankungen	9,7	7,5
unbekannte Ursachen	nicht ausgewiesen	28,0

10.1.10.6.2.1 Zwillingsträchtigkeit; Beseitigung einer Fruchtanlage (eineiig, zweieiig)

Mit die häufigste Ursache für Fruchtverluste ist die Zwillingsträchtigkeit.

Doppelovulationen kommen beim Pferd in ca.16 bis 18 % der Fälle vor. Sie sind im Allgemeinen nicht erwünscht, weil entweder schwache Fohlen geboren werden oder ein Spontanabort in der zweiten Trächtigkeitshälfte ausgelöst wird. Deshalb ist ihre Vorhersage wichtig und mit der Ultraschalluntersuchung möglich. Hierbei kommen zwei gleiche Follikel oft am selben Ovar zur Ausreifung. Dass sich ein derartiges Geschehen anbahnt, ist ab dem 16. bis 18. Zyklustag voraussehbar, wenn zwei Follikel die gleichen Veränderungen parallel erfahren.

Zur Feststellung einer Zwillingsträchtigkeit sollte die Ultraschalluntersuchung so früh wie möglich vorgenommen werden, denn nur durch sie ist dieses Phänomen eindeutig festzustellen und zu dokumentieren. Außerdem ist bei rechtzeitiger Feststellung bis zum 23. bis 30. Tag eine erfolgreiche Entfernung einer Frucht durch das sogenannte manuelle Abdrücken möglich. Durch manuelle

Kompression wird zunächst die der Hornspitze nächste Fruchtanlage in Richtung derselben massiert, um sie dort zu zerdrücken. Dabei wird das Fruchtsäckchen mit dem Schallkopf gegen die Darmbeinsäule bis zur Ruptur seiner Hüllen und Auslaufen seines Inhalts gedrückt.

Nach einer derartigen Maßnahme sollte die Vitalität der verbliebenen Frucht ca. eine Woche später überprüft werden. Bei fehlgeschlagenem „Abquetschversuch“ sollte eine Aborteinleitung mit $PGF_{2\alpha}$ vorgenommen und die Neubelegung der Stute versucht werden.

10.1.10.6.2.2 Fruchtresorption

Frühresorptionen kommen beim Pferd in bis zu 16 % der Fälle bis zum 30. Tag der Trächtigkeit vor. Als Ursache gelten fötomaternale immunologische Unverträglichkeiten, chromosomale Aberationen, schlechter Allgemeinzustand insbesondere mit mangelndem Schluss des Genitale zur Außenwelt, Zervixschwäche und Vorhoferweiterung insbesondere nach Schwergeburten sowie akute, auch hämatogen verbreitete Infektionen mit Viren, Pilzen und hohem bakteriellen Keimdruck.

Ein bislang unterschätztes Phänomen ist eine mangelnde Progesteronbildung bzw. -bindung von Corpus luteum und Schwäche der Hilfsgelbkörper. Dieses Phänomen ist bei verdächtigen, das sind wiederholt resorbierende Stuten, zu beobachten oder bei gleichzeitig säugenden Stuten mit Fohlen bei Fuß. Bei diesen Stuten bewährt sich eine vorsorgliche Gestagenbehandlung.

Ein weiterer Komplex ist in diesem Zusammenhang in der Samenübertragung von gekühltem oder TG-Sperma zu sehen. Vermutlich führen Reaktionen an Spermien von bestimmten Hengsten zu einer defekten Fruchtentwicklung mit entsprechender reaktiver Fruchtresorption.

10.1.10.6.2.3 Abort

Unter Abort (Abortus immaturus) wird die Ausstoßung einer nicht lebensfähigen Frucht verstanden. Dieses Kriterium ist beim Pferd nach allgemeiner Erfahrung bis zur 34. Trächtigkeitswoche der Fall. Hiervon abzugrenzen ist die Frühgeburt (Abortus praematurus); diese Früchte haben eine gewisse Überlebenschance. Es werden nach Literaturangaben 4 bis 7,5 % der Graviditäten nach dem 60. Tag durch einen ungewollten Abort beendet (Tabelle 5).

Bei den nichtinfektiösen Ursachen dominieren die Zwillingsträchtigkeiten, gefolgt von unbekannten Ursachen. Die Abortauslösung durch Noxen wie Stress, Schreck, Traumen oder tierärztliches Eingreifen wird oft überschätzt.

Die infektiösen Abortursachen werden in sporadische, zumeist bakteriell bedingte und enzootische virusbedingte unterschieden.

Die häufigsten bakteriellen Abortauslöser sind ß-hämolysierende Streptokokken, (Streptococcus zooepidemicus, Streptococcus equi), Staphylokokken, Colikeime, Klebsiellen, Pseudomonas aeroginosa, Salmonella abortus equi und Brucellen. Die Infektionen werden zumeist aufsteigend durch den weichen Genitaltrakt gesetzt. Nach Überwindung der natürlichen Schutzbarrieren wie Vorhof mit Hymenalring, Vagina und Cervikalkanal folgt eine Besiedlung der Plazenta mit nachfolgender Einwanderung der Keime in die Fruchthüllen und -wässer, um letztlich die Frucht, insbesondere den Magen und die Lungen, zu besiedeln.

Der absteigende hämatogene Infektionsweg führt über den mütterlichen Blutstrom in die Plazenta, wie es bei Salmonellen, Leptospiren und Brucellen der Fall ist. Diese Keime verursachen zumeist Spätaborte oder Neugeborenenerkrankungen und treten häufig enzootisch auf.

Zu den bedeutendsten infektiösen Abortursachen gehört der Virusabort. Das Equine Herpesvirus I (EHV I, Rhinopneumonitis-Virus) befällt die Atemwege und gelangt in der zweiten Hälfte der Trächtigkeit in die Frucht, was zumeist zum Abort im letzten Drittel der Gravidität führt. Wird der Abort nicht ausgelöst, so werden lebensschwache Fohlen geboren, welche zumeist innerhalb der ersten Lebenstage sterben. Bei der Stute oder dem infizierten Hengst kann das ZNS befallen werden mit nachfolgenden zentralnervösen Lähmungserscheinungen und evtl. Todesfolge.

Zur Prophylaxe vor derartigen Abortursachen ist eine Verbesserung der allgemeinen und speziellen Hygiene Bedingung und in Zuchtbetrieben absolut erforderlich. Hierzu zählt auch die Einhaltung der zuchthygienischen Untersuchung zur Vorbereitung der Deckperiode, Einhaltung von Impfplänen, regelmäßigen Prophylaxeprogrammen wie Parasitenbekämpfung sowie die Deckhygiene von Stute und Hengst an sich. Spezifische Behandlungen nur nach erfolgtem Erregernachweis und Resistenzbestimmung. Hierbei muss darauf geachtet werden, dass flächendeckende Maßnahmen ergriffen werden, was in der Vollblutzucht zur Impfpflicht führt. Gesunde Stuten zeigen im Allgemeinen eine gute natürliche Abwehr gegen einen „stallspezifischen, mäßigen Keimdruck". Erhöht sich dagegen die Keimdichte durch Publikumsverkehr, Fremdstuten oder Futtermittel, so werden auch vermehrt Aborte auftreten.

Von geringerer Bedeutung sind Pilzinfektionen (Aspergillus fumigatus) als Abortursache. Diese Keime besiedeln entweder über das äußere Genitale und Zervix aufsteigend als auch über das Blut absteigend die plazentäre feto- maternale Verbindung und lösen hier Entzündungen und Auflösungserscheinungen aus. Unterversorgung der Früchte samt Plazenta sind die Folge und dadurch der Tod oder die Frühgeburt der Früchte. Die Plazentaaffektionen können mehr oder weniger deutlich sichtbare nekrotische, ödematisierte oder verdickt-schwartige Formen annehmen.

Protozoen wie Trypanosoma equiperdum (Dorine) durch Direktübertragung beim Deckakt oder Babesien (B. equi, B. caballi), übertragen durch Zeckenbiss, (Hyalomma dromedarii) können ebenfalls Abortursachen sein.

Maßnahmen bei Verfohlungen:

Prämisse: Verhinderung eines seuchenhaften Abortgeschehens!
„Jede Verfohlung und jede Geburt lebensschwacher Fohlen ist zunächst so zu behandeln, als ob ansteckendes Verfohlen vorläge." Es ist als infektionsbedingt anzusehen! Solange nicht das Gegenteil bewiesen ist. (Rennordnung III 5B, Hygiene für die Vollblutzucht)

Es sollen folgende Maßnahmen nach festgestellten Aborten getroffen werden:

- Meldung des Aborts z.B. an das Direktorium für Vollblutzucht und Rennen
- Mikrobiologische Untersuchung der Föten sowie der Fruchthüllen
- (Sicherstellung und Einsendung des abortierten Fötus und der Plazenta oder des verendeten bzw. getöteten Fohlens.
- Einsendung von Serumproben der abortierten Stute und aller Kontaktpferde,
- Isolierung der Stute nach entsprechender äußerer Reinigung und Desinfektion (Quarantäne) bis zur mikrobiologischen Abklärung (Aufklärung des Personals über Vorsichts- und Hygienemaßnahmen, extra Gerätschaften)
- Untersuchung der Ausflüsse (Lochien, Speichel, Blut, Blutserum) auf Erreger und Antikörper
- Desinfektion der Box bzw. des Standplatzes. Gesonderte Beseitigung der Einstreu bis zur Abklärung der Ursache und bis zum Ende des Lochialflusses
- (Mist mit starker Desinfektionslösung versetzen und zur Tierkörperbeseitungs-anstalt verbringen)
- Desinfektion von Kleidung und Instrumenten
- Auslegen von Desinfektionsmatten, Tauchbäder für Fußbekleidungen
- Beschränkung des Personenverkehrs auf das Pflegepersonal
- Bestandssperre

Maßnahmen beim Verfohlen in virusabortverdächtigem Bestand:

In einem gesonderten Isolierstall sind unterzubringen:

1. Stuten mit Anzeichen des Verfohlens,
2. Stuten, die verfohlt haben,
3. Stuten, deren Fohlen bei oder bald nach der Geburt unter Erscheinungen allgemeiner Schwäche, des Durchfalls oder der Lähme erkrankt oder gestorben sind.

- Bestandssperre für die Dauer von 3 Wochen,
- Serumproben im 14-tägigen Abstand von der abortierten Stute und allen Kontaktpferden.
- Bei verdächtigen Titeranstiegen entscheidet ein wissenschaftlicher Sachverständiger über eine Verlängerung der Sperre.

- Stuten in der 2. Hälfte der Trächtigkeit verlassen das Gestüt erst mit einem gesunden Fohlen bei Fuß.

Maßnahmen bei nachgewiesenem Virusabort

- Serumproben im 14-tägigen Abstand von der abortierten Stute und allen Kontaktpferden.
- Freigabe für Stuten, welche unter 4 Monate tragend sind, frühestens nach 5 Wochen.
- Freigabe für hochtragende Stuten erst nach dem gesunden Abfohlen oder nach Abschluss der Abfohlsaison.

10.1.10.6.3. Gezielte Abort- bzw. Geburtseinleitung

In jedem Trächtigkeitsstadium kann ein Abort eingeleitet werden. Dies ist insbesondere mit $PGF_{2\alpha}$ möglich. Die abortive Wirkung wird durch seine luteolytische bzw. muskulotrope Wirkung bedingt. Seine sicherste Wirkung wird während der Corpus-luteum-Phase, bis zum 3. Trächtigkeitsmonat, durch eine einmalige, eine Luteolyse auslösende i.v. oder i.m. Verabreichung erzielt. Danach werden bis zu drei Injektionen im Abstand von 6 bis 12 Stunden notwendig, um die muskulotrope Wirkung auszulösen. Alternativ zu diesem Vorgehen, insbesondere nach dem 3. Monat der Trächtigkeit, ist auch eine Oxytocininfusion i.v. möglich. Dabei werden 50 bis 100 I.E. Oxytocin in 1.000 ml NaCl-Lösung über 30 bis 45 Minuten langsam infundiert. Als Nebenwirkungen können leichte Kolikerscheinungen, erhöhter Puls, Schwitzen und leichte Exitation auftreten. Deshalb sollte die Maßnahme unter Beachtung von Ruhe und gedämpftem Licht durchgeführt werden. Der vollständige Abgang von Frucht und Placenta fetalis findet in der Regel innerhalb von 24 Stunden statt.

Bei jeder dieser Maßnahmen ist der Erfolg zu überprüfen, um im Bedarfsfall nachdosieren zu können und ein Verbleiben der toten Frucht oder der Secundinen mit nachfolgender Mumifikation oder Mazeration und Sekundärinfektionen zu vermeiden. Hierbei muss die Nachkontrolle durch eine klinische Untersuchung vorzugsweise mit Sonografie vorgenommen werden, da die ecG (PMSG)-

Sekretion aus den Uteruskrypten auch nach Entfernung des Konzeptus bis zum 120. Tag nach Konzeption erhalten bleibt.

Ab dem 231. Graviditätstag kann der Geburtstermin vorverlegt werden. Hierzu werden 100 mg Dexametason über 4 Tage verabreicht. Danach wird die Geburt innerhalb von 24 bis 72 Stunden erwartet.

Alternativ bietet sich die Oxytocininfusion (50 bis 100 IE in 1.000 ml NaCL oder Glukoselösung) über 30 bis 45 Minuten an. Die Geburt ist dann innerhalb von 30 bis 60 Minuten zu erwarten. Wenn sich hierbei die Zervix als gut verschlossen zeigt, kann ca. 12 Stunden vor Oxytocingabe 10 mg Östradiol zur Zervixöffnung verabreicht werden.

Bei Tragzeiten von mehr als 320 Tagen, gut vorbereitetem Euter, Präsenz von Kolostralmilch, vorbereitetem weichen Geburtsweg samt Lockerung des Bandapparates, kann mit $PGF_{2\alpha}$ die Geburt innerhalb von 1 bis 2 Stunden ohne Schaden für die Frucht oder Stute eingeleitet werden.

10.1.10.6.4 Stute nach Abort, Schwergeburt und Retentio secundinarum

Verglichen mit der Häufigkeit des Auftretens bei anderen Haussäugetieren sind Geburtsstörungen beim Pferd ein relativ seltenes Ereignis. Eine Überwachung des geburtsnahen Zeitraumes ist für eine wirtschaftliche und moderne Pferdezucht jedoch von großem Interesse. Dieser Intention steht eine nur unzuverlässige und oft ungenaue Vorhersage des Geburtszeitpunktes gegenüber. Weiterhin sind die Auslösung und Regulation der Geburt bei der Stute nur lückenhaft aufgeklärt.

In Bezug auf den Verlauf der Geburt muss festgestellt werden, dass bei verzögerten Geburten > 30 Minuten ohne Lage-, Stellungs- oder Haltungsfehler mit einer nachfolgenden Nachgeburtsverhaltung gerechnet werden muss. Die betroffenen Stuten weisen in aller Regel Puerperalstörungen wie Uterusatonie und Uterusprolaps mit Nachgeburtsspasmen auf. Hierbei scheinen relativ schwere Stuten eher zur Nachgeburtsverhaltung zu neigen. Andererseits scheinen leichtere Nachgeburten mit leichteren Fohlen und kleineren Mikrokottyledonenoberflächen vermehrt im Zusammenhang mit Nachgeburtsverhaltungen aufzutreten. Diese Feststellung könnte darauf hindeuten, dass schon bei der Ausbildung der plazentären Verbindung und im Verlauf der Gravidität Mangelzustände im intrauterinen System entstehen, welche dann ihren Ausdruck in der Retentio secundinarum finden]. Die Fruchtbarkeit der Stuten mit Nachgeburtsverhaltung scheint bei entsprechender tierärztlicher Betreuung und einer luteolytischen $PGF_{2\alpha}$-Injektion kaum beeinflusst.

Wird eine Nachgeburtsverhaltung nicht rechtzeitig und fachlich kompetent versorgt, kann es zur sogenannten Geburtsrehe (Pododermatitis aseptica puerperalis toxica acuta) mit schweren gesundheitlichen Folgen kommen! In einem solchen Fall sind folgende Maßnahmen vorzusehen:

Erste Maßnahmen bei Geburtsrehe bei der Stute:

- NG möglichst vollständig entfernen, Waschung der Uterushöhle mit Ethacridin- oder phys. Kochsalzlösung, lokale Antibiose (hohe Dosierung) des Uterus
- Allgemeine Antibiose,
- Antiphlogistische Behandlung,
- Ca-Borogluconat,
- Evtl. Aderlass,
- Kühlung der betroffenen ditalen Extremitäten, insbesondere Hufe,
- Rehebox (weiche, elastische Einstreu),
- Kontrolle der Darmtätigkeit!
- Gezielte magere Heufütterung.

10.2 Hengst

(A. Tibary, Washington DC; P. S. Glatzel, Berlin)

Über das allgemeine Verhalten auch des Hengstes wurde bereits im 1., 2. und 4. Abschnitt ausführlich berichtet. Im Folgenden sollen insbesondere die andrologisch/klinischen Aspekte angesprochen werden.

Soll ein Hengst zur Zucht eingesetzt werden, so ist der erste Schritt die Körung, die eine Vorauswahl zur Hengstleistungsprüfung darstellt. Erst mit erfolgreicher Absolvierung Letzterer wird ein Hengst als Zuchthengst oder Beschäler in das Hengstbuch I der jeweiligen Rasse eingetragen. Diese Eintragung behält der Hengst dann lebenslang.

Für die Beurteilung der Hengste ist es notwendig, kurz einige Eckdaten festzuhalten. Die Geschlechtsreife (erstes natürliches Freisetzen von begattungsfähigen Gameten) erreichen die Hengste, je nach Rasse und Geburtsabschnitt im Jahr im Alter von 12 bis 24 Monaten (Kaltblüter und im Frühjahr geborene früher). Die Zuchtreife (das Alter, in dem die Tiere ca. zwei Drittel ihrer endgültigen Körperentwicklung erreicht haben und ungefähr konstante Gametenbildung besitzen) ist mit 24 bis 36 Monaten erreicht.

Zur Überprüfung, ob sie weiter für die Hengstaufzucht vorgesehen sind, kommen sie als Jährlinge. Das Mindestalter zur Körung liegt bei ca. 30 Monaten.

Als akzeptable Zuchtbeanspruchung für einen 5- bis 6-jährigen Hengst während der Deckperiode (zwischen Januar und Juni/Juli) werden 20 bis 50 Stuten pro Saison (entspr. 150 bis 180 Paarungen) oder bis zu drei Deckakte pro Decktag angegeben.

Zur Zucht dürfen in Deutschland nur Hengste eingesetzt werden, welche in das sogenannte Hengstregister der jeweiligen Rasse eingetragen sind. Voraussetzung dafür ist im Allgemeinen die Teilnahme an einer Körung sowie das Bestehen einer Hengstleistungsprüfung. In der Vollblutzucht gibt es hierzu entsprechend ein offizielles Anerkennungsverfahren (nach Rennordnung). Hengste, die zur Zucht geeignet und gekört sind, werden als Beschäler bezeichnet. Landbeschä-

Abb. 11 – Hengst beim Geschlechtsakt in freier Herde (Przewalskipferde).

ler sind Deckhengste, die in einem Landgestüt aufgestellt sind und sich meist in Staatsbesitz befinden. Dies trifft auf etwa die Hälfte aller Warmblut- und Kaltblut-Zuchthengste in Deutschland zu; die übrigen Hengste befinden sich im Besitz privater Deckstationen. Diese Hengste werden als Privatbeschäler (P.B.) bezeichnet. Hauptbeschäler sind Deckhengste, die in einem Hauptgestüt aufgestellt sind. In Österreich werden Hauptbeschäler auch als „Pepinierhengste" bezeichnet.

10.2.1 Körung

Voraussetzung zur Teilnahme an einer Körung ist, dass die Vorfahren über mehrere Generationen bekannt sind und keine gesundheitlichen Probleme vorliegen, welche die Tauglichkeit als Zuchttier einschränken. Das Mindestalter beträgt bei den meisten Zuchtverbänden 2 Jahre. Die Hengste werden dabei auf festem Boden in einer Dreiecksbahn im Stand, Schritt und Trab an der Hand gemustert, wobei die Korrektheit des Körperbaus sowie der Raumgriff und Schwung der Gangarten beurteilt werden. Meistens findet auch noch ein Freilaufen und Freispringen statt, wobei vor allem die Sprungtechnik und nicht die überwundene Höhe beurteilt wird.

10.2.2 Stempelhengste

Deckhengste, die durch überdurchschnittliche Vererbungskraft, die sogenannte Präpotenz, eine eigene Linie begründen, werden als Stempelhengste bezeichnet. Der berühmteste Stempelhengst dürfte wohl Eclipse als wichtigster Stammvater des Englischen Vollbluts sein, in jüngerer Vergangenheit wären in der internationalen Zucht dieser Rasse vor allem St. Simon, Nearco und Northern Dancer zu nennen (siehe auch Championat der Vaterpferde). In der Warmblutpferdezucht gelten z.B. der Trakehner Tempelhüter oder der Oldenburger Donnerhall als Stempelhengste.

10.2.3 Hengstleistungsprüfung

Eine Hengstleistungsprüfung (HLP) für Warmbluthengste gilt als bestanden, wenn der Hengst entweder eine sogenannte Stationsprüfung erfolgreich absolviert hat oder eine gewisse Anzahl an Turniererfolgen in der schweren Klasse nachweisen kann.

Bis zum Jahr 2000 bestand die Stationsprüfung aus einem 100-Tage-Test, danach wurde sie aufgeteilt in einen 30-tägigen Veranlagungstest und einen 70-tägigen Leistungstest, die im Abstand von mehreren Monaten durchgeführt werden. Der Veranlagungstest ist in letzter Zeit vermehrt in die Kritik geraten, da er relativ früh im Jahr stattfindet und die zu diesem Zeitpunkt meist dreijährigen Hengste deshalb schon sehr jung angeritten werden. Bei den Tests werden neben Springveranlagung, Rittigkeit und Bewegungsablauf auch das Interieur, also die „inneren" Eigenschaften eines Hengstes wie Charakter, Temperament und Leistungsbereitschaft sowie die Konstitution beurteilt. Auf diesen Grundlagen werden ein Gesamtindex sowie ein Dressur- und Springindex erstellt. Diese Indizes sind nicht zu verwechseln mit den Werten einer Zuchtwertschätzung. Hengste, die beim Ablegen der Prüfung eine gewisse Altersgrenze, meist 5 Jahre, überschritten haben, erhalten einen pauschalen Punktabzug.

Die Stationsprüfung für Reitponyhengste verläuft prinzipiell ähnlich der für Warmbluthengste, allerdings beträgt die Gesamtprüfungsdauer hier nur 30 Tage. Quarter Horses müssen einen 50-tägigen Test absolvieren; dieser besteht aus Reining, Trail, Pleasure und Western Riding. Vollbluthengste müssen keine HLP ablegen. Hier erfolgt die Selektion für die Vollblutzucht über das Generalausgleichsgewicht (GAG). Soll der Hengst zur Veredelung in der Reitpferdezucht eingesetzt werden, kann er allerdings auch eine HLP absolvieren, falls er keine Rennen gegangen ist. Auch Erfolge bei Dressur- oder Springturnieren können dem Vollbluthengst die Deckerlaubnis als Veredler einbringen. Bei Kaltbluthengsten entfallen die Reitprüfungen und es wird stattdessen die für ihre Verwendung wichtigere Zugleistung geprüft.

Ein entscheidender Teil dieser Prüfungen ist die klinisch-andrologische Untersuchung, welche die gesundheitliche und geschlechtliche Zuchttauglichkeit des Hengstes feststellt.

10.2.4 Gesundheitliche und geschlechtliche Zuchttauglichkeit

Im Rahmen der Untersuchung wird zunächst das Freisein von extragenitalen Erkrankungen, welche das Allgemeinbefinden oder die Geschlechtsfunktionen beeinträchtigen, festgestellt.

Anschließend wird die morphologische Erbgesundheit überprüft. Dabei handelt es sich um die Untersuchung auf heriditäre Mängel, die im Phänotyp des zu prüfenden Tieres, seiner Vorfahren oder deren Nachkommen zu erkennen sind. Dabei gilt, dass sämtliche angeborene Veränderungen so lange als erblich bedingt betrachtet werden, bis das Gegenteil nachgewiesen wurde. In diesem Zusammenhang liefern genanalytische Techniken (s. Abschnitte 2 und 6) einen wichtigen Beitrag.

Im Anschluss wird die Geschlechtsgesundheit untersucht. Diese gliedert sich in die Untersuchungen auf das Freisein von Genitalinfektionen, der Begattungsfähigkeit (Potentia generandi) sowie der Befruchtungsfähigkeit (Potentia coeundi) mit spermatologischer Überprüfung.

> Für diese Untersuchungen werden Proben zur mikrobiologischen Analyse (insbesondere auf CEM, Achtung auf Transportmedium) gewonnen. Im Einzelnen sind dies:
> - Penistupferproben (Penisschaft, Fossa urethralis, Harnröhre)
> - Vorsekretproben,
> - Blutproben (AK-Status).

Nun wird eine morphologische Untersuchung der Geschlechtsorgane vorgenommen (d.h. eine Adspektion und Palpation des äußeren sowie die rektale Betastung des innereren Genitales). Hierbei ist der Einsatz der Ultraschalltechnik sehr hilfreich, da hierdurch objektive Bilder zur klinischen Beurteilung und Dokumentation erstellt werden können.

> Es folgt die funktionelle Untersuchung am Phantom oder der Stute (Beobachtung des Sexualverhaltens, der Libido und Ablauf der Paarungsreflexkette) bestehend aus: Excitatio, Emissio, Erectio, Ascensus, Amplexus, Contrectatio und Adjustatio, Imissio, Frictio, Propulsio (cum, sine) Ejaculatione, Detractio, Descensus und Calmatio.
>
> Jetzt folgt die Samengewinnung mit der „künstlichen Scheide". Die Ejakulation erfolgt nach ca. 12 bis 15 Friktionen als mehrphasiges Ejakulat: Vorsekret, spermienhaltige 1. und 2. Hauptphase. Anschließend erfolgt die makroskopische, mikroskopische und mikrobiologische Untersuchung des Ejakulats: Als Nomospermie werden folgende Werte angesehen:

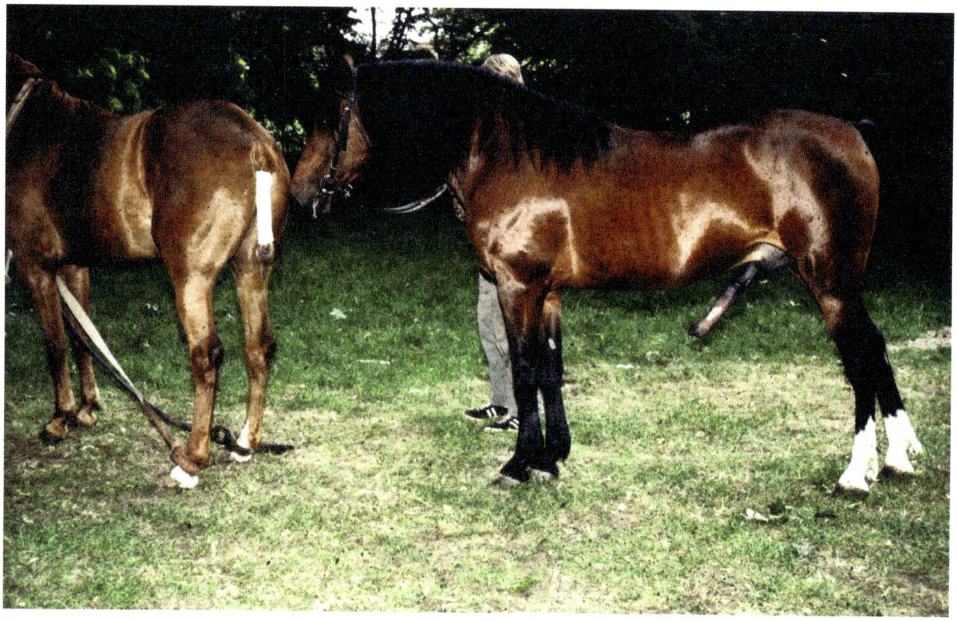

Abb. 12 – Hengst an Stute; bereit zum Ascensus. (Sprung aus der Hand).

- **Vorphase**: 5 bis 30 ml, glasklares Sekret (aus den Gll. bulbourethrales und urethrales; es tropft z.T. vor der Imission und während der Contractatio aus dem Processus urethralis ab).
- **1. Hauptphase**: 20 bis 150 ml, spermienreichste Phase (Sekret aus Nebenhoden, Prostata und Samenleiterampullen, wird in drei bis vier Stößen und kräftigen Wellen abgegeben.
- **2. Hauptphase:** 20 bis 180 ml, (enthält nur ca. 8 % der Gesamtspermienzahl) gelartig-schleimig; Sekret aus Gll. vesicularis.

Gesamtejakulat, Eigenschaften: Volumen: 70 (20 bis 300) ml,

- Aussehen: milchig- bis molkeähnlich, weißlich,
- pH-Wert: 6,8 bis 7, 5
- Dichte 120.000 (30.000 bis 800.000) mm^3
- Vorwärtsbewegung: 6 (50 bis 80 %)
- Morph. veränderte Spermien: maximal 20 bis 30 %

10.2.4.1 Äußere Geschlechtsorgane des Hengstes; prädisponierende Voraussetzung und determinierende Veränderungen

Bei dieser speziellen Untersuchung werden das Präputium, das Skrotum, die Testes und das Epididymidis auf Präsenz, Lage, Größe, Gestalt, Symmetrie, Konsistenz, Beweglichkeit, vermehrte Wärme und Schmerzhaftigkeit überprüft. Im Bedarfsfall schließt sich jetzt eine Untersuchung der inneren Geschlechtsorgane mittels einer transrektalen Palpation an. Dabei werden die akzessorischen Geschlechtsdrüsen, der Annulus inguinalis internus, die Lnn. inguinales superficiales sowie das Peritoneum abgetastet. Die Ultraschalluntersuchung der Geschlechtsorgane des Hengstes sollte als selbstverständliche Komponente der andrologischen Untersuchung insbesondere von Zuchthengsten angesehen werden, wie sie im Rahmen von Körungen gefordert wird. Häufig wird eine derartige Untersuchung aber auch im Bedarfsfall durchgeführt, wie etwa bei Spermamängeln oder Fruchtbarkeitsstörungen. Dann ist es jedoch oft zu spät und es können nur noch die pathologischen Befunde festgestellt werden, etwa Hodenasymmetrien, Skrotalhernien oder Penisaffektionen. Auch bei Bewegungsstörungen in der Hinterhand sollte an eine Erkrankung der Geschlechtsorgane gedacht werden.

Der Ultraschalluntersuchung sind sowohl die äußeren als auch inneren Geschlechtsorgane samt Penis zugänglich. Als Untersuchungsgeräte eignen sich Schallköpfe aller gängigen Stärken, wobei die inneren Organe, wie bei der Stute mit einem 5 bis 8 MHz Linear- bzw. Sektorscanner gut überprüft werden können.

Die Untersuchung sollte am stehenden Hengst und nach Gewinnung eines oder zweier Ejakulate vorgenommen werden. Auf diese Weise arbeiten wir mit einem beruhigten, nicht mehr so stark abzulenkenden Tier. Bei sehr unruhigen Tieren kann eine Standnarkose angezeigt sein. Bei der Verwendung von Xylacin allein muss mit Schlägen der Hinterhand gerechnet werden. Zur Untersuchung der äußeren Geschlechtsorgane wird der Hengst vor einer Wand („Pobierwand") längs aufgestellt, sodass er bei der Betastung nicht ausweichen kann. Der Untersucher lehnt sich an die Brustseitenwand, sodass er auf Höhe der Vordergliedmaßen zu stehen kommt.

Dann beugt er seinen Oberkörper schwanzwärts und gleitet unter Körperkontakt über Brust und Abdomen des Patienten bis er mit der rechten Hand, bei Untersuchung von der linken Seite, leicht in die Inguinalgegend fassen kann, ohne diese jedoch zu berühren. Zur „Armverlängerung" wird hierbei das Körpergewicht auf den rechten Fuß verlagert und die kopfwärtige linke Hand greift zum Gleichgewichtsausgleich in die Mähne am Widerrist. So entsteht eine nach rechts gebeugte „Ballettpose", welche eine gute Übersicht der Inguinalgegend sowie genügend Armfreiheit bietet, um Betastung und Bedienung des Ultraschallkopfes zur Überprüfung von Präputium, Penis und Skrotum samt Inhalt zu ermöglichen Beim andrologischen Untersuchungsauftrag findet die transrektale Untersuchung insbesondere bei veränderten Zusammensetzungen des Ejakulats oder zu Ankaufsuntersuchungen statt.

Bei der Interpretation von Ultraschallbildern des Hengstgenitale müssen die Strukturen der unveränderten Organe immer mitgedacht werden, um Veränderungen sicher erkennen zu können. Auf diesem Sektor muss die Bildinterpretation immer auch vor dem Hintergrund des klinischen Gesamteindrucks erfolgen.

10.2.4.1.1 Untersuchung des Penis

Ultrasonografische Untersuchungen des Penis sind angezeigt zur Abklärung von Phimosen, Paraphimosen sowie Richtungsabweichungen des erigierten Gliedes und bei Erektionsschwächen. Dabei sind das Corpus cavernosus als stärkster blutgefüllter Anteil, die Urethra und das C. spongiosum penis gut abzugrenzen. zeigt einen Längsschnitt von dorsal bzw. ventral im Bereich des Penisschaftes. Deutlich zu erkennen sind die blutgefüllten Kavernen als graue Strukturen neben den bindegewebigen und muskulären weißen Anteilen. Im Querschnitt kann die charakteristische radiär angelegte Trabekelstruktur des C. cavernosum penis sowie dessen Auskleidung mit der Tunica albuginea als sehr echogene Abgrenzung erkannt werden. Dagegen erscheint das die Urethra kreisförmig umgebende Corpus spongiosum als grieselige Mischstruktur.

Diese Strukturen sind nach Penisbrüchen nicht mehr abzugrenzen.

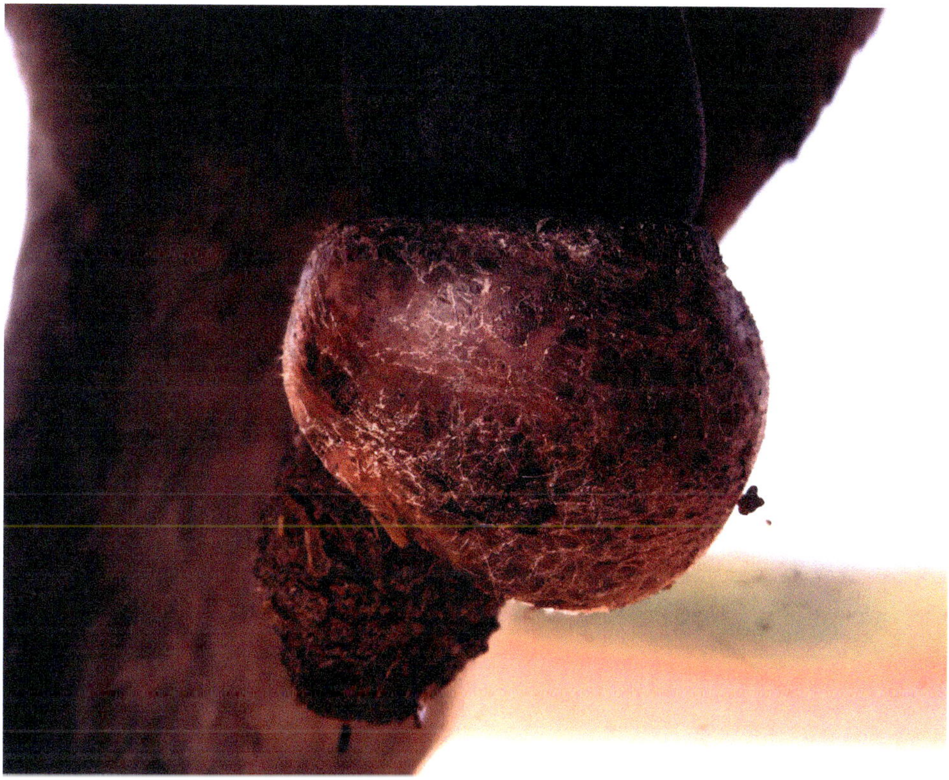

Abb. 13 – Abszedierender Penisabszess.

Weitere Erkrankungen, wie Penislähmungen oder Hämatome nach Erkrankungen, Traumen oder Insektenstichen sind ebenfalls leicht zu erkennen.

10.2.4.1.2 Skrotum samt Inhalt, Haut und Hodenhüllen

Das Pferdeskrotum befindet sich eng am Körper in der Inguinalgegend parallel zur Körperlängsachse aufgehängt.

Nach Adspektion folgen die Palpation und die Ultraschalluntersuchung. Dabei wird die Ultraschallsonde auf die Skrotalhaut gelegt. Der Transducer wird zunächst horizontal auf den Hodensack mit etwas Druck aufgelegt und dann nach distal verschoben, anschließend nach dorsal; dort wird auch das Hodengekröse geschallt. Anschließend wird der Schallkopf nach kaudal verschoben um den Nebenhodenschwanz zu untersuchen. Abschließend wird der Schallkopf vertikal von kaudal nach kranial geführt, um hier den Nebenhodenkopf zu durchschallen. Bei diesem Vorgehen wird zunächst insbesondere die Verschieblichkeit der einzelnen Hodenhüllen gegeneinander berücksichtigt. Bei vermehrtem Sekret, Ödem, Hämatom oder Serom wird versucht, den Gewebsspalt zwischen den Hüllen ausfindig zu machen, in dem sich die Flüssigkeit befindet, um zusammen mit ihrer Echogenität, ihrer Quantität und Qualität – wässrig, eitrig, blutig, hämatomartig oder tumorös – eine Diagnose zu erhärten. Im Falle einer Hernie sind Netz- bzw. Darmanteile zu erkennen

Bei stark ausgeprägtem Hodensack sowie bei Untersuchungen von tieferen Strukturen am Inguinalbereich könnte auch ein 3,5 MHz-Schallkopf mit größerer Eindringtiefe genutzt werden. Dagegen sind Nebenhodenstrukturen bzw. Skrotalläsionen mit einem 10 MHz- Schallkopf mit geringerer Eindringtiefe, aber höherer Auflösung besser zu überprüfen. Zur Ankopplung des Schallkopfes an die Skrotalhaut sollte diese zuvor mit handwarmer Seifenlage gesäubert, abgetrocknet und entfettet werden. Die Verwendung eines „Standoff Pads“, einer vorgefertigten Vorlaufstrecke aus schallneutralem, gummiartigem Kunststoff, kann hier hilfreich sein.

10.2.4.1.3 Hodengekröse, Samenstrang

Das Hodengekröse wird insbesondere durch die auch im Ultraschall darstellbaren Anteile der zentral und geradlinig zum Hoden führenden A. testis und der sich darum windenden, zum Körper führenden Hodenvene gebildete. Diese Strukturen dienen der Thermoregulation des Hodens und sind sonografisch gut darzustellen. Die Gefäßanschnitte des Venengeflechts des Plexus pampiniformis können im Gefolge von Missbildungen, Traumen oder Infektionen weit ausufern als graue, polymorphe, varizenähnliche Gebilde oder fehlen bzw. durch scharfe, weiße Wandkonturen überzeichnet sein. Bei derartigen Veränderungen ist die Thermoregulation gestört und zumeist die Spermaqualität aufgrund mangelnder Spermienreifung herabgesetzt, was deshalb zur Unfruchtbarkeit (Impotentia generandi) führen kann. Für die Samenkonservierung sind derartige Ejakulate zumeist ungeeignet. Es wird in diesen Fällen dringend eine Ursachenforschung empfohlen, insbesondere eine mikrobiologische Untersuchung auch auf Deckseuchen. Zur Durchblutungsmessung kann die Dopplersonografie herangezogen werden.

Verdrehungen im Samenstrang von weniger als 180° beeinflussen häufig den Zu- bzw. Blutfluss nicht und werden dann klinisch kaum erkannt. Dagegen kann eine derartige Verdrehung Ursache von Hodenvergrößerungen mit Koliksymptomatik sowie Strangulation und Schwellung des Samenstranges sein. Diese Verdrehungen sind im Sonogramm als angeschwollene Gefäße zunächst der Venen und später auch der Arterien zu erkennen. Später können dann noch Bindegewebszubildungen die Struktur verschleiern und als indifferente pulsierende weißliche Masse mit schwarzen Löchern als Konturen der Gefäße erkennen lassen. Begleitet werden kann das Bild von lymphatischen Stauungen, schwarzen Flächen im Proz. vaginalis. Die Hengste zeigen kolikartige Schmerzen. Derartige Durchblutungsstörungen lassen sich im Dopplersonogramm gut darstellen. Im Unterbrechungsfall fehlen die Durchblutungszeichen. Dies kann bis zu Thrombenbildung führen. Bei diesen Hengsten ist die Libido herabgesetzt oder nicht auszulösen. Die Samenqualität, insbesondere die Spermienbeweglichkeit und Samenreifung, ist stark beeinträchtigt, später die gesamte Spermatogenese. Die gestörte Thermoregulation lässt sich evtl. wiederherstellen, aber die Samenqualität verbessert sich erst wieder innerhalb ca. 6 bis 8 Wochen.

Die seltene Form einer Neoplasie am Samenstrang als Samenstrangveränderung kann differentialdiagnostisch mit der Torsion verwechselt werden. Das Gebilde ist hyperechogen, mit eingeschlossenen Weichteilstrukturen sowie hellen Thromben oder Neubildungen in den Gefäßen. Dabei ist die Architektur des unveränderten Samenstrangs weitgehend erhalten.

Eine Hydrozele beschreibt den Zustand vermehrter anechogener Flüssigkeit im Processus vaginales, welcher den Hoden umgibt. Das Skrotum erscheint symmetrisch geschwollen ohne Entzündungszeichen. Der flüssigkeitsgefüllte Spalt zwischen Hoden und Processus ist physiologischerweise < als 5 mm mit kleinen oder größeren Taschen im Bereich des Nebenhodenschwanzes.

Da der Processus vaginales eine direkte Ausstülpung des abdominalen Peritoneums darstellt, findet jede abdominale Flüssigkeitsvermehrung auch ihren Ausdruck in einer Flüssigkeitsansammlung im Hodensack. Außerdem können Traumen, Hodentorsionen, Neoplasien oder Systemerkrankungen mit damit einhergehenden Ödemen oder sekretionssteigenden Entzündungen zu Hydrozelen führen. Im Sonogramm bewirkt die Flüssigkeitsansammlung im Bereich des Samenstrangs einen großen Kontrast zwischen demselben mitsamt dem Nebenhodenkopf, welche in einer gut abgegrenzten schwarzen Fläche zu liegen scheinen.

Eine Hematozele oder Pyozele wird durch das Einsickern von Blut bzw. eitrigem Exsudat in den Skrotalsack hervorgerufen. Die Darstellung dieser Veränderungen im Sonogramm durch transkutane Applikation des Schallkopfes zeigt bei ungeronnenem Blut ein echogenes, gräulich gefärbtes, im Gegensatz zum Hoden nicht gemustertes, irreguläres Abbild, ähnlich dem Corpus hemorrhagicum am Stutenovar. Die Hematozele kann einseitig oder beidseitig, nach Traumen oder Hodentorsionen oder Hodenpunktionen/-biopsien auftreten. Sie ist in der Regel mit Entzündungen und Schmerzen vergesellschaftet. Im Schallbild kann mit der Zeit eine Zunahme der Echogenität als Ausdruck der fortschreitenden Organisation des Blutgerinnsels gesehen werden. Typisch für ein organisiertes Hämatom in den Hodenhüllen ist eine zwiebelschalenartige Schichtung des geronnenen Blutes.

Purulente Flüssigkeit ist manchmal vom Blutgerinnsel schwer zu unterscheiden. Im Allgemeinen können jedoch im Sonogramm unregelmäßig geformte Gewebspartikel als echostärkere Strukturen in einer weniger echogenen Fläche erkannt werden

Da jede vermehrte Flüssigkeitsansammlung im Hodensack die Fruchtbarkeit von Vatertieren beeinflussen kann, sollte jede Skrotumvergrößerung sorgfältig untersucht und ihre Ätiologie abgeklärt werden. Nach Behandlung von zugrunde liegenden Erkrankungen ist innerhalb von ca. 60 Tagen mit einer Wiederherstellung der Spermaproduktion zu rechnen. Zurück bleiben oft Verklebungen und fibrinöse Beläge, welche die Hodenmobilität und damit die Thermoregulation beeinflussen können. Deshalb müssen diese beobachtet werden, um bei Verschlimmerung entsprechend eingreifen zu können, was im Zweifelsfall sogar eine Kastration bedeuten kann.

10.2.4.1.4 Inguinale und skrotale Hernie

Bei zu weitem innerem Inguinalring können Dünndarmschleifen dort hineingeraten und sogar festgeklemmt werden, was zu Kolik führt. Ein Durchtreten der Darmschlingen durch den Inguinalkanal in das Skrotum führt zur Skrotalhernie. Für das Auftreten von derartigen Hernien im Jungtieralter ist eine erbliche Disposition anzunehmen.

Die vorgestellten Hengste weisen eine Hodensackvergrößerung ohne Entzündungszeichen auf. Bereits bei der Palpation ist ein weicher Inhalt, Darmteile, zu fühlen. Bei Inkarzerationen werden deutliche Koliksymptome bemerkt. Sind Darmteile äußerlich nicht darzustellen, wird eine rektale Untersuchung des inneren Inguinalrings notwendig. Dabei fühlt und sieht man dann Darmschlingen, die sich am inneren Inguinalring leicht bewegen und einsenken.

Als Ultraschallgerät kann ein 7,5 oder 5,0 MHz-Kopf eines Linear- oder Sektorscanners genutzt werden. Mit dieser Ausstattung sind die Darmteile von zu erwartendem Skrotuminhalt gut zu unterscheiden Hierbei kann der Darm als gasgefüllte, deutlich abgesetzte Struktur von Samenstrang bzw. Nebenhoden- und Hodengewebe erkannt werden. Häufig ist gleichzeitig eine Hydrozele festzustellen. Es ist wichtig, die Peristaltik sowie Wandstärke der Darmteile zu beobachten, um den Schweregrad der Veränderung abschätzen sowie die Prognose einer Intervention stellen zu können. Im Falle einer verkanteten oder eingeklemmten Hernie sind die peristaltischen Wellen zumindest eingeschränkt, wenn nicht abwesend. Gleichzeitig erscheint die Darmwand verdickt und ödematös. In diesen Fällen ist Vorsicht geboten, um eine mögliche Inkarzeration nicht zu verschlimmern.

Im Gegensatz zu erworbenen, oft inkarzerierten Hernien ist die Prognose für angeborene Brüche recht positiv zu beurteilen, da sie sich bei geringer Ausprägung auch spontan zurückbilden können. Jedoch ist ein solcher Erbfehler für Zuchttiere als Ausschlussgrund zu werten.

Wird das Auftreten einer Hernie innerhalb von 24 Stunden diagnostiziert, ist auch hier eine günstigere Prognose zu stellen als bei chronisch gewordenen, nicht erkannten Prozessen. In solchen Fällen ist je nach Krankheitsdauer lediglich eine ernste bzw. eine infauste Prognose möglich.

10.2.4.1.5 Hoden

Der Descensus testes wird erst kurz vor der Geburt abgeschlossen (11. Graviditätsmonat).

Die Hoden- und Nebenhodenentwicklung ist altersabhängig Mit einer kontinuierlichen Größenzunahme bis zum 7. Lebensjahr (Junghengste), einer weichelastischen Konstanz zwischen dem 8. und 18. Lebensjahr (mittleres Alter) sowie eine altersbedingte Größenabnahme ab dem 18. Lebensjahr (Althengste). Für Zuchthengste (Vollblüter) werden bei Junghengsten (< 7 Jahre) eine Hodenlänge von 9,0 cm und -breite von 3,8 cm, bei Hengsten mittleren Alters (7 bis 17 Jahre) eine Hodenlänge von 9,5 cm und -breite von 5,5 cm, bei älteren Hengsten (> 17 Jahre) eine Hodenlänge von 9,2 cm und -breite von 5,2 cm angegeben.

Bei ungestörter Hodenentwicklung sind die paarigen Organe annähernd symmetrisch. Bei Entzündungen sind zumeist Asymmetrien zu erkennen und während der Palpation vermehrte, ungleich verteilte Wärme sowie knotige, wabige, körnige Auflagerungen, fibrinöse Verklebungen oder Verwachsungen zu fühlen. Bei den Hoden wird insgesamt auf deren homogene und echogene Bildtextur geachtet. Das Hodenparenchym ist als homogene „Salz- und Pfefferstruktur" gut zu erkennen. Bei Einsatz hochfrequenter Schallköpfe ist bei jüngeren Hengsten < 3 Jahre auch die Trabekelstruktur mit den eingeschlossenen Tubuli seminiferi zu erkennen.

Das Mediastinum testes ist beim Hengst weitgehend als kegelförmige Einsenkung in das Hodenparenchym in Form eines Gewebedeltas zu erkennen. Insbesondere im amerikanischen Sprachgebrauch wird auch von einer Zentralvene gesprochen, welche sich aus den Kaudalästen der A. testikularis speisen soll.

Die planimetrische Ausmessung der Testes hinsichtlich Länge und Breite sowie der Durchmesser an verschiedenen Stellen ist mit dem Ultraschall möglich. Es empfiehlt sich, Messungen an der dicksten Stelle sowie an Stellen nahe Nebenhodenschwanz und -kopf vorzunehmen. Auf diese Weise können das Volumen und die theoretische Spermienproduktion berechnet werden. Nach mitgeteilten Berechnungen sollte die Spermienproduktion pro 24 Stunden 16 Millionen/mm^3 Gewebe betragen.

Bei alten Hengsten und Tieren nach schweren febrilen Erkrankungen sowie aus dem Sport nach Androgendoping kann auch eine Hodendegeneration (Hodenatrophie) mit erhöhtem Bindegewebsanteil festgestellt werden. Gleichzeitig ist oft die Durchblutung herabgesetzt. Dies kann als Ursache von Spermamängeln und Impotentia generandi angesehen werden. Letztliche Aussagen über derartige subtile Veränderungen sind jedoch im Allgemeinen nur im Vergleich mit früheren Aufnahmen bzw. Aufnahmen nach Behandlungen möglich.

Orchitis, Entzündungen des Hodenparenchyms als Folgen von Traumen, sind beim Hengst aufgrund der Positionierung des äußeren Genitale selten. Es können jedoch auch andere Ursachen zugrunde liegen, etwa Parasiten, Infektionen oder Autoimmunstörungen. Der entzündete Hoden ist vergrößert, ödematös und schmerzhaft. Im Sonogramm kann in der Höhle des Processus vaginalis grau-weiße Flüssigkeit zwischen den unscharfen Rändern sowohl des Vaginalschlauches als auch der den Hoden umhüllenden T. albuginea erkannt werden. Zur Ursachenforschung sollten mikrobiologische Untersuchungen von Ejakulat, Urin und Blut durchgeführt werden.

Die Hoden selbst entwickeln ein dichteres heterogenes bis glanduläres Aussehen, welches auch an Neoplasien erinnert, aber im beschriebenen Fall das ganze Organ und nicht nur Foci betrifft.

Die Ursachen für Hodenabszesse sind zumeist traumatischer Natur durch perforierende Fremdkörper, Folgen von Biopsien sowie hämatogen oder aus der Bauchhöhle absteigenden Infektionen. Im Sonogramm können im Hodenstruma deutliche, mit gräulich-weißer Flüssigkeit gefüllte Taschen erkannt werden. Die Flüssigkeit kann leichte Zirkulation mit sich ändernder Durchmischung aufweisen oder so dicht wie Bindegewebe erscheinen. Zur Abklärung kann hier eine Doppleruntersuchung die Abwesenheit von Blutgefäßen zeigen. Pseudomembranbrücken als dichte, haarfeine, weiße Strukturen weisen auf die bindegewebige Organisation des Prozesses hin und geben eine Information über dessen Alter. Die Bilder zeigen gut abgrenzbare Abszesse z.T. direkt unter der T. albuginea. Bei Doppleruntersuchungen kann bei zunächst vermuteten Tumoren kein Blutfluss festgestellt werden. Deshalb ist davon auszugehen, dass es sich um Flüssigkeitsansammlungen und nicht um Zubildungsgewebe handelt. Gleichzeitig ist das Hodengewebe ungewöhnlich heterogen in seiner Struktur, sodass eine gleichzeitige Orchitis zu vermuten ist.

Bei Vergrößerungen des Hodensacks insbesondere bei einseitigem Auftreten kann durch eine Ultraschalluntersuchung auch ein kausal verantwortliches Hämatom festgestellt werden. Insbesondere bei akuten Prozessen, nach Traumen wie Sport- oder Transportverletzungen, stellt sich die Situation oft als schmerzhafte, entzündete Affektion von Hodengekröse, Hodenhüllen oder den Orches dar. Im Sonogramm kann die Blutansammlung sowohl hinsichtlich ihrer Lokalisation und Ausdehnung sowie ihres Organisationsgrades sichtbar gemacht werden. Die Feststellung dieser Eigenschaften ist auch für die Prognose einer Behandlung wichtig. Bei intratestikulärem Auftreten erscheint der Hoden zunächst gespannt und prall, das Hodenparenchym weist starke Kompressionen auf, wie im Bild des mit dem Schallkopf stark gepressten Organs direkt unter der Auflagefläche mit je nach Einblutung größeren oder kleineren, dichten und deutlich erkennbaren weißlichen bzw. vom Hodenparenchym demarkierten echoschwächeren, schwärzlichen Flächen. Mit fortschreitender Organisation treten Bindegewebsbälkchen zur umgebenden T. albuginea und von dieser auf die Hodenhüllen auf, sodass die Beweglichkeit des Organs eingeschränkt erscheint. Kleine Hämatome sind bei der Adspektion zunächst unauffällig und werden zumeist nur erkannt, wenn Zuchttiere vorgestellt werden oder Hengste plötzlich Schwierigkeiten in der Hinterhand aufweisen.

Die Prognose für die weitere Fruchtbarkeit hängt weitgehend vom Ausmaß, dem Zeitpunkt der Diagnose sowie davon ab, ob es sich um ein einseitiges oder beidseitiges Ereignis handelt. Dabei sind kleine Hämatome bis zu 20 mm im Durchmesser voraussichtlich ohne Einfluss auf die Spermatogenese.

Im Gefolge fast aller Hodenerkrankungen mitsamt chronischem Doping im Sport können die Hoden sich nach und nach verkleinern. Dabei verlieren sie zunächst an Turgor, die Samenqualität nimmt ständig ab und ihre Größe, insbesondere der Querschnitt, wird geringer, bis schließlich lediglich ein schlaffer, länglicher Beutel übrigbleibt. Im Sonogramm nimmt die Textur des typischen „Salz und Pfeffer Bildes“ zugunsten einer verwaschenen, weißlich-grauen, homogen Struktur ab. Dies bildet sich insbesondere bei älteren und alten Tieren aus.

10.2.4.1.6 Kryptorchismus

Der Verdacht auf den mangelnden Hodenabstieg ergibt sich bei der Adspektion und Palpation, wenn das Skrotum asymmetrisch und „leer“ bzw. zu nah an der Bauchwand zu hängen scheint und der Patient im Vorbericht manchmal als außergewöhnlich „hengstig“ beschrieben wurde. Wenn beide Hoden fehlen, muss außerdem an vorausgegangene Kastrationen gedacht werden.

Abdominal gelegene Hoden können auf der gesamten Abstiegsstrecke der Gonaden, von direkt kaudal der Nieren bis hinab zum inneren Inguinalring, gefunden werden. Zum Aufsuchen des „fehlenden“ Organs orientiert man sich zunächst an den Samenblasendrüsen der betroffenen Seite, verfolgt dann den dort mündenden Ductus deferens, der als feste, stricknadelstarke Struktur fühlbar ist und zum Nebenhoden des gesuchten Hodens leitet. Verliert man den Samenleiter, so kann direkt zum inneren Inguinalring hinab palpiert werden, um hier nach der Struktur des Hodens zu suchen. Die meisten abdominal verbliebenen Hoden werden in dieser Gegend gefunden, wogegen die Hoden seltener auf der Abstiegsstrecke zwischen kaudalem Nierenpol und innerem Inguinalring zu finden sind. Um das Organ auf diesem Abschnitt zu finden, beginnt man die Ultraschalluntersuchung am Inguinalring, schiebt den Schallkopf vor und zurück und fährt mit der untersuchenden Hand langsam nach dorsal Richtung Niere.

Insgesamt sind kryptorchide Hoden kleiner, weicher, weniger echogen und mit einer ausgeprägteren Blutgefäßversorgung als skrotal gelegenen Testes. Außerdem können flüssigkeitsgefüllte zystische Gebilde beobachtet werden. Ihre Betastung kann Schmerzäußerungen und Abwehrreaktionen auslösen.

Zur Unterstützung der klinischen Untersuchung kann ein hCG- Stimulationstest herangezogen werden. Bei Anwesenheit von Hodenparenchym kann nach i.v. Injektion von hCG ein Testosteronanstieg gemessen werden.

10.2.4.1.7 Hodenvergrößerungen

Hodenvergrößerungen sind dann als Ausdruck von Funktionsstörungen zu werten, wenn die Spermiogramme verändert sind bzw. Hodenvergrößerungen als Begleiterscheinungen von Entzündungen, Orchitiden, Blut- oder Lymphgefäßstauungen im Hodeninneren, Hodenabszessen bzw. -hämatomen oder Bruch der inneren Hodenstrukuren auftreten. Zur Diagnostik ist der Seitenvergleich sehr wichtig, da bei systemischen Ursachen wie Infekten, Kreislaufinsuffizienzen oder fieberhaften Allgemeinerkrankungen immer beide Gonaden betroffen sind. Dagegen ist nach Traumen, Hodentorsionen oder Neoplasien zumeist nur eine Seite betroffen. Dabei muss gesagt werden, dass Hodentumore beim Hengst selten und von geringer Größe sind. Außerdem führen sie aufgrund von Druck auf innertestikuläre Strukturen häufiger zu einseitigen Hodenverkleinerungen. Es wurden Teratome, Seminome, Teratokarzinome und embryonale Karzinome als vom Germinativum ausgehende Neubildungen sowie Stromazelltumore, Leydigzell- und Setolizelltumore und Mischgebilde beschrieben, welche insgesamt als wenig agessiv und benign eingeschätzt werden. Im Ultraschall können die Veränderungen der Gewebetextur sowie die oft verstärkte Blutversorgung erkannt werden, wobei mithilfe der Dopplertechnik die Blutzu- bzw. -abfuhr sichtbar gemacht werden kann. Zur Abklärung sind jedoch Bioptate histologisch zu analysieren. Eine wichtige Aufgabe bei der Beurteilung von Tumoren mit dem Ultraschall ist die Verlaufskontrolle, um Größenveränderungen festzustellen. Im Sonogramm fällt das heterogene, wolkige Bild im Gegensatz zur unveränderten, gleichmäßig gemaserten Hodenstruktur auf.

Bei weniger wertvollen Vatertieren sollte eine Kastration angeraten und bei Zuchthengsten regelmäßige Überprüfungen der Ejakulate vorgenommen werden.

10.2.4.1.8 Epididymis

Der Nebenhodenhodenkopf liegt im Skotum kranial und der Nebenhodenschwanz kaudal am Hoden angeheftet. Diese beiden Organanteile verbindet der dorsal verlaufende Nebenhodenkörper. Die paarigen Organe sollten jeweils sorgfältig betrachtet und palpiert werden. Sowohl Nebenhodenkopf als auch -körper sind im unveränderten Schallbild nur schwer zu erkennen. Der Kopf geht im Delta des Rete testes sowie des Plexus pampiniformis fast „unter" und wird nur bei Aberrationen und Verlegungen der verbindenden Tubuli efferentes in Form von Auftreibungen, Zelen, deutlich.

Dagegen ist der Nebenhodenschwanz (Cauda epididymidis) beim Hengst gut darzustellen und kann von der Seite und von hinten sowohl im Längs- als auch im Querschnitt dargestellt werden. Er hat eine dichte, weiße, echostarke Struktur. Diese wird durch den knäuelartig zusammengerollten Nebenhodenkanal im Schallbild als halbkreisförmige Fläche mit vielen kleinen schwarzen Löchern sichtbar. Das Ligamentum proprium der Cauda vaginales kann unter bestimmten Umständen, z.B. im heißen Sommer, durchaus als physiologische Hydrocelen verstanden werden. Es sollte dann nicht mit Nebenhodenzysten verwechselt werden.

Eine Nebenhodenentzündung betrifft zumeist alle seine Abschnitte (Kopf, Körper und Schwanz) und streut zumeist in die angrenzenden Organe, wie Hoden und Samenstrang. Das Organ als festes Kanälchen wird im Sonogramm weiß abgesetzt mit zentraler schwarzer „Seele" und erscheint im Sonogramm verwaschen, aufgedunsen und weißlich diffus.

Die Ursache sind zumeist absteigende auch hämatogen gestreute Infektionserreger. Deshalb ist eine Kastration anzuraten, da hier die Ursache von rezidivierenden Krankheitsschüben liegen kann. Wenn der Hoden bei Zuchthengsten auch nur einseitig erhalten werden soll, muss die Antibiose unbedingt auf Antibiogrammbasis durchgeführt werden.

Auch ein Spermagranulom kann zu einer Erweiterung des Nebenhodenkanals führen. Dabei sind jedoch klinisch keine Anzeichen zu erkennen. Lediglich das Spermiogramm, verminderte Samenzahl und vermehrtes Samenplasma weisen darauf hin. Im Ultraschallbild erscheint das Organ gut und deutlich als dichtes, weißes Kanälchen mit zentralem, dunklem Lumen. Im veränderten, gestauten Abschnitt ist ein weißer Fleck mit Umrandung zu erkennen.

10.2.4.2 Innere Geschlechtsorgane

Die inneren Geschlechtsorgane des Hengstes werden zusammen mit dem kaudalen Ende der Aorta sowie der inneren Leistenringe durch eine transrektale Exploration untersucht. Hierbei handelt es sich insbesondere um die akzessorischen Geschlechtsdrüsen. Diese liegen eng beieinander in der Beckenhöhle.

Das Vorgehen ist zunächst wie bei der Stute. Nach Ausräumen des Mastdarms sucht die Hand die am Beckenboden leicht fühlbare Struktur des M. Bulbourethralis auf. Dieser ist durch seine eindeutige sensible Reaktion bei Berührung leicht als daumen- bis kinderarmdicke und sich schnell kontrahierende Struktur handtief im Beckenraum zu ertasten. An seinem kaudalen Ende befinden sich die paarigen Bulbourethraldrüsen, die etwa die Größe von Fingerkuppen haben und nur bei Veränderungen ertastet werden können.

Am kranialen Ende des ca. handtellerlangen Bulbourethralmuskels findet sich unter der ringförmig am kranialen Muskelende angelegten Prostata mit ihren beiden seitlichen Läppchen der Zugang der paarig angelegten Samenblasendrüsen und Samenleiterampullen zum Ductus ejaculatorius.

Die Samenblasendrüsen befinden sich links und rechts als ca. daumenstarke, feste bis leicht fluktuierende, glatte Strukturen am Schaft der Darmbeinsäulen. Die Ampullen des Ductus deferens (Samenleiterampullen) münden unterhalb der Samenblasendrüsen ebenfalls in diesem Bereich in den Ductus ejaculatorius. Folgt man den Samenleitern in die Bauchhöhle, so trifft man links und rechts etwas seitlich vor dem Schambeinrand auf die inneren Leistenringe Anulus vaginalis, die innere Öffnung der peritonealen Aussackung des Processus vaginalis, der als Hodenhülle bis in das Skrotum hinab ausgestülpt ist. Gleichzeitig untersucht man die erreichbaren Teile der Bauchwand und achtet auf ein fühlbares Schwirren oder Knistern (Rauigkeit des Bauchfells), auf Schmerzhaftigkeit und Flächenbeschaffenheit, am Leistenring auf dessen Weite, Beschaffenheit und Empfindlichkeit der durchtretenden Weichteile im Seitenvergleich.

Da die „akzessorischen" Geschlechtsdrüsen beim gesunden Hengst oft durch Muskulatur und Schwellkörper schwer zu ertasten sind, ist die Anwendung der Sonografie eine gute Hilfe bei ihrer Identifizierung. Zur transrektalen Sonografie wird insbesondere bei Infertilitäten, veränderten Spermiogrammen wie Hemospermie, Pyospermie, Urospermie, Pathospermien, Dysurie geraten. Auch zur Abklärung von Cryptorchismus und Neoplasien sollte die Ultraschalluntersuchung angewendet werden. Die Untersuchung wird mit einem 5- bis 7,5-MHz-Schallkopf, Linear-, Sektor- oder Konvexscanner vorgenommen. Im Zweifelsfall sollte man sich für den höher frequenten Kopf entscheiden, da die Organe nah am Gerät liegen und eine hohe Auflösung bessere Ergebnisse zeitigt. Werden entsprechende Vorkehrungen getroffen, kann je nachdem im Allgemeinen am stehenden, unsedierten Hengst gearbeitet werden.

Besondere Vorsicht ist beim Aufsuchen der inneren Leistenringe geboten, da hierbei der Darm extrem gespannt werden muss.

Für das Erreichen der akzessorischen Geschlechtsdrüsen muss die Hand nur bis ca. Unterarmtiefe vorgeführt werden. Eine gefüllte Blase kann hinderlich sein. Insgesamt muss man sich immer im Klaren sein, dass die Organe in die Beckeninnenauskleidung eingelagert und nicht frei beweglich sind.

Die Untersuchung der Organe erfolgt von kaudal nach kranial: paarige Bulbourethraldrüsen gleich am Beckenausgang über dem M. bulbourethralis, das Beckenstück der Urethra, eingebettet im M. bulbourethralis, an dessen Ende die Prostata, links und rechts davon an der Darmbeinsäule angelehnt die Samenblasendrüsen und am Beckenboden die Samenleiterampullen.

10.2.4.2.1 Bulbourethraldrüsen

Die Bulbourethraldrüsen sind in der Regel schwer zu finden. Sie weisen eine kugelige Hohlraumstruktur von ca. 2 cm Durchmesser auf. Nach sexueller Sti-

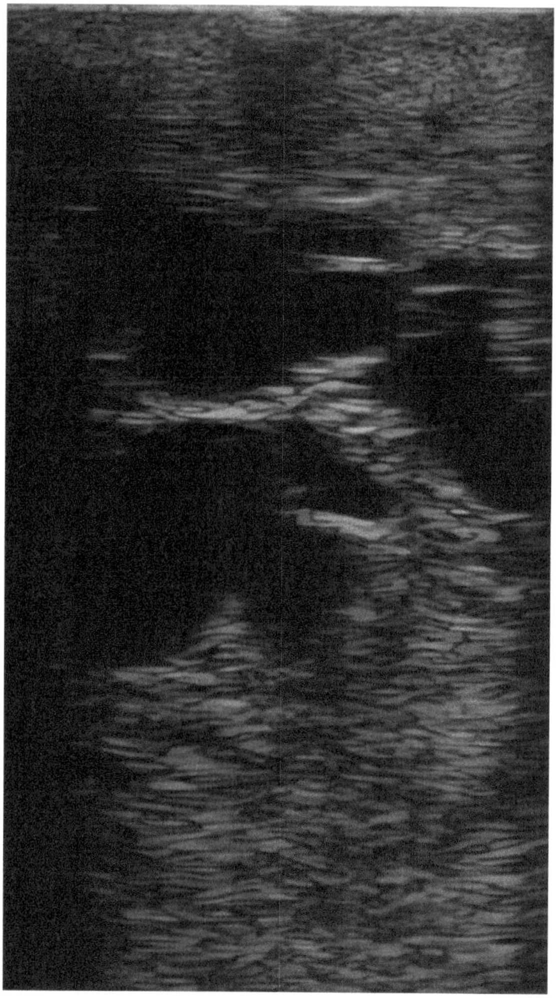

Abb. 14 – Sonogramm des Übergangs der Bulbourethraldrüsen zur Urethra.

mulation sind sie mit Sekret gefüllt und deutlicher als Hohlorgane zu erkennen. Ihre Verbindung zur Urethra kann unter diesen Umständen bei Deckhengsten als stricknadeldicke Struktur erkannt werden. Bei Entzündungen können sie vergrößert und schmerzhaft sein.

Zysten in den Bulbourethraldrüsen scheinen keine Auswirkung auf die Fruchtbarkeit der Hengste zu haben. Sie werden als Zufallsbefund bei Zuchttauglichkeitsuntersuchungen manchmal gefunden. Im Ultraschallbild weisen sie sich als anechogene, rundliche, schwärzliche Strukturen aus. Sie liegen im Inneren der Drüse. Es handelt sich um Zufallsbefunde anlässlich routinemäßiger Zuchttauglichkeitsuntersuchungen. Zumeist ist nur eine Seite betroffen. In klinischer Hinsicht haben sie offensichtlich keine Bedeutung.

Direkt kranial des Sitzbeinausschnitts findet die Hand die sich stark kontrahierende Ringmukelstruktur des M. bulbourethralis, an dessen distalem Rand das Beckenstück der Urethra als schlauchförmiges, dichtes, weißes Gebilde erkennbar ist. Nach kranial kann diese Struktur bis zum Blaseneingang verfolgt werden, wobei ihr enges Lumen kaudalwärts und ihre Lumenerweiterung kranial Richtung Harnblase, insbesondere nach Hervortreten aus der muskulären Einbettung und Ausbildung des Colliculus seminalis als Stauorgan der vorejakulatorischen Samenverdichtung. In diesem Bereich kann bei manchen Hengsten das Rudiment der Müllerschen Gänge als Uterus masculinus in Gestalt einer zystischen Aufweitung gefunden werden. Weiter kranial wird dann der Übergang zum Blasenhals deutlich.

10.2.4.2.2 Prostata

Die zweiflüglige Prostata des Hengstes liegt dem M. bulbourethalis kranial dicht auf. Die beiden Flügel werden durch eine dünne Drüsengewebsbrücke, die sich im Schallbild als weißliche, blumenkohlartige Struktur dargestellt, verbunden. Bei Veränderungen oder Fehlen der Drüse ist eine verdichtete oder keine echogene Struktur am kranialen Ende des M. bulbourethralis zu finden. Die drei Drüsenanteile stehen mit dem C. seminalis durch dünne Kanälchen in Verbindung. Durch Stimulation vergrößern sich die Organe bis um das 20-fache.

Sehr selten sind Tumore der akzessorischen Geschlechtsdrüsen beim Hengst. Am ehesten können noch Neubildungen der Prostata gefunden werden. Hierbei zeigen die Hengste Harndrang und Probleme bei der Miktion. Insgesamt werden dann auch Harnsteine festgestellt und der Kausalzusammenhang dadurch verschleiert. Der Allgemeinzustand der Tiere ist zumeist herabgesetzt.

Die Tumore sind fest und irregulär. Sie demarkieren sich im Schallbild vom Drüsengewebe durch eine weiße Linie. Oder aber die Prostata ist vergrößert, fast wie in Auflösung begriffen und mit Tumorgewebe durchsetzt, was im Sonogramm wie ein „Blumenkohl" aussieht.

10.2.4.2.3 Ampullen des Ductus deferens (Samenleiterampullen)

Der aus dem Nebenhodenschwanz entspringende Samenleiter zieht als Teil des Samenstrangs durch den Inguinalspalt in die Bauchhöhle. Er erfährt am Beckenrand eine tütenförmige Aufweitung, eine Ampulle, um dann zusammen mit den Ausgängen der Samenblasendrüsen in den Spritzkanal zu enden.

Als Drüsen tragen diese Ampullen zum Ejakulat und zur Befruchtungsfähigkeit der Spermien direkt bei. Sie sind mit dem Ultraschall eindeutig kranial unterhalb der Prostata bzw. dem Ende des M. bulbusurethralis zu erkennen. Ihr Durchmesser variiert zwischen 1 und 2,5 cm. Im Sonogramm ist ihre typische Form und Aufweitung als homogenes, mit Flüssigkeit gefülltes dunkelgraues, gut von der weißen Umgebung abgesetztes Gebilde zu erkennen. Nach sexueller Stimulation weiten sie ihr Lumen und im Inneren lassen sich grieselige, weißliche Strukturen erkennen.

Der Innenraum der Ampullen erscheint mit einer weißgrauen, etwas grieseligen Struktur angefüllt. Insgesamt ist das Ultraschallbild sehr variabel, es kann von Hyperechostrukturen mit dunklen Einsprengseln bis zu fast bindegewebigen Strukturen reichen. Im Spermiogramm finden sich weniger Samenzellen, dafür aber Epithel- und Blutzellen. Der Samenfluss ist blockiert. Bei beidseitigem Verschluss ist eine hochgradige Teratospermie mit losen Köpfen bis hin zu einer Azoospermie festzustellen.

10.2.4.2.4 Samenblasendrüsen

Die Lage der Samenblasendrüsen kann als dorsal des Blasenhalses, parallel zu den Darmbeinsäulen, beschrieben werden. Als Drüsen tragen sie insbesondere mit Nährstoffen sowie der Schleimfraktion zum Ejakulat bei. Ihre glatte Oberfläche und ihre Länge von ca. 8 bis 10 cm lassen sich im unstimulierten Zustand manchmal nur schwer überprüfen, da ihre Konsistenz dann lappig erscheint. Im Ultraschallbild erscheint das Organ als dünnwandiges Säckchen mit drüsigem, gräulichem Inhalt. Nach sexueller Stimulation wird die Organwand dichter und das Lumen nimmt ab, als Zeichen der Sekretausstoßung in den Ausführungsgang, der in den Spritzkanal mündet.

Entzündungen der Seminalblasendrüsen haben ihren Ausdruck in schlechten Ejakulaten und damit schlechten Befruchtungsergebnissen. Im Ejakulat finden sich vermehrt weiße Blutzellen, wobei betroffene Hengste oft auch Probleme bei der Auslösung des sexuellen Verhaltens aufweisen.

Im Sonogramm kann eine Vesikulitis abschließend erkannt werden. Die Flüssigkeit in der betroffenen Drüse kann von anechogen bis fast flüssig und echogen reichen. Jedoch werden dann häufig unregelmäßig geformte feste Teilchen und Fibrinbrücken als weiße Gespinste gefunden. Die Wandung erscheint verdickt hyperechogen und die Innenstruktur unregelmäßig. In chronischen Fällen können die betroffenen Organe fest und dicht ohne Flüssigkeitsfüllung erscheinen. Zur Interpretation von Ultraschallbildern gehört hierbei umfassende Erfahrung.

Zur Untersuchung empfiehlt es sich, den Hengst zunächst sexuell zu stimulieren. Dadurch werden die akzessorischen Geschlechtsdrüsen angeregt und auch ihre Fehlfunktionen deutlicher sichtbar. Es ist dann auch möglich zu erkennen, welcheindividuellen Größenunterschiede in diesen Organen bestehen. Als Krankheitserreger kommen zumeist ß-hämolysierende Streptokokken, Pseudomas aeroginosa sowie Streptokokkus equisimilis infrage. Ihre Therapie ist durch die geringe Wirkstoffkonzentration vor Ort oft sehr langwierig und frustrierend.

(Insbesondere für die Darstellung der körperinneren Strukturen mithilfe der Sonographie sei auf das Fachbuch Peter Siegfried Glatzel (2011): „Atlas der Ultraschalluntersuchungen beim Pferd“, Schlütersche Verl.Ges. mbH Hannover verwiesen).

11. Biotechniken auf den Gebieten der klinischen Fortpflanzung

Dieses Kapitel wird nur der Vollständigkeit halber stichwortartig angesprochen, Eine weiterführende Darstellung wäre ein eigenes Buch!

- Gezielte Beeinflussung von Fortpflanzungszyklus und -rhythmus
- Gewinnung und Konservierung von Gameten (Eizellen, Spermien und Embryonen)
- In-vitro-Vermehrung von lebensfähigen Embryonen, Embryonenteilung
- Gendiagnostik, Zuchtwertschätzung, Geschlechtsbestimmung, Erbkrankheiten

11.1 Voraussetzungen biotechnologischer Verfahren auf den Gebieten der klinischen Fortpflanzung

- Assays für Hormonbestimmungen, Reindarstellung von Fortpflanzungshormonen bzw. analoger Substanzen
- Klinische Hilfsmittel (bildgebende Sonografie, Schnelltests)
- Sammeln, Beurteilen und Übertragen von Gameten und Embryonen
- Kryotechnik für biologische Systeme (Verdünner, Konservierungsintention, Einfriereigenschaften)
- Mikromanipulation, In-vitro-Befruchtung und Kultivierung von Embryonen
- PCR-Analysen von bekannten RNS-Sequenzen

11.2 Der Nutzen von Biotechniken auf den Gebieten der klinischen Fortpflanzung

- Verhinderung von Viehseuchen und Fruchtbarkeitsstörungen
- Schneller genetischer Fortschritt
  - KB
  - ET
  - Zuchtwertschätzung

- Erkennung von Erbkrankheiten
- Export von Leistungsgenen
  - schnelle Leistungssteigerung
  - Anpassung an veränderte Umweltfaktoren
- Aufbau von Genreserven

Für alle Beiträge kann die verwendete Literatur angefordert werden.